Die

Nahrungsmittel des Menschen,

ihre Verfälschungen und Verunreinigungen.

Nach den besten Quellen dargestellt

von

F. H. Walchner,
prakt. Arzt.

Springer-Verlag Berlin Heidelberg GmbH
1875

ISBN 978-3-642-50605-5   ISBN 978-3-642-50915-5 (eBook)
DOI 10.1007/978-3-642-50915-5
Softcover reprint of the hardcover 1st edition 1875

Vorwort.

In einer Zeit, wie in der gegenwärtigen, da die niedrige betrügerische Gewinnsucht, häufig verbunden mit unerhörter Gewissenlosigkeit, einen so hohen Grad erreicht, mag das Erscheinen einer Schrift, deren oberster Zweck Warnung und Belehrung ist, wohl gerechtfertigt erscheinen; und dies um so mehr, wenn es sich um Gesundheit, um Leben und Tod des Menschen handelt.

Wenn schon vor längerer Zeit eine gewichtige Autorität sich dahin aussprach, „daß wir mitten im Leben uns dennoch im Tode befinden" — so ist dieser Ausspruch für die Gegenwart ein sehr ernster Warnungsruf, überaus begründet durch die wahrhaft erschreckende Gewissenlosigkeit, mit welcher die nöthigsten, sowohl festen als flüssigen Nahrungsmittel bald verfälscht, vergiftet, oder doch verunreinigt, in mannigfaltigster Art uns so häufig verabreicht werden. Wessen wir uns in dieser Beziehung zu verläßigen vermochten, was aber sehr zerstreut, in vielen, zum Theil nur einem gewissen Kreise von Lesern zukommenden Zeitschriften hierüber mitgetheilt worden, haben wir in dieser Schrift gesammelt, und, was unerläßlich war, und wo der behandelte Gegenstand es erforderte, immer die Arbeiten von Autoren benützt, deren Name in der wissenschaftlichen Welt von anerkannt vorzüglichem Klange ist.

Zunächst soll diese Arbeit dem Bürger und Landmann nützlich sein, dann aber auch als Hand- und Hülfsbuch Sanitäts- und Polizeibeamten in so fern dienen, als zur Constatirung von Verfälschungen der Nahrungsmittel, darin die durch Erfahrung bewährten Mittel und Wege mitgetheilt sind.

Dies war der Grundgedanke, der uns bei Abfassung dieser Schrift leitete; möge dieselbe daher eine ihrer guten Absicht entsprechende Würdigung finden.

Bühl, im September 1874.

F. H. W.

Inhalts-Verzeichniß.

Erster Abschnitt.
I. Die flüssigen zur Nahrung dienenden Stoffe.

                Seite

Erstes Capitel. Der Wein 3
Zweites Capitel. Der Branntwein 28
Drittes Capitel. Das Bier 36
Viertes Capitel. Der Essig 53
Fünftes Capitel. Die Milch 60
Sechstes Capitel. Das Oel 74

Zweiter Abschnitt.
II. Die festen zur Nahrung dienenden Stoffe und Gewürze.

Siebentes Capitel. Das Mehl 79
Achtes Capitel. Das Brod 103
    Anhang: Die Brodsurrogate 120
Neuntes Capitel. Vom Käse 121
Zehntes Capitel. Die Butter 123
    Anhang: Das Schweinefett 134
Eilftes Capitel. Der Kaffee 135
Zwölftes Capitel. Der Thee 140
Dreizehntes Capitel. Die Chocolade 147

Inhalts-Verzeichniß.

Seite

Vierzehntes Capitel. Der Zucker 153

Anhang: Der Honig 158

Fünfzehntes Capitel. Das Kochsalz 161

Sechszehntes Capitel. Der Pfeffer 163

Siebenzehntes Capitel. Die Gewürznelken 166

Achtzehntes Capitel. Die Vanille 167

Neunzehntes Capitel. Der Zimmt 168

Zwanzigstes Capitel. Die Muscatnüsse und der Ingwer . . 169

Einundzwanzigstes Capitel. Der Safran 171

Zweiundzwanzigstes Capitel. Der Senf 172

Dreiundzwanzigstes Capitel. Die eingemachten Früchte . . 174

Dritter Abschnitt.

Vierundzwanzigstes Capitel. Von den schädlichen Farben, welche bei Conditorwaaren Anwendung finden . . 179

Vierter Abschnitt.

Fünfundzwanzigstes Capitel. Die eßbaren Schwämme oder Pilze 195

Fünfter Abschnitt.

Von den Erscheinungen, welche nach dem Genusse der in dieser Schrift aufgeführten schädlichen Stoffe, am Menschen wahrgenommen werden.

Sechsundzwanzigstes Capitel.

I. Darstellung der Wirkung schädlicher Stoffe aus dem Mineralreich.

1. Wirkungen des Arseniks 214
2.   „   „   Alauns 218
3.   „   „   Bleies 219
4.   „   „   Kupfers 220
5.   „   „   Zinns 222
6.   „   „   Zinkes 223

Inhalts-Verzeichniß.

Seite
7. Wirkungen des Eisenvitriols 224
8.   „   „   Kalkes 224
9.   „   „   Schwerspathes 224
10. „   „   Kochsalzes 225
11. „   der Schwefelsäure 225
12. „   „   Salpetersäure 227
13. „   „   Salzsäure 228

II. Darstellung der Wirkung schädlicher Stoffe aus dem Pflanzenreich.

Siebenundzwanzigstes Capitel.

1. Wirkungen der Tollkirsche oder Belladonna . . 229
2.   „   des Bilsenkrautes 231
3.   „   der Nieswurzel 232
4.   „   des Seidelbast 232
5.   „   „   wilden Rosmarins 233
6.   „   „   Schwindelkorns 233
7.   „   „   Mutterkorns 234
8.   „   der Krähenaugen 242
9.   „   „   Kokelskörner 246
10. „   des Kirschlorberwassers 247

Sechster Abschnitt.

Achtundzwanzigstes Capitel. Vom Wurstgift 251
Neunundzwanzigstes Capitel. Vom Käsegift 263

Siebenter Abschnitt.

Dreißigstes Capitel.
Von Vergiftung der Speisen durch Metall- und Erdgeschirr.

1. Die Erdgeschirre 269
2. Die Metallgeschirre 274
   A. Kupfergeschirr 275
   B. Zinngeschirr 280
   C. Zink- und Bleigeschirr 281
   D. Neusilber-Geschirr 282
   E. Messing- und Eisengeschirr 283

Achter Abschnitt.

Kurze Zusammenstellung der zuverlässigsten Reagentien zur Ermittelung der in Speisen u. Getränken möglicherweise enthaltenen schädlichen Stoffe aus dem Pflanzen= od. Mineralreich.

Einunddreißigstes Capitel.

Seite

- A. Pflanzengifte.
  1. Blausäure 287
  2. Opium 288
  3. Brechnuß 290
- B. Mineralische Gifte.
  1. Arsenik 292
  2. Quecksilber 294
  3. Kupfer 296
  4. Eisen 299
  5. Blei 301
  6. Zink 302

Nachträge.

Zum Wein 305
Zum Branntwein 305
Zum Bier 306
Zur Milch 308
Brodvergiftung 309
Zur Butter 310
Zum Kaffee 311
Zum Thee 312
Arrow=Root, Sago und Salep 313
Essiggurken 314
Das Schweinefleisch und die Trichinen 315
Wurstgift 321
Zur Literatur über Wurstgift 324

Erster Abschnitt.

Die flüssigen Nahrungsmittel.

Erstes Kapitel.

Der Wein.

Die in der jüngsten Zeit vorgekommenen Weinverfälschungen sind so bedeutend, daß die Besorgnisse der Consumenten rücksichtlich der dadurch gefährdeten Gesundheit, nur als begründet betrachtet werden müssen, und man darf wohl annehmen, daß der Wein immer seltener das Produkt einer Traube bleibt, sondern vielmehr ein Fabrikat der verschiedenartigsten Mischung wird. Die Künsteleien, die mit dem Wein vorgenommen werden, gehen wahrhaft ins Großartige. Bald will man verbessernd auf seinen Geschmack einwirken, bald ihm eine schönere Farbe geben, und bald ihm durch allerlei Zusätze, die nicht selten sehr nachtheilig auf die Gesundheit einwirken, Kraft, Stärke und ein gewisses Bouquet verleihen. Die Regierungen richteten schon sehr frühe ihre größte Aufmerksamkeit auf die Weinverfälschung, und erkannten die höchst schädlichen Folgen dieser betrügerischen, gewissenlosen Manipulationen. Gehen wir noch weiter zurück ins Alterthum, so findet man bei dem Naturhistoriker Plinius, daß zu seiner Zeit schon der Wein mit Kalk, Gips, Thon, ja selbst Harz verfälscht wurde, allein die Verfälschungen desselben, welche in spätern Zeiten beobachtet wurden, waren weit lebensgefährlicher. Es ergiebt sich dies aus Polizeigesetzen Deutschlands von 1475 und 1590 und aus den Reichsabschieden von 1487, 1497, 1498, 1500—1508, 1548, so wie endlich aus preußischen Edicten von 1718 und 1722.

Aus den Schriften der Alten ergiebt sich, daß die Verfälschung des Weines mit Blei, schon den Römern bekannt gewesen. Dieses

Verfahren gerieth jedoch wieder in Vergessenheit, bis dasselbe nach Orfilas Bericht, von einem Schwarzwälder Mönche, Martinus Bavarus, wieder aufgefunden wurde. Von jener Zeit an wurde diese strafwürdige Manipulation wieder ergriffen, und von schnöder Gewinnsucht sofortan ausgeübt, ja, es nahm diese so sehr überhand, daß in verschiedenen Ländern Deutschlands Todesstrafe über jene ausgesprochen wurde, welchen eine Verfälschung des Weines mit Bleizucker nachgewiesen werden konnte. Das häufige Vorkommen solcher Weinverfälschungen in jener Zeit, findet sich auch bestätigt durch Bernard Valentinus, (medic. nov.-antique 1713). Er sagt: „Aehnlich wie es mit Speisen geschieht, war auch der Wein verfälscht, welchen Kleinkrämer im Herzogthum Würtemberg uns zuführten; da nemlich der Neckarwein zu dieser Zeit seiner gewöhnlichen Lieblichkeit entbehrte, hatten sie ihn mit Bleiglätte verfälscht, so, daß selbst mehrere Personen daran gestorben, bis die Obrigkeit den Verfälschern den Kopf abschlagen ließ." Hierüber erschien auch 1706 folgende öffentliche Bekanntmachung von Stuttgart aus unterm 10. April: „Obwohlen über die in den Reichsconstitutionen enthaltenen heilsamen Verordnungen in anno 1696 das Weinverfälschen sowohl mit dem Lithargyrio (Bleischlacke) als andern schädlichen Facturen, von neuem bei namhafter Geldstrafe, auch nach Befinden der Dinge bei Ehren-, Leibs- und Lebensstraf in diesem Herzogthum verbotten worden, so hat sich jedoch vor weniger Zeit erfundet, daß ein Kiefer, Hans Jacob Ehrni genannt, sowohl in einigen Orten dieses Herzogthums, als der nahe gelegenen Reichsstadt Eßlingen und anderswo die hoch verpönte Verfälschung mit denen ziemlich schlechten und sauern 1702r und 1703r Weinen abermalen zu practiziren unterstanden. Wie nun in gepflogener genauer Inquisition sich ergeben, daß dadurch hin und wieder etliche Personen an ihrer Person merklichen Schaden erlitten, **einige auch gar daran gestorben seynd: als ist ihm zu wohlverdienter Straffe in allhiesiger Residenzstadt der Kopf abgeschlagen,** auch die von dergleichen verbottenen Weinkünsten zusammengeschriebene Büchlein aboliret und durch den Henker öffentlich verbrandt; sonsten auch durch Vernichtung und Auslaufung der adulterirten Weine fernerem Unheil vorgebeugt worden."

Diese wenigen angeführten geschichtlichen Thatsachen mögen es beurkunden wie alt die Kunst der Weinverfälschung ist, es mag somit ihre nochmalige Angabe hier, Entschuldigung finden.

Die Kennzeichen eines guten reinen Weines sind folgende: er ist von angenehmem, stärkendem Geruche, eigenthümlich säuerlich süßem Geschmack; er affizirt die Zunge nur gelinde, in keinerlei Weise herbe zusammenziehend, frei von allem Beigeschmacke (Erdgout) liegt er nicht schwer auf der Zunge. Von Farbe ist er klar, von durchsichtigem Glanze, gleichgiltig ob er weiß, schillernd roth oder gelblich wird. Außer diesen Haupterfordernissen eines guten Weines, berücksichtigt man aber noch seine Stärke und Flüchtigkeit. Ebenso darf mäßig genossener Wein, wenn er gut sein soll, kein Uebelbefinden hinterlassen, noch viel weniger eine auffallende Berauschung hervorbringen, wie man dies z. B. bei stark geschwefelten und mit Weingeist versetzten Weinen gewahr wird.

Die bis jetzt am meisten bekannt gewordenen Verfälschungsstoffe des Weines sind:

1) **Obstmost**. Ganz besonders findet der Birnmost hier Anwendung. Es ist diese Verfälschung für die Gesundheit zwar nicht nachtheilig, bleibt aber immerhin ein grober Betrug.

Prüfung. Hiezu geben wir das Verfahren von Dejeux. Etwa 4 Kgr. des Weingemisches verdampft man im Wasserbad bis zur Syrupsdicke, läßt das Feuer ausgehen, bedeckt die Abrauchschaale leicht, und läßt sie noch weitere 24 Stunden im Wasserbad stehen. Nach Umfluß dieser Zeit gießt man das Fluidum ab. Auf dem Boden der Schaale findet man dann deutliche Kristalle von weinsteinsaurem Kali, welche noch Ueberschuß an Säure enthalten. Die abgegossene Flüssigkeit wird mit destillirtem Wasser verdünt, nochmals abgeraucht, worauf sich neuerdings Kristalle bilden werden. Ist dieses Verfahren dreimal durchgemacht worden, so erhält man einen dicken Syrup vom Geschmacke des Birnmostes, während sich alles übersaure weinsteinsaure Kali vollständig abschied. Es muß dieser Syrup nun bis zur Trockene abgedampft werden, wonach man eine halbdurchsichtige, stark zuckerige Substanz erhält, welche auf Kohlen geworfen brennt, aufquillt, und den jedem auf diese Weise behandelten Zucker und Schleim haltigen Stoff analogen Dampf verbreitet. Wenn nun gleich die Beschaffenheit des Syrups, so wie die Menge der Weingeistkristalle, unbestreitbar auf das Vorhandensein des Birnmostes hinweisen, so werden vergleichende Versuche, d. h. Mischungen von Wein und genanntem Most in verschiedenen Verhältnissen, um so sicherere Resultate liefern.

2) **Schwefel.** Theils zur Erhaltung der Weine, theils deren Farbe zu erhöhen, bedient man sich der Schwefelung, die an und für sich unschädlich ist, wenn sie mäßig angewendet wird, und man sich hiezu der Schwefelschnitten bedient, die frei von schädlichen Beimengungen sind. Nach Einigen soll 16 Gm. auf $37_{,2}$ Liter Wein zum erforderlichen Einbrande dienen. Lagerweine erfordern mehr von letzterm, als solche, die sogleich geschenkt werden. Die höchst nachtheiligen schwächenden Wirkungen des überschwefelten Weines auf das Nervensystem sind allbekannt, und namentlich mögen sich Leute deren Beruf anhaltendes Sitzen erfordert, vor solchem Wein hüten.

Prüfung. Eine Ueberschwefelung des Weines ist auf chemischem Wege leicht zu ermitteln. Es reichen dazu wenige Tropfen einer **salpetersauern Silberlösung**, welche man in ein Glas solchen Weines tröpfelt. Es bekommt derselbe hiedurch bald eine braunrothe Färbung, die allmählig ins Schwarze übergeht. Kocht man über dem Lichte überschwefelten Wein in einem silbernen Löffel, so wird das Innere desselben ebenfalls schwarz werden. Dasselbe findet statt, wenn glatt polirtes Silber in einen solchen Wein gelegt wird. Ein weiteres, jedoch umständlicheres Verfahren ist auch von **Hünefeld** angegeben. Nach ihm fügt man zu einem bestimmten Quantum Wein etwas Salpetersäure, oder noch besser etwas Chlor, dampft bis zu einem Rest von 1928 Gm. ab, läßt Chlorgas durchstreichen, präzipitirt hierauf die Schwefelsäure mit salz-, essig- oder salpetersaurem Baryt. Den erhaltenen getrockneten Niederschlag verkohlt man im Platintiegel, nimmt denselben heraus und löst ihn in mit Wasser verdünntem schwachem Königswasser, fällt neuerdings mit Barytsalz, glüht den Niederschlag aus, worauf man in 100 Theilen $34_{,373}$ Schwefelsäure erhält, was $13_{,8}$ Schwefel, oder $27_{,59}$ schweflicher Säure entspricht. — Sonst sind die überschwefelten Weine schon an ihrem brenzlichen Geruch, widrigen Geschmack und dem eigen-

Der Wein.

thümlichen Gefühl von Trockenheit, welches sie im Munde erzeugen, leicht kenntlich.*)

3) **Blei.** Das Verfahren, den Wein mit Blei zu vermischen, war wie schon vorne bemerkt wurde, lange Zeit ganz in Vergessenheit gerathen, bis es endlich wie Orfila berichtet vor 300 Jahren durch einen Mönch wieder aufgefunden, und von dort an bald von betrügerischer gewissenloser Gewinnsucht, bald aber auch aus **Unwissenheit** sehr häufige Anwendung fand und leider heutzutage **noch** findet. Ganz besonders ist es der Bleizucker dessen man sich bedient um Wein zu versüßen; außerdem hat man aber auch noch eine bleihaltige Tinctur, dann Silberglätte, Bleiweiß und Mennige hiezu verwendet.

Prüfung. Ein sehr entsprechendes Prüfungsmittel ist das mit Hydrothionsäure gesättigte Wasser, welches das Blei, auch bei größter Verdünnung, schwarzbraun niederschlägt. Schwefelsäure fällt das Blei selbst bei 20,000facher Verdünnung, der hierdurch gewonnene Niederschlag ist weißlich. Ebenso dient das blausaure Kali, es präcipitirt das Blei aus seinen Solutionen als ein weißes Pulver. Zur vollständigsten Ermittelung des Bleies dient aber die metallische Reduction, welche selbst im Großen ausführbar ist. Zu kleinen Versuchen fällt man das Blei durch Schwefelsäure oder durch eine Lösung von salzsaurem Natrum, trocknet den erhaltenen Niederschlag sorgfältig aus, und wendet alsdann das Löthrohr an. Oder man mischt von der würtembergischen Weinprobe (eine Flüssigkeit, die in jeder Apotheke leicht dargestellt wird) so viel zu dem verdächtigen Wein, bis sich kein Niederschlag mehr bildet, gießt die Flüssigkeit von dem erhaltenen schwarzen Pulver ab, wascht dasselbe mit destillirtem Wasser gehörig aus, sammelt und trocknet es auf dem Filter, und glüht es auf der Kohle mittelst des Löthrohrs. Es wird sich nun ein metallisches Bleikorn bilden,

---

*) Nach andern wird der Wein auch mit Wißmuth eingebrannt. Es ist dies jedoch ein Verfahren, wodurch derselbe offenbar für die Gesundheit nachtheilig wird. — Im südlichen Frankreich bedient man sich statt des Schwefels, des schwefelsauern Kalkes, den man in die Fässer bringt. So enthält dann der Wein keine freie schweflige Säure oder Schwefelsäure. — Die zum Einbrande des Weines sehr üblichen gewürzigen Schwefelschnitten, haben sich bis jetzt als unschädlich erwiesen.

welches von weicher Consistenz ist, vom Fingernagel leicht platt gedrückt werden kann, und auf dem Papier abfärbt*).

4) **Kohlensaures Kali, Pottasche, kohlensaurer Kalk, Natron.** Diese Stoffe werden dem Wein nicht selten beigemischt um ihn zu entsäuern und süß schmeckend zu machen.

Prüfung. Das kohlensaure Kali oder Pottasche ist im Wein als essigsaures Kali enthalten. Seine Anwesenheit ist leicht zu ermitteln, wenn man den verfälschten Wein bis zu einem Residuum von fester Consistenz abdampft, dieses etwas verkühlen läßt, wenig Weingeist zufügt, die Lösung hernach colirt und einen geringen Antheil Weinsteinsäure beifügt. Es wird auf diese Weise ein kristallinischer Niederschlag von saurem, weinsteinsaurem Kali gebildet. — Der kohlensaure Kalk, dessen man sich bald als Kreide, präparirte Austernschaalen, gestoßene Eierschaalen, gebrannte Kalkerde bedient, ist in solchem Fall als essigsaurer Kalk vorhanden. Letztern zu ermitteln, setzt man dem Wein so lange Ammoniakflüssigkeit zu, bis er alkalisch geworden, und fügt dann eine Sauerkleesalzsolution bei. Enthält der Wein nun wirklich kohlensauren Kalk, so wird dieser als kleesaurer Kalk gefällt werden. — Ein Zusatz im Wein von Natron wird gefunden, wenn man erstern zur Trockene

---

*) Friedr. Hoffmann bemerkt schon in seiner Medicina rationalis systematica: „Von allen Giften ist keines, welches auf die Verdauungsorgane so entschieden nachtheilig einwirkt als das Blei. — Die mit Bleizucker verfälschten Weine verrathen sich durch ihren ungewöhnlich süßen, am Ende etwas metallischen Geschmack. Längere Zeit genossen erzeugen sie eine Reihe von charakteristischen Zufällen, und können leicht langwieriges Siechthum und den Tod verursachen. Die schleichend giftige Wirkung des Bleies erklärt dies hinlänglich. — Um bei einem dunkelrothen Wein die Verfälschung mit Bleikalk recht deutlich darzustellen, dient folgendes Verfahren. Man entfärbt den Wein vorher, indem man zu einer Portion desselben die gleiche Quantität Milch mischt, die Mischung durch Löschpapier einigemal filtrirt, worauf dann der Wein wasserhell durchs Filter läuft. Alsdann wendet man die genannte Weinprobe an, und bald wird sich das Blei als ein schwarzbrauner Niederschlag zu erkennen geben. — Weinflaschen mit Bleischroten zu reinigen, wie dies da und dort noch im Gebrauch steht, kann, weil sich oft unten in der Flasche Bleischrote fest einkeilen, sehr nachtheilige Folgen haben. Nicht minder schädlich ist es, Wein in Gefäßen von Blei zu pressen, aufzubewahren, oder in schlecht glasirten Geschirren längere Zeit stehen zu lassen. Dieser Gebrauch herrscht noch im südlichen Frankreich und auch da und dort bei uns.

Der Wein.

abdampft, den festen Rückstand im Tiegel durchglüht, die verkohlte Masse mit verdünnter Salpetersäure macerirt, die gewonnene Lösung filtrirt, wieder zur Trockene abdampft, und den festen Rückstand auf Kohle mit dem Löthrohr behandelt. Die für die sichere Erkennung des Natrons so characteristische Erscheinung: eine lange gelbe Flamme wird sich alsbald zeigen.

5) **Bittererde, Magnesia oder Talkerde.** Sie ertheilt dem Wein einen spezifischen Erdgeschmack, und bildet mit allen in Wein enthaltenen Säuren lösliche Verbindungen.

Prüfung. Dem damit gemengten Wein wird Ammoniakflüssigkeit zugesetzt, bis eingetauchtes blaues Prüfungspapier keine saure Reaction mehr zeigt, nicht mehr geröthet wird. Alsdann tröpfelt man so lange eine Auflösung von phosphorsaurem Natron hinzu, als noch eine vermehrte Ausscheidung wahrnehmbar ist. Tritt letztere nicht augenblicklich ein, so wurde keine Magnesia zur Entsäuerung des Weines angewendet.

6) **Alaun.** Er wird nicht selten angewendet um den Wein, besonders den rothen, haltbarer zu machen, seine Farbe zu erhöhen und ihm den eigenthümlichen abstringirenden Geschmack zu geben.

Prüfung. Man mische einem solchen Wein eine Auflösung gereinigter Pottasche zu, es wird sich alsdann ein grauer Niederschlag zeigen, der nach sorgfältigem Ausglühen ein weißes Pulver giebt. — Tröpfelt man in einen alaunhaltigen Wein salpetersaure Quecksilbersolution, so wird das Quecksilber mit der Schwefelsäure des Alauns als ein gelbes Pulver niedergeschlagen, welches schwefelsaures Quecksilber ist. — Da ursprünglich alle Weine einen wenn auch geringen Antheil an Kali, Thonerde und Schwefelsäure haben, eine Mischung, welche die Bestandtheile des Alauns bilden, so hat man bei der Prüfung derselben auf diesen Gehalt ganz besonders die Qualität zu berücksichtigen. Hiezu haben Duflos und Hirsch im ersten Theil ihrer ökonomischen Chemie ein vorzügliches Verfahren angegeben. — Nach Leuchs (Vollständige Weinkunde. 1863. Nürnberg) soll man den Wein eindampfen, wobei sich dann der Alaun herauskristallisirt. Oder man sättigt ihn mit Kalkerde, wobei die Erden und Metallkalke zu Boden fallen. Glüht man alsdann den Rückstand mit etwas Fett, so werden die Metallkalke zu Boden fallen.

Glüht man alsdann den Rückstand mit etwas Fett, so werden die Metallkalke metallisch, mit Ausnahme des Arsens, welches unter Entwicklung von Knoblauchsgeruch entweicht. Erden bleiben zurück und lassen sich durch Lösung in reiner Essigsäure erkennen. Gewinnt man dadurch ein bitter schmeckendes Salz, so ist dies ein Zeichen von Kalkgehalt; ein herbsaures zeigt Thonerde an. Löst er sich in verdünnter Schwefelsäure und giebt dabei ein bitterliches Salz, so enthält er Kalkerde; Kalkerde zeigt sich hierbei, indem beim Eindunsten Gips niederfällt; Thonerde durch zusammenziehenden Geschmack (nach Alaun).*)

7) **Eisen; Eisenvitriol.** Hin und wieder kommt eisenhaltiger Wein vor. Es soll dies von eisernen Nägeln herrühren, die zu weit in das Faßinnere hineinragen, und so mit dem Wein in längerer Berührung erhalten werden. Dann aber mischt man auch öfters absichtlich demselben Eisenvitriol bei, wenn man junge Weine, die man mit altem Wein verschneiden will (Mischen von Weinen verschiedenen Alters), vor neuer Gährung zu sichern beabsichtigt.

Prüfung. Galläpfeltinctur erzeugt in eisenhaltigem Wein einen **schwärzlichen**, blausaures Kali einen **schön blauen** Niederschlag (Berliner Blau). Die Rothweine fällen aber schon durch ihren Antheil an Gallussäure das Eisen so. Im Uebrigen giebt schon ein geübter Geschmack den Eisengehalt zu erkennen.

---

*) In Frankreich wird der Alaun aus den bereits bemerkten Gründen häufig dem Rothwein zugegeben, und in Westindien benützt man ihn als Verhinderungsmittel der Gährung beim Zuckerrohrsaft. Indeß ist dieses Versetzen des Weines mit Alaun verboten, und es wird deßhalb in Frankreich eine Mischung, teinte de Fimes genannt, angewendet. Sie besteht aus 25—50 Theilen Hollunderbeeren, 3—6½ Theilen Alaun und 50—60 Theilen Wasser. Bei großem Gehalt an weinsaurem Kali im Wein bildet sich aber eine Zersetzung des Alauns, indem weinsaures Kali und weinsaure Thonerde entsteht. Findet eine solche Zersetzung nicht statt, so äußert der Alaun nachtheilige Wirkung auf den Organismus. Er wirkt in Folge seiner zusammenziehenden Kraft auf die Blutgefäße, vermindert die Secretion der Mundschleimhaut und der Speicheldrüsen; Trockenheit, verminderter Geschmack und Brennen im Munde treten zuerst auf, und da er zugleich eine Anätzung und Entzündung der Darmschleimhaut hervorzurufen vermag, so hat man die Entstehung von Eingeweidestockungen und Blutgeschwüren nach längerem Genusse solchen Weines entstehen gesehen.

Der Wein. 11

8) **Kupfer.** Durch kupferne und messingene Gefäße und Hahnen, hat der Wein schon manchmal Kupfergehalt bekommen, und es ist dies mehr eine Folge der Unvorsichtigkeit und Nachlässigkeit, als einer absichtlichen Verfälschung.

Prüfung. Eine Lösung von eisenblausaurem Kali in kupferhaltigen Wein geträufelt, erzeugt einen kastanienbraunen Niederschlag. — Blanker Stahl in solchen Wein gelegt, bekommt den bekannten Kupferüberzug. — In eine kleine Abrauchschaale wird ein kleines Stück Platinblech und auf dieses ein blankes Stückchen Zink gelegt. Man gießt nun darauf von dem verdächtigen Wein. Enthält er wirklich Kupfer, so setzt sich dasselbe sowohl um das Zinkstück, als wie um das Platinblech an, und giebt letzterem die eigenthümliche Kupferfarbe.

9) **Arsenik.** Der Wein kann einen Arsenikgehalt bekommen, wenn dem Faßbrand oder den sogenannten Schwefeleinschlägen Arsenik beigemischt ist. Beim Kaufe des Faßbrandes hat man deßhalb besonders darauf zu sehen, vollkommen arsenikfreie Schnitten zu bekommen.

Prüfung. Nach Leuchs ist folgendes Verfahren sehr entsprechend. Man gießt etwas Wein auf ein weißes Blatt Papier, streicht alsdann mit Höllenstein durch die benetzte Oberfläche; das Gelbwerden des Papieres zeigt den Gehalt des Arseniks, oder den eines phosphorsauren Salzes an. Wird der gemachte Strich nach kurzer Zeit braun, oder wird derselbe beim Zufühlen mit dem Finger rauh, kreidenartig, so enthält der Wein Arsenik. Entstand aber eine schmutzig grüne Farbe, so ist die Anwesenheit eines phosphorsauren Salzes dargethan. — Die Hahnemannsche Probeflüssigkeit fällt in solchem Wein das Arsenik als ein gelbes Pulver. Dieses Pulver, in Ammonium vollständig lösbar, bildet eine vollkommen farblose Flüssigkeit. Der mit Pottasche trocken zusammengeriebene Niederschlag stellt, wenn man ihn in einer Prüfungsröhre an der Spiritusflamme allmählig erhitzt, das Arsenik als glänzende Blättchen dar, welche, die Wandung der Glasröhre beschlagend und, herausgenommen, auf glühende Kohlen gestreut, die für Arsenik so charakteristischen weißen Dämpfe mit unverkennbarem Knoblauchgeruch zu erkennen geben. — Kupferammoniak bildet mit arsenikhaltigem Wein einen **körnigen, nach Knoblauch riechenden gelben** Niederschlag, schwefelsaures Kupfer einen desgleichen **grünen**; salpetersaures Silber bewirkt ein **gelbliches** Präcipitat. Bei diesen beiden letzteren Prüfungsweisen giebt der Knoblauchsgeruch des auf Kohlen gestreuten Niederschlages den sichersten Ausschlag, indem auch zufällig andere im Wein enthaltene Stoffe, in Rücksicht auf die Farbe, ganz dieselbe Reaction zeigen können.*)

10) **Wismuth.** Wie schon früher bemerkt, ertheilt gewisser Faßbrand bisweilen dem Wein auch Wismuthgehalt. Es ist indeß wohl eines der seltensten Vorkommnisse.

Prüfung. Sie besteht einfach darin, daß man alle im Wein befindlichen fremden Bestandtheile durch einen Zusatz von mildem Kali fällt, den gewonnenen Niederschlag gehörig auswäscht und ihn in verdünnter Salpetersäure auflöst. Zu dieser Lösung gießt man vorsichtig so lange destillirtes Wasser, als noch ein weißer Niederschlag erfolgt. Dieser Niederschlag ist salpetersaures basisches Wismuthoxyd, aus dessen Quantität das Gewicht des im Wein enthaltenen Metallsalzes ermittelt werden kann.

11) **Weingeist; Branntwein.** Ein Zusatz hiervon zum Wein findet häufige Anwendung, indem man schwachem Wein mehr Stärke zu geben beabsichtigt. Es ist dies auch ein Hauptgeschäft betrügerischer Weinhändler.

---

*) Eine Verfälschung des Weines durch Arsenik kann durch das Schwefeln des Weines sehr leicht erfolgen, da der gewöhnliche käufliche Schwefel nicht selten arsenikhaltig ist. Verbrennt man einen Schwefelfaden, der mit 6,5 Gr. Schwefel und 0,106 Gr. Arsenik bereitet ist, in einer etwas Wasser enthaltenden Flasche, und läßt diese verstopft nachher einige Zeit stehen, so enthält das Wasser schweflige und arsenige Säure, wie ein gelber Niederschlag (Schwefelarsenik) durch Schwefelwasserstoffgas, das sich in Ammoniak auflöst, nachweist. Es ist sehr wahrscheinlich, daß die heftigen Kopfschmerzen nach mäßigem Genuß gewisser Weine nicht von schwefliger Säure, sondern von Arsenik im Weine herrühren, wovon schon eine Spur hinreicht, Uebelbefinden zu erzeugen; es sollten daher die Weine blos mit völlig arsenikfreien Schwefelschnitten geschwefelt werden. Da aber Arsenik die Gährung des Weines verhindert, so erklärt sich, warum Weinhändler nicht jeden Schwefel für gleich tauglich halten. Das sogenannte Umschlagen, Folge einer Gährung, wird nämlich bei einem arsenikhaltigen Weine weniger vorkommen, als bei reinem Wein. (S. Runge's technische Chemie. 1. Theil.)

Prüfung. In der Neuzeit ist zur Ermittelung dieser Fälschung folgendes Verfahren als probat angerathen worden. Man erhitzt den Wein in einer offenen Schaale, indem man ganz nahe über die Oberfläche der Flüssigkeit eine kleine Oellampe mit mehreren brennenden Dochten hält. Ist der Wein nun wirklich mit Spiritus versetzt, so entzündet er sich schon bei mäßiger Wärme; enthält er aber nur seinen natürlichen Weingeistgehalt, so fängt er nicht eher Feuer, als bis er kocht. — Reibt man mit Branntwein versetzte Weine in der flachen Hand, so gewahrt man den charakteristischen, unangenehmen Schnapsgeruch, was bei rein gehaltenem Weine nie stattfindet. — Man wende die Destillation bei gelindem Feuer über der Weingeistlampe an, und wechsle fleißig die Vorlage, reiner, unvermischter Wein liefert erst etwas Wasser, dann Weingeist, dann wieder Wasser, während der mit Spiritus versetzte Wein schon bei 62—67° R. erst Weingeist, dann Wasser, dann wieder Weingeist nach dem Sieden der Flüssigkeit, und zuletzt Wasser giebt; zu bemerken ist jedoch, daß einzelne Weine, besonders Pfälzer und Rheinweine, schon vor dem Siedegrad ihren Weingeist abgeben.*)

12) **Zucker**; **Honig**. Solche Zusätze machen den Wein fad, süßlich, unhaltbar, leicht wieder in Gährung übergehend, bei welcher wenn sie wieder eintritt, der Wein auch die künstlich erzeugte Süße vollständig verliert.

Prüfung. Als entsprechendstes Verfahren hat man die Abdampfung in folgender Weise befunden. Drei Flaschen des verdächtigen Weines läßt man in offener Abrauchschaale bei mäßigem Hitzgrade bis zur Syrupskonsistenz abdampfen, rührt das Residuum mit 32 Gramm rektifizirtem Weingeist zusammen, und läßt es langsam erkalten. Nach Umfluß von etwa 24 Stunden hat sich ein kristallinischer Bodensatz gebildet, der aus Weinstein besteht. Die Flüssigkeit wird nun behutsam abgegossen, nochmals abgedampft, wonach ein dicker Saft zurückbleibt, welcher nach dem süßen Weinzusatz

---

*) Die ganz frischen Mischungen des Weines mit Spiritus sind mittelst des Geschmackes vom geübten Weinkenner leicht zu ermitteln, denn ersterer ist weder so mild, noch so kräftig, wie bei unverfälschtem Wein. Aber alte derartige Gemische können durch den feinsten Gaumen nicht mehr unterschieden werden. Solcher mit Weingeist gemischte Wein soll vorzugsweise Kopfweh erzeugen.

schmeckt. Wird er bis zur Trockene abgeraucht, so bildet er eine halbdurchsichtige Masse von sehr zuckerigem Geschmack, welche, auf glühende Kohlen geworfen, verbrennt, und den Geschmack des gebrannten Zuckers ausgiebt.

13) **Obstwein**. Eine Verfälschung, die in manchen Gegenden ziemlich häufige Anwendung findet.

Prüfung. Man läßt mehrere Unzen des verfälschten Weines bis zur Trockene abrauchen, wäscht den Rückstand so lange mit mäßig starkem Weingeist, als derselbe noch etwas aufnimmt, und begießt so lange mit Wasser, als noch etwas aufgelöst wird. Der durch Löschpapier colirten Lösung mischt man salzsaure Platinsolution zu. Bildet sich nun ein gelbes Sediment, so ist die Zuthat von Obstwein konstatirt, indem dieser viele kalische, in Alkohol unlösliche Salze enthält.

14) **Wasser**. Eine betrügerische Zuthat, welche sich Wirthe, ja selbst Weinhändler erlaubten und wahrscheinlich noch erlauben. Sie wird aber von geübten Weinkennern schnell durch den Gaumen ermittelt, besonders wenn eine solche Taufe an schweren Weinen vollzogen wurde.

Prüfung. Das Aräometer entscheidet schnell, denn da der Wein spezifisch leichter als Wasser ist, so wird bei Vergleichung des wasserhaltigen Weines mit nicht vermischtem, dasselbe in ersteren nicht so tief einsinken, als im völlig reingehaltenen. — Kochendes Baumöl, in den verdächtigen Wein geschüttet, veranlaßt, wenn derselbe wirklich mit Wasser gemischt ist, ein prasselndes Geräusch. — Ist das zur Vermischung genommene Wasser hart, kalkhaltig, so hat man in der Oxalsäure ein empfindliches Reagens. Sie bewirkt in solchem Wein eine Trübung und später, wenn die Flüssigkeit sich klärte, ein weißes Präcipitat.

15) **Schwefelsäure**. Sie wird, wie Lassaigne im „Journ. de Chemie", Nov. 1827, schon bemerkt, bisweilen dem Rothwein beigemischt. Zur Ermittlung einer auch geringen Quantität dieser Säure im Rothwein giebt genannter Chemiker ein sehr einfaches Mittel an. Man befeuchtet ein Stück Papier mit reinem Rothwein. Dieses Papier erscheint bald nach dem Trocknen blau-violett, ohne weiter verändert zu werden. Enthielt der Rothwein auch nur

Der Wein.

2—3 Tausendstel Theile Schwefelsäure, so nimmt das Papier eine rosenrothe Färbung an, wird nach dem Trocknen brüchig und läßt sich leicht zwischen den Fingern zerreiben. Zu dieser Prüfung eignet sich am besten das gewöhnliche geglättete, mit Stärkekleister geleimte Papier.

Außer diesen uns bekannt gewordenen Weinverfälschungen, die bald aus betrügerischer, gewinnsüchtiger Absicht und Gewissenlosigkeit, bald aber aus Unwissenheit ihre Anwendung finden, bleiben noch zwei Manipulationen darzustellen übrig, die eine ausgedehnte Anwendung finden, das **Färben des Weines und die Ertheilung eines künstlichen Bouquets**. Durch beide soll der Consument oder Käufer getäuscht werden.

Weißen, blassen Weinen giebt man Farbe mittelst gebrannten Zuckers. Dieser Betrug läßt sich erkennen, wenn man ein Gemisch von $0{,}65$ Gramm Sublimat und 32 Gramm destillirten Wassers dem verdächtigen Weine beimengt. Wird die Farbe durch dieses Verfahren nicht umgeändert, so wurde genannte Färbung **nicht mit ihm vorgenommen**, findet jedoch das Gegentheil statt, so soll eine Versetzung desselben mit gebranntem Zucker außer Zweifel sein. Wir trauen indeß dieser Prüfungsmethode nicht ganz.

Die **künstliche Färbung der Rothweine** wird da und dort sehr stark getrieben. Man bedient sich hierzu mancherlei Pflanzensäfte, besonders aber solcher Beeren, deren Saft mit weiniger Beschaffenheit einen dunklen Farbstoff verbindet. So finden Anwendung die Beeren des **Schlehdorns**, **Hollunders**, **Hartriegels**, des **Brombeerstrauches**, der **Kirsche**, die Blumen der **Steckenrose** oder großen Malve, dann das **Campechen- und Santelholz**, **Maulbeeren**, **Heidelbeeren**, **Klatschrosen**, **Kermesbeeren**, Blüthen der **Monarde**, der **Päonien**, **Cochenille**, **rothe Runkelrüben** und die Fruchthüllen des **chinesischen Zuckerrohrs**.*)

Prüfung. Von den vielen Methoden sollen hier nur die bekanntesten und erprobtesten angegeben werden. — $4/3$ Gramm Alaun löst man in 125 Gramm destillirten Wassers und mischt in

---

*) Statt des gebrannten Zuckers (Caramel) werden nach Leuchs auch oft geröstete Cichorie, geröstetes Malz, Brod und Getreide zur Färbung des Weines verwendet.

gleichen Mengen von dieser erhaltenen Solution und dem zu untersuchenden Wein zusammen. Alsdann tröpfelt man eine Lösung von
einem Theil kohlensauren Kalis in vier Theilen destillirten Wassers
so lange hinzu, bis ein deutlicher, hinreichender Niederschlag sich
gebildet hat. Zu berücksichtigen ist hierbei, daß man nicht so viel
Kalilösung zusetze, daß die Mischung alkoholische Reaction zeige,
sondern der Säureantheil darin noch überwiege, somit Lakmus davon
geröthet werde. Diese so zubereitete Prüfungsflüssigkeit verursacht
bei unverfälschtem rothen Wein einen schmutzig-grauen Niederschlag, der sich mehr oder weniger ins Rothe zieht; Wein, der
durch Klatschrosen gefärbt wurde, bekommt einen bläulich-grünen,
der mit Hartriegel gefärbte einen violett-braun, mit Heidelbeeren gefärbter einen noch mehr ins Blaue sich ziehenden Niederschlag. Das Sediment der Attichbeeren und schwarzen Kirschen ist
violett, jenes mit Blauholz violett-grau und der mit Per-
nambuk gefärbte Wein wird durch diese Flüssigkeit rosenroth
niedergeschlagen. Rothrübenfärbung zeigt das Kalkwasser an, welches
die rothe Farbe umändert, ohne einen Niederschlag zu bewirken.
Die Färbung mit Malven ergiebt sich durch folgendes Verfahren.
Streifen von ungeleimtem Schreibpapier werden mit dem verdächtigen
Wein getränkt und dann wieder getrocknet. Taucht man nun einen
solchen Papierstreif in eine verdünnte Kalilösung, so färbt er sich
grün mit einer Neigung ins Blaue, insoferne Malvenblumen
angewendet worden. Ist der Wein aber echt und besitzt er sein
natürliches Traubenpigmente, so wird das Papier ziemlich rein blau,
wenig ins Grüne spielend. — Nach Angabe Jacobs dienen zur
Ermittelung der verschiedenen Pflanzenpigment, mit denen die Rothweine gewöhnlich gefärbt werden, die schwefelsaure Thonerde,
welcher kohlensaures Ammoniak zugesetzt werden muß, und das
basisch-essigsaure Bleioxyd. Diese beiden Reagentien bilden,
wie hier gezeigt werden soll, folgende charakteristische Niederschläge:

Schwefelsaure Thonerde und kohlensaures Ammoniak.

Unvermischter Rothwein . . . . . graulicher Niederschlag,
Mit Campechenholz gefärbter . . dunkelvioletter „
mit Fernambuk „ . . rosenrother „

Der Wein.

Schwefelsaure Thonerde und kohlensaures Ammoniak.

Mit Klatschrosen gefärbter .... grauer Niederschlag,
mit Attichbeeren „ .... hellvioletter „
mit Fliederbeeren „ .... bläulich=grauer „
mit Ligusterbeeren „ .... hellgrüner „
mit Lacmus „ .... rosenrother „

Basisch=essigsaures Bleioxyd.

Unvermischter Rothwein ... bläulich=grauer Niederschlag,
mit Campechenholz gefärbter bläulich=grauer „
mit Fernambuk „ weinrother „
mit Klatschrosen „ schmutzig=grauer „
mit Attichbeeren „ bläulich=grauer „
mit Fliederbeeren „ schmutzig=grüner „
mit Ligusterbeeren „ schmutzig=grüner „
mit Lacmus „ bläulich=grauer „ *)

Wie vorne bemerkt, bedient man sich auch noch gewisser Zusätze von verschiedenen Gewürzen und anderen wohlriechenden Stoffen, wodurch den Weinen das sogenannte Bouquet verliehen werden soll. Dieses Verfahren der Weinverbesserung war schon den alten Griechen bekannt, die zu diesem Zweck wohlriechende Blüthen verwendeten.

---

*) Die Versuche Chevalier's über die Erkenntniß der natürlichen Farbe der Weine („Journal de Chemie médicale") lieferten folgendes Resultat und sind beherzigenswerth. 1) Einfach kohlensaures Kali wandelt die natürliche Farbe des Weines ins Bouteillengrüne und Bräunlich=Grüne um. 2) Die durch dieses Reagens hervorgebrachte Veränderung ist je nach dem Alter des Weines verschieden. 3) Der Farbstoff wird durch das angezeigte Reagens nicht gefällt, sondern bleibt in der alkalischen Flüssigkeit aufgelöst. 4) Vogel's Angabe, den Bleizucker als Erkennungsmittel der erkünstelten Farben anzuwenden, ist falsch; es liefert dies Reagens mit natürlich gefärbten Weinen verschieden gefärbte Niederschläge. 5) Kalkwasser, Bleiessig und Zinnsalz mit Zusatz von Ammoniak sind eben so unsicher als der Bleizucker. 6) Ammoniak kann in dieser Beziehung eher angewendet werden, da die Veränderungen, die es in den natürlich gefärbten Weinen hervorbringt, nicht so verschieden sind. 7) Ebenso wie das Ammoniak, verhält sich der Alaun, dessen Lösung etwas Kali zugesetzt worden ist. — Das zuerst vorne angegebene Verfahren, den Farbstoff, welcher den Rothweinen beigemischt wird, zu ermitteln, verdankt man Cadet de Gassicourt. Rees v. Esenbeck setzte diese Prüfungsweise deutlicher auseinander und gab Mittel an die Hand, das Resultat dieser Art Wein=

Diese Zusätze alle aber sind meistentheils durch ihren eigenthümlichen Geruch und Geschmack erkennbar, während das ureigenthümliche Bouquet, welches älteren, gelagerten Weinen zukommt, durch Unbestimmbarkeit rücksichtlich seines Geruches und Geschmackes sich ausspricht. Hin und wieder nun ist ein solches künstliches Bouquet sehr täuschend und der angewendete Zusatz schwer zu erkennen. Für solche Fälle soll das von Prof. W. Artus empfohlene Verfahren sehr maßgebend sein. Nach diesem Chemiker bringt man in eine tubulirte Retorte mit Vorlage etwa 125 Gramm des zu prüfenden

---

probe vor Täuschung möglichst sicher zu stellen. (S. N. v. Esenbeck über die künstliche Färbung der rothen Weine und die Mittel, diese zu entdecken. 1826. 8.) — Ein sehr einfaches Verfahren, den Rothwein auf Farbstoff zu prüfen, ist das von Hirzel angegebene. Nach diesem gießt man auf einen flachen Teller so viel Rothwein, daß der Boden des ersteren davon gerade bedeckt ist, stellt den Teller alsdann auf einen Kocher mit heißem Wasser und läßt den Wein verdampfen. Der echte Rothwein hinterläßt braune, der gefälschte dagegen hellrothe Ringe. — Cottini und Fantagini empfehlen zur Prüfung des Rothweines: 50 Cc. des zu prüfenden mit 6 Cc. Salpetersäure von $42°$ Beaumé zu mischen und auf $90—95°$ C. zu erhitzen, der natürliche Wein zeigt unter diesen Umständen selbst nach einer Stunde keine Veränderung, während die künstlich gefärbten innerhalb 5 Minuten ihre Farbe verloren. Das von Cottini und Fontagini 1870 bekanntgemachte Reagens zur Erkennung der natürlichen oder gekünstelten Farbe des Rothweines, welches in einer Salpetersäure von $1,413$ spec. Gew. besteht, von welcher man 6 Cc. mit 50 Cc. Wein vermischt und auf $90—98°$ erhitzt, ist von Stein als völlig werthlos erkannt worden. („Pharm. Centralhalle" 1872, Nr. 27.) — In neuester Zeit findet das Fuchsin Anwendung zur Färbung der Rothweine. Zur Nachweisung des Fuchsins im Rothwein dient nach Giuseppe Romei folgendes Verfahren. Man nimmt 4—5 Cubikcentimeter des Weins und setzt etwas Bleiessig zu. Diese Behandlung bezweckt die Fällung derjenigen Substanzen, welche den natürlichen Wein färben, und welche die Eigenschaft haben, sich in Amylalkohol zu lösen, und deshalb die Nachweisung des Fuchsins beeinträchtigen würden. Nachdem man die natürlichen Farbstoffe des Weins auf diese Weise gefällt hat, behandelt man die Flüssigkeit, als ob es sich um Nachweisung des Fuchsins in einem Syrup handelt und erhält dann die nämlichen Resultate mit dem einzigen Unterschied, daß man nach einiger Zeit der Ruhe drei getrennte Schichten wahrnimmt. Die unterste ist gebildet durch den bleihaltigen Niederschlag; die mittlere ist wässerige Lösung und die oberste besteht aus ungefärbtem oder gefärbtem Amylalkohol, je nachdem dem Wein gar kein oder etwas Fuchsin beigemengt ist. Nach Romei kann mit dieser vorgeschlagenen Methode die kleinste Quantität von Fuchsin bis zu $1/_{10}$ Milligramm und weniger in 100 der Flüssigkeit erkannt werden. (Zeitschr. f. analyt. Chemie. Jahrg. XI. S. 176.)

Weines, hält die Vorlage in einem Gefäß mit Wasser kühl und destillirt bei mäßiger Hitze so lange, bis etwas mehr als die Hälfte des ganzen Quantums übergegangen ist. Das gewonnene Destillat mischt man mit 5 Theilen Wasser. Erleidet dieses Gemisch durch Schütteln eine milchige Trübung, so kann man schon auf die Gegenwart von Gewürzen schließen. Hat diese milchige getrübte Mischung einige Zeit ruhig gestanden, so zeigen sich an der oberen Oeffnung der Vorlage ölige Tropfen, sowie auf der Flüssigkeit selbst ölartige Streifen. Bringt man endlich von dem Oel selbst auf die Hand, so läßt bei mehrerer Uebung der specifische Geruch desselben schon die verwendeten Gewürze erkennen. Nicht selten giebt man in einigen Gegenden dem Wein den Muskateller-Geruch durch die Muskateller-Salbei (Salvia sclarea). Ein übrigens unschädlicher Zusatz. Es darf nicht unterlassen werden, hier in Bezug auf die künstliche Ertheilung des Bouquets oder der Blume bei den Weinen hier das Neueste anzuführen, und man benützt hiezu das, was Gerding in seiner Gewerbechemie mittheilt. Er sagt: Das Bouquet oder die Blume ist bei jeder Weinsorte eine verschiedene, die einzelnen Weine charakterisirende, daher denn auch die Schwierigkeit ihrer künstlichen Nachahmung. Häufig verwechselte man sie mit einer anderen, in jedem Weine vorkommenden ätherartigen Substanz, dem Pelargonsäureäther (früher Oenantäther), und suchte deßhalb die Blume durch Borsdorfer Aepfel und ähnliche Früchte zu erzielen. Dadurch erreichte man jedoch nur den jedem Wein eigenthümlichen Weingeruch, der sich besonders in ausgeleerten Weinfässern zu erkennen giebt. Durch die Gährung des Zuckers bei der Rumbereitung bildet sich ganz dieselbe Verbindung.

In den Traubenblüthen nun hat man, neueren Versuchen zu Folge das Mittel gefunden, auch dem geringsten Most ein vortreffliches Bouquet zu geben. Dabei ist aber das Beobachten eines richtigen Verhältnisses erforderlich, welches jedoch bei der Verschiedenheit des Riechstoffgehaltes den Blüthen verschiedener Traubensorten, des Bodens und der Jahrgänge, im Voraus nicht bestimmt werden, und auch der eine Most eines größern Zusatzes als ein anderer, benöthigt sein kann. Die Bereitung eines vorräthigen Quantums von Bouquetessenz wird daher erforderlich, von welchem als Füllwein dem betreffenden Wein allmählig zugesetzt wird, bis er das gewünschte Bouquet besitzt. Hiezu besteht nach Gerding des Verfahren in Folgendem. Man sammelt bei warmer Witterung am Abend die Traubenblüthen, indem man unter die Traube einen Teller hält, mit einem Stöckchen, auf deren Stiel oder Rebe klopft. Dieses Klopfen muß aber so behutsam geschehen, daß die dadurch entstehende Erschütterung nur auf die einzelne, über dem Teller befindliche Traube, einzuwirken vermag. Zu Hause breitet man die gesammelten Blüthen auf ein Tuch von Linnen sorgfältig aus, trocknet sie im Schatten, drückt sie alsdann in Glas oder Steingutgefäße fest ein und überbindet diese gut mit Schweinsblase. Die Bereitung dieser Essenz aus an einem trocknenen Orte aufbewahrten Traubenblüthen, geschieht nach Gerding, indem man ein $\frac{1}{2}$ Ohm haltendes Faß mit hell von der Kelter ablaufendem Most füllt, und in dasselbe 3—4 lange schmale mit 250 Grm. Traubenblüthe gefüllte Säckchen von Leinewand hineinhängt. Nachdem dies geschehen, muß das Faß mit einer luftdicht in das Spundloch eingepaßten Gährröhre versehen, und der Most im Keller gähren gelassen werden. Beim ersten Abstich werden die Säckchen herausgenommen, und das Faß, in welches man den jungen Wein abgezogen, wird mit anderem jungen Wein spundvoll gemacht. Nach einem zweiten Abstich kann diese Bouquet-Essenz als Füllwein verwendet werden, nud $\frac{1}{2}$ Ohm wird hinreichen, 3—4 Fudern geringen Weines die gewünschte Blume zu ertheilen. Vorsichtshalber muß man jedoch vor dem zweiten und jeden weitern Auffüllen den Wein kosten, um beurtheilen zu können, ob die gewünschte Blume erreicht wurde, oder ob noch ein weiterer Zusatz nöthig ist. Der Most aber, der zur Darstellung dieser Essenz bestimmt worden, muß bezüglich seines Sauergehaltes auf 6 pro Mille zurückgeführt, und rücksichtlich des Zuckergehaltes auf 24 % erhöht werden.

Anton, Strahe und Blume sind der Ansicht, daß die künstliche Entwicklung des Weinbouquets (Oenanthäthers) durch ölartige Stoffe, z. B. durch eine Emulsion aus Mandeln, Traubenkernen, Nüssen und dergl. hervorgerufen werde. Liebig und Mulder dagegen sehen im Vorhandensein der Weinsteinsäure den Grund zur Bildung des Oenanthäthers. Habich theilt erstere Ansicht nicht, sondern meint vielmehr, daß ein Zusatz von Fett- oder Oelemulsion zum gährenden Weine eine größere Menge Oenanthäther zu bilden vermöge und bemerkt zugleich, daß die Erzeugung des Weinbouquets von einer solchen Verbindung, durchaus noch nicht nachgewiesen sei. Nach Zöller endlich, sind die stickstoffhaltigen Bestandtheile der Weinbeeren, die Erzeuger der riechenden Bestandtheile des Weines, welche je nach dem Standorte der Rebe und des Jahrganges, in welchem die Trauben zur Reife gelangen, dann nach der Traubensorte und der auf sie verwendeten Cultur, ebenso variiren als die durch sie erzeugten Bouquets.

Was die künstliche Fabrikation gewisser Weinsorten betrifft, so sind dies besonders folgende: Champagner, spanischer Wein, Malaga, Burgunder und Rheinwein. Der nachgekünstelte Champagner soll vom ächten durch folgendes Verfahren unterschieden werden können: eine langhalsige Flasche wird mit dem Wein gefüllt, und die offene Mündung in ein mit Wasser gefülltes Glas umgekehrt hineingehalten. Der ächte Wein nun, soll nicht herauslaufen, im umgekehrten Falle aber ziehen sich alle ihm beigemischten fremdartigen Stoffe in das Wasser, und der ächte Wein bleibt in der Flasche zurück. — Man raucht den Wein ab. Im Falle der Aechtheit wird wenig in der Abrauchschaale zurückbleiben, war der Wein aber nachgekünstelt, so erhält man ein nicht unbedeutendes Residuum von Zucker, Syrup und andern Stoffen. Der spanische Wein wird gewöhnlich aus Zucker, Syrup oder Honig nachgemacht. Solches Artefact beschlägt die Flasche, giebt beim Abdampfen einen trockenen pulverigen Rückstand. Der künstliche Malaga besteht aus Zucker, Branntwein und etlichen Gewürzen. Destillirt man ihn, so läßt er einen extractartigen Rückstand zurück; und giebt zugleich einen Spiritus aus von aromatischem Geruch und Geschmack. Der künstlich fabrizirt Burgunder besteht aus rothen Weinen, die man über den eingekochten Saft von schwarzen Kirschen, Hollunder, Heidelbeeren gähren läßt, und denen man, wenn die Flüssigkeit nicht herb genug ist, meist unreife, zerstoßene Schlehen beimischt. Bisweilen giebt man denselben von dem Abklären einen Zusatz von Schwefelsäure, wie wir dies schon vorne bemerkten. Ein solcher Burgunder, der aus gewöhnlichem rothem Wein mit einem Zusatze von Franzbranntwein besteht, läßt sich auf ein Teller gegossen, leicht entzünden, während dies bei echtem Burgunder der Fall nicht ist.*)

Der Apfelwein. Die Bereitung des Weines aus Aepfeln soll durch die Mauren nach Spanien, und von da nach Frankreich, England, Deutschland, Rußland und Amerika gekommen sein. Heute wird sie am ausgebreitetsten und vollkommensten in der Normandie, und nächstdem am Rhein betrieben. Auch in der Schweiz ist der Apfelwein beliebt und ein ausgebreitetes Getränk. Bisweilen kommt es vor, daß der Apfelwein bleihaltig ist. Man giebt dem Mangel an geeignetem Aufbewahrungsgeräth schuld, wonach hiezu nicht selten bleierne Gefäße verwendet werden.**)

Pariser Restaurateurs bedienen sich eines besondern Verfahrens um Weine überhaupt schnell alt zu machen. Sie füllen Bouteillen bis auf 1 Glas leeren Raumes, verstopfen sie und bringen sie in ein Wasserbad, das bis auf 60° R., aber nicht höher, erhitzt wird, und lassen sie so zwei Stunden stehen. Alsdann werden sie herausgenom-

---

*) Wie sehr insbesondere der weiße Bordeaur verfälscht wird, mag folgendes beweisen. Im Jahr 1853 wurde zu Paris im Magazin von Pardon 700 Fässer weißen Bordeaur mit Beschlag belegt, und nachdem die ärztliche und chemische Untersuchung die Verfälschung konstatirt hatte, in den Fluß ausgeleert. Zur gleichen Zeit wurden in Rouen 1000 Fässer mit Beschlag belegt. Daselbst wurde diese Fälschung im Großen betrieben, und Pardon sowie andere Pariser Commissionaire, wurden das Opfer ihres Vertrauens. Diese gefälschten weißen Bordeaur bestanden aus Birnmost und Franzbranntwein.

**) Mir ist während eines mehrjährigen Aufenthaltes in der Schweiz von einer Fälschung des Apfelweines nichts bekannt geworden. Dagegen fand ich in der Gazette des Tribunaux 1851 folgende Anzeige. „Ein Fall von Aufbewahrung sogenannten Apfelweines in Bleigefäßen ereignete sich in Paris, wo ein Brauer im Winter desselben Jahres Apfelwein bereitete, und, da er nicht Holzgefäße genug besaß, die Hälfte desselben in bleiernen Gefäßen aufbewahrte. Zwei Familien, welche später von diesem Getränk genossen, erkrankten. Sie stellten eine Klage auf den Grund des Art. 320 des Strafgesetzbuches an. Das Zuchtpolizeigericht verwarf die Klage, der Appellhof erklärte jedoch, daß der Beschuldigte durch Anwendung von Bleigefäßen, sich Mangel an Vorsicht und Geschicklichkeit habe zukommen lassen, daß das Wort: „Verwundungen" sowohl auf innerliche Krankheit wie auf äußerliche Verletzung anwendbar sei, wie schon aus den Art. 318 u. 319 hervorgehe, daß übrigens hier mildernde Umstände obwalten — und verurtheilte dennach den Brauer zu 25 Franken Geldstrafe, zu 2000 Fr Schadenersatz gegen die eine, und 1200 Fr. gegen die andere Familie."

men, vollends aufgefüllt und wieder wohl verstopft. Der so behan=
delte Wein soll um 10—12 Jahre älter erscheinen.

Die Weinverfälschungen haben übrigens aller Verordnungen und
aller Strenge ungeachtet nicht aufgehört, im Gegentheil werden auch
heute wieder Klagen laut. Es wird somit das Publikum nicht nur
hintergangen, der öffentliche Gesundheitszustand gefährdet, sondern
auch der gute Ruf weinproduzirender Gegenden, so wie der Kredit
rechtlicher Weinhändler beeinträchtigt. In manchen Gegenden, welche
sehr guten und vielen Wein produziren, findet, wenn nicht gerade eine
der Gesundheit nachtheilige Fälschung, so doch eine elende Schmiererei
mit demselben statt, so, daß man um einen unverhältnißmäßig hohen
Preis, selbst in Gasthöfen, eine erbärmliche Brühe verabreicht be=
kömmt.

Anhang.

Nachdem im Vorhergehenden die Verfälschungen und Verunreini=
gungen des Weines aus natürlichem Traubensaft dargestellt, und deren
Ermittelungsweise nach den uns zu Gebot stehenden Mitteln angegeben
worden, halten wir es nicht für überflüssig zum Schlusse noch zweier
Methoden zu erwähnen, welche die Veredlung und Verbesserung des
Weines so wie dessen künstliche Erzeugung, sich zur Aufgabe gemacht
haben. Es sind dies die Methoden von Dr. Gall und Petiot.
Wie alles Neue, wenn auch noch so zweckmäßige und wohlthätige,
stets einen harten Kampf mit dem althergebrachten Schlendrian und
kaum zu bewältigenden Vorurtheilen zu bestehen hat, so erging es
auch anfänglich namentlich der Methode von Gall, dessen Production
man geradezu das Prädicat einer Fälschung beizulegen, sich nicht
scheute. Aber indem Letzterer entschieden an dem Grundsatze festhielt,
daß das Gute so lange gesagt, und immer wieder gesagt werden
müsse, bis es geschieht, hatte dessen Verfahren doch solchen Erfolg,
daß es in kurzer Zeit bald allgemein wurde. Betrachten wir nun
Galls Methode näher. Sie besteht hauptsächlich darin, daß man
die reifern und bessern Trauben von den geringern absondert. Als=
dann muß der Most der geringern Sorten nach dem Pressen und
und Keltern mit so viel Wasser und Zucker gemischt werden, daß sein
Gehalt an Säure, Wasser und Zucker, dem Gehalte an diesen in
einem guten Traubenmost gleichkommt. Die Bestimmung der vor=

handenen Säuren und des fehlenden Zuckers, macht eine nähere Prüfung des Mostes nöthig, wenn das Verhältniß zwischen Wasser, Zucker und Säure, was in jedem Jahrgang in jeder Traubensorte und bei verschiederner Bodenart und Lage wechselt, in dem darzustellenden Wein ein genau bestimmtes sein soll. Als allgemeingültige Regel hiebei ist zu beachten, daß sich in den bessern Traubenmosten 20 % Zucker, $0{,}_5$—$0{,}_6$ % Säure finden, während der Most geringer Weine selten über 15 % Zucker und oft mehr als 1 % Säure enthält. Es fehlen demnach in 500 Kgr. Most, die bei gutem Wein 100 Kgr. Zucker enthalten sollen, mindestens 25 Kgr. Zucker. Die fast doppelte Menge der vorhandenen Säure macht aber einen größeren Wasserzusatz nöthig, der noch einen entsprechenden Zuckerzusatz fordert. Bei so geringem Most ist auf obige 500 Kgr. reichlich die Hälfte (oder 275 Kgr. einer Lösung aus 72 Kgr. Zucker in 100 Maaß oder 200 Kgr. Wasser) zuzusetzen. Man erhält dann von $1\frac{1}{2}$ Eimer Most durch diesen Zusatz $2\frac{1}{4}$ Eimer guten Weinmost, dessen spez. Gewicht in der Regel auch dem eines guten Weinmostes gleichkömmt. Nun ist vielfach die Behauptung aufgestellt worden, ein solcher Zuckerzusatz sei eine Verfälschung. Aber ein mäßiger Zusatz von Zucker dürfte nicht wohl als solche beurtheilt werden, um so weniger wenn derselbe vor der Gährung stattfindet. Nach dieser, würde freilich der Wein bald zum Verderben neigen. (S. Gerdings Gewerbechemie.) Immerhin ist vorzuziehen, wenn solche Zusätze nicht gemacht zu werden brauchen, und ein guter Wein durch das regelrechte Behandeln der Traube und durch einen hiedurch gewonnenen natürlichen Most erhalten wird. Als eine Verfälschung kann aber Galls Verfahren nicht betrachtet werden.

Petiots Weinbereitung beruht auf dem Zusatz von Zucker und Wasser unter Mitwirkung der Trester. Im Wesentlichen besteht sein Verfahren in Folgendem. Die von ihm vorgenommene Analyse des Weines ergab in 100 Gewichtstheilen 88—90 Thl. Wasser, 9—11 Thl. Zucker (wahrscheinlich sind 18—22 Thl. gemeint) und nur 1 Thl. Weinstein, Gerbstoff, Farbstoff, Harz oder wesentliches Oel ꝛc. Er nahm demzufolge die schwarze Auvergner Traube, welche nach dem gewöhnlichen Verfahren 60 Hectoliter Wein gegeben hatte, und fabrizirte daraus 285 Hectoliter. Sobald die Trauben zerdrückt waren und ehe noch die Gährung eintrat, nahm er sämmtliche Flüssigkeit, welche er austreten konnte, aus der Kufe. Er bekam davon 45 Hectoliter, wog den Saft an der Mostwage, welche 20° zeigte. Er ersetzte darauf in der Kufe die 45 Hectoliter reinen Traubensaftes durch 50 Hectoliter Zuckerwasser von gleicher Dichtigkeit mit 18 Kilogramm raffinirten Zuckers per Hectoliter Wasser. Er ließ gähren und zog 3 Tage darauf, als die Gährung beendigt war, 50 Hectoliter rothen Wein von schöner Farbe aus dieser Kufe ab. Dieser Versuch wurde zum öftern wiederholt und zwar mit stärkerem Zuckerwasser, und man gewann dadurch einen lieblichen Wein. Dieser von Petiot dargestellte Wein wurde von Maumené untersucht. Er fand im Liter 12,8 Cubikcentimeter Alkohol, 19,3 Gm. trockenen Rückstand und 3,4 Weinstein.

Schließlich noch folgendes. Die angefeindete und mannigfach verfolgte, als Fälschung verschrieene Methode Dr. Galls, brach sich dennoch siegreiche Bahn. Es dürfte deshalb für den Leser von Interesse sein, die Gutachten und Aussprüche hierüber einiger kompetenter Collegien und ökonomischen Gesellschaften, sowie ausgezeichneter Sachkundiger kennen zu lernen.

J. v. Liebig, wohl einer der größten und ausgezeichnetsten Chemiker der Gegenwart sagt: „Ich bin des Widerspruches der meisten Weinerzeuger gewärtig, aber auch ebenso überzeugt, daß in einem Menschenalter in schlechten Jahrgängen die Verbesserung des Mostes durch Zucker längs des ganzen Rheines ganz allgemein im Gebrauche sein wird, und unsere Nachkommen über die Bedenklichkeiten und Einwürfe ihrer Vorfahren nur lächeln werden. Die Natur erzeugt keinen Wein, es ist immer der Mensch, der ihn fabrizirt, der durch die künstlichen Mittel der sogenannten Veredlung die Naturkräfte nach seinen Zwecken lenkt und wirken läßt. (Liebig, Annal. d. Chemie 1853.)

Das königlich preuß. Landes-Oek.-Collegium erklärte schon im Mai 1851 in einem erschöpfenden Gutachten Galls Verfahren als einen vollkommen wissenschaftlich begründeten, segensreichen Fortschritt.

Die sächsische ökonomische Gesellschaft sprach es 1855 öffentlich aus, daß die nach Dr. Galls Verfahren veredelten geringen Weine den bessern Weinsorten wirklich gleichzustellen und die Anwendung jenes Verfahrens, so wie der Verbrauch solcher gallisirten Weine, im vaterländischen Interesse daher in jeder Beziehung zu empfehlen sei.

Der landwirthschaftliche Verein in Schaffhausen sprach unterm 17. Juli 1854 öffentlich, mit dem Ausdrucke seines „herzlichsten Dankes" Herrn Dr. Gall die Anerkennung aus: „Alle diejenigen, welche im letzten Herbste (1853) nach Ihrer Anleitung verfuhren, haben jetzt Weine, wie wir deren sonst nur in ganz guten Jahren erhalten."

Die badische landwirthschaftliche Centralstelle erklärte im Mai 1854 Dr. Galls Verbesserung als eine durchaus berechtigte.

Die königl. würtembergische Regierung nahm das Gallisiren bei einem Gesuch um Unterdrückung desselben in Schutz und gestattete, daß dasselbe auf der landwirthschaftlichen Academie zu Hohenheim gelehrt wird.

L. v. Babo, eine anerkannte Autorität im landwirthschaftlichen und Winzerfach behandelte in dem badischen landwirthschaftlichen Correspondenzblatt 1854 die Scheinheiligkeit der Gegner und die Vortheile des Gall'schen Verfahrens: „In 20 Jahren, sagt er, werden selbst die eifrigsten Gegner jeder Weinverbesserung ganz anderer Ansicht sein. Warum sollen wir einen sauern, schwachen alkoholarmen Wein trinken, wenn wir mit leichter Mühe und wenig Kosten durch natürliche Zusätze denselben zu einem süßen und angenehmen Trank fabriziren können? Warum sollen wir uns der Ungunst der Witterung unterwerfen, wenn wir derselben entgegen zu treten vermögen. Warum sollen wir einen Dreimännerwein, Sauerampfwein trinken, wenn wir den unangenehmen Folgen des Genusses dieses Weins Schranken setzen können? Wir können den schlechten Wein und müssen ihn verbessern, wenn wir uns nicht dem Gespötte der Nachwelt, die über die Unschuld der Alten lachen wird, aussetzen wollen. Oeffnen wir dem Fortschritt die Thore, benützen wir die Wissenschaft für die Landwirthschaft, der Segen wird nicht ausbleiben!" Unterm 28. Juli erklärte er: „Ich überzeugte mich durch die erhaltenen glänzenden Ergebnisse von dem Werth des Gall'schen Verfahrens, und erblicke darin das Mittel, die

Nachtheile geringer Jahre, besonders für die ärmern Winzer zu beseitigen."

Professor Siemens sagt: „Die hier in Hohenheim nach Galls Methode erzeugten Weine zeichneten sich durch Reinheit des Geschmackes und durch größere, fast unzerstörbare Haltbarkeit aus.

Von wesentlichem Belang endlich ist auch die Entscheidung des Hofgerichtes zu Bruchsal über diese Sache vom Jahr 1859. Dieselbe lautet:

1) Jeder Wein ist insofern ein künstliches Product, als kein Wein durch die Natur erzeugt wird, sondern das Erzeugniß der Reben durch menschliche Thätigkeit zur Gährung geleitet und dadurch Wein erzielt wird.

2) Zu den gallisirten Weinen kommen keine Stoffe, welche den Bestandtheilen eines guten Weines fremd sind, vielmehr wird nur durch Zusatz von Wasser und Zucker, also von Stoffen, die in jedem Wein vorhanden sein müssen, das bei schlechten Weinen vorhandene falsche Verhältniß zwischen Säure, Zucker und Wasser in ein solches ausgeglichen, wie es sich zwischen diesen Stoffen in guten Weinen findet.

3) Die durch das Gallisiren dem Wein zugesetzten Stoffe sind der Gesundheit nicht schädlich, auch werden dadurch dem Weine keine der Gesundheit zuträglichen Stoffe entzogen.

4) Hiernach ist der gallisirte Wein kein künstliches Surrogat eines natürlichen Weins, sondern es wird vielmehr durch das Gallisiren saurer oder geringer Weine ein Wein erzeugt, welcher als ein dem Mittelwein in chemischer und physikalischer Beziehung gleichstehendes Product betrachtet werden muß.

Endlich sagt Maumenée (Travail des vins): Die Zukunft der Traubenzuckerweine ist sicherlich unermeßlich. Man kann nicht ohne große Freude eine Methode sich immer mehr ausbreiten sehen, deren Erzeugnisse die Hülfsquellen unserer wichtigsten Industrie, die des Weins, vermehren, dem Traubenmangel in Fehljahren abhelfen und es möglich machen wird, selbst der ärmern Klasse zu allen Zeiten ein gesundes, wohlfeiles und möglichst unverfälschtes Getränk zu liefern. Selbst die Staatskasse kann durch die Ausbreitung jener Methode nur gewinnen."

Zweites Capitel.

Der Branntwein.

Die Consumtion des Branntweins hat ungeachtet der vielen Bestrebungen ihn so viel wie möglich aus der Reihe der Getränke zu tilgen, eher zu als abgenommen, und wird dies mannigfach nachtheilige Getränk von der arbeitenden und unbemittelten Volksklasse fortanin Gebrauch gezogen werden, besonders so lange noch große Herren selbst Schnapsbrenner sind, und dasselbe in eigenem Interesse an das Volk verkaufen.

Kennzeichen der Güte und Reinheit des Branntweins. Reiner guter Branntwein enthält zwischen 30—40 Prozent reinen Spiritus, ist von angenehmem Geschmack und veranlaßt bei solchen, die an ihn gewöhnt und körperlich gesund sind, keine schädlichen Wirkungen, so ferne er nicht in Uebermaß genossen wird. Er läßt sich leicht entzünden und verbrennt, keinen Rückstand hinterlassend, mit schön blauer Flamme; Hahnemanns Probeflüssigkeit so wie Salmiakgeist bewirken in ihm weder eine Trübung noch Umänderung der Farbe. Durch längeres Lagern wird sein Geschmack immer angenehmer, milder, verliert das Brennen im Hals, er nimmt eine licht weingelbe Farbe an ohne an Klarheit und Durchsichtigkeit zu verlieren. Endlich soll auch als Kennzeichen der Güte und Aechtheit des Branntweines zu betrachten sein, wenn er beim Einschenken perlt. Es kann dies aber keinen Beweis für seine Stärke abgeben, denn ganz reiner Branntwein, Alkohol, zeigt diese Eigenschaft nicht.

Verfälschungen, Verunreinigungen und betrügerische Zumischungen. Die bis jetzt bekannt gewordenen Stoffe, mit denen der Branntwein verfälscht oder gemischt befunden wurde, sind, Bleizucker, Blei, Arsenik, Kupfer, Alaun, Blausäure, Kirschlorbeerwasser, Zucker, Syrup, Schwefelsäure, Pfeffer, spanischer Pfeffer, Ingwer, Klatschrosenaufguß, Galläpfel, englischer Zuckerspiritus.

1) **Bleizucker.** Es kömmt bisweilen vor, daß man den Wein-

Der Branntwein. 29

geist mit Wasser verdünnt, bis er das spezifische Gewicht des Branntweins erlangt hat. Durch dieses Verfahren wird er aber milchig getrübt, weil sich das dem Weingeist eigenthümliche flüchtige Oel absondert und theilweise gefällt wird. Um nun diese Trübung zu heben und die Flüssigkeit vollkommen abzuklären, wird ihr eine geringe Menge Bleizucker zugefügt, das Ganze gut durchgeschüttelt und dann ruhig stehen gelassen. Anfänglich verursacht diese Beimischung eine noch größere Trübung, aber nach Umfluß von etwa 24 Stunden, erhält man eine vollkommen durchsichtige, klare Flüssigkeit.

Prüfung. Man mische zu einer geringen Quantität mit Bleizucker geklärten Branntweines in einem Probirglase etwas verdünnter Schwefelsäure oder wenige Tropfen schwefelsaurer Natronlösung. Im Falle nun wirklich im Branntwein Blei vorhanden ist, erzeugen diese Reagentien einen **weißen pulverigen Niederschlag**. In verdünnten Säuren ist letzterer **kaum**, in Aetzkalilösung aber **vollständig auflösbar**.

2) **Blei.** Bei schlechter Verzinnung des Kühlapparates, löst die Säure des Branntweins manchmal etwas von ersterer auf, und liefert dadurch ein bleihaltiges Product.

Prüfung. Man mischt zu solchem Branntwein etwas von der Hahnemann'schen Weinprobe, und das Blei wird als ein Sediment von schwärzlich brauner Farbe niedergeschlagen werden.

3) **Arsenik.** Nach der Angabe von Berzelius soll von einigen Branntweinbrennern beim Destilliren etwas Arsenik in die Blase gegeben werden. Warum, sehen wir indeß nicht ein.

Prüfung. Man mischt zu solchem Brantwein etwas Salzsäure, und treibe seinen Alkoholgehalt durch fortgesetztes Kochen aus. Alsdann leite man durch die übrige Flüssigkeit Schwefelwasserstoffgas, und es wird sich alsdann Schwefelarsenik als ein charakteristisch gelb gefärbter Niederschlag zeigen.

4) **Kupfer.** Kupferhaltig wird der Branntwein bei nachlässiger Behandlung oder Unreinlichkeit, da nämlich die in der Maische sich entwickelnde Essigsäure im kupfernen Kühlapparat Grünspan erzeugt, der sich alsdann dem Branntwein mittheilt.

Prüfung. Seife in solchen Branntwein geschabt, präzipitirt das darin aufgelöste Kupfer mit grüner Farbe. Denselben Erfolg gewahrt man beim Hinzutröpfeln einer wässerigen Kalisolution. —

Salmiakgeist erzeugt im kupferhaltigen Branntwein eine **bläuliche Färbung**, und nachher, nach Verflüchtigung des Ammoniums einen **grünlichen flockigen** Bodensatz. — Abgelöschter Kalk in den Branntwein gelegt, wird **grünlich beschlagen**, oder bildet ein **grünes** Sediment. — Auch Butter ist sehr empfindlich, denn kupferhaltiger Branntwein färbt ihn bald **grün**. *)

5) **Alaun.** Dieser Zusatz wird dem Branntwein öfters gegeben, um ihn, wenn er trüb geworden, schnell zu klären, oder um das Reizende seines Geschmackes zu erhöhen.

Prüfung. Man konzentrire den Branntwein durch Verdünstung, setze dem erhaltenen Rückstand etwas Wasser bei, filtrire und versetze ihn mit Aetzammoniak. Es wird sich nun bei Anwesenheit von Alaun ein gallertartiger weißer Niederschlag von Thonerdehydrat bilden, der sich in flüssigem Aetzkali auflöst. Setzt man der hievon abfiltrirten alkalischen Flüssigkeit bis zur sauern Reaction Salzsäure zu, so bildet eine Zuthat von salpetersaurem Baryt ein Präzipitat von schwefelsaurer Schwererde.

6) **Schwefelsäure.** Diesen Zusatz ertheilt man dem Branntwein, um ihm die Eigenschaft des Perlens und auch des Aether-

---

*) Stehmann bemerkt über die Verunreinigung und Verfälschung des Branntweines mit Bleizucker und Kupfer folgendes. „In manchen Branntweinen läßt sich essigsaures Blei oder Kupfer nachweisen. Dies rührt daher, daß sich bei der Destillation etwas Essigsäure gebildet hat, die dann auf die Löthstellen oder auf den Apparat selbst zerstörend einwirkt; es ist aber auch schon vorgekommen, daß gewissenlose Destillateurs Bleizucker zum Klären des Branntweins angewendet haben. Die Prüfung auf beide Substanzen ist einfach. Man filtrirt den Branntwein zuerst durch frisch ausgeglühte Holzkohle, um ihn zu entfärben, und vermischt ihn dann mit Schwefelwasserstoffwasser bis er deutlich darnach riecht; ein schwarzer Niederschlag oder eine braune Farbe zeigen die Gegenwart eines Metalles an, darauf nimmt man eine zweite Probe vor und versetzt sie mit einigen Tropfen verdünnter Schwefelsäure; entsteht hierdurch ein weißer Niederschlag, so ist die Gegenwart von Blei nachgewiesen. Bleibt die Flüssigkeit aber klar, so vermischt man sie mit Ammoniak; bei Gegenwart von Kupfer wird hierdurch eine **blaue Färbung** der Flüssigkeit verursacht werden. Letzteres Metall kann auch nachgewiesen werden, wenn man ein blankes Stück Eisen einige Stunden lang in den Branntwein legt. Ist der Verdacht begründet, so wird das Eisen nach Verlauf dieser Zeit einen rothen Kupferüberzug erhalten haben. — Zur Entfärbung des gelben Cognacs wird auch bisweilen Kupfer gebraucht.

Der Branntwein.

geruches zu geben, ersteres wird von Unkundigen als Zeichen seiner Güte betrachtet. Solcher Branntwein ist der Gesundheit durchaus nachtheilig.

Prüfung. Nach Schlegel füllt man gut gereinigte Weingläser mit dem verdächtigen Branntwein zu $^3/_4$ Theilen, und mischt in jedes Glas 4 Gm. einer filtrirten Auflösung salzsauren Baryts in destillirtem Wasser, mengt diese gleichförmig mittelst eines Glasstabes. Gleich zu Anfang dieses Zusatzes, zeigt sich eine weißliche Trübung, die durch chemischreine Salpetersäure nicht helle gemacht wird. Nachdem die Flüssigkeit nur wenige Zeit ruhig gestanden, bildet sich auf ihrer Oberfläche ein Fetthäutchen, das sich nach und nach verstärkt, nach einigen Stunden aber an den Glaswendungen einen Fettring absetzt, der Tags darauf in Gestalt von Flocken in den Gläsern zu Boden liegt. Es ist diese Erscheinung eine Folge der großen Affinität der Schwererde zur Schwefelsäure, vermöge welcher sich, als in Wasser und Weingeist unlöslich, Schwerspath bildet, der als weiße Absonderung sich zeigt, dagegen aber das an die Schwefelsäure gebunden gewesene fette Oel, von dieser jetzt getrennt, auf der Oberfläche sichtbar wird. Der Zusatz eines fetten Oeles zu erwähntem Zweck ist hierdurch nachgewiesen, und es kann dies Mandel- oder Mohnöl gewesen sein. *)

---

*) Medizinalrath Richter erwähnt einer Verfälschung des Branntweins mittelst einer Mischung aus fettem Oel und Vitriolöl. Diese Mischung wird in einer steinernen Büchse bereitet, welche dreimal soviel Flüssigkeit fassen kann als die zu mischende Quantität beträgt. Zu drei Theilen Baum- oder Mohnöl wird 1 Theil rauchende Schwefelsäure in 2—3 großen Absätzen gegossen, und beständig umgerührt. Hierauf wird die Mischung in einen kleinen Kübel, welcher mit starkem Branntwein gefüllt ist, gegossen, und mit einem Reisigbesen so lange in Bewegung gesetzt, bis eine vollkommene Lösung stattgefunden hat. Von dieser Lösung nun wird dem schwachen Branntwein so viel zugemengt als dem Fälscher nothwendig erscheint. Diese Verfälschung soll am besten durch salpetersauren Baryt ermittelt werden, der eine weiße Trübung in dem gefälschten Branntwein bewirkt; dann kann sie auch durch die Bildung eines Schaumes erkannt werden, den starkes Schütteln in einem Gefäß auf der Oberfläche des Branntweines erzeugt, nachdem 4 Theile reines Wasser beigemischt wurden. Es soll die Menge dieses Schaumes im Verhältniß stehen mit der Menge des zugemischten fetten Oeles und Vitriolöls. Deshalb läßt sich die beiläufige Quantität des angewendeten Fälschungsmittels aus der dickern oder dünnern Schichte des Schaumes bestimmen. (B. Henkes Zeitsch. f. Staatsarzneikunde. 30. Jahrgang 1850. Heft 2.)

7) **Blausäure.** Theils um den Geschmack des Branntweins angenehmer zu machen, theils aber um demselben mehr Stärke zu geben, werden der Maische zerstoßene Kerne von Mandeln, Kirschen, Pfirsig oder auch Zwetschgen zugemischt, welche bekanntlich blausäurehaltig sind. Schon der eigenthümliche Geruch verräth die Anwesenheit von Blausäure.

Prüfung. Man mache die zu untersuchende Portion Branntwein leicht alkalisch, füge einige Tropfen blauer Vitriollösung hinzu, alsdann mische man zu diesem Gemeng hinreichend Salzsäure, um das überschüssige Kupferoxyd aufzulösen. Hierdurch wird die Flüssigkeit bald stark milchig werden, was durch die größere oder geringere Menge der enthaltenen Blausäure bedingt ist, und blausaures Kupfer schlägt sich in weißen Flocken nieder. *)

8) **Zucker.** Derselbe wird als Geschmack verbesserndes Mittel dem Branntwein häufig zugesetzt.

Prüfung. Man raucht den Branntwein in einer kleinen Schaale oder in einem Eßlöffel bis zur Trockene ab. Der Zucker bleibt alsdann als ein gummiartiges Extract zurück.

9) **Englischer Zuckerspiritus.** Er wird in gleicher Absicht, wie der Zucker, dem Branntwein beigemischt.

Prüfung. Man reibt die verfälschte Flüssigkeit zwischen den Händen, worauf der eigenthümliche Geruch des Zuckerspiritus alsbald erkannt werden wird. — In einem Löffel über dem Lichte verbrennt

---

*) Manchmal rührt der Blausäuregehalt des Branntweins auch daher, daß man sich zu seiner Bereitung erfrorener Kartoffeln bediente. — Droguisten geben manchmal dem Branntwein einen Zusatz von Kirschlorbeerwasser, um denselben stark zu machen, eine Beimengung, die höchst strafbar ist. So kaufte im Frühjahr 1864 eine Frau von einem Materialisten eine kleine Quantität Kirschenwasser, um auf Anrathen davon hie und da einen Eßlöffel voll gegen lästige Blähungen zu nehmen. Nachdem sie den Tag über etwa 3—4 Eßlöffel voll von diesem Kirschenwasser genossen hatte, empfand sie Abends eine Eingenommenheit des Kopfes, Schwindel, Betäubung und ganz besonders das eigenthümliche Gefühl, als ob sie bald falle, bald fliege; außer diesem stellten sich auffallende Gesichtstäuschungen ein, indem es ihr bald helle, bald dunkel vor den Augen wurde, dann gewahrte sie wieder helle Flämmchen um sich her fliegend. Die eingeleitete Untersuchung dieses Kirschwassers soll eine starke Vermischung mit Kirschlorbeerwasser ergeben haben. Zweckmäßige Mittel hoben die genannten Erscheinungen bald. — In England ist diese offenbare Giftmischerei nicht selten im Gebrauch.

man eine Portion des verdächtigen Branntweins, bis die Flüssigkeit sich nicht mehr entzünden läßt. Was von derselben noch übrig ist, hat ganz den weinigen Geruch des ächten Branntweines, sofern die ganze Flüssigkeit ächt war, andernfalles hinterläßt die Probe eine Feuchtigkeit von eigenthümlich unangenehmem Geruch, der dem des brenzlichen Wachholderspiritus sehr ähnlich ist.

10) **Pfeffer, Bertramswurzel, spanisch. Pfeffer.** Schwacher Branntwein wird nicht selten über Pfeffer abdestillirt, um ihm mehr Stärke zu geben oder seinen geringen Alkoholgehalt anscheinend zu vergrößern.

Prüfung. Mann verdünne derartig verfälschten Branntwein, mit Wasser, der Zusatz von den genannten Verfälschungsstoffen wird sich alsdann schon durch den Geschmack leicht zu erkennen geben. Eine andere Prüfungsweise, die wohl am häufigsten stattfindet, ist, diese, daß man die eine Lippe mit dem verdächtigen, die andere aber mit echtem Branntwein bestreicht, und so beide dem Luftzuge aussetzt. Die mit verfälschtem Branntwein befeuchtete Lippe wird nun während sie trocknet, den scharfen und brennenden Geschmack des angewandten Fälschungsmittels deutlich wahrnehmen lassen. Dampft man verdächtigen Branntwein ab, so entwickelt derselbe, wenn er wirklich verfälscht wurde, den eigenthümlich scharfen Geruch und Geschmack immer stärker, während der reine Branntwein blos mit dem Entweichen des Alkohols auch den geistigen Geruch verliert. Der spanische Pfeffer, der dem Branntwein nicht selten beigemengt wird, kann nach Klaproth schnell ermittelt werden, wenn man ein Quantum Branntwein in einem silbernen Löffel verbrennt, und das Residuum rücksichtlich seines Geschmackes untersucht, in welchem Fall der wässerige Rückstand den charakteristischen **brennend scharfen** Geschmack erkennen läßt.*)

---

*) Der Wachholderbranntwein, der bis jetzt bei uns im südlichen Deutschland noch nicht verfälscht vorgekommen zu sein scheint, in England ein sehr beliebtes Getränk ist, wird daselbst, statt über Wachholderbeeren destillirt, nicht selten mit Terpentingeist angemacht, mit Zucker versüßt, dann stark mit Wasser verdünnt, und behufs der Klärung mit Bleizuckerlösung und Alaun behandelt. Die übrigen Branntweinarten, welche die verschiedensten Namen führen, wie z. B. Cognac, Rum, Arak, Trester oder Traberschnaps, Hefbranntwein, werden auch häufig auf künstliche Weise nachgemacht. Mehr oder minder bestehen sie aus Korn oder Kartoffelbranntwein, dem man durch die verschiedensten Zuthaten Geruch und Geschmack der erwähnten Branntweine zu geben sucht. So wird z. B. der **Franzbranntwein** durch Bei-

34 Der Branntwein.

Dr. Gerding in seiner Gewerbechemie (Bd. 3. S. 369) giebt zur Prüfung des Branntweines auf Fuselölgehalt folgendes Verfahren an. Man versetzt einen Branntwein mit einigen Tropfen salpetersaurer Silberlösung nebst etwas Ammoniak, unter Einwirkung des Sonnenlichtes. Der fuselölhaltige Branntwein wird nun eine röthliche bis schwärzliche Trübung erhalten, was bei einem Branntwein, der rein ist, der Fall nicht wird. Weiter bemerkt derselbe, wenn etwa Essigsäure vorhanden sein sollte, daß sich diese durch den Geruch entdecken lasse, indem man die Flüssigkeit mit Aetznatron versetzt, abdampft, und das rückständige Salz durch Schwefelsäure zerlegt. — Buttersäureäther und andere organische Aetherarten werden nach Gerding auf gleiche Weise erkannt. Amylverbindungen, welche im Branntwein enthalten sind und unter dem Namen „Birn- oder Apfelöl" zur Erzeugung von Aroma zugesetzt werden, lassen sich als Amyloxydhydrat oder Amylgeist mit Kali abscheiden. Der Amylgeist verflüchtigt sich nämlich erst bei 130°, verflüchtigt sich also auf dem

---

mischung von Essigäther zu reinem Spiritus nachgekünstelt, und den Rum sucht man durch Destillation des gereinigten Branntweins mit Schwefelsäure und Braunstein darzustellen; in andern Fällen bedient man sich hiezu eines Gemisches von geringen Mengen Essigäther, Ameisenäther, Salpeterätherweingeist und Zusätzen brenzlicher Stoffe. Diese nachgekünstelten Branntweine lassen sich mehrentheils durch Geruch und Geschmack leicht erkennen, sehr schwer dagegen und in vielen Fällen unmöglich fällt dies auf dem Wege der chemischen Prüfung. Die Unterscheidung des Kornbranntweins von Kartoffelbranntwein geschieht durch genaue Untersuchung des jedem eigenthümlichen Fuselöles. Zu diesem Behuf mischt man 32 bis 64 Gm. Branntwein mit 0,2—0,4 Gm. in einem Tropfen gelösten Aetzkali, schüttelt es um, und verdampft es langsam in einer Abrauchschale bis auf den Betrag von 6 Gm. Rückstand. Dem erhaltenen Rückstand mischt man in einem kleinen Gläschen ebensoviel verdünnte Schwefelsäure zu, und schüttelt dies um. Wird nun der Stöpsel des Gläschens geöffnet, so kann der charakteristische Fuselgeruch des Kornes oder der Kartoffeln, deutlich wahrgenommen werden. Bekanntlich hat das Fuselöl der Kartoffeln einen höchst unangenehmen ekeligen Geruch, während jenes des Kornes, wenn gleich auch etwas unangenehm, doch mehr dem Sauerteig ähnlich riecht. Nicht selten wird auch zur Bereitung des Branntweins verdorbenes Getreide genommen. Derartiger Branntwein zeigt nach Ure eine eigenthümliche, nicht mit dem Fuselöl zu verwechselnde ölige Substanz, welche, wenn solcher Branntwein erhitzt wird, nicht nur das Geruchsorgan, sondern auch das Gewicht stark affizirt und in dieser Hinsicht dem Geruch weingeistiger Cyanlösung ähnelt. Das Fabrikat selbst aber wirkt weit berauschender und nachtheiliger auf den Menschen, als Branntwein von derselben Stärke.

Der Branntwein.

Wasserbad sehr wenig, und der Rückstand zeigt Fuselölgeruch. Nach demselben Chemiker muß der Branntwein auch mit Catechu versetzt vorkommen, denn er sagt: ist dies der Fall, so wird Eisenvitriol in der Lösung des Rückstandes einen grünlich schwarzen Niederschlag geben. Zur Erhöhung des spec. Gewichtes sagt derselbe ferner, werde dem Branntwein auch Chlorcalcium zugesetzt, was sich im Rückstande durch kleesaures Kali entdecken lasse.

Tabelle
über den
Gehalt des wässerigen Weingeistes an absolutem Alkohol bei verschiedenen spezifischen Gewichten und bei $15^5/_9$° C. ($12^1/_2$° R.).

Spez. Gew.	Absol. Alcohol in Volumproz.	Spez. Gew.	Abs. Alcoh. in Volumproz.	Spez. Gew.	Abs. Alcoh. in Volumproz.
1,000	0	0,960	34	0,894	68
0,998	1	0,958	35	0,802	69
0,996	2	0,957	36	0,889	70
0,995	3	0,956	37	0,887	71
0,993	4	0,954	38	0,884	72
0,992	5	0,953	39	0,882	73
0,991	6	0,951	40	0,879	74
0,989	7	0,949	41	0,877	75
0,988	8	0,948	42	0,874	76
0,987	9	0,946	43	0,871	77
0,986	10	0,944	44	0,869	78
0,985	11	0,943	45	0,866	79
0,983	12	0,941	46	0,864	80
0,982	13	0,939	47	0,860	81
0,981	14	0,937	48	0,858	82
0,980	15	0,935	49	0,855	83
0,979	16	0,934	50	0,852	84
0,978	17	0,932	51	0,849	85
0,977	18	0,930	52	0,846	86
0,976	19	0,928	53	0,843	87
0,975	20	0,925	54	0,840	88
0,974	21	0,923	55	0,837	89
0,973	22	0,921	56	0,833	90
0,972	23	0,919	57	0,830	91
0,971	24	0,917	58	0,827	92
0,970	25	0,915	59	0,823	93
0,969	26	0,913	60	0,819	94
0,968	27	0,910	61	0,816	95
0,967	28	0,908	62	0,812	96
0,966	29	0,906	63	0,808	97
0,965	30	0,904	64	0,803	98
0,963	31	0,901	65	0,799	99
0,962	32	0,900	66	0,794	100
0,961	33	0,897	67		

Drittes Capitel.

Das Bier.

Unter den Getränken ist unstreitig das Bier den meisten Verunreinigungen, Verfälschungen und betrügerischen Zuthaten unterworfen, wodurch bald seine Qualität, bald seine Quantität verbessert oder vermehrt werden soll. Alle 3 Naturreiche liefern hiezu ihre Stoffe in nicht unbedeutender Zahl, und fast jedes Jahr bringt deren neue.

Kennzeichen des reinen unverdächtigen Bieres. Farbe weingelb, hell, glänzend; Geschmack angenehm, rein ohne allen Beigeschmack, unter keiner Bedingung schaal oder säuerlich; Geruch angenehm, frisch angestochen brikelnd. Der Weingeist und Extractivstoffgehalt steht mit der zu seiner Bereitung gewonnenen Menge Malz und Wasser in richtigem Verhältniß; in offenen Gefäßen stehen gelassen, darf sich kein Sediment bilden, und einige Zeit in Gefäßen hermetisch abgeschlossen, entwickelt es eine beträchtliche Menge Kohlensäure unter starker Schaumbildung.

Verfälschungen und Verunreinigungen des Bieres.

A. Absichtliche. Durch sie will der betrügerische Bierbrauer sein von vorne herein schlechtes Fabrikat verbessern, verstärken, oder aber er will die Trinklust der Gäste steigern. Hiezu nun finden folgende Stoffe Anwendung. Kokelskörner, Opium, Dickauszug von Mohnköpfen, Ignazbohnen, Strychnin, Brechnuß, Tabak, wilder Rosmarin, Bilsenkraut, Belladonnablätter, Aloe, Quaßienholz, Weidenrinde, Enzianextract, Calmus, Wermuth, weißer Andorn, Pomeranzenschaalen, Süßholzsaft, Syrup, Honig, Abkochung von Leinsaamen, gebranntes Mehl, gebrannter Zucker, gebrannter Syrup, gebranntes Malz, spanischer Pfeffer, Ingwer, Coriander, Paradieskörner, Zimmtblüthen, Hausenblase, Eiweiß, Hirschhorn,

Schwefelsäure, Alaun, Gips, Austerschaalen, Eierschaalen, Marmor, Kreide, kohlensaures Kali, kohlensaures Natron, Kochsalz, Wasser, Eisenvitriol, Knochenasche, Kalbsfüße, Schaafdärme, Tischlerleim, Branntwein.

Was die ersten zehn Pflanzenstoffe anbelangt, so bedient man sich ihrer nicht sehr selten, um den dem Bier abgehenden Weingeistgehalt und Stärkegrad durch ihre betäubenden narkotischen Eigenschaften zu ersetzen. Daß sämmtliche Stoffe Gift sind, auf den Consumenten nur höchst nachtheilige Wirkungen äußern müssen, ist begreiflich, und man sollte auf den Schild eines jeden, der solcher Beimischungen überführt worden, „Giftmischerei" schreiben, statt Bierbrauerei.

Aloe, Quaßienholz, Weidenrinde, Enzianextract, Wermuth, Kalmus, weißer Andorn und Pomeranzenschaalen, sollen durch ihre Zuthat die Hopfenarmuth des Bieres verdecken. Diese vegetabilischen Stoffe besitzen zwar einen bittern Geschmack, im übrigen aber nicht eine einzige der ausgezeichneten Eigenschaften des Hopfens, können daher nie ein zweckmäßiges Ersatzmittel für denselben abgeben, und das mit ihnen verkünstelte Bier erhält einen unangenehmen widrigen Geschmack und wirkt nachtheilig auf Magen und Unterleib.

Der Süßholzsaft, Syrup, Honig, Leinsaamenabkochung, werden angewendet, wenn das Bier malzarm ist, zuviel Wasser beigemischt enthält, und ihm daher der nöthige Zuckerstoff abgeht. Schädlich sind diese Beimengungen an und für sich nicht. Das gebrannte Mehl, gebrannter Zucker, gebrannter Syrup und gebranntes Malz finden häufige Anwendung als Färbemittel, um aus weißem Bier braunes zu machen. Diese wie die vorhergehenden Stoffe, sind ebenfalls unschädlich für die Gesundheit, dagegen für die Haltbarkeit des Bieres um so nachtheiliger, weil sie in demselben eine Gährung veranlassen. Der spanische Pfeffer, Ingwer, Koriander, Paradieskörner, Zimmtblüthen, finden Anwendung um dem Bier künstlicherweise jene eigenthümlich belebende Stärke, jenen prikelnden erfrischenden Geschmack zu geben, der ihm eigen ist, wenn es gut gebraut wurde, und seinen verhältnißmäßigen Kohlensäuregehalt hat. Hausenblase, Eiweiß, Hirschhorn, Kalbsfüße, Tischlerleim, Schaafdärme werden gebraucht, um trübes Bier zu klären, helle zu machen. Man sieht, daß unter diesen auch einige nicht sehr appetitliche Stoffe sich befinden, sie sind schlechterdings verwerflich, und das mit Eiweiß geklärte Bier hält sich nicht lange hell, sondern wird bald wieder trüb und schlammig. Die Schwefelsäure wird theils frei, theils an Alaun gebunden dem Bier, besonders dem Dünnbier zugemischt, da dieselbe größere Klarheit des Getränkes bewirkt, auch dem Bier einen angenehmen Geschmack geben soll.(?) Die Austernschaalen, Eierschaalen, Marmor, Kreide, kohlensaures Kali, kohlensaures Natron, finden häufige Anwendung, um die dem Bier eigenthümliche Säure abzustumpfen, oder auf eine Zeit lang ganz zu benehmen. Diese Zusätze haben indeß den Nachtheil, daß durch sie das Bier bald gänzlich verdirbt, das Weinige seines ursprünglichen Geschmackes bald verliert, schaal wird, und, indem es seine frühere Farbe in eine schmutzig grauliche ändert, einen höchst widerlichen Geschmack bekömmt, der durch keine Künstelei mehr zu heben ist. Alaun, grüner Vitriol und Kochsalz sind die gewöhnlichsten Mittel, um dem Bier starken Schaum zu geben, da gar Viele von dem starken Schäumen des Getränkes auf seine Güte schließen. Das Kochsalz erregt überdies den Durst noch mehr, und so ist die Absicht seiner Zuthat leicht begreiflich. Der Branntwein der manchmal auch dem Bier zugesetzt wird, und gewöhnlich Korn, Kartoffel- oder auch Weinbranntwein ist, dient zur Vermehrung seiner Stärke. Das Wasser endlich, welches dem Bier zugemischt wird, dient zu dessen Verdünnung. *)

---

*) Außer diesen Verfälschungsmitteln des Biers, welche demselben absichtlich zugemischt werden, sind in neuerer Zeit noch zwei andere, die als Hopfensurrogate dienen sollen, in Anwendung gesetzt worden. Es sind dies das Kraut der Wiesensalbei (Salvia pratensis) dann das Kraut der gemeinen Heide. (Erica vulgaris). Ersteres vermehrt zugleich die berauschende Eigenschaft des Biers, während letzteres mehr wegen seines bitterlich herben Geschmackes Anwendung findet. — Nach Dr. Waltl in Augsburg, ist durch die Mauthbücher erwiesen, daß manche Bierbrauer Aloe im Großen beziehen, und Buchner bemerkt: „Daß die Aloe als Hopfensurrogat angewendet werde, kann ich nach dem was ich in neuester Zeit hierüber erfuhr, nicht in Abrede stellen. Auch wird

Das Bier.

Ueber die Verfälschung des Biers mit **Syrup** und **Johannisbrod** sagt **Keller** in Dillingen: diese Stoffe werden besonders in Jahren der Getreidetheuerung häufig angewendet, indeß nicht um alles Malz, sondern um einen Theil desselben zu ersparen. Droht solches Bier sodann in wärmeren Monaten in saure oder gar faule Gährung überzugehen, so werden demselben geistige Flüssigkeiten zugesetzt. Nach **Keller** dient zur Prüfung solcher Biere die **Schwefelsäure** ganz vorzüglich. Wird gutes reines Gerstenbier zu $1/6$—$1/8$ mit konzentrirter Schwefelsäure vermischt, so entwickelt sich sogleich etwas Kohlensäure und unmittelbar darauf riecht es ausgezeichnet stark geistig mit ganz wenig nicht unangenehmem Fuselgeruche vermischt. Tritt dieser Fuselgeruch in hohem und unangenehmem Grade hervor, so täuscht man sich nicht wohl, wenn man annimmt, daß ein solches Bier absichtlich mit Branntwein gemischt worden. Bei andern Bieren ist dagegen von einem unangenehmen Fuselgeruche nichts zu finden, statt dessen zeigen sie, nachdem die durch die konzentrirte Schwefelsäure sehr erhitzte Mischung wieder erkaltet ist, einen angenehmen lieblichen Geruch, beinahe wie Punsch. Solche Biere sind sowohl aus dem gedachten Geruche zu schließen, als nach den gemachten Erfahrungen **Kellers**, mit einer starken Gabe von holländischem Syrup (oder Johannisbrod) gebraut, welcher bei der Gährung einen andern Fuselgeruch, als der Zucker der Getreidesorten, der Kartoffeln ꝛc. annimmt, nämlich der nach Rum oder Arak. Daher der Punschgeruch.

Einige organische Substanzen die im Dickauszuge dem Bier zugesetzt werden, um ihm die dem Hopfen eigenthümliche Bitterkeit zu

---

die Sache immer glaubwürdiger, wenn man von Bierkennern erfährt, daß hin und wieder braunes Bier vorkömmt, welches sich durch auffallend bittern Geschmack und durch purgirende Eigenschaft verdächtig macht. Uebrigens ist die Möglichkeit eine Anwendung der Aloe statt Hopfen wohl begreiflich, wenn man bedenkt, daß dieselbe sehr ansehnliche pecuniäre Vortheile gewähren muß, da sie oft per 50 Kgr. nur auf 55 Mark steht, während der Hopfen 70 und noch mehr Mark kostet, und man mit $1/2$ Kilo Aloe so weit reicht, als mit 5 Kilo Hopfen. Auch ist bekannt, daß eine wässerige Aloesolution keine Neigung hat in saure oder faulige Gährung zu gehen, woraus sich wohl der Schluß ziehen läßt, daß die Aloe noch mehr als der Hopfen geeignet sein dürfte, die Haltbarkeit des Bieres zu begünstigen, was eine Hauptsache ist."

geben, ähneln letzterer so sehr, daß sie selbst durch physikalische Proben nicht von demselben unterschieden werden können. Hierher gehört ganz besonders das in den Kokelskörnern enthaltene Picrotoxin. Lessaigne fand indessen einen Unterschied bei seinen Untersuchungen über die Picrinsäure zwischen dieser und dem Hopfenbitter. Er bemühte sich ein geeignetes Mittel aufzufinden, um die Picrinsäure im Bier aufzufinden, nachdem er sich überzeugt hatte, daß man in gewissen Districten Frankreichs diese Säure als Ersatzmittel des Hopfens verwende, und auch Dumoulin bereits der Academie der Wissenschaften eine Probe Bieres überreicht hatte, welches statt mit Hopfen, mit Picrinsäure gebraut war. Lessaigne bemerkt zunächst, daß der Geschmack zwischen der Bitterkeit dieser Säure und der des Hopfens keinen Unterschied finden könne, daß aber mit Hülfe nachfolgender Versuche die Gegenwart oder Abwesenheit eines solchen Zusatzes, leicht zu bestimmen sei. Das Bier wird nämlich zu dem Ende mit einer Lösung von basisch essigsaurem Bleioxyd im Ueberschuß geschüttelt, wodurch ein Niederschlag entsteht, welcher das Hopfenbitter und den größten Theil des Farbstoffs des Hopfens enthält, während die Picrinsäure, im Falle sie vorhanden ist, von diesem Reagens unberührt bleibt, und daher der Flüssigkeit ihren eigenthümlichen Geschmack mittheilt. — Eine andere von Lessaigne ausgeführte Probe ist die, daß man mittelst gewöhnlicher Knochenkohle, welche durch Salzsäure gereinigt worden, den Farbstoff des Bieres niederschlägt, wo dann die Picrinsäure ihre natürliche Färbung dem Filtrat mittheilt. Auf diese Weise soll man sogar sehr kleine dem Bier zugesetzte Spuren der Säure entdecken können. Bei diesen Versuchen operirte der Chemiker um die Wirksamkeit des Prüfungsmittels zu erfahren, mit gleichen Portionen eines ächten gut bereiteten Getränkes, welchem $1^{12}/_{1000}$ oder $1^{18}/_{1000}$ des Verfälschungsmittels zugesetzt war. Sobald nun essigsaures Bleioxyd oder Thierkohle dem reinen Bier zugesetzt wurden, erlitt dasselbe eine gänzliche Entfärbung, während die verfälschten Proben eine zitrongelbe Farbe behielten. Es sollen sogar die geringsten Spuren von Verfälschungen durch Verdampfen entdeckt werden können, und selbst dann, wenn die Flüssigkeit bis zur Hälfte oder dem vierten Theil ihrer Menge reduzirt ist und alsdann das Prüfungsmittel angewendet wird.

Das Bier. 41

Ein anderes Verfahren zur Entdeckung des wirkenden Prinzips der Kokelskörner im Bier giebt Herapath an. Es gründet sich dasselbe auf die Eigenschaft der Thierkohle das Picrotoxin aus seiner wässerigen Lösung auszuscheiden. Zunächst wird um dasselbe anzuwenden, zu dem der Prüfung unterworfenen Bier essigsaures Bleioxyd hinzugesetzt, um das Humulin und andere Extractivstoffe zu fällen. Der hierdurch erhaltene Niederschlag wird alsdann durch Filtration entfernt und der in dem Filtrat vorhandene Ueberschuß von Blei mittelst Schwefelwasserstoffgas als Schwefelblei ausgeschieden. Der nach der Filtration des Niederschlages vorhandene freie Schwefelwasserstoff wird durch zeitweiliges Kochen des Filtrats verjagt, und hierauf die Lösung langsam bis zur syrupartigen Consistenz verdunstet, und endlich mit dieser Masse ein kleiner Antheil reiner Thierkohle einige Minuten hindurch geschüttelt. Nach dem völligen Erkalten der Lösung wird dieselbe filtrirt und die Thierkohle, welche das etwa vorhandene Picrotoxin enthält, mit der möglichst kleinen Menge Wassers ausgewaschen und dann bei 100°C. getrocknet. Nachdem nun sämmtliche Feuchtigkeit ausgetrieben worden, wird die Kohle mit etwas Alkohol gekocht, um das vorhandene Alkaloid zu lösen. Diese Lösung wird nun filtrirt und verdunstet, wobei das Picrotoxin von selbst in Krystallen anschießt. War das Verfälschungsmittel in großer Menge vorhanden, so wird es sich in wohl ausgebildeten Prismen ablagern, oder wenn die Lösung rasch konzentrirt und schnell abgekühlt wurde, so werden die Krystalle eine schön blätterige oder federige Gestalt zeigen. Ein kleiner vorhandener Betrag von Picrotoxin nimmt dagegen die Form von strahlenförmigen Nadeln an, welche, wenn die Krystallisation wie gewöhnlich zwischen zwei Glasplatten ausgeführt wurde, eine eigenthümliche Neigung zu erkennen giebt, sich an den Rändern des obern Glases selbst parallel abzulagern. Auf diese Weise soll das Alkaloid in einem Bier entdeckt werden können, wenn nur 16 Gm. dem Barell zugesetzt worden war.

Obwohl die Kokelskörner für Menschen und Thiere ein bedeutendes Gift sind, das betäubend, abstumpfend, lähmend auf Gehirn und Nerven wirkt, die Muskelkraft untergräbt, Taumeln, Zittern, Starrkrampf u. s. w. verursacht, so wird es doch in England zur Bereitung des Porter und zwar 1,5 Kg. auf je 44 Hektolit. (etwa

80 Scheffel) Malz angewendet, um dem Bier die angenehme Bitterkeit zu geben, die berauschende Eigenschaft desselben zu vermehren, die zweite Gährung auf Flaschen zu verhindern, dadurch das Springen der Flaschen und das Sauerwerden des Bieres zu verhüten. Trotz der in England vorhandenen strengen Gesetze gegen diese Verfälschung, unterbleibt diese doch nicht, da sie schwer zu entdecken, und der schädliche Stoff ebenfalls kaum oder gar nicht auf chemischem Wege aufzufinden ist.

Um die Verfälschung des Biers mit Picrotoxin nachzuweisen, giebt Blas in Löwen ebenfalls ein Verfahren an. Nach ihm verdunstet man etwa 6 Liter des zu prüfenden Bieres, behufs Verflüchtigung des Weingeistes und zur Concentration der Flüssigkeit, übersättigt den Rückstand nach dem Erkalten mit Soda und schüttelt ihn zweimal mit $1/10$ seines Volumens Aether aus, wodurch das Hopfenbitter oder andere Bitterstoffe, nicht aber das aus alkalischer Lösung nicht in Aether übergehende Picrotoxin, entfernt werden, macht dann nach Entfernung des Aethers den Bierrückstand sauer und schüttelt nun wiederholt mit neuen Mengen Aether, der jetzt das Picrotoxin aufnimmt, und dasselbe beim Verdunsten als stark bitter schmeckende Masse hinterläßt. Der Rückstand, der nur, wenn er bitter schmeckt, untersucht zu werden braucht, wird im Wasserbade getrocknet und in verdünntem, mit einigen Tropfen Essigsäure angesäuertem Weingeist aufgenommen, und die filtrirte Lösung theils auf Uhr-, theils auf Objectgläsern verdunstet. Die auf diese Weise erhaltenen Picrotoxinkrystalle sind mikroscopisch daran zu erkennen, daß sie einem Fächer ähnlich sind, dessen Strahlen nach dem Ende zu meist etwas getheilt sind; bisweilen gleichen sie auch einer Weizengarbe. Als weitere Erkennungsmerkmale dienen auch die Schwerlöslichkeit in Wasser und selbst in Aether, die Leichtlöslichkeit in Weingeist, die Bitterkeit und insbesondere die physiologische Reaction auf Fische. Die chemischen Identitätsreactionen hält Blas sämmtlich für nichtcharacteristisch. — Eine weitere Prüfungsweise wird auch von Depaire vorgeschlagen, die aber vielmehr zeitraubend sein soll als die von Blas. (Neu. Jahrb. d. Pharmazie u. verw. Fächer. Bd. 37, Heft 4, 1872.)

Im Archiv der Pharmazie, Zeitschrift des deutschen Apotheker-

Vereines 1873, Heft vom Mai giebt A. Haffstedt ein neues ;Verfahren an zum Nachweise derjenigen Bitterstoffe im Bier, welche betrügerischer Weise dem letztern statt des Hopfenbitters beigemischt werden. Sein Verfahren hat ganz besonders das Picrotoxin, Absynthin, Menyanthin, Quaßiin und Colocynthin im Auge, und gründet sich auf das verschiedene Verhalten dieser Stoffe zu Bleiessig und Gerbsäure, und ihre differente Löslichkeit im Wasser, Spiritus und Aether. Dieses Verhalten wird aus folgendem Schema ersichtlich.

I. **Fällbar mit Bleiessig:**

Lupulin wird nicht von Gerbsäure gefällt; löslich in Aether und Spiritus; nicht in Wasser.

II. **Nichtfällbar mit Bleiessig, aber mit Gerbsäure nach Entfernung des Bleies mit Schwefelwasserstoff.**

a. **Von Gerbsäure wird nicht gefällt:**

Picrotoxin, löslich in Aether, Spiritus und Wasser,

Absynthin, löslich in Aether und Spiritus, nicht in Wasser.

b. **Von Gerbsäure wird gefällt:**

Menyanthin, durch konzentrirte Schwefelsäure später violett werdend.

Quaßiin, wird von konzentrirter Schwefelsäure nicht gefärbt.

Colocynthin, wird roth, später braun, durch konzent. Schwefelsäure.

(N. Jahrb. Pharm. 38. 215. — Ch. Zentralblatt 3. Folge. IV. Jahrg. p. 46.)*)

---

*) Schloßberger empfiehlt für die Ermittelung von Pflanzengiften im Bier den durch Abdampfen des Getränkes erhaltenen Rückstand hinsichtlich seiner giftigen Eigenschaften an Thieren zu prüfen, da sich bei diesen auffallende Erscheinungen wahrnehmen lassen werden, z. B. durch Strychnin Starrkrampf, durch Belladoma Erweiterung der Pupille ꝛc. — Graham und Hoffmann haben durch Thierkohle aus englischem Bier, welches Strychnin enthielt, letzteres leicht abgeschieden. — Die Zeitschrift: „Europa" 1839, Bd. 1, S. 477 bemerkt: Seit einiger Zeit wurde in London wahrgenommen, daß das Bier aus der Brauerei eines Mr. Hare einen säuerlichen Beigeschmack hatte, der den Trinkern behagte.

Manche Bierbrauer auf dem Lande, bedienen sich der sogenannten **Brausebeutel** zur Verfälschung ihres Fabrikates. Diese Beutel enthalten das Pulver von der weißen Nieswurzel, und werden in das kochende Bier gehängt, wodurch letzteres höchst nachtheilige Eigenschaften erhält. — Nach einem Bericht von Kleist, (Preuß. Ver. Ztg. 30) giebt es ein Bier, welches aus dem sogenannten Getreidestein bereitet wird. Dieser Getreidestein ist ein unter Zusatz der nöthigen Quantität Hopfenextract bis zur Trockene gebrachtes Malzextract, dessen Bereitung am Besten durch Extraction des Malzschrotes und Hopfens mittelst hydraulischer Pressen und Abdampfen der wässerigen Auszüge in Vacuumpfannen zu bewerkstelligen ist. Obwohl Kleist von dieser Sache eine vernünftige Anwendung erwartet, so glaubt er doch, daß bei dem Gebrauche des Getreidesteins Vorsicht geboten sei, indem sämmtliche in der Bierbrauerei gebräuchlichen, mitunter schädlichen Hopfensurrogate sich auch mit diesem Getreidestein verbinden lassen, in welchem Falle aber die Ermittelung derselben auf chemischem Wege mehrentheils unmöglich ist.

Die **zufälligen schädlichen** Beimengungen im Bier können durch Unwissenheit, Nachlässigkeit und Unreinlichkeit in den Brauereien veranlaßt werden, ohne daß ihnen böswillige Absicht zu Grunde liegt, und rühren meist von der fehlerhaften Beschaffenheit der beim Brauen angewendeten metallenen Gefäße her. Diesem nach hat man gefunden, daß das Bier **Kupfer**, **Blei**, **Zink** und **Schwefel** enthalten könne, Beimengungen, deren die erstern drei, auf die Gesundheit entschieden nachtheilig einzuwirken vermögen.

Prüfung des Bieres auf absichtliche Fälschung oder Verunreinigung.

Die vorne aufgeführten Stoffe aus dem Pflanzenreich, welche von betäubender Wirkung sind, wie z. B. Kokelskörner, Brechnuß, Bilsenkraut, wilder Rosmarin ꝛc. und dem Bier mehrentheils im Decoct oder im Aufguß beigemischt worden, sind nach Duflos auf

---

Indeß wurde doch die Polizei aufmerksam. Es wurde eine Haussuchung mit Beizug bewährter Chemiker vorgenommen, und es ergab sich, daß in dem Bier eine Mischung von **Kupfer**, **Thonerde**, schwefelsaurem **Eisen** nebst **Opium** und andern schädlichen Substanzen vorhanden war. Der Brauner wurde in eine Geldstrafe von 200 Pfd. Sterling verurtheilt.

Das Bier.

chemischen Wege nicht herauszubekommen. Die Untersuchung auf Opium führt ebenfalls nur sehr schwer zu einem Resultat. Besser ist es, wenn man auf den Morphingehalt prüft. Hierzu haben wir drei sehr leicht ausführbare Verfahren von Duflos, Staples und Wittstock. Nach erstem wird die Opiumhaltige Substanz mit kaltem Wasser macerirt, die Flüssigkeit nach Hinzuthat einer Lösung von kohlensaurem Kali filtrirt, gekocht bis sich keine Kohlensäure entwickelt, abgegossen und etwa 24 Stunden ruhig stehen gelassen. Das hierauf gesammelte noch unreine Morphium wird mit warmem Wasser ausgewaschen, getrocknet, in sehr diluirter Schwefelsäure aufgelöst und mit doppelter Menge Alkohol vermischt. Endlich setzt man noch unter beständigem Umrühren bis zu geringem Ueberschusse Aetzammoniak zu, wascht die erhaltenen Krystalle mit kaltem schwefelhaltigem Wasser. Diese Operation wird bis zur hinlänglichen Darstellung des Morphiums wiederholt. — Staples giebt an, man solle die Opiumhaltige Masse mit Essig und Wasser angerührt, während 24 Stunden hindurch maceriren, die Flüssigkeit abgießen, filtriren und auspressen, und dies auch mit dem Rückstand thun. Auf die gewonnene Flüssigkeit soll alsdann vorsichtig ein Gemisch von Alkohol und Ammoniak geschichtet werden, worauf die verschiedenen Flüssigkeiten sich nach und nach mengen, und das Morphium in Nadeln anschießt. Das so gewonnene indeß noch unreine Präparat muß alsdann mit verdünntem Weingeiste gewaschen, in kochendem Alkohol aufgelöst und zum Zustande der Krystallisation abgeraucht werden. — Nach Wittstock ist gerathen, die Auflösung mittelst verdünnter Salzsäure vorzunehmen, und bis zur Krystallisation abzurauchen. — Bei dieser Manipulation krystallisirt sich blos Morphiumsalz, das Narkotin dagegen bleibt in der Mutterlauge zurück, von welcher ersteres durch kräftiges Auspreßen geschieden wird. Mischt man endlich zur salzsauren Lösung etwas verdünnte Kalilauge die schon bei geringem Ueberschuß das ausgeschiedene Morphium auflöst, während das Narcotin sich käseartig ausscheidet, so ergiebt sich nach sorgfältiger Absonderung, ein vollständig reines Resultat.

Aloe, Quaßienholz, Weidenrinde, Kalmus, endlich alle andern übrigen Pflanzenstoffe, welche das Bier pikant machen sollen, wie z. B. die Bertramswurzel, Gewürznelken,

Ingwer, Koriander, spanischer Pfeffer, Thymian, Andorn, Pomeranzenschaalen ꝛc. verrathen sich größtentheils nur durch ihren Geruch oder Geschmack, wenn man sie dem Bier beimischte. Doch kann man auch mit einiger Wahrscheinlichkeit auf ihre Anwesenheit schließen, wenn man das verdächtige Getränk abraucht und dann den Wasserverlust wieder ersetzt. Weingeist und Kohlensäure, welche dem Bier einzig den charakteristischen scharfen Geschmack verleihen, gehen bei dieser Procedur verloren, und das untersuchte abgedampfte Bier behält im Falle wirklicher Verfälschung außer der gewöhnlichen Bitterkeit auch zugleich noch den eigenthümlich scharfen Geschmack der genannten Verfälschungsingredienzien. Das mit Wermuth verfälschte Bier, soll nach der Angabe von Leuchs, besonders wenn es in Flaschen abgezogen wurde, beim Oeffnen des Korkpfropfes zwar stark rauchen, jedoch gar nicht schäumen. In einem Aloehaltigen Bier sollen die Eisensalze einen nur ganz wenig bemerkbaren grünlichen Niederschlag bilden, was bei gut gehopftem Bier in stärkerem Grade der Fall ist.

Die Klärungsstoffe wie z. B. Hausenblase, Tischlerleim, Schaafdärme, Kalbsfüße, Eiweiß ꝛc. haben in der Gallustinctur, im salpeter und essigsauren Blei, im Quecksilbersalpeter und dem salzsauren Zinn ihre geeigneten Erkennungsmittel, sie werden nämlich durch letztere in flockiger Gestalt sedimentirt. Die freie Schwefelsäure, welche ebenfalls als Klärungsmittel benutzt wird, kann leicht ermittelt werden, wenn man ungefähr $\frac{1}{2}$ Kilog. des verdächtigen Biers bei gelinder Wärme bis zur Syrupskonsistenz verdampft, den erhaltenen Syrup in einer tubulirten Retorte aus dem Chlorcalciumbade bis fast zur Trockene abdestillirt. Den Retortenhals bringt man möglichst tief in die Wölbung der Vorlage, und schlägt in letztere 60—100 Gm. schwefelsäurefreies Chlorwasser vor. Ist die Destillation beendigt, so gießt man den Inhalt der Vorlage in ein Becherglas, und prüft ihn mit einer klaren salzsauren Barytlösung. Ergiebt sich nun ein weißer Niederschlag, so ist die Anwesenheit von freier Schwefelsäure im untersuchten Bier außer allen Zweifel gesetzt. Dieses Prüfungsverfahren wird von Duflos angegeben.

Der Alaungehalt des Bieres ist entschieden, wenn in dem

Bier, welches man eindampfte, wieder mit Wasser mischte, filtrirte und dann eine reine Aetzkalilösung zusetzte, ein **weißlicher Niederschlag** entsteht, der sich bei weiterer Zuthat von genannter Solution wieder auflöst. Der so erhaltene Niederschlag ist **Thonerde**, Bestandtheil des Alauns, den somit das Bier enthält. Will man die Quantität des Alaungehaltes ermitteln, so muß das nach eben angegebener Methode filtrirte Bier nach vorgenommener Volummessung mit kohlensaurem Ammoniak übergossen, der Niederschlag mit kochendem Wasser ausgewaschen, auf dem Filter gesammelt, getrocknet, im Tiegel gebrannt und gewogen werden. Zehn Gewichtstheile von solchergestalt erhaltenem Thon oder Alauerde, lassen auf hundert Theile krystallisirten Alauns schließen. Soll der Alaun aus solchem Bier für sich dargestellt werden, so trocknet man 1—2 Flaschen davon ein, verbrennt die eingetrocknete Masse im Tiegel bis zur hellgrauen Asche, gießt, wenn diese das Curcumapapier braun färbt, bis zur Sättigung verdünnte Schwefelsäure darauf, filtrirt, dampft ab, und läßt das Abgedampfte kristallisiren. Dies ist das von **Zennek** vorgeschlagene Verfahren.

Der Beisatz von **Kalk** wird folgendermaßen ermittelt. Man mischt dem Bier eine Lösung von reinem kohlensaurem Kali zu, worauf sich der essigsaure Kalk zersetzt, und nach entstandener Trübung als kohlensaurer Kalk sich niederschlägt. Eine Beimischung von Sauerkleesalz erzeugt ebenfalls einen Niederschlag, es muß aber letzterer schon reichlich sein, wenn von ihm auf Kalkzusatz zum Bier geschlossen werden soll, weil das Wasser, welches beim Brauen verwendet wird, fast immer kohlensauren oder schwefelsauren Kalk enthält, und die Oxalsäure auch den geringsten Kalkantheil anzeigt. Will man das Bier auf einen wirklichen Gehalt an essigsaurem Kalk prüfen, so muß dasselbe gänzlich abgedampft, und auf das Abgedampfte Schwefelsäure gegossen werden. Enthält das Bier wirklichen essigsauren Kalk, so wird die sich entwickelnde Essigsäure durch ihren Geruch sich deutlich zu erkennen geben. Die Quantität der Kalkbeimischung ermittelt man durch die vollständige Präzipitation mit einer Lösung von reinem kohlensaurem Kali, man wascht dasselbe auf einem abgewogenen Filter aus, und verfährt ebenso mit dem darauf enthaltenen getrockneten kohlensauren Kalk. Von letzterm lassen 63 Gewichtstheile auf 34,5

Theile Aetzkalk oder auf 100 Gewichtstheile essigsauren Kalkes schließen. (Friedreich.)

Die Pottasche oder das kohlensaure Kali, welches als essigsaures Kali im Bier enthalten ist, entdeckt man leicht, wenn man dem verdächtigen Bier kleine Quantitäten von Weinsteinsäure zusetzt. Es bildet sich ein weißer krystallinischer Niederschlag von saurem weinsteinsaurem Kali. Dampft man ein solches Bier ab, um ihm seinen natürlichen Kohlensäuregehalt zu nehmen, setzt man demselben sodann wieder Wasser zu und taucht endlich Curcumapapier ein, so zeigt sich die braune alkalische Färbung desselben, was deutlich den Gehalt an kohlensaurem Kali anzeigt. Nach Duflos läßt man 125 Gm. bis 250 Gm. von dem verdächtigen Bier zur Trockene abdunsten, und glüht den Rückstand bei freier Luft in einer offenen Schaale bis zur vollständigsten Verkohlung. Das Verkohlte wird nun fein gerieben und mit destillirtem Wasser ausgezogen. Bleibt beim Verdampfen dieser filtrirten Lösung eine nicht ganz geringe Menge einer weißen Salzmasse zurück, deren Lösung in wenigem reinen Wasser Curcumapapier bräunt, rothes Lakmus bläut, bei Zusatz irgend einer Säure aufbraust und in Kalkwasser einen weißen Niederschlag verursacht, so war dem Bier ein kohlensaures Alkali, sei es nun Pottasche oder Soda, zugesetzt worden. Ist jener Rückstand nur sehr gering, und zeigt er keine der bemerkten Reactionen, so ist die Vermuthung einer derartigen Verfälschung als ungegründet zu betrachten.

Die Beimischung von kohlensaurem Natron läßt sich durch folgendes Verfahren entdecken. Man raucht die verdächtige Menge Bier bis zur Trockene ab, verkohlt den trockenen Rückstand bei mäßiger Rothglühhitze in einem hessischen Tiegel, macerirt die verkohlte Masse in sehr verdünnter Salpetersäure, filtrirt das erhaltene Fluidum und raucht dasselbe wieder zur Trockene ab. Das erhaltene trockene Residuum wird nun von dem Löthrohr erhitzt, wobei das Natron eine sehr charakteristische lange, gelbe Flamme bilden wird. Eine Erscheinung, welche unter ähnlichen Umständen bei keiner andern Substanz wahrgenommen wird.

Das Kochsalz kann nach folgenden Methoden leicht und sicher entdeckt werden. Man wascht die Asche von eingetrocknetem Bier aus, filtrirt, dampft ein und läßt die Flüssigkeit sich krystallisiren.

Enthielt das Bier ziemlich viel Kochsalz, so werden die kubischen Krystalle sich zeigen und der eigenthümliche Geschmack zu erkennen sein. Dampft man das verdächtige Bier ein, mischt man dasselbe nachher wieder mit Wasser und filtrirt es, so bewirkt eine Solution von salpetersaurem Silber im Bier einen weißen Niederschlag. Es ist jedoch dieser Niederschlag, nur wenn er sehr bedeutend ist, von eigenthümlichem Werth für die Erkennung der Anwesenheit von Kochsalz, weil das genannte Reagens, auch die unbedeutendste Quantität eines vorhandenen salzsauren Salzes durch eine Trübung der Flüssigkeit anzeigt, und ein geringer Antheil an Kochsalz fast immer schon in dem zum Brauen verwendeten Wasser enthalten ist. Die Menge des Kochsalzgehaltes kann berechnet werden, wenn man den erhaltenen weißen Niederschlag auswascht, sammelt, trocknet und wägt. 180 Gewichtstheile salpetersauren Silbers, worin der Niederschlag besteht, lassen auf 74 Gewichtstheile Kochsalz schließen.

Eisenvitriolgehalt im Bier wird nachgewiesen, indem man dem zu prüfenden Bier einen Galläpfelaufguß zusetzt; die Farbe der Flüssigkeit ändert sich dann ins Blauschwarze. Nimmt man aber blausaures Eisenkali, so entsteht eine bläulich-grüne Färbung. Trocknet man das Bier ein, verwandelt es zu Asche und wascht man letztere mit Wasser aus, so können die erwähnten Flüssigkeiten ebenfalls als Untersuchungsmittel dienen, und der Gehalt des Untersuchten an Eisenvitriol wird dann ermittelt, wenn man die herbschmeckende eingetrocknete Flüssigkeit ausglüht, mit Wasser wieder auswascht, und dann das getrocknete rothe Eisenoxyd wägt. Von diesem Oxyd lassen 28 Gewichtstheile auf 25,5 Oxydul, und daher auf 100 Theile krystallisirten schwefelsauren Eisenoxyduls (grüner Eisenvitriol) schließen.

Zur Ermittelung des Wasserzusatzes zum Bier hat man mehrere Methoden angegeben, von denen die entsprechendsten hier aufgeführt werden sollen. Nach Krügelstein nimmt man ein kleines 192 Gm. haltendes Zylinderglas, schneidet aus Brod oder starkem Löschpapier eine Scheibe, welche genau in den Cylinder paßt und wagerecht darin liegt. Man füllt nun das Glas zu einem Drittel mit dem verdächtigen Bier an, legt die Brod- oder Papierscheibe sachte und wagerecht auf das Bier, und gießt dann mittelst eines kleinen Trichters ganz langsam, damit die Scheibe sich nicht wende, und sich das Bier mit dem Wasser nicht mische, allmählig so viel Wasser auf die Scheibe, als Bier unter derselben ist. Bevor man das Wasser auf die Scheibe gießt, markire man genau den Stand der Scheibe an dem Glase. Nun lasse man das Glas ganz ruhig eine Stunde lang stehen, und man wird finden, daß das dem Bier beigemischte Wasser sich allmählig durch die Scheibe zu dem oben stehenden Wasser zieht, und die Scheibe sich tiefer senkt. Aus dieser Raumverminderung kann auf die Quantität des dem Bier beigemischten Wassers geschlossen werden. — Eine andere Prüfungsweise ist folgende: Man läßt gutes reines Bier auf einem Porzellanteller an der Luft verdampfen bis zu einem Rückstand von Syrupkonsistenz. Dieser letztere nun wird nicht bitter schmecken, und auf das Auge einer Katze gebracht, deren Pupille nicht erweitern, somit nicht narkotisch wirken. Mischt man aber dasselbe Bier zur Hälfte mit reinem Wasser und macht denselben Versuch, so schmeckt der auf dem Teller zurückbleibende Rest bitter, die Pupille des Katzenauges wird sich erweitern, mithin der angewendete Rest narkotisch wirken. Es ist dies die Folge, weil das hinzugegossene Wasser das in seiner Verbindung mit Malzzucker ꝛc. gesunde, seiner narkotischen Eigenschaften beraubte, nicht mehr giftige Princip des Hopfens wieder frei macht. (Friedreich.)

Branntwein-Zusatz. Der dem Bier zugemischte Branntwein ist entweder Korn-, Kartoffel- oder Weinbranntwein, und folglich mit dem sogenannten Fuselöl in Verbindung. Eben dieses Fuselöl nun, giebt gerade das wichtigste Kennzeichen ab, um eine Zuthat von Branntwein zum Bier sicher zu erkennen. Das Verfahren besteht nach Friedreich in folgendem. Man destillirt etwa 1—2 Bouteillen von dem verdächtigen Bier, so daß man ungefähr $^1/_5$ Volumen Rückstand erhält, bringt zu dem Destillat gegen 250 Gm. Aetzkali, schüttelt diese Mischung und dampft sie bis auf einige Kubikzoll Flüssigkeit ab. Ist dies geschehen, so gießt man zu dieser laugenhaltigen Flüssigkeit so viel Schwefelsäure, daß sie Lacmus-Papier roth färbt, in einem verschließbaren Gefäß. War nun der durch Destillation erhaltene Alkohol ein dem größten Theil nach zugesetzter Branntwein, so wird das an die Aetzlauge gebundene Fuselöl durch die Schwefelsäure entbunden, und kündigt sich, wo nicht bei kaltem Zustande der Flüssigkeit, so doch bei ihrer Erwärmung, durch seinen charakteristischen widrigen Geruch an.

Prüfung des Biers auf zufällige schädliche Beimengungen.

Wie schon vorne bemerkt, haben an den zufälligen schädlichen Beimengungen des Biers, Unwissenheit, Nachlässigkeit und Unreinlichkeit die größte Schuld. Da die Merkmale einer solchen Verunreinigung größtentheils von Metallen herrührend, nicht immer durch Ansehen, Geruch und Geschmack sich kund geben, so wird die Angabe der Ermittelung dieser Stoffe auf chemischem Wege, hier um so mehr am Platz sein.

Kupfergehalt des Biers. Durch den Gebrauch unrein gehaltener kupferner Geschirre, schlecht verzinnter Kessel und messing... Hahnen (welch letztere Grünspan oder essigsaures Kupfer absetzen) erhält das Bier manchmal schädliche Eigenschaften und besonders einen herben Metallgeschmack. Das hier mitgetheilte Verfahren, um den Kupfergehalt des Biers zu ermitteln, ist von Zenneck. Er empfiehlt Chlorwasser und Aetzammoniak, wenn die Quantität des im Bier enthaltenen Kupfers nicht allzu gering ist. Vom Chlorwasser gießt man so viel zu dem Bier, als dessen Entfärbung erfordert, läßt die entstandene Trübung sich setzen, gießt das wieder hell gewordene wieder ab, und tröpfelt vom Aetzammonium im Ueberschuß hinzu. Enthält das Bier Kupfersalz, so bildet sich durch die Zuthat von Chlorwasser salzsaures Kupferoxyd, und dieses letztere löst sich im Aetzammonium mit blauer Farbe. Statt des Salmiakgeistes ist auch irgend ein blausaures aufgelöstes Salz dienlich, z. B. blausaures Eisenkali, bei dessen Anwendung schon $1/_{60,000}$ Theil Kupfer sich zu erkennen giebt, und als Niederschlag sich Cyaneisenkupfer als ein **braunes** Pulver präzipitirt. Soll die Quantität des Kupfers in einem solchen Bier dargethan werden, so nimmt man eine gemessene Menge des Bieres, behandelt sie wie oben mit Chlorwasser und Cyaneisenkalium, sammelt den Niederschlag, den man erhält, mengt ihn mit Kohlenstaub und glüht ihn im Tiegel. Hierdurch wird das Kupfer aus dem Salze reduzirt und kann nun abgewogen werden. Wenn der Kupfersalzgehalt im Bier nicht zu gering ist, dient ein blank polirter Eisenstab als Erkennungs- und Scheidemittel, denn das Kupfer bildet an ersterm einen metallischen Beschlag, der sich, wenn nicht zu wenig Kupfer vorhanden ist, abnehmen läßt. Zu gleichem Zweck und unter gleicher Erscheinung kann auch blankes Zink Anwendung finden.

Bleigehalt des Bieres. Bei heißer Witterung, dumpfer schwüler Luft und Gewittern, geräth Bier gerne in die sogenannte wilde oder saure Gährung. Um nun letztere möglichst zu verhindern, sollen bleierne oder zinnerne Teller in die Bottiche geworfen werden. Die im Bier enthaltene Essigsäure löst begreiflich das Blei in den Tellern, theilt dem Bier einen höchst widrigen metallischen Geschmack mit, und kann selbst Bleiintoxication erzeugen. Die Bleiprobe von Hahnemann findet hier zweckmäßige Anwendung, denn sie bildet in einem solchen Bier einen charakteristischen schwarz-braunen Niederschlag.

Zinkgehalt des Biers. Nach Duflos und Hirsch wird die mit Schwefelwasserstoff behandelte Flüssigkeit bis auf einen geringen Rückstand eingekocht, durch einen Zusatz von kohlensaurer Ammoniakflüssigkeit stark alkalisch gemacht, filtrirt, und in das Filtrat Schwefelwasserstoff geleitet. Ist kein Zink vorhanden, so bildet sich auch kein Niederschlag, enthält jedoch die Flüssigkeit Zink, so wird dessen Gegenwart durch eine weiße Trübung und weißen Niederschlag (Schwefelzink) erwiesen.*)

Eine an und für sich unschädliche Bierfälschung, welche auf eine Täuschung des Publikums abzweckt, und wodurch man dasselbe glauben

---

*) Friedreich bemerkt, daß aus schadenfroher Absicht dem Bier ein Zusatz von laufendem Quecksilber gegeben worden, damit dasselbe umschlage, verderbe, oder sein Genuß Durchfall errege. Da sich aber das laufende Quecksilber in nicht sauer gewordenem Bier nicht auflöst, so ertheilt es demselben keine schädliche Eigenschaft, bleibt auch seines bedeutend größern spezif. Gew. wegen, dem Bier mechanisch nicht eingemengt. Dagegen wäre aber möglich, daß das Bier, noch in Berührung mit dem Quecksilber sauer werdend, eine Auflösung desselben, und somit auch eine Vergiftung des Bieres veranlassen könnte. Sollte ein solcher Fall je vorkommen, so hätte man dem verdächtigen Bier eine konzentrirte Kalilösung zuzutröpfeln, worauf, wenn Quecksilberoxyd vorhanden ist, dasselbe als ein pulveriger, gelbrother oder graugelber Niederschlag sich darstellen wird.

machen will, als besitze jenes einen großen Gehalt an Extractivstoff, somit auch einen großen Nährwerth, besteht in der Zumischung von Zuckerkouleur. Das Bier erhält dadurch eine dunkle Farbe; es beruht dieses Verfahren auf Liebhaberei des Publikums. Nach **Dr. Schuster** ist diese Färbung leicht nachzuweisen, indem Bier mit Taninlösung geschüttelt sich entfärbt; mit Zuckerkouleur künstlich behandeltes Bier aber entfärbt sich nicht. (Polyt. Notizbl.) —

Von einer Verfälschung des Biers mit Glycerin, haben wir bis jetzt nur sehr unbestimmt sprechen hören, und konnten wir aller Nachforschung ungeachtet, genaueres darüber nicht erfahren.

Viertes Capitel.

Der Essig.

Nächst dem Bier ist wohl der Essig ein der Verfälschung und Verunreinigung am meisten ausgesetzter Consumtionsartikel. Der gewöhnliche im Handel vorkommende Essig wird verfälscht entweder mit Pflanzenstoffen als: Spanischer Pfeffer, Bertramswurzel, Senfkörner, Paradieskörner, Seidelbast, Galgant oder mit Schwefelsäure, Salzsäure, Salpetersäure, Weinsteinsäure, Kleesäure, Obst und Bieressig, Wasser.

Charakteristik des reinen unverfälschten Essigs. Ein solcher ist durchsichtig bis wasserhell, von Farbe gewöhnlich gelblich (die Farbe ist wohl nicht von Belang, da man unschädliche Färbungsmittel besitzt), der Geruch stark aber angenehm, Geschmack rein sauer, nie brennend, beißend oder scharf; trübt das Glas einer Flasche, in welcher man ihn einige Tage fest verkorkt stehen läßt, nicht; bildet keinen Bodensatz, verdunstet mit Hinterlassung eines nur geringen Rückstandes, der eingeäschert nur eine Spur Asche abgiebt; der freien Luft exponirt, sammeln sich bald Essigfliegen um ihn.

Charakteristik eines verfälschten unreinen Essigs. Sättigt man gleiche Theile von muthmaßlich gefälschtem und von reinem Essig mit reinem Kali, so wird der gefälschte **weniger Kali** zur Sättigung brauchen als der reine, und (dem essigsauren Kali) einen brennenden Geschmack ertheilen, welcher reinem Essig nicht zukommt; raucht man bei gelinder Wärme verfälschten Essig bis zur Trockene ab, so hinterläßt er einen scharf schmeckenden Rückstand. Bei gleicher Behandlung des reinen Essigs ergiebt sich ein viel geringerer geschmackloser oder doch nur wenig saurer Rückstand. Verfälschter Essig erzeugt, wenn man ihn verkostet, eine brennende unangenehme Empfindung im Schlunde. Bestreicht man eine Lippe mit reinem, die andere aber mit verfälschtem Essig, so bemerkt man, daß der gute Essig an der Luft ohne Hinterlassung eines sauren Geschmackes eintrocknen wird, während der Geschmack des verfälschten Essigs nachhaltig bleibt, selbst wenn er völlig verdunstet ist.

Prüfung auf spanischen Pfeffer. Entsteht bei der Prüfung des Essigs durch salpetersaures Silberoxyd ein braunrother Niederschlag, in einem andern Theil des fraglichen Essigs durch Sublimatlösung ein hellbrauner Niederschlag, wird ferner in einem andern Theil durch einen Zusatz von schwefelsaurem Eisenoxydul der fragliche Essig dunkel gefärbt, und auf Zusatz von etwas Ammoniak dunkelgrün, bei einem größern Zusatz ein dunkelgrüner Niederschlag bewirkt, während die über demselben befindliche Flüssigkeit schön dunkelgrün erscheint, und auf der Oberfläche ein schillerndes Häutchen sich zu erkennen giebt; erfolgt endlich in einem andern Theil des zu untersuchenden Essigs durch salpetersaures Quecksilberoxydul ein hellbrauner käsiger Niederschlag, der, geschüttelt sich an die Wandungen des Glases fest ansetzt, so ist der Zusatz auf **spanischen Pfeffer** erwiesen. **Salpetersaures Silberoxydul, schwefelsaures Eisenoxydul und salpetersaures Quecksilberoxydul** sind somit Hauptreagentien zur Entdeckung dieser Verfälschung.

Prüfung auf Bertramswurzel. Wenn bei der Untersuchung des verdächtigen Essigs ein Zusatz von Zinksolution ein schmutzig weißer Niederschlag entsteht; Chlorwasser den Essig wesentlich nicht verändert, eine Beimischung von Ammoniak jedoch eine schwach-gelbe Färbung und nach einiger Zeit einen schwach gelblich

Der Essig. 55

weißen Niederschlag bewirkt, ein Zusatz von salpetersaurem Quecksilberoxydul einen fleischfarbenen fein pulverigen Niederschlag hervorbringt, und die über demselben befindliche Flüssigkeit milchig erscheint, nach längerem Stehen aber ganz wasserhell wird, so enthält der Essig eine Beimengung von Bertramswurzel. Für diese Verfälschung sind somit Zinnsolution, Chlorwasser mit Ammoniakzusatz und salpetersaures Quecksilberoxydul, die wichtigsten Reagentien.

Prüfung auf Seidelbast. Wenn im Essig durch Schwefelcyankalium feine nadelförmige Krystalle sich bilden, und durch einen Zusatz von konzentrirter Salpetersäure in einem andern Theil von Essig eine braunrothe Färbung entsteht, in einer weitern Portion Essig Chlorwasser keine Veränderung bewirkt wird, aber auf Zusatz von Ammoniak eine intensiv gelbe Färbung entsteht, und wenn endlich eine Zinnlösung den Essig schwach gelblich färbt, so ist die Gegenwart von Seidelbast nachgewiesen. Schwefelcyankalium, Chlorwasser mit einem Zusatz von Aetzammoniak und Zinnsolution dienen somit zur richtigen Ermittelung dieser Verfälschung. *)

Prüfung des Essigs auf Schwefelsäure. Schwefelsäure im Essig ist leicht zu ermitteln. Man raucht den verdächtigen Essig ab bis $1/8$ desselben den Rückstand bildet. Wenn dieser Rückstand einen ätzenden scharfen Geschmack besitzt, so kann man sicher auf Anwesenheit von Schwefelsäure schließen. Den konzentrirten Rückstand mischt man nun mit der sechsfachen Menge Weingeist, seiht ihn durch ein Filter von ungeleimtem Papier und raucht die erhaltene Flüssigkeit, die man noch mit einer gleichen Menge Wasser vermischte, langsam ab. Hat sich dann der Weingeist (was man leicht bemerkt) vollständig verflüchtigt, so gießt man einige Tropfen von einer Chlorbaryumlösung hinzu. Es wird sich nun, wenn Schwefelsäure im Essig vorhanden ist, ein ziemlich starker weißer Niederschlag bilden. Diese

---

*) Die angegebenen Verfälschungen des Essigs mit genannten Stoffen aus dem Pflanzenreich, können auch leicht entdeckt werden, wenn man dem Essig so lange kohlensaures Kali zumischt, bis ein eingetauchter Streifen Lackmuspapier nicht mehr geröthet wird. Kostet man die so geprüfte Flüssigkeit, so wird man keinen sauren Essiggeschmack mehr wahrnehmen, wohl aber den brennenden, scharfen, der den gebrauchten Verfälschungsmitteln eigenthümlich ist.

Erscheinung ist sehr charakteristisch, und wird bei vollkommen gutem unverfälschtem Essig nie wahrgenommen werden. *)

Prüfung des Essigs auf Salpetersäure. Häufig wird schwacher Essig mit Salpetersäure versetzt. Man entdeckt dieselbe, indem man in den Essig einen oder zwei Tropfen schwefelsauren Indigo fallen läßt und Hitze anwendet, worauf die blaue Färbung in eine gelblich-braune übergeht. — Ein anderes Verfahren besteht darin, daß man eine Quantität des verdächtigen Essigs mit kohlensaurem Kali neutralisirt, und die erhaltene Mischung zur Trockene abraucht. Ist die Masse vollkommen trocken geworden und man wirft etwas davon auf glühendes Eisen oder Kohlen, so wird, wenn Salpetersäure vorhanden war, das Verpuffen, wie es beim Salpeter wahrgenommen wird, ebenfalls stattfinden, weil der Salpeter salpetersaures Kali ist. Mischt man die andere Hälfte des zur Trockene abgerauchten Rückstandes mit Kupferspähnen, und bringt man das Gemenge in ein kleines Probierglas, in welches man vorher etwas starke Schwefelsäure goß, so bilden sich eigenthümliche Dämpfe von oranienrother

---

*) Bezüglich der Prüfung des Essigs auf Gehalt an freier Schwefelsäure bemerkt Böttger: „Sämmtliche Essige (Wein-, Branntwein-, Bier- und Obstessig) zeigen sich trotz eines geringen Gehaltes an schwefelsaurem Salze, völlig indifferent, wenn sie eine Behandlung mit konzentrirter Chlorkalciumlösung unterworfen werden. Anders jedoch verhält sich die Sache, wenn der Essig freie Schwefelsäure enthält. Versetzt man nämlich ungefähr 8 Gm. Essig, dem kaum der tausendste Theil freier Schwefelsäure zugesetzt ist, mit einem haselnußgroßen Stück krystallisirten Chlorkalciums, und erhitzt man alsdann den Essig bis zum Sieden, so sieht man, sobald derselbe völlig erkaltet ist, (oder wenn der Gehalt an Schwefelsäure im Essig größer als $1/1000$, was bekanntlich fast immer der Fall ist, wenn der Essig von Fabrikannten oder Verkäufer absichtlich verfälscht wurde, schon vor gänzlichem Erkalten) eine auffallende Trübung, und kurze Zeit nachher einen bedeutenden Niederschlag von Gips entstehen, was nie eintreten kann, wenn man sich zu einer Probe des gewöhnlichen nicht mit Schwefelsäure verfälschten Essigs bedient. Diese Reaction bleibt selbst dann sicher, wenn der Essig freie Weinsäure oder Weinstein enthielte, da das Chlorkalcium durch diese selbst in der Siedhitze nicht zerlegt wird." Eine sehr zuverlässige Probe auf Schwefelsäuregehalt giebt Runge an. Sie besteht darin, daß man ein Gefäß, worin Wasser siedet, mit einer weißen Untertasse bedeckt, etwas Zuckerlösung darauf streicht, und, nachdem diese eingetrocknet ist, einen oder zwei Tropfen des zu prüfenden Essigs hinzufügt und bei derselben Temperatur verdunsten läßt. Reiner, unverfälschter Essig bewirkt keine Schwärzung, erscheint eine solche aber, so enthält der Essig freie Schwefelsäure.

Der Essig.

Farbe, von äußerst scharfem stechendem, die Brust angreifendem Geruch. Es ist deshalb gerathen, diese Probe unter starkem Kaminzuge vorzunehmen.

Ein Verfahren, den Essig auf Salpetersäure zu prüfen, besteht nach Runge darin. Man bringt in einem kleinen Topfe Wasser zum Sieden, bedeckt denselben mit einer weißen Untertasse, welche durch die Wasserdämpfe eine Temperatur von 100° C. bekommt, legt einige geschabte Federkielspähne darauf, und bringt einige Tropfen von dem zu prüfenden Essig damit in Berührung. Werden diese Spähne gelb, ehe der Tropfen eingetrocknet ist, so deutet dies auf viel Salpetersäure, werden sie es erst nach dem Trocknen, so deutet dies weniger Salpetersäuregehalt an. Höchst wenig Salpetersäuregehalt aber, giebt sich dadurch zu erkennen, daß die Spähne nur an den Enden, nicht aber in der Mitte gelb werden. Es gründet sich diese Probe auf die Eigenthümlichkeit der Salpetersäure, thierische Stoffe gelb zu färben. — Duflos theilt noch folgendes Verfahren mit. Man erwärmt einige 60—100 Gm. des zu prüfenden Essigs im unverdünnten Zustande mit etwas reinem Quecksilber, schüttelt das Ganze eine zeitlang tüchtig durcheinander, filtrirt hierauf die Flüssigkeit klar ab, und setzt einige Tropfen reine Salzsäure zu; entsteht hierdurch ein weißer Niederschlag, welcher durch Aetzammoniak grau wird, so hatte der Essig Quecksilber aufgelöst, was nur beim Vorhandensein von freier Salpetersäure geschehen kann.

Prüfung des Essigs auf Salzsäure. Um diese zu entdecken, destillirt man eine Portion Essig, und giebt in den Rezipienten einige Tropfen salpetersaures Silber, worauf ein Niederschlag entsteht. — Duflos und Hirsch geben zur Entdeckung der Schwefel- und Salzsäure im Essig folgende Prüfungsweise an. Man verdünnt den zu prüfenden Essig mit der zehnfachen Menge destillirten Wassers und setzt dann zu einer Probe davon etwas aufgelöstes salzsauren Baryt, und zu einer andern aufgelöstes salpetersaures Silberoxyd hinzu. Eine in beiden Fällen entstehende Trübung, welche durch Zusatz von verdünnter Salpetersäure nicht verschwindet, sondern sich zu einem Niederschlag sammelt, zeigt im ersten Falle Schwefelsäure, im zweiten aber Salzsäure an.

Prüfung des Essigs auf Weinsteinsäure, Kleesäure.

Um einen Essig auf Weinsteinsäure oder Kleesäuregehalt zu prüfen, welche starken Pflanzensäuren ihm oft absichtlich zugemischt werden, giebt Duflos nachstehendes Verfahren an. Man läßt etwa 250 Gm. des Essigs in einer Porzellanschaale bei mäßiger Wärme verdunsten, nimmt alsdann den Rückstand heraus, und übergießt ihn in einem Becherglase mit 125 Gm. rectifizirten Weingeist. Das Gemisch wird in gelinder Wärme digerirt, oft umgerührt, läßt es alsdann erkalten, filtrirt es, vermischt das Filtrat mit Wasser und läßt den Weingeist verdunsten. Der wässerige Rückstand wird filtrirt, wenn er nicht klar sein sollte, in 2 Theile getheilt, der eine davon mit kohlensaurem Kali neutralisirt und die andere saure Hälfte dann beigemischt. Enthält der Essig Weinsteinsäure oder Kleesäure, so bildet sich bald oder doch nach kurzer Zeit ein krystallinischer Niederschlag von **doppelt weinsteinsaurem oder kleesaurem Kali**. Das kleesaure Kali läßt sich speziell auch dadurch erkennen, daß es auf Platinblech erhitzt, ohne verkohlt zu werden sich in kohlensaures Kali umwandelt.

Prüfung des Weinessigs auf eine Beimischung von Obst- oder Bieressig. Wenn reiner Weinessig mit Obst oder Bieressig vermischt sein sollte (was nicht selten geschieht), so giebt es hiefür genügende Erkennungsmittel. Kupferammoniak erzeugt in einer solchen Mischung eine **oliven oder pistaziengrüne Färbung**. Da der Bieressig Phosphorsäure enthält, so entsteht in demselben, sobald man ihm eine wässerige Lösung von essigsaurem Blei zumischt, ein **weißes Präzipitat, phosphorsaures Blei**, welches vor dem Löthrohr behandelt, eine opalisirende Perle abgiebt. — Obst- und Bieressig perlt und schäumt, eine Eigenschaft, welche reiner Essig nicht besitzt. *)

---

*) Zur Unterscheidung des Obstessigs von Weinessig dienen folgende Merkmale. Ein sehr deutlicher Geschmack nach Aepfeln oder Birnen verräth den Obstessig alsobald. Lakmuspapier, salpetersaures Silber und auflöslicher Baryt wirken auf beide Essigsorten gleichmäßig, aber kleesaures Ammonium bewirkt im Obstessig einen starken Niederschlag, macht dagegen im Weinessig nur eine geringe Trübung. Essigsaures Blei erzeugt im Weinessig einen starken Niederschlag; Galläpfel machen im Weinessig keine, im Obstessig eine merkliche Trübung. Will man beide Sorten noch deutlicher unterscheiden, so dampft man 250—320 Gm. Essig in einer Porzellanschaale bei mäßiger Wärme bis auf den 4. Theil ein, schüttet es dann in ein Glas und läßt es erkalten, wo dann der

Der Essig.

Prüfung des Essigs auf Kupfer-, Blei- und Zinkgehalt. Von diesen metallischen Stoffen kann der Essig theils bei der Fabrikation oder beim Aufbewahren und dem Verkaufe, beigemischt enthalten, wenn hierzu Gefäße von Metall verwendet worden sind. Es bilden sich in letzterm Falle Kupfer-, Blei- und Zinksalze, welche auf die Gesundheit nachtheilig einzuwirken vermögen. Solche metallische Verunreinigungen können durch folgendes Verfahren am sichersten ermittelt werden.

In 125 Gm. verdächtigen Essigs mischt man 8 Gm. reine Salzsäure, und leitet in dieses Gemisch so lange Schwefelwasserstoffgas, bis der Geruch des letztern stark vorschlägt. Wenn nun innerhalb mehrerer Stunden kein Niederschlag sich bildet, so enthält der Essig weder Kupfer noch Blei. Entstand aber bald oder in der vorbemerkten Zeit ein dunkler Niederschlag, so wird dieser behufs weiterer Untersuchung auf einem Filter gesammelt, mit Schwefelwasserstoffwasser ausgesüßt und mit der Spritzflasche in ein Probirkölbchen gespült. Man läßt das Erhaltene sich absetzen, gießt das überstehende Wasser so weit thunlich, klar ab, setzt etwas reine Salzsäure zu und kocht bis zur vollständigen Auflösung. Die Auflösung wird zur Verjagung der freien Säure eingedampft, das Residuum mit destillirtem Wasser aufgenommen, filtrirt, und nun in verschiedenen Portionen mit aufgelöstem Blutlaugensalz und Schwefelsäure geprüft. Die Lösung von Blutlaugensalz wird, wenn der Essig Kupfer enthält, einen **braunrothen** Niederschlag bilden, während die Schwefelsäure, wenn Blei vorhanden war, eine **weiße Trübung** bewerkstelligt. Um das

---

Weinessig eine Menge weißer Krystalle, größtentheils saures, weinsteinsaures Kali absetzen wird, während Obstessig keinen salzigen Niederschlag giebt. Gießt man ferner von dem Weinessig von seinem salzigen Niederschlag ab, und dampft ihn wieder bis zum 16. Theil seiner ursprünglichen Menge ab, so erhält man beim Erkalten abermals obiges Salz, während der Obstessig keinen solchen Niederschlag giebt. Trennt man abermals den Weinessig von diesem Präzipitat und dampft ihn zur Syrupkonsistenz ab, so erhält man von Essig aus weißem Wein ein gelbliches, von jenem aus rothem Wein; ein **rothes** Residuum. Obstessig auf dieselbe Weise behandelt und eingedampft, giebt in ziemlicher Menge einen **dunkelrothen** Rückstand, der sehr klebrig ist, salzig, wenig sauer schmeckt, und der noch einen schwachen Apfelgeschmack verräth. (Friedreich.)

Zink zu ermitteln, wird die im vorhergehenden durch Schwefelwasserstoff gefällte Flüssigkeit aufgekocht, Aetzammoniak im Ueberschuß zugemischt, filtrirt und nochmals mit Schwefelwasserstoff versetzt. Bildet sich jetzt ein **weißer flockiger Niederschlag**, so ist die Anwesenheit von Zink dargethan.

Fünftes Capitel.

Die Milch.

Die Milch ist vielerlei Verfälschungen und Verunreinigungen unterworfen. Erstere finden aus betrügerischer Absicht statt, die letztern kommen vor in Folge von Nachlässigkeit, Unwissenheit und Unreinlichkeit bei ihrer Behandlung und Aufbewahrung. Bis jetzt hat man folgende Verfälschungen der Milch beachtet: **Vermischung mit Wasser, mit Stärke-, Weizen- oder Erbsenmehl, Reis und Pfeilwurzelmehl, Verfälschung mit Hirn, mit süßen Mandeln, Hanfsaamen, mit Gummi, Potasche, Kalk, mit Seife.** Von metallischen Stoffen sind Zink, Blei und Kupfer in der Milch nachgewiesen worden.

Characteristik der unverfälschten guten Milch. Farbe weiß, etwas in's Bläuliche spielend, fettig anzufühlen, von mildem, süßem animalischem Geschmack und Geruch, spezifisch schwerer als das Wasser. Bringt man einen Tropfen guter Milch auf den Fingernagel, so fließt derselbe nicht auseinander, sondern bleibt in etwas gewölbter Gestalt beisammen.

Die Milchverfälschung, früher wohl nur in großen Städten vorkommend, ist jetzt allgemein geworden, und unsere Bauernweiber haben sich an vielen Orten trefflich darauf einexercirt. Sind nun auch manche der bekannt gewordenen Verfälschungen der Gesundheit geradezu **nicht nachtheilig**, so vermindern sie doch die guten Eigenschaften, welche die Milch zu einem so vortrefflichen Nahrungsmittel machen, und

Die Milch.

bringen namentlich bei Kindern, die des Glückes der Mutterbrust nicht theilhaft sind, mancherlei üble Zufälle hervor. Die Eigenschaften einer schlechten Milch hier zu wiederholen, scheint überflüssig, da sie allbekannt sind.*)

Prüfung der Milch auf Wasserzumischung. Hierüber bemerkt Ure: die Prüfung der Milch bezüglich ihrer Güte nach deren spezif. Gewicht, liefert keine brauchbaren Resultate. Läßt man indeß zur Absetzung des Rahmes die Milch ruhig stehen, so giebt das spez. Gew. derselben wohl einen Anhaltspunkt ab, um ihre allenfallsige Vermischung mit Wasser zu ermitteln. Es dient zu dieser Prüfung das Lactometer (Milchmesser), eine Glasröhre von 3 Cm. Weite und 36 Cm. Länge, an deren Ende sich ein Hahn befindet. Diese Glasröhre ist in 10 oder in 100 Theile graduirt. Sie wird beim Gebrauche gefüllt mit Milch, indem der Hahn nach unten gekehrt ist. Die gefüllte Röhre läßt man nun ruhig stehen, bis sich der Rahm auf die Oberfläche gezogen hat und bemerkt die Anzahl von Theilen, welche von der Rahmschicht eingenommen werden. Wurde dieser Versuch mit unverfälschter Milch vorgenommen, so wird ihr verhältnißmäßiger Rahmgehalt erkannt. Es wird nun der geschlossene Hahn geöffnet, damit die unter der Rahmschichte stehende Milch ablaufen kann, und bestimmt mittelst eines Aräometers deren spez. Gewichte. Letzteres beträgt bei unverfälschter Milch im Durchschnitt $1{,}030$ bis $1{,}032$; ergiebt sich aber ein geringeres Resultat, so ist der Schluß auf Verfälschung der Milch mit Wasser sehr gerechtfertigt. Außerdem wird man finden, daß Milch in einen soeben beschriebenen Glascylinder gefüllt, wenn sie mit vielem Wasser versetzt ist, nach oben mehr undurchsichtig und gelblich, nach unten jedoch mehr durchscheinend und bläulich erscheint, während unversetzte Milch in der ganzen Länge des Gefäßes als eine homogene Flüssigkeit sich zeigen wird. Bringt man einen blanken Eisenstab in ein Milchgefäß und

---

*) Nach den Beobachtungen von D'Arcet und Petit reagirt die Milch von Kühen, welche immer im Stall gefüttert werden, **sauer**, die Milch von Kühen dagegen, welche auf der Weide gehen, **alkalisch**. Sie sind ferner der Ansicht, daß letztere Reaction mit der Güte des Futters und dem Grade des naturgemäßeren Lebens der Thiere zunehme. Sie betrachten daher die alkalische Reaction als die normale. Die Richtigkeit dieser Annahme ist inzwischen noch nicht konstatirt.

zieht ihn langsam wieder heraus, so wird, je fetter die Milch ist, desto mehr am Stab haften bleiben und um so langsamer wird jene von ihm ablaufen. Selbst von einer von Natur aus wässerigen Milch, wird an dem Stabe noch etwas hängen bleiben. War aber der Milch Wasser zugemischt worden, so wird an dem herausgezogenen Stab sich keine Spur von Milch zeigen. — Dr. Laube, Pharmazeut in Ulm, bemerkt über die Verfälschung der Milch mit Wasser: „Bekanntlich wird bei uns die Milch durch Zusatz von Wasser verfälscht; andere Fälschungen kommen mehr in großen Städten, seltener bei uns vor. Das natürliche Mischungsverhältniß der Milch, und insbesondere der Kuhmilch in Hinsicht auf Wassergehalt, mag nach der Futterbeschaffenheit, herrschender Witterung, epidemischen und individuellen, konstitutionellen und Krankheitszuständen wechseln. Allein durchschnittlich wird eine gute reine Kuhmilch so ziemlich gleichen Wassergehalt haben und es läßt sich derselbe auf die Verhältnißzahl reduziren. Diese Verhältnißzahl nun wird, man glaubt es kaum, häufig auf eine große Art durch künstlichen Wasserzusatz gefälscht, so, daß Milch mit Wassergehalt in der Verhältnißzahl vorkömmt. Die Milch aber ist ein so wichtiges Nahrungsmittel, daß eine einfache Methode ihren Wassergehalt zu prüfen, sicher von Werth ist, und den Frauen schon für den einfachen Haushaltungszweck, ganz besonders aber Aerzten, zur Bestimmung ihrer Tauglichkeit als Nahrungsmittel für Säuglinge wünschenswerth sein muß. Eine solche Methode ist die einfache Anwendung des Aräometers und die Vergleichung ihres Ergebnisses mit den Zahlsätzen einer vorausberechneten feststehenden Tabelle. Das Aräometer, dessen sich Laube bedient, ist eine sogenannte Bier- oder Essigwage von Autenrieth in Ulm gefertigt. Hat man eine Normalmilch, d. h. eine solche Milch, die vom Euter weg und gehörig abgekühlt 65—66° wiegt, dann wird eine solche Milch mit $1/4$° Brunnenwasser von mittlerer Reinheit vermischt = 55°, mit der Hälfte = 46°, mit $3/4$ = 40°, und endlich mit gleichen Theilen Wasser vermischt = 36° wiegen. Da bei destillirtem Wasser das Aräometer = 0 zeigt, bei Brunnenwasser aber fast 2, so kommen bei Anwendung dieses, 1—2 Grade mehr heraus. Die Tabelle zur Vergleichung stellte Laube mittelst 28 verschiedenen Mischungen. die Normalmilch mit destillirtem Wasser berechnet, fest.

Die Milch.

Die Tabelle selbst, mittelst welcher man augenblicklich den verfälschenden Wasserzusatz bestimmen kann, ist folgende:

Gramme Milch.	Vermischt mit Grammen Wasser.	Zeigten Grade.
375	0	66,5
″	16	65,0
″	31	63,5
″	47	62,0
″	63	60,0
″	79	58,0
″	94	56,0
″	110	54,0
″	125	53,0
″	141	52,0
″	156	51,0
″	172	50,0
″	188	48,0
″	204	47,0
″	219	46,0
″	235	45,0
″	250	44,0
″	266	43,0
″	281	42,0
″	297	41,0
″	313	40,5
″	329	40,0
″	344	39,0
″	360	38,5
″	376	38,0
″	470	35,0
″	564	33,0
″	658	30,0
″	752	28,0

Lade benutzt eine Lösung von salpetersaurem Quecksilber, um die Milch auf ihren Wassergehalt zu prüfen. Diese Lösung besteht aus 7,5 Gramm Quecksilber, 15 Gramm gewöhnlicher Salpetersäure und so viel Waſſer als nöthig, um 100 Gramme dieſer Löſung zu erhalten. Das Queckſilber wird bei leichter Wärme aufgelöſt und das Waſſer hinzugeſetzt. Von dieſer Flüſſigkeit genügen zur Probe 2 Tropfen, um 1 Gramm guter Milch zu zerſetzen und niederzuſchlagen. Lade's Unterſuchungsverfahren nun iſt folgendes: 20 Gm. der zu unterſuchenden Milch werden in ein Glas gegoſſen, das doppelte Gewicht Waſſer zugeſetzt, und dann während des Umrührens mit einem Glasſtab die Probeflüſſigkeit tropfenweiſe bis zur völligen Ausſcheidung des Caſeïns zugegoſſen, was ſich durch die Flockenbildung und das helle Abfließen der Flüſſigkeit bei dem Eintauchen des Glasſtabes kund giebt. So lange die Füllung nicht vollſtändig iſt, zeigt ſich die am Glasſtabe ablaufende Flüſſigkeit mehr oder weniger weiß oder opaliſirend, und wird erſt bei weiterem Zugießen der Probeflüſſigkeit hell. Bei guter unverfälſchter Milch verlangen 20 Gm. 40 Tropfen von der Probeflüſſigkeit. (Schweiz. Ztſchr. für Pharm. 11. — Ungar. Ztſchr. 1857, 51.) — Eine einfache Probe, den Waſſerzuſatz in der Milch zu erkennen, und deren wir bei der Characteriſtik einer guten unverfälſchten Milch kurz erwähnten, beſteht darin, daß man einen Tropfen Milch auf den Nagel des Daumens bringt. Bleibt der Tropfen hoch ſtehen, ſo iſt die Milch natürlich, fließt er auseinander, ſo iſt ſie verdünnt. Hier muß nun bemerkt werden, daß dieſe Probe vereitelt wird, ſobald ſtatt des Waſſers ein kochendheiß bereiteter Reis-, Hafergrütze-, Stärkenmehlaufguß oder gewöhnlicher Mehlkleiſterauſguß Anwendung findet, der die Conſiſtenz der Milch nicht mindert. Dieſer Stärkemehlzuſatz wird durch Zumiſchung von Jodwaſſer, der einer ſolchen Milch eine licht bläuliche Färbung ertheilt, ganz leicht erkannt. — Andere Prüfungsmethoden der Milch, ſind von Berzelius, Banks und Neander empfohlen worden. Auch Donné hat einen Milchmeſſer, Lactoscop, konſtruirt und bekannt gemacht. Das Princip dieſes Inſtrumentes beruht auf der Anſicht, daß die weiße und matte Farbe der Milch von den Fett- oder Butterkügelchen abhängt; je zahlreicher dieſe ſind, um ſo mehr opak iſt die Milch, und um ſo reicher an fettiger Subſtanz oder Rahm. Die Undurchſichtigkeit der Milch ſteht mit der Menge ihres Rahms im Verhältniß, und das Maaß der Undurchſichtigkeit, kann indirect das Maaß des Reichthumes an Rahm beſtimmen. Der

Grad der Undurchsichtigkeit kann nicht von der ganzen Masse der Flüssigkeit geschätzt werden, sondern nur von sehr kleinen Schichten.

Donnés Lactoscop ist so eingerichtet, daß man die Milch in Schichten von jeder Dicke prüfen kann. Es besteht aus zwei parallelen Glasplatten, die sich einander nähern und mehr oder weniger von einander entfernen lassen, zwischen welche die zu prüfende Milch gebracht wird; die Flamme einer Wachskerze dient zur Bestimmung der Undurchsichtigkeit. Der Grad der Trennung der beiden Glasplatten, oder die Dicke der Milchschichte, wird durch einen getheilten Zirkel angegeben, mit welchem eine Tabelle, die das Verhältniß des Rahms für jede Theilung anzeigt, korrespondirt. Man kann sich von der Empfindlichkeit des Instrumentes durch Zusatz von Wasser oder Kleienwasser zur Milch überzeugen; $1/_{20}$ Wasser ist hinreichend, um den Grad der Durchsichtigkeit der Milch zu ändern.

Die österr. Zeitschrift für prakt. Heilkunde 1858, 1—8, enthält eine sehr interessante Abhandlung von Kletzinsky über die Milch, deren Bestandtheile und Fälschungen, sowie über das Milcharäometer und Galactometer. Bezüglich des Aräometers sagt K., daß derselbe keineswegs als Milchprobe angesehen werden könne, da damit nur das spezifische Gewicht der Milch gemessen werden könne. Casein, Milchzucker und Salze machen aber die Milch schwerer als Wasser, das enthaltene Fett aber wieder leichter als das letztere, diese beiden Momente als einander entgegengesetzt, bekämpfen sich gegenseitig, gerade wie der Weingeist und Extractgehalt beim Bier, und vereiteln jede genaue Gütemessung auf aröometrischem Wege. Das Aräometer vermag aber nicht einmal durch ein unter die Minimalgränze sinkendes spezifisches Gewicht der Milch einen absichtlichen Wasserzusatz oder eine betrügerische Verdünnung beweiskräftig nachzuweisen, da dieser das spezifische Gewicht herabdrückende Einfluß, durch einen andern schweren Zusatz, z. B. Leim oder Gummi ausgeglichen werden kann. Die Controle durch den Aräometer hat somit nur negativen Werth, d. h. eine Milch, welche die unter die Minimalgränze sinkende Galactometeranzeige als verdünnt und verwerflich bezeichnet, ist es auch mit Sicherheit, aber nicht umgekehrt, da eine Milch bei normaler Aräometeranzeige im höchsten Grade gefälscht, und selbstbedeutend gewässert sein kann. Praktischer als der Aräometer ist nach K. der **Rahmmesser** oder **Cremometer**, Glasröhren, in denen ein gemessenes Quantum Milch binnen einer gewissen Zeit eine an der Scala des Gefäßes meßbare Rahmschicht (bei guter Milch nach 24 Stunden 8—8½ % Rahm) aufwirft, die man in Volumprozenten abliest. Als das einzige richtige Mittel zur Bestimmung der Milchgüte bezeichnet **Kletzinsky** die genaue quantitative Analyse, welche er in genannter Zeitschrift ausführlich mittheilt.

Nicht minder wichtig ist auch, was derselbe Autor über den Einfluß der Milch auf die Neugeborenen bemerkt. Er sagt: „Nicht sowohl die vermeintlichen Fälschungen, als vielmehr der stete von hohem Schwefel, Phosphor und Salzgehalt begleitete Eiweißreichthum der in großen Städten zum Verkaufe kommenden Milch ist's, welcher den Neugeborenen nicht wohl bekömmt und erschöpfende Diarrhöen derselben bedingt. So lange demnach die gesunde Mutterbrust den Säuglingen verweigert, und das Milchvieh in Städten und deren Umgebung mit der salzreichen Schlempe der Branntweinbrennereien und andern naturwidrigen Surrogaten des naturgemäßen Futters gefüttert werden wird, so lange wird auch die Milch trotz aller Galactometer und Marktrevisionen, unter die wirksamsten Veranlassungen der kolossalen Sterblichkeit in den ersten Geburtsjahren gehören, da eben die in der Schlempe konzentrirten Säuren und Salze namentlich aber der Reichthum derselben an Sulfaten das für das Säuglingsleben so hochwichtige Mischungsverhältniß der Milchsalze wesentlich ändern. Eine radicale Abhülfe in dieser Beziehung wäre nur dadurch zu erzielen, wenn den Großstädten durch größere Capitalkräfte ein großer und steter Zufluß gesunder Milch des Landes unter gehöriger Verpackung, etwa nach **Apperts** Methode in verlötheten Blechbüchsen unter Zusatz von ½ bis 1 Proz. reinen doppelt kohlensauren Natrons, welches die spontane Gerinnung verhindert, garantirt wird, oder wenn man sich entschließt, Meiereien im großen Umfange anzulegen, die ihr Vieh naturgemäß und nicht blos mit Schlempe und Trabern füttern. Außer diesem spricht der genannte Autor noch von drei Krankheitsformen der Milchkuh, die besonders zu berücksichtigen sind, da die Milch, wenn die eine oder andere dieser Krankheitsprozesse sich wahrnehmbar macht, durchaus nicht genossen werden darf. Diese drei Krankheiten sind: die Euter-

Die Milch. 67

schwärung, die Maulseuche, und die Klauenseuche. Bei ersterer Krankheit mischt sich Eiter und Gauche mit der Milch; bei der zweiten enthält die dicke eiweißreiche Milch viel Exsudatkugeln, Körnchen und selbst Eiterkörper; bei der Klauenseuche verräth die schleimige, leicht faulende schwere labbare Milch einen Ueberschuß von Salzen, sowie kohlensauren Ammoniakgehalt.

Ueber die bei der Milch vorkommenden abnormen Färbungen, erzeugt durch den Genuß von Farbkräutern sagt K., daß sie minder wichtig seien als die von Infusorien herrühren, die sich erst nach längerm Stehen der Milch entwickeln und eine tiefere Störung des Stoffwechsels andeuten. Vornehmlich sind es zwei Infusorien, die eine solche Färbung bedingen: Vibrio cyanogenus, welcher selbst nicht blau, die Milch wahrscheinlich auf optischem Wege bläut, dann Vibrio xanthogenus, der die Milch gelb färbt, und gegen dessen Erscheinen sich das Salzlecken des Milchviehes als Heilmittel erweist. Sehr praktisch ist auch die Prüfungsweise der Milch von Haidlen. Nach ihm befeuchtet man gebrannten Gips mit Wasser, zerreibt ihn dann und trocknet vollständig im Wasserbad. Hierauf wiegt man ungefähr 10 Gramme davon ab, deren Pulver dann etwa mit 50 Gramme Milch in einer Porzellanschaale gemischt und zum Sieden erhitzt wird. Hier vermittelt der Gips die vollständige Gerinnung des Käsestoffes. Nach dem Erhitzen wird auf dem Wasserbad abgedampft, und der Rückstand so lange bei 100° getrocknet, bis er bei wiederholtem Wägen keinen Gewichtsverlust mehr ergiebt. So erhält man die Menge des festen Rückstandes sammt Gips, der Verlust giebt den Wassergehalt der Milch. Jetzt wird aus dem Rückstand mit Aether die Butter ausgezogen, und durch Trocknen und Wägen der Verlust an Fett ermittelt, dann wird mit Weingeist von 0,85 spez. Gewicht der Milchzucker entfernt, der Rückstand besteht jetzt nur noch aus Gips, Käsestoff und den unorganischen Milchsalzen. Durch Einäschern wird das Casein (als Verlust) und die Aschenmenge (nach Abzug des Gipses) direct gefunden.

Prüfung auf Stärke-, Weizen-, Erbsen-, Reis- und Pfeilwurzelmehl. Die Verfälschung mit den genannten Stoffen findet statt um die vollzogene Wasserzumischung unbemerklich und die Milch gehörig consistent zu machen. Häufig soll dieses Verfahren bei der Schaafmilch vorgenommen werden, weil sie dadurch das Ansehen einer fetten dicken Milch von gut genährten Schaafen bekömmt. Man erkennt eine derart gemischte Milch an ihrer Dickflüssigkeit, an ihrem Geruch und Geschmack nach Stärke und Mehl, sowie an dem kleisterartigen copiösen Niederschlag, den sie häufig nach dem Gerinnen bildet. Gießt man sie ab, so bildet sie einen langen Faden, bildet im Gefäß einen Bodensatz, und hinterläßt auf einem feinen Seiher viel Mehl. Zur sichersten Entdeckung mehlartiger Substanzen in der Milch ist aber Jodine, das wichtigste und sicherste Mittel, da erstere, wenn sie mit Jodine gerieben wird, bald bläulich gefärbt wird, während die reine unverfälschte Milch dadurch die gelbliche Farbe des spanischen Schnupftabacks erhält.*)

Prüfung der Milch auf beigemengte Hirnsubstanz. Zu dieser nicht sonderlich appetitlichen Verfälschung der Milch, welche in Frankreich häufig vorkommen soll, wird Kalbs- oder Schaafshirn gebraucht. Um diese Verfälschung zu erkennen, sind bis jetzt folgende Prüfungsweisen bekannt geworden. 1) Man untersucht die verdächtige Milch unter dem Microscop. Dies wird die beigemischte Hirnmasse durch die Anwesenheit von Blutgefäß und Membranresten deutlich erkennen lassen. 2) Eine reine und eine mit Hirnsubstanz verfälschte Milch mit dem sechsfachen Gewichte Wassers verdünnt und durch die man im Ueberschusse Chlor streichen läßt, zeigen folgende Erscheinungen: in der reinen Milch setzt sich Käse zu Boden und es lagert sich auf ihr eine durchsichtige Schichte, während die verfälschte Milch auf ihrer Oberfläche bald mehr bald weniger zahlreiche Flocken zeigt. 3) Eine Quantität verfälschter Milch auf eine kochende und gesättigte Meersalzlösung gegossen, läßt bei Vergleichung mit normaler Milch, den der Hirnmasse eigenthümlichen Geruch alsbald erkennen. 4) Behandelt man den an der Oberfläche verfälschten Milch sich absetzenden rahmartigen Antheil mit reinem Aether, so giebt der

---

*) Bezüglich der Färbung, welche die Milch bei der Prüfung mit Jodine gewinnt, unterscheidet Orfila folgendermaßen: Mischt man Milch, welche mit Stärkemehl versetzt wurde in der Kälte mit Jodine, so ergeben sich folgende Nüancirungen in der Milch: Milch mit sehr wenig Stärkemehl erhält eine hellgelbe Farbe; mit mehr Stärkemehl wird sie senfgelb, mit noch mehr Stärkemehl wird sie grünlichblau, und mischt man ziemlich viel Stärkemehl zu, so erhält sie eine lilablaue Farbe.

Auszug einen Rückstand von fetten Materien. Letztere werden nun mit destillirtem Wasser, dem man einige Tropfen Schwefelsäure zusetzte, gekocht. Kalk-, Barytwasser, salpetersaures Silberoxyd und Bittererdesalze, weisen in dem Filtrat die Gegenwart von Phosphorsäure nach; eine Reaction, welche sich bei normaler reiner Milch, nicht zeigt. *)

Prüfung der Milch auf die Beimischung von süßen Mandeln- oder Hanfsaamen. Durch diese Stoffe soll der Milch größere Süße und ein schöneres weißes Ansehen ertheilt werden. Es wird diese Zuthat leicht erkannt, wenn man die Milch aufkocht, wo dann auf ihrer Oberfläche sich ölige Tropfen wahrnehmen lassen. Untersucht man ferner eine solche Milch, welcher Mandelmilch zugemischt wurde, unter dem Microscop, so wird man viele kleine schwarze Punkte darin finden.

Prüfung der Milch auf Gummi-Beimengung. Milch durch Sieden und etwas Essigsäure zum Gerinnen gebracht, und das filtrirte Serum mit Alkohol versetzt, veranlaßt in demselben leichte, durchscheinende bläuliche Flocken. Dies findet aber nicht statt, wenn der Milch Gummi zugemischt worden war, sondern es bildet sich ein reichlicher, mattweißer, opaker Niederschlag.

Prüfung auf Zumischung von Pottasche. Durch diesen Zusatz soll der Milch eine größere Consistenz gegeben, und zugleich deren Gerinnung verhütet werden. Mischt man zu einer solchen Milch starken Essig, so wird die in ihr enthaltene Pottasche sich durch Aufbrausen zu erkennen geben. Lacmuspapier, vorher durch eine scharfe Säure geröthet, wird, in eine solche Milch getaucht, nunmehr blau gefärbt erscheinen, und Curkuma sich braun färben.

---

*) In einer Sitzung der Acad. de medecine vom August 1857 berichtet Piorry über eine künstlich aus Fleisch und Knochen bereitete Milch, von welcher das Liter nur auf 10 Centimes, somit nur $1/_3$ so theuer zu stehen kommt, als gewöhnliche Milch. Diese Composition hat ganz das Ansehen und den Geschmack der wirklichen; sie gerinnt sogar wie diese, und es fehlt ihr nur an dem eigenthümlichen Aroma, so wie am Zucker der natürlichen Milch, was jedoch nach Piorry auf künstlichem Wege hinzugefügt werden könnte. Dieses Präparat enthält übrigens sämmtliche nahrhaften Bestandtheile der Fleischbrühe. Die Bereitung dieser künstlichen Milch fand statt in der großen Nahrungsmittel-Conservenfabrik von Chollet u. Comp. zu Paris.

Prüfung auf Kalkzusatz. In gleicher Absicht wie Pottasche angewendet, wird diese Fälschung durch Vermengung der Milch mit Salz- oder Salpetersäure leicht ermittelt, wenn man die filtrirte geschiedene Flüssigkeit mit Schwefelsäure versetzte, es wird nämlich dann Gips, oder schwefelsaurer Kalk sich als Niederschlag ergeben.

Prüfung auf Seifengehalt. Eine Beimengung, die mir kaum glaublich erscheint, da sie der Milch einen widrigen ekelhaften Geschmack ertheilen muß. Sie ist jedoch da und dort angeführt. Setzt man einer solchen Milch frisches Kalkwasser zu, so bildet sich bald ein flockiges Sediment.

Ueber das Vorkommen von einigen Metallen in der Milch, als: **Blei, Zink, Kupfer,** muß bemerkt werden, daß dies größtentheils stattfinden kann, wenn die Milch in solchen metallenen Gefäßen aufbewahrt wird. Dadurch soll die Rahmbildung befördert werden. Fette Flüssigkeiten vermögen erfahrungsgemäß das Blei aufzulösen, und eine in Bleigefäßen aufbewahrte Milch muß daher die schädlichen Eigenschaften eines Bleigiftes erhalten. Zur Ermittelung des letztern dient folgendes einfache Verfahren. Man setzt der verdächtigen Milch etwas weniges Salpetersäure zu, und leitet einen Strom von Schwefelwasserstoffgas hinein. Es bildet sich nun ein schwarzer Niederschlag, der aus Schwefelblei besteht. Reduzirt man den getrockneten Niederschlag auf der Kohle, unter Zusatz von kohlensaurem Natron, vermittelst des Löthrohres, so erhält man Blei in metallischer Gestalt. — Zink entdeckt man in der Milch, wenn man diese erhitzt bis zum Sieden, Aetzammoniak bis zur alkalischen Reaction zusetzt, filtrirt, und das Filtrat mit Schwefelwasserstoff vermischt. Bleibt die Mischung klar, so ist kein Zink vorhanden, bildet sich aber eine weiße flockige Trübung, so ist dessen Anwesenheit außer Zweifel gesetzt. — Kupferhaltige Milch mit Wasser verdünnt, wird durch das Zutröpfeln von wässerigem Salmiakspiritus schmutzigblau gefärbt. Auch erhält eine blanke Messerklinge, in eine ziemlich viel kupferhaltige und erwärmte Milch gestellt, den allbekannten Kupferüberzug. *)

---

*) Um ein genaues Verhältniß der einzelnen Bestandtheile der Milch auf dem Weg der chemischen Analyse festzustellen, darf schließlich das Verfahren von Bequerel und Vernois nicht übergangen werden, da

Die Milch.

Von großem Interesse ist die Mittheilung von **Bödeker** (Zeitſch. f. rat. Med. VI. 2) über die Zuſammenſetzung der Milch zu verſchiedenen Tageszeiten. Derſelbe ſagt: 1) Der Gehalt der Milch ſteigt von der Morgenmilch beginnend, in der Mittagmilch ſich daſſelbe ganz vorzüglich bewährt hat. Es beſteht in Folgendem: Man nimmt ungefähr 40—50 Gramme Milch und theilt dieſe in 3 Theile, der einen von 8—10 Gramme, und die beiden andern jeder von 15—20 Gramme. Die erſten 8—10 Gramme ſchüttet man in ein gläſernes Fläſchchen, welches genau dieſelbe Gewichtsmenge deſtillirten Waſſers faßt. Vermittelſt der bekannten Prozeduren, findet man leicht das ſpezifiſche Gewicht im Verhältniß zum deſtillirten Waſſer von beſtimmter Temperatur. Hat man nur wenig Milch zur Diſpoſition, ſo mag man ruhig dieſe Unterſuchung laſſen, da ſie im Vergleich zu den übrigen Reſultaten von ſehr untergeordneter Bedeutung iſt. Der zweite Theil (ungefähr im Gewicht von 15—20 Grammen) iſt beſtimmt, den Gehalt an Zucker, und das Geſammtgewicht der Extractivſtoffe und Salze zu geben. Um den Zuckergehalt nachzuweiſen, behandelt man dieſe 15—20 Gramme Milch mit fünf bis ſechs Tropfen Lack, und vier bis fünf Tropfen Eſſigſäure. Man rührt die Miſchung mit einem Spatel, ſchüttet ſie dann in eine Platinkapſel mit einer Temperatur von 50—60 Grad und filtrirt endlich. Bei dieſer Procedur, die jedoch ſo ſehr wie möglich zu beſchleunigen iſt, koagulirt der Käſeſtoff, indem er die fetten Theile mit ſich nimmt; nach dem Filtriren bleibt das Serum ganz klar und farblos zurück. Manchmal bedarf es einer zweiten Filtration oder man muß wenigſtens 2—3 Stunden warten, bis das Serum völlig klar und durchſichtig iſt. Man ſchüttet es alsdann in einen graduirten Polarimeter, bemerkt die Abweichung nach Rechts, und mit Hülfe einer Tabelle, die man ſich vorher entworfen haben kann, läßt ſich die Menge des Milchzuckers ganz genau, z. B. für 1000 Theile Milch beſtimmen. Man bekömmt das Gewicht der Extractivſtoffe und löslichen Salze, wenn man das Serum, austrocknet, und das trockene Reſiduum wägt. Die Differenz zwiſchen dem Gewicht des Zuckers und dem Totalgewicht des getrockneten Serums giebt die Quantität der Extractivſtoffe. Dieſes Reſultat iſt zwar nicht ſo genau als die Beſtimmung des Zuckergehaltes, reicht indeß für dieſen Zweck vollſtändig aus. Der dritte Theil, wiederum 15—20 Gramme, wird ſo, wie er iſt, gewogen, und dann bei einer Temperatur von 70—80 Centeſimal-Grad längere Zeit hindurch eingetrocknet; man behandelt das Product mit Aether, der die fettigen Beſtandtheile vollſtändig auflöſt; filtrirt, trocknet und wägt ſchließlich noch einmal. Das Uebriggebliebene iſt der Käſeſtoff, der Zuckerſtoff und die Extractivſtoffe. Die Differenz zwiſchen dem zuletzt gefundenen und dem erſten Gewicht giebt die Quantität der Butter. Reduzirt man nun alle Reſultate auf 1000, ſo hat man 1) den Zucker, 2) die Extractivſtoffe, 3) den Käſeſtoff. Addirt man dieſe drei Gewichte und zieht von der Summe das Gewicht der eingetrockneten Milch ab, ſo giebt die Differenz die Quantität des Käſeſtoffes. Die Milchanalyſe iſt alſo vollſtändig, und wir haben alles auf 1000 Gramme reduzirt, 1° das ſpez. Gewicht

72   Die Milch.

von $\frac{5}{4}$ auf $1\frac{1}{2}$, in der Abendmilch sogar auf das Doppelte, was wohl beachtet zu werden verdient, da in 500 Gm. Morgenmilch fast 12 Gm. Butter geboten werden, während in derselben Menge Abendmilch fast 24 Gm. hiervon genossen werden. 2) Mit der Zunahme des Fettes steigt auch die Menge des Caseins. In 500 Gm. Morgen= und Mittagsmilch beträgt das trockene Casein, 12, in der Abendmilch 14,4 Gm. 3) Fast genau im Verhältniß der Zunahme des Caseins nimmt das Albumin in der Milch ab. 4) Der Gehalt an Milchzucker ist nur geringen Veränderungen unterworfen; die Zeit seines Minimums liegt in der Nachmittagszeit, er nimmt während der Nacht wenig zu, seine Culminationszeit liegt in der Vormittags= zeit. 5) Sehr konstant verhält sich die Menge der Salze.

Boussingault hat in eine Abhandlung bewiesen, wie leicht und sicher unter dem Microscop, durch einfache Beobachtung des Mengeverhältnisses, sowie der Form der Milchkügelchen, normale Milch von abgerahmter Milch, gebutterter Milch und Buttermilch unterschieden werden können. Rißmüller fand in Bestätigung dieser Angabe folgendes:

1) Normale Milch unter das Microscop gebracht, ist fast völlig erfüllt von großen, mittlern und kleinen runden Butterkügelchen.

2^0 das Wasser, 3^0 die Butter, 4^0 den Zucker, 5^0 die löslichen Extracte, 6^0 den Käsestoff. Die Verbrennung giebt schließlich das absolute Gewicht der Salze.

Da der Gehalt der Milch an Milchzucker ein sehr constanter sein soll, so empfiehlt Brown denselben zu bestimmen, und darnach die Güte der Milch zu beurtheilen. Zu dem Ende scheidet er das Casein unter Zusatz von 1 Proc. Essigsäure durch Erhitzen aus, verdünnt die Molke bis zu einem gewissen Maaß, und tropft davon aus einer Bürette in eine bestimmte Menge einer siedenden Solution von weinsaurem Kupfer= oxyd=Kali bis zur Entfärbung.

Nach Brown fällt der Zuckergehalt der Milch nach dieser Me= thode meist zu hoch aus, indem dieselbe einen flüchtigen Riechstoff enthält, der gleichfalls reduzirend wirkt. Er mischt 2 Vol. Alkohol (spez. Gew. 0,833) mit 1 Vol. Milch und filtrit das ausgeschiedene Fett und Casein ab. In dem Filtrat zeigt eine Erhöhung des spez. Gew. von 0,905 als das der Mischung von Alkohol und Wasser um je 0,004 etwa 1 Proc. Milchzucker an. Dasselbe wird bis zur Syrupsdicke eingedampft, mit Wasser verdünnt und dann Zucker durch die Kupferprobe bestimmt. (The Pharm. Journ. and. Transa.t. No. CXXVIII.—CXXXI. Third. Ser. Decemb. 1872 P. 482 und 501.)

Die Milch.

2) In der mit Waſſer verdünnten Milch, ſind zwar die Butter=
kügelchen in demſelben Größenverhältniß, wie in der nor=
malen Milch vorhanden, allein je nach der Menge des
zugeſetzten Waſſers doch mehr oder weniger auseinander
gerückt.
3) Enthält Milch keine großen, ſondern nur mittlere und
kleine Butterkügelchen, ſo iſt derſelben ſchon ein Theil ihrer
Butter durch mehrſtündiges Stehen entzogen.
4) Eine durch 24ſtündiges Stehen entrahmte Milch zeigt
unter dem Microscop noch vereinzelte kleine Butterkügelchen.
5) Durch 4ſtündiges Stehen unter günſtigen Umſtänden —
im Krockerſchen Entrahmer bei 8—20° C. — verliert
die Milch 40 Procente ihres Fettgehaltes, bei 24ſtündigem
Stehen unter denſelben Verhältniſſen ſogar bis zu 88 Proc.
(Nach Bouſſingault ſoll man im günſtigſten Falle der
Milch nur $^3/_4$ ihres Fettgehaltes durch Buttern entziehen
können.)
6) Der zuerſt nach 4 Stunden abgeſchiedene Rahm beſteht
hauptſächlich aus den größten Butterkügelchen, iſt aber arm
an Fett; der durch längeres, etwa durch 24ſtündiges
Stehen erhaltene Rahm zeigt bis zur doppelten Menge
Fett, enthält aber nicht blos die großen, ſondern auch die
Hauptmenge der mittlern und kleinen Butterkügelcheu.

Zu Voranſtehendem muß noch bemerkt werden, daß man bei
der microscopiſchen Betrachtung am beſten nur einen kleinen Tropfen
Milch auf den Objektträger bringe, und das Deckgläschen ſo auflege,
daß, ohne die Form der Butterkügelchen zu alteriren, dieſelben nur
in einer einfachen Schicht (nicht übereinander liegend) dem Auge des
Beobachters ſich darbieten. Die von Rißmüller gewählte Vergröße=
rung war die 450fache. (Journ. f. Landwirthſchaft. Göttingen XX.
3. S. 361.)*)

Bezüglich der Anwendung des Microscops zur Unterſuchung der
Nahrungsmittel überhaupt iſt von Intereſſe: A. Vogl Anleitg. z. recht.
Erkennen der Nahrungs= und Genußmittel aus d. Pflanzenreich, die im
Handel vorkommen mit Hülfe des Microscopes. Für Apoth., Droguiſt,
Sanitätsbeamte, Induſtrielle. Mit 116 Holzſchn. Wien 1872. 138
Seiten.

Sechstes Capitel.

Das Oel.

Die Oele, deren man sich zur Bereitung von Speisen oder nur als bloße Zuthat zu jenen bedient, sind: Das Oliven- oder Baumöl, das Nußöl, das Mohnöl und das Rapsöl.

Characteristik des guten Olivenöls. Farbe weiß oder grünlich-weiß; blaßgelblich, rein, durchsichtig; Geruch rein, Geschmack mild, angenehm süßlich, bei geringer Kälte 2° C. eine weiße körnige Masse bildend, die in ihrer Mitte noch etwas helles flüssiges Oel eingeschlossen enthält; bei selbst anhaltend warmer Temperatur mindestens ein Jahr lang sich unveränderlich haltend, in Alkohol leicht löslich; 72 Proc. Olein und 28 Margarin enthaltend. — Trübes, grünliches, stark gelbes Olivenöl mit Thrangeruch und von scharfem bitterlichem oder ranzigem Geschmacke, ist unbedingt als schlecht zu verwerfen.

Verfälschungen des Olivenöles. Wegen seines hohen Preises wird das Olivenöl häufig durch Mohn- und Rüböl verfälscht.

Prüfung des Olivenöls auf Mohnölbeimengung. Hiezu liefert das salpetersaure Queksilber ein vorzügliches Mittel. Das Verfahren ist folgendes: Vermischt man 8 Maaße einer salpetersauren Queksilberlösung mit 92 reinen Olivenöles, und schüttelt sie von Zeit zu Zeit, so erstarrt die ganze Flüssigkeit nach einigen Stunden zu einer gelblichen, mit weißem Schaume bedeckten Masse, die des andern Tages fest wird. Reines Mohnöl würde seine Flüssigkeit behalten, orangegelb werden, und einen unbedeutenden Niederschlag von grünlichgelber Farbe erzeugen. Mischt man zu einem Gemenge Olivenöl und $^1/_2$ pCt. Mohnöl die salpetersauee Queksilberlösung, so erstarrt dasselbe nach wenigen Stunden, erlangt aber die Festigkeit bei weitem nicht, welche das reine Olivenöl auszeichnet. Wenn die Menge des dem Olivenöl zugemischten Mohnöles bis zu einem Zehntel steigt, erlangt die Mischung mit der Queksilberlösung zusammengebracht, die Consistenz des Honigs, und wird gelblich.

Das Oel.

Ist aber noch mehr Mohnöl beigemischt, so bleibt ein Theil des Gemisches beständig flüssig und durchscheinend in der Quecksilberlösung, und die Menge des Gerinnsels vermindert sich in dem Verhältniß, als die Menge des Olivenöles vermindert wird. Als vollkommen gewiß kann man annehmen, daß das Olivenöl unrein, und mit Mohnöl verfälscht ist, wenn in einer halben Stunde, nachdem die Mischung im Fläschchen geschüttelt wurde, die Streifen an letzterm, trotz alles Rüttelns festhaften, die Flüssigkeit beinahe durchscheinend ist, und endlich, wenn das Oel 6—7 Stunden, nachdem es gemischt wurde, nicht erstarrt, und wenigstens theilweise in diesem Zustande verbleibt, so, daß das Oel zwischen einem Viertel und der Hälfte auf der Oberfläche einer undurchsichtigen körnigen Masse, von der Beschaffenheit eines dicken Breies, obenauf schwimmt. Die Farbe des verfälschten Oeles ist nach dem Schütteln mit der genannten salpetersauern Quecksilbersolution mehr gelb, als an reinem Olivenöl. —

Von Olivenöl, welches einer Vermischung mit Mohnöl verdächtig ist, füllt man eine reine Flasche etwa zur Hälfte, und schüttelt diese stark. Man läßt das Oel nun ruhig stehen. Ist das Olivenöl rein und unverfälscht, so wird dasselbe eine glatte Oberfläche zeigen, enthält es aber Mohnöl zugemischt, so zeigen sich auf jener ziemlich viele Luftblasen. — Zwischen gestoßenem Eis erkältet, erstarrt reines Olivenöl ganz, und um so mehr, je frischer es ist, während das mit Mohnöl vermischte, zum Theil flüssig, ganz flüssig jedoch bleibt, wenn einem Theil Olivenöl, zwei Theile Mohnöl zugemischt sind. — Pfaff will die Bestimmung des spezifischen Gewichtes des Olivenöles als eine Probe für dessen Reinheit betrachtet wissen, weil letzteres eines der leichtesten der fetten Oele ist. Das spez. Gew. ist bei $15°$ R. $0{,}917$, bei $20°$ R. $0{,}912$. — Rüböl dem Olivenöl zugemischt, giebt ein tieferes Gelb als Mohnöl, und wird bei längerer Aufbewahrung ziemlich braun. Rüböl und Olivenöl zu gleichen Theilen gemischt, giebt eine Mengung von schöner Orangefarbe, und bei der Probe mit der genannten salpetersauren Quecksilbersolution, erstarrt nur die Hälfte der Mischung.

Nußöl. **Charactristik des reinen.** Farbe weißlich oder blaßgelb, auch gelblich grün, geruchlos, angenehm süßlich schmeckend, leicht ranzig werdend; Spez. Gew. $6{,}919$.

Verfälschung des Nußöles. Am häufigsten mit Mohnöl.

Prüfung auf Mohnölgehalt. Diese hält sehr schwer, wenn die Mischung alt ist; frisch geben Geruch und Geschmack den Ausschlag, da sich alsdann das Mohnöl noch leicht herausfinden läßt.

Mohnöl. Characteristik des reinen ächten. Farbe weißlich oder blaßgelb, klar, Geschmack mild, angenehm; Spez. Gew. 0,922, in 25 Theilen kaltem und in 6 Theilen heißem Alkohol sich lösend, leicht ranzig werdend und eintrocknend, die narkotische Eigenschaft des Mohns nicht besitzend. Zum Genuß ist immerhin das kaltgeschlagene Mohnöl vorzuziehen, da das heißgeschlagene und dunkler gefärbte, widrig schmeckt.

Verfälschung des Mohnöles. Eine solche soll vorkommen durch Vermischung mit Rüböl, Sonnenblumenöl und auch Buchelöl? Geschmack, Geruch und Farbe werden hier entscheiden. Es kömmt bisweilen im Handel eine Sorte schlechten Salatöles vor, welche ebenfalls als Mohnöl ausgegeben wird, indeß nichts anderes ist, als das Residuum der von den Oelfabrikanten mit heißem Wasser ausgezogenen und gehörig abgeschäumten Oelkuchen vom Rübsaamen.*)

---

*) Für die Erkennung der **Rapsölverfälschung** ist der von **Laurot** erfundene Oelmesser von Wichtigkeit. Er besteht aus einem Kännchen oder Krügchen von Eisenblech, welches die Stelle eines Wasserbades vertritt, bestimmt zur Aufnahme des zu prüfenden Oeles. Sobald man diesen Apparat dem Feuer zusetzt, und das Wasser zu kochen anfängt, theilt sich die Wärme hievon dem Oel mit, das dabei natürlich nicht über + 100° C. erhitzt werden kann. Ein kleines, in das Oel getauchtes Aräometer zeigt die Dichtigkeit des Oeles an; dieses Instrument muß aber für die feinsten Gewichtsunterschiede empfindlich sein. Das Aräometer ist in gleiche Grade eingetheilt, bis zu 200 Th. über 0° und 20 bis 25 Theile unter 0°. Endlich zeigt ein in das Gefäß eingetauchtes Thermometer den Zeitpunkt an, wann das Oel + 100° C. erreicht hat. Nach **Laurots** Beobachtungen haben die verschiedenen Oele bei der Temperatur des Kochpunktes des Wassers, eine sehr verschiedene Dichtigkeit, welche durch den Stand der fein ausgearbeiteten und sehr dünnen Spindel des Aräometers leicht erkannt werden kann. Das Laurot'sche Senkinstrument zeigt einen Gehalt, von 5 bis 10% an fremdartigem Oele regelmäßig jedoch ohne qualitative Bezeichnung der fraglichen Verfälschung an, und enthält zugleich eine Tabelle beigefügt, auf welcher die Grade angezeigt sind, die das Instrument nachweisen muß, wenn je 5, 10, 15, 20% Thran oder eines andern Oeles dem Rapsöl sich beigemischt finden. Ueber diesen Oelmesser hat sich eine akademische Commission zu Rouen sehr günstig ausgesprochen. (Journal de Ph. et de Chemie. 1842. 397.)

Zweiter Abschnitt.

Die festen Nahrungsmittel.

Siebentes Capitel.

Das Mehl.

Die Verfälschungen des Mehles geschehen entweder aus betrügerischer Absicht, oder in Folge von Unwissenheit und Nachlässigkeit, und die hiezu verwendeten Stoffe gehören entweder dem unorganischen oder organischen Naturreich an. Bis jetzt weiß man mit Bestimmtheit, daß von unorganischen Stoffen folgende zur Mehlverfälschung verwendet wurden. Kochsalz, Gips, kohlensaure Kalkerde, weißgebrannte gemahlene Knochen, Magnesit, Thon, Schwerspath, Kieselerde, Alaun.

Kennzeichen des guten unverfälschten Mehles.

Gutes unverfälschtes Mehl hängt am Finger, ballt sich in der Hand, verliert den Eindruck von der Form der Handhaut nicht schnell, fühlt sich zwar mild doch etwas körnig an, läßt sich, wenn man mit einer Messerklinge darüber hinfährt, ziemlich ausdehnen, wird mit Wasser zu einem Teig gemacht bald hart, fällt nicht auseinander, wenn man es zusammendrückt und auf einem Tisch aufsetzt, stellt sich als rein weißes geschmack- und geruchloses Pulver (in trockenem Zustand) dar, zeigt rundliche, elliptische, auch unregelmäßig platte glänzende, von verschiedener Größe wahrnehmbare Körner. Die Dimension dieser Körner übersteigt nach Angabe von Raspail $1/20$ Millimeter nicht.

Prüfung auf Kochsalzbeimischung. Verfahren von Duflos und Hirsch. Die von einer größern Quantität Mehl erhaltene Asche wird in einem Porzellangefäß oder Glaskolben mit reinem Waſſer ausgekocht, filtrirt, und eine kleine Probe von der Löſung mit einer Löſung von ſalpeterſaurem Silber geprüft. Wenn beim Zuſatz von wenigen Tropfen reiner Salpeterſäure ein reichlicher weißer und käſiger Niederſchlag nicht verſchwindet, ſo zeigt dies die Anweſenheit eines Chlormetalls, ſomit wahrſcheinlich des Kochſalzes an. Zur vollſtändigſten Gewißheit aber führt es, wenn man die Auflöſung in einer Abrauchſchaale langſam verdunſten läßt, denn das Kochſalz wird ſich alsdann in Geſtalt kleiner Würfel als Rückſtand zeigen.

Prüfung auf Gips. Von der vorhin angegebenen Mehl=
aſchenabkochung wird in zwei Probirgläſer gegoſſen. Auf das eine Glas reagirt man mit einer ſalzſauern Barytlöſung, auf das andere mit kleeſauerm Ammoniak. Die durch beide Reagentien hervorge=
brachte weiße Trübung giebt im erſten Falle, wenn ſie auf die Zu=
miſchung von Salpeterſäure nicht verſchwindet, das Vorhandenſein von Schwefelſäure zu erkennen, und wird dieſe Trübung durch deſtil=
lirten Eſſig nicht gehoben, ſo konſtatirt ſich die Anweſenheit von Kalk, und ſomit die von Gips.

Prüfung auf kohlenſaure Kalkerde. (Kreide.) Die vom Waſſer nicht aufgenommene Mehlaſche wird mit deſtillirtem Eſſig ausgekocht, filtrirt, und das Filtrat mit kohlenſäurefreiem Aetzammoniak im Ueberſchuß vermiſcht, damit der etwa aufgelöſte phosphorſaure Kalk ſich abſcheide. Man filtrirt noch einmal, wenn eine Trübung ſtattfindet, läßt das Ganze bis auf einen geringen Rückſtand verdunſten und vermiſcht letztern mit einigen Tropfen mäßig verdünnter Schwefelſäure. Bald oder doch nach kurzer Zeit entſteht ein weißer, kryſtalliniſcher Niederſchlag, Gips, und deutet an, daß das Mehl Kreide oder überhaupt kohlenſauern Kalk enthält, der zwar nicht vom Waſſer, doch aber vom Eſſig aufgelöſt wurde.

Prüfung auf gebrannte Knochen, Magneſit und Thon. Man übergießt die mit Waſſer und deſtillirtem Eſſig behandelte Portion in einem Becherglas mit der 10fachen Menge reiner Salz=
ſäure von 1,12, digerirt eine Zeitlang in gelinder Wärme, verdünnt hierauf das Gemiſch mit Waſſer, filtrirt, ſüßt das Filter gut aus, läßt die geſammten Filtrate bis auf einen geringen Rückſtand ver=
dunſten, und vermiſcht dann mit ſtärkſtem Weingeiſt, wodurch die

Knochenasche, wenn sie vorhanden war, niederfällt. Man sammelt diesen Niederschlag auf dem Filter, süßt ihn anhaltend mit Alkohol aus, trocknet und wägt. Die geistige Lösung enthält salzsaure Magnesia, wenn das Mehl mit Magnesit, und salzsaure Magnesia, wenn es mit Thon verfälscht war. Der Weingeist wird verdunstet, der Rückstand mit Wasser und etwas Salzsäure verdünnt und mit Aetzammoniak übersättigt, wodurch die Thonerde niederfällt; das klare Filtrat wird mit kohlensaurem Kali in Ueberschuß versetzt und gekocht, wodurch die kohlensaure Magnesia abgeschieden wird.

Prüfung auf Schwerspath und Kieselerde. Blieben die bisher angeführten Versuche resultatlos, und deutet die reichliche Aschenmenge dennoch eine vorhandene unorganische Substanz an, so könnte diese etwa nur noch Schwerspath oder Kieselsäure in Form fein gemahlenen Quarzes, oder aber Feldspath und Talk sein. Den Schwerspath erkennt man durch anhaltendes Kochen der vergeblich mit Säuren behandelten Asche mit einer kohlensauern Natronlösung, unter zeweiligem Ersatz des verdampfenden Wassers, und Behandlung des nach Abgießung der überstehenden Flüssigkeit erhaltenen Ungelösten, mit verdünnter Salzsäure, worauf alsdann die salzsaure Flüssigkeit mit verdünnter Schwefelsäure geprüft wird. Der nun entstehende weiße Niederschlag giebt die Anwesenheit von Baryt (Schwerspath) zu erkennen. Hinterließe jedoch die alkalische Flüssigkeit nach Uebersättigung mit Salzsäure, Eintrocknung und nochmaliger Lösung in Wasser, ein unlösliches weißes Pulver, so wäre letzteres Kieselsäure. (Vergl. Duflos und Hirsch.) *)

---

*) Kreide im Mehl läßt sich auch dadurch ermitteln, wenn man das Mehl zwischen den etwas befeuchteten Handflächen reibt. Die Kreide wird sich, wenn sie vorhanden ist, deutlich durch einen Widerstand zu erkennen geben. Gießt man ferner in kreidehaltiges Mehl, welches mit Wasser verdünnt wird, etwas Salzsäure, so entsteht Aufbrausen, das von der sich aus der Kreide entwickelnden Kohlensäure herrührt. — Eine Alaunbeimischung giebt dem Mehl einen herben zusammenziehenden etwas süßlichen Geschmack, und ist somit leicht zu erkennen. — Bisweilen ist das Mehl auch sandig, es rührt dies von den Mühlsteinen her, wenn sie nur eine mittlere Härte besitzen, das zu mahlende Getreide feucht ist, und ein sehr feines Mehl geliefert werden soll. Derartiges Mehl knirscht zwischen den Zähnen, kocht man es auf und läßt man es zum Abklären ruhig stehen, so wird man das unlösliche Steinmehl auf dem Boden des Gefäßes deutlich wahrnehmen. Daher rührt auch das manchmal vor-

Von den organischen Stoffen, welche zur Verfälschung des Mehles angewendet werden, sind besonders zu bemerken: das Bohnenmehl, Erbsenmehl, Kartoffelstärkemehl, Linsenmehl und die Kleien.

Prüfung auf Bohnen= und Erbsenmehl. Eine Zuthat von Bohnen= oder Erbsenmehl liefert einen sehr schwer gehenden Teig, und deshalb auch schweres dichtes Brod, ebenso giebt auch der Teig aus solchem Mehl beim Kneten den eigenthümlichen Geruch des Bohnen= und Erbsenmehles zu erkennen, und wird klebrig.

Prüfung auf Kartoffelstärke. Diese Zuthat findet häufig beim Weizenmehl statt, ist zwar für die Gesundheit nicht nachtheilig, jedoch aber beim Brodbacken für die Güte und Quantität des Brodes. Man hat in Bezug auf diese Verfälschung verschiedene Verfahren angegeben, die bald mehr bald weniger zum Ziele führten, indeß genügte keines, da sie nur annäherungsweise die Verhältnisse für das dem Weizenmehl beigemischte Kartoffelmehl angeben. Diese Aufgabe zu lösen gelang dem Bäcker Boland in Paris. Sein Verfahren ist vollkommen genügend, noch einen Gehalt unter 5 Proz. zugemischten Stärkemehles nachzuweisen, und besteht in folgendem. Zuerst über-

---

kommende sandige Brod. — L. A. Buchner, zu einer gewissen Zeit zur Untersuchung von Mehlsorten veranlaßt, die im Verdacht einer Beimengung von Alaun, Gips oder Pottasche standen, wendete das von Carter Moffat beobachtete Prüfungsverfahren des Brodes, welches Alaun enthielt, auch beim Mehl an. Er überzeugte sich, daß wenn man auch auf mit dem Finger etwas zusammengedrücktes Mehl, gleichviel ob Weizen= oder Roggenmehl, einen Tropfen einer weingeistigen Auflösung von Campechenholzextract fallen läßt, ein bräunlich gelber Fleck entsteht, wenn das Mehl alaunfrei ist. Ist aber dem Mehl Alaun beigemengt, so nimmt der durch diese Tinctur erzeugte Flecken, wenn die Alaunmenge nicht weniger als 1—2 Procent beträgt, eine graulichblaue oder grauviolette Farbe an. Bei $\frac{1}{2}$ Proc. Alaungehalt war der von der Tinctur bewirkte, röthlichgelbe Flecken mit einem blaugrauen Saume umgeben, und auf dem Flecken selbst konnte man mittelst der Lupe deutlich blaue Punkte erkennen; bei $\frac{1}{4}$ Proc. Alaunzusatz war der graublaue Rand nicht mehr recht deutlich sichtbar, wohl aber konnten bei aufmerksamer Beobachtung mittelst der Lupe noch einzelne kleine blaue Punkte im gelben Flecken wahrgenommen werden. Buchner hält nach seinen Beobachtungen dies für die äußerste Gränze der Wahrnehmung eines Alaunzusatzes zum Mehl, nach der angegebenen Prüfungsweise. (Pharmac. Centralhalle f. Deutschland 1872.)

zeugt man sich, ob das Mehl verdächtig ist, indem man den Kleber vom Stärkemehl auf die gewöhnliche Weise trennt. Alsdann nimmt man 20 Grammen des zu untersuchenden Mehls, knettet es über einem unten verstopften Trichter oder einem konisch zulaufenden Glase in der hohlen Hand, und unter Zufluß eines dünnen Wasserstrahles, zu einem nicht zu dichten, nicht zu weichen Teige an, und setzt dies so lange fort, bis das Wasser klar abläuft; in der Hand bleibt alsdann der elastische Theil des Klebers. Man zertheilt denselben, und trocknet ihn auf einem Teller. Das Waschwasser läßt man 1—2 Stunden lang sich setzen; es bildet sich ein Niederschlag, den man, vermittelst eines Hebers, so sorgfältig als möglich, und ohne Trübung zu veranlassen, vom überstehenden Wasser befreit. Zwei Tage nachher nimmt man, mittelst eines Stechhebers, den letzten Rest des Wassers hinweg. Untersucht man den Bodensatz, so bemerkt man leicht, daß er aus zwei verschiedenen Lagen besteht, einer obern grauen, die aus vertheiltem, nicht elastischem Kleber besteht, und einer untern matt weißen Lage, die das Stärkemehl ausmacht. Man entfernt die obere Lage so sorgfältig als möglich, und läßt die Stärkemehl-Schichte austrocknen, bis sie ganz fest geworden ist, in welchem Zustande man sie aus dem Glase oder Trichter herausnimmt, mit der Cautele, daß sie ihre konische Form nicht verliert.

Das gegen das Weizenmehl spezifisch schwerere Kartoffelmehl nimmt, indem es sich zuerst niedersetzte, den obern Theil des Kegels ein; mit der Lupe läßt es sich nicht von dem Andern unterscheiden. Boland verfährt nun wie folgt, um seine Gegenwart und seine Menge darzulegen. Mittelst eines Messers hebt er, von der Spitze des Kegels anfangend, eine 1 Gramme wiegende Lage ab, die also ungefähr $1/20$ der Menge des zu prüfenden Mehles beträgt, zerreibt sie in einem Achatmörser mit einer gewissen Menge kalten Wassers, filtrirt die Flüssigkeit, und versetzt sie mit einem Tropfen Jodtinctur, wobei sofort eine schöne blaue Farbe sich zeigen wird, wenn diese Lage aus Kartoffelstärkemehl bestand; war sie aber Fruchtstärkemehl, so wird blos eine gelbliche oder zuweilen schwach violettrothe Färbung sich zeigen, welche letztere nach einigen Augenblicken wieder verschwindet. Indem man nun nach und nach solche, 1 Gramm schwere Lagen abhebt, und auf dieselbe Weise prüft, kann man bis zu 5 Proz. genau den Gehalt an Kartoffelstärkemehl darin ermitteln.

Prüfung auf Linsenmehl. Hat man Mehl in diesem Verdacht, so dient folgendes Verfahren zur Ermittelung. Man bringt das verdächtige Mehl auf ein enges Seidensieb, welches die feinern Mehltheile durchläßt; das gröbere auf dem Siebe zurückbleibende befeuchtet man mit einer Lösung von einem Theil Eisenvitriol in 25 Theilen Wasser, worauf sich, wenn Linsenmehl beigemischt ist, eine schwärzliche Färbung zeigt.

Prüfung auf Kleien. Enthält eine Mehl ein Zuthat von Kleien, so geben sich diese durch Farbe und Gefühl gleich zu erkennen. Drückt man derartiges Mehl in der Hand zusammen, so hält es nicht, sondern fällt leicht auseinder.*)

---

*) Martens giebt folgendes Verfahren an, um bei gerichtlichen Untersuchungen die Mehlverfälschungen zu konstatiren 1) Beschreibung der physikalischen Eigenschaften des Mehles wie auch derjenigen, welche sich durch die Lupe oder das Mikroscop bei schwacher Vergrößerung wahrnehmen lassen. 2) Untersuchung des Mehles, ob dasselbe, wenn feucht geworden, Spuren von Gährung zeigt oder aber Spuren von Pilzen. Findet man ammoniakalische Salze, so zeigt dies eine Zersetzung an. 3) Bestimmung der Hygroscopizität des Mehles indem man dasselbe bei 100° trocknet. 4) Fernere Untersuchung der Hygroscopie des Mehles, indem man es 12 Stunden lang bei 30° trocknet, und es dann 5 Tage lang an einem kühlen feuchten Orte aufbewahrt. Die Menge des absorbirten Wassers entspricht der Menge des Klebers und der Beschaffenheit desselben. Gutes Weizenmehl und die am besten gebeutelten Sorten sind die hygroscopisten. 5) Beutelung des Mehles durch das feinste Seidensieb, Bestimmung der Menge des hindurchgehenden Mehles und der auf demselben zurückbleibenden Kleien und andern Substanzen. 6) Bestimmung des Gewichts der Asche oder der mineralischen Theile, welches von 5 Grammen des bei 100° getrockneten Mehles hinterlassen wird. Die Asche darf nicht so stark erhitzt werden, daß sie vollkommen weiß geworden, da sie sich hierbei, wie dies von Louyet bemerkt wird, wesentlich verändert. Das Gewicht der Asche zeigt, ob ein Ueberschuß an unorganischen Stoffen im Mehl enthalten ist. Ferner ist zu untersuchen ob die Asche hygroscopisch ist, ob sie gegen Curcuma=Papier sich neutral oder alkalisch zeigt. Im letztern Fall ist der Verdacht einer Verfälschung mit Bohnenmehl vorhanden. (Louyet.) 7) Untersuchung der Zusammensetzung der Asche. Ist eine beträchtliche Menge kohlensaurer Kalkerde darin, so deutet dies auf eine Beimengung fremder Stoffe, da das Mehl der Cerealien, so wie das der Bohnen, keinen kohlensauern Kalk enthält. (Liebig.) 8) Anstellung einer mechanischen Analyse mit dem Mehl. Sie geschieht, indem man 25—30 Gramme bei 30° trocknet, und etwa mit der Hälfte

Das Mehl.

Sehr interessant sind auch Reichs Versuche über die Mehlverfälschung mit unorganischen wie organischen Stoffen. Die erstern, bemerkt er, sind selten, lassen sich leicht entdecken, dagegen kommen die letztern um so häufiger vor und bestehen in Folgendem: 1) **Feine Holzsägespähne.** Man entdeckt sie leicht dadurch, daß man $6_{/16}$ Gm. des Mehles mit kaltem Wasser, zu einem Brei anrührt, und diese in eine kochende Mischung von 4 Loth Wasser und $1_{/3}$ Gm. englischer Schwefelsäure nach und nach gießt, 15—20 Minuten sieden läßt, und dann auf ein Filter gießt. Das in Gummi und Zucker verwandelte Mehl geht durchs Filter, während die Faser zurückbleibt. 2) **Kartoffelmehl.** Dieses läßt sich so lange durch's Mikroscop entdecken, als Kartoffeln und Getreide für sich gemahlen, gemengt werden, werden aber die Stoffe vor dem Mahlen gemengt, so findet ein so starkes Zermalmen der einzelnen Theile statt, daß eine Unterscheidung unmöglich wird. Eine sichere Methode, diese Verfälschung zu erkennen, besteht darin, daß man das fragliche Mehl in einem etwas rauhen Mörser (unglasirten Porzellanschaalen) mit kaltem Wasser einige Minuten stark zusammenreibt, einige Zeit stehen läßt und dann filtrirt. War das Mehl mit Kartoffelmehl gemischt, so entsteht in dem Filtrat durch Jodtinctur eine blaue Färbung, während dies bei reinem Ge-

---

an Wasser einen Teig knettet. Nach 20—30 Minuten prüft man die Elastizität desselben, seine Consistenz, worauf man ihn unter einem feinen Wasserstrahl knettet, während man die abfließenden Wasser durch ein feines Seidensieb gehen läßt, und sie in einer Schaale darunter sammelt. Der Kleber wird gesammelt, nach seinen physikalischen Eigenschaften untersucht, zwischen Fließpapier leicht gepreßt, gewogen. Dies giebt dann das Gewicht des frischen und wasserhaltigen Klebers, darauf wird er wenigstens 3 Tage lang getrocknet und wieder gewogen, wobei er gewöhnlich die Hälfte an Gewicht verloren hat. 9) Man sammelt Stärke und Waschwasser von der mechanischen Analyse und untersucht dieselben auf fremde Beimengungen. Sind mineralische Substanzen darin, so entfernt man diese durch Schlemmen, auch kann man die Stärke durch Kochen mit schwacher Chlorwasserstoffsäure in Zucker verwandeln und lösen, wobei dann die mineralischen Stoffe zurückbleiben. Die Stärke wird außerdem an mehrere Absätze vertheilt, wodurch man nach Lecanu, die verschiedenen großen Stärkekörner kennen und zu unterscheiden vermag. 10) Bei 2—300maliger Vergrößerung beobachtet man die schwersten Stärkekörner, und sieht, ob dieselben von Kartoffeln oder von Hülsenfrüchten herrühren. 11) Endlich schreitet man zur directen und speziellen Untersuchung auf die Beimengung von Kartoffelstärke, dem Mehl der Leguminosen, des Buchweizens, Roggens ꝛc.

treibemehl der Fall nicht ist. Es läßt sich dies nur so erklären, daß die Stärkekörner des Getreides so sehr von Kleber umhüllt sind, daß sie beim Zerreiben nicht zerrissen werden, was bei den Kartoffelstärkekörnchen geschieht, und gerade deshalb muß man auch nur wenig des zu prüfenden Mehles verwenden und stark reiben. 3) Mehl aus Hülsenfrüchten. Die verschiedenen Sorten, als Bohnen, Linsen, Erbsen 2c., lassen sich hauptsächlich durch ihren Legumingehalt auf chemischem Weg ermitteln. Es ist bekanntlich das Legumin in Wasser löslich, wird aber daraus durch Essigsäure und Phosphorsäure wieder gefällt. Zur Prüfung eines solchen verdächtigen Mehles verwendet Reich 1 Volumen und 2 Volumina Wasser, mischt diese in einem Mörser gleichzeitig, und läßt das Ganze bei 25°—30° R. 2—3 Stunden stehen unter öfterm Umrühren; hierauf bringt man es auf ein Filter, und das Filtrat wird tropfenweise mit Essigsäure oder Phosphorsäure versetzt. War Bohnen- oder Erbsenmehl vorhanden, so wird die Flüssigkeit durch das sich scheidende Legumin milchig. Es lassen sich so 4—5 Prozente Bohnenmehl u. s. w. nachweisen. Alle unorganischen Beimischungen, wie z. B. kohlen- und phosphorsaurer Kalk, in der Form von Kreide und Knochenmehl, Gips, Schwerspath, Magnesia 2c. lassen sich sehr leicht beim Verbrennen des Mehles aus der Asche schon dem Gewichte nach ermitteln, denn gewöhnlich beträgt sie nur $1/3$ Proz. Diese von Reich angegebene Prüfungsmethode hat sich sehr bewährt. —

Eine andere höchst schätzbare Arbeit über die hauptsächlichsten Mehl- und Brodverfälschungen hat Donny in den Memoires couronnes de l'Academie de Belgique XXII. geliefert, deren Mittheilung wir uns hier nicht versagen können, um diesen Abschnitt so umfassend als uns möglich, zu machen. Um die Verfälschung des Weizenmehles mit Kartoffelstärke zu ermitteln, sind folgende Mittel vorgeschlagen: Die einfache mikroscopische Untersuchung, die mechanische Abscheidung des Klebers, die trockene Destillation, das Zerreiben des Mehles, die Fällung der Stärke, das Anreiben mit Salzsäure. — Nach Villars sind die Stärkekörner der Kartoffeln im Durchmesser dreimal größer als die vom Weizen. Auch Raspail und Payan haben die Stärkekörner verschiedener Gewächse mikroscopisch untersucht, und gefunden, daß die der Kartoffeln viel größer sind, als diejenigen vom Getreide. Payan fand die Stärkekörner der Kartoffeln $0{,}140$ bis $0{,}185$ Millimeter lang, die des Weizens Mill. $0{,}050$. Es erscheint daher sehr einfach, blos durchs Microscop Kartoffelstärke im Weizenmehl zu erkennen, auch haben Dumas und Raspail dieses Mittel auf's Entschiedenste angerathen. Vielleicht sind auch sehr geübte Beobachter mit trefflichen Instrumenten versehen wirklich im Stande, dies auszuführen, indeß mag dies doch nur selten der Fall sein. Denn obgleich die größten Weizenstärkekörnchen sehr viel kleiner sind als die größten der Kartoffelstärke, so finden sich doch keine scharfen Gränzen zwischen beiden Größen, und in einem Gemenge beider Stärkearten findet man eine ununterbrochene Reihe von den größten bis zu den kleinsten Körnern. Man kann daher nur in den größten Körnern der Kartoffelstärke die Gegenwart derselben erkennen. Dies ist aber sehr mißlich, denn die größten Körner sind ziemlich selten, ferner ist es ziemlich schwierig, die absolute Größe der Objecte zu bestimmen, auch glaubt Martens, daß die Betrüger das Volumen der größten Körner zu vermindern wissen, und daher das Mikroscop unanwendbar wird, wenn die Stärke mit dem Getreide zusammengemahlen wird. Unter den Bestandtheilen des Weizens findet sich Gluten oder Kleber, wovon die Kartoffelstärke nichts enthält, durch Zusatz der letztern wird also die relative Menge des Stärkemehles erhöht, die des Glutens vermindert. Henry hatte durch zahlreiche Versuche $10^{1}/_{4}$ Proz. trockenen Kleber im Weizenmehl gefunden und glaubte, daß die Bestimmung des Klebers eine größere Sicherheit biete, als die mikroscopischen Untersuchungen. Nach Versuchen von Vauquelin, Barruel, Orfila und andern wechselt aber der Gehalt des trockenen Klebers im Weizenmehl von $5^{1}/_{2}$ bis 23 Proz., der Gehalt an Kleber ist also offenbar zu schwankend, um als Maaß benützt werden zu können. Rodriguez fand das in Wasser aufgefangene Product von der trockenen Destillation des Weizenmehles bei starker Hitze vollkommen neutral, während Mehl von Reis, Mais und Kartoffelstärke ein saures Wasser gaben. Das Mehl der Bohnen, Linsen und Erbsen gab dagegen, wie der feuchte Kleber, ein alkalisches Wasser. Man würde daraus den Schluß ziehen können, daß Weizenmehl, welches ein saures Product giebt, mit Kartoffelstärke oder mit Mehl von Reis oder Mais gemischt sein müsse, wogegen eines, welches ein alkalisches Product liefert, Bohnen, Erbsen oder Linsenmehl enthalten müßte. Indessen sind die Producte der Destillation keinesweges so konstanter Natur als Rodriguez angegeben. Im Gegentheil sagt Barruel, daß ihm der Weizen stets ein saures Product geliefert habe, und ganz dasselbe fand auch Donny. Es ist natürlich, daß, je nachdem das Stärkemehl oder der Kleber vorwaltet, ein saures oder ein alkalisches Product erhalten werden muß. Rationeller ist das Verfahren Gay-Lussac's. Nach demselben werden einige Gramme des verdächtigen Mehls in einem Achatmörser zerrieben, mit Wasser angerührt und filtrirt. Wenn etwas Stärke mit in dem Mehl enthalten ist, werden einige Körner derselben, in Folge ihres Volumens, ihrer Form und ihres schlaffen Gewebes, zerstört und zerreißen, so, daß sie dem Wasser genug von ihrer Substanz abgeben, um nach der Filtration dieses durch Jod blau färben zu lassen, während das reine Mehl nur viel kleinere, glatte, festere Stärkekörnchen enthält, die auf dieselbe Weise behandelt, dem Wasser durch Jod nur eine weinrothe Farbe ertheilen. Dieses Verfahren hat Martens neuerlichst wieder empfohlen, und gefunden, daß man bereits 5 Prozent Stärke im Mehl auffinden kann auf diese Weise, wenn man dasselbe sehr stark 5—10 Minuten reibt, und die Vorsicht gebraucht, sehr wenig auf einmal davon anzuwenden. Dieses Verfahren hat nur zur Basis die Verschiedenheit in dem Widerstand, welchen die Körner der Stärke und die des Mehles der Reibkeule darbieten; möglicherweise wird diese Verschiedenheit unmerklich, auch können ja die Stärkekörner des Mehls durch verschiedene Umstände so verletzlich werden, daß sie sich auch zerreiben lassen, wogegen man vielleicht ein Mittel findet, die Stärkekörnchen resistenter zu machen. Auch das von Boland eingehaltene Verfahren prüfte Donny und fand, daß die Differenz im spezifischen Gewichte der verschiedenen Stärkekörner nicht so bedeutend sei, wie man geglaubt, daß ferner die Tiefe der blauen Färbung von der Kraft abhänge, mit welcher man die Körner zerreibt, ein Verfahren, das immer mehrere Tage erfordert.

In der Einwirkung des Kalis auf die verschiedenen Stärkearten, fand endlich Donny ein Mittel, die Frage zu lösen. Die Stärkekörner, sowohl die der Kartoffel als jene des Weizens, des Roggens, der Hülsenfrüchte, verändern ihr Ansehen, wenn man sie mit gewissen alkalischen Flüssigkeiten zusammenbringt. Es rührt diese Beobachtung von Payen her; er weichte die Stärkekörner in Wasser, welches er mit Natrum schwach alkalisch gemacht hatte, und sah sie unter dem Mikroscop aufquellen, ihre Falten verlieren, und sich ausdehnen, so, daß sich ihre horizontale Projection von 1 : 30 vermehrte, dabei waren sie merklich zusammengedrückt. Nach Donny eignet sich die Kalilauge besser zu dieser Beobachtung, einige Stärkekörnchen blähen sich sehr stark, andere nur wenig auf, indem z. B. die des Weizens nur unbedeutend ihr Volumen vermehren, während die der Kartoffeln ganz enorm aufquellen, ebenso sind einige Mehlarten viel empfindlicher gegen die alkalische Reaction als andere, so, daß dieselbe Lauge, welche auf Kartoffelstärke schon sehr kräftig aufquellend wirkt, gar keine Einwirkung auf die Weizenstärke ausüben kann. Will man das Resultat recht rein haben, so beginnt man damit, aus dem verdächtigen Mehl den Kleber auszuziehen, die mit Stärkemehl beladene Flüssigkeit läßt man sich einige Zeit absetzen, decantirt die Flüssigkeit und mit ihr die oberste graue Schichte, welche etwas unzusammenhängenden Kleber enthält; zwischen Fließpapier trocknet man das weiße im Gefäß abgesetzte Stärkemehl. Man legt ein Stückchen davon auf eine Glasplatte und zertheilt es mit einer Kalilösung, die auf 100 Wasser $1^{3}/_{4}$ bis 2 Kali enthält. Die Körner der Kartoffelstärke quellen stark auf, während die des Weizenmehls unverändert bleiben. Man reinigt nun die Platte, so daß die überschüssige Flüssigkeit abläuft, und trocknet vorsichtig den Rückstand in der Wärme. Auf die trockene an dem Glase haftende Schichte läßt man einen Tropfen einer Jodlösung fallen; eine starke Loupe genügt, um die Kartoffelstärkekügelchen zu sehen, in Form schön abgeplatteter Scheiben mit runden Rändern, mehr oder weniger durch Jod gefärbt, umgeben von unzähligen kleinen Körnchen, die nichts anderes als Weizenstärkekörner sind. Der Unterschied zwischen Beiden ist so enorm, daß keine Täuschung möglich ist. Will man schneller verfahren, so wendet man das Mehl unmittelbar an, nachdem man es von der Kleie befreit hat. — Das Roggenmehl weicht zwar wesentlich vom Weizenmehl ab, aber die Differenz betrifft fast nur den Klebergehalt, den man leicht durch Knetten mit Wasser daraus entfernen kann, die Stärke in beiden verhält sich ganz gleich, und man kann eine Verfälschung des Roggenmehls mit Kartoffelstärke sehr leicht auf dieselbe Weise wie die des Weizenmehls erkennen. — Galvani fand, daß durch Beimischungen von Erbsen-, Bohnen- und Linsenmehl der Kleber seine plastischen Eigenschaften verliere, so daß er durch ein Sieb hindurchgeht. Orfila und Barruel zeigten, daß der Kleber hiebei nur fein zertheilt, und nicht etwa zerstört werde, wogegen Rodriguez behauptet, daß das Gemenge einen viel festern Kleber gebe als reiner Weizen. Bei dieser Verschiedenheit kann man das Verhalten des Klebers nicht als Kennzeichen anwenden, um so weniger, da das verdorbene reine Weizenmehl gar keinen Kleber oder nur solchen enthält, welcher sich im Wasser leicht vertheilt.

Donny versuchte nun die Einwirkung des Kalis auf die verschiedenen Mehle als Kennzeichen zu benützen, wie ihm dies bei der Kartoffelstärke so gut gelungen, allein sein Bestreben blieb erfolglos, denn die Stärkekörner der Leguminosen sind denen des Weizens ausnehmend ähnlich. Dagegen fand er zwei andere Methoden der Untersuchung auf, welche sich zum Theil auf Bohnen, Wicken und Erbsen im Allgemeinen beziehen, oder auf Bohnen und Wicken im Besondern. Wenn man das Mehl der Bohnen oder Wicken mit siedendem Alkohol behandelt, filtrirt, und die Flüssigkeit zur Trockene abdampft, so erhält man einen schmutzig gelben Rückstand, ganz ähnlich dem, welchen der Weizen auch liefert. Salpetersäure macht sie tiefer, Ammoniak bräunt sie. Wenn man jedoch das Extract mit Salpetersäure von 35 Grad befeuchtet, bis zur Trockene vorsichtig abdampft, und darauf den Dämpfen von Ammoniak aussetzt, so erscheint eine sehr schöne kirschrothe Färbung, ähnlich der, welche die Harnsäure unter gleichen Umständen liefert. Weizen und Roggen bieten nichts derartiges dar. Ist Weizen- oder Roggenmehl mit dem Mehl jener Stoffe verfälscht, so zieht man es nicht mit Alkohol aus, sondern reagirt unmittelbar auf das Mehl selbst. Man läßt in einer Porzellanschaale an den Wänden eine sehr dünne Schichte des Mehles anhaften, gießt auf den Boden einige Tropfen Stickstoffsäure von $35°$, ohne das Mehl zu befeuchten, und erhitzt mit einer Spirituslampe die Schaale sehr schwach, ohne daß die Säure ins Kochen kommt, und von Zeit zu Zeit die Wände der Schaale, um zu verhindern, daß die Dämpfe der Säure sich auf dem Mehl kondensiren.

Nach einigen Augenblicken sieht man die untern Theile des Mehles sich sehr schön gelb färben, während die höhern weiß bleiben. Man saugt jetzt die Säure ab und ersetzt sie durch Ammoniak, welches man gelinde erwärmt. War das Mehl rein, so sieht es gelb oder weiß aus; war es verfälscht mit Bohnen- oder Wickenmehl, so zeigt die weiße Masse zalreiche rothe Flecken.

Um die Verfälschung mit dem Mehl von Leguminosen zu entdecken, kann man sich auch der Kalilauge bedienen. Die Kalilauge zerstört nicht die Cellulose der Leguminen, so daß man sie erkennen kann, wenn man das mit Kalilauge behandelte Mehl derselben unter dem Microscop untersucht; das Mehl des Weizens und Roggens auf dieselbe Weise behandelt, läßt nichts davon entdecken. Das verdächtige Mehl wird durch ein feines seidenes Sieb gebeutelt, um die Kleie abzuscheiden, deren Cellulose zu grob ist, und die Beobachtung stören könnte. Das Mehl wird unter das Objectiv eines Mikroscops gebracht, mit Kalilauge aus 10 Kali und 150 Wasser befeuchtet. War das Mehl rein, so wird es in eine gleichartige gummige Masse verwandelt; im Gegentheil entdeckt man leicht die Structur der Holzfaser. Sind durch Kleienreste dennoch Cellulosentheile von Weizen oder Roggen erhalten, so sind diese durch ihre geringere Dimension, durch ihre Form und Farbe leicht zu erkennen.

Weiter bemerkt Donny in seiner interessanten Arbeit, man hat angefangen das Mehl von Weizen und Roggen mit Mais zu versetzen, und eben so gefunden, daß $1/7$ Reismehl dem Brod die Eigenschaft ertheilt, viel Wasser zurückzuhalten. Die erhaltenen Maisstärkekörner erscheinen unter dem Mikroscop als isolirte Stärkekörner und eckige durchsichtige Bruchstücke, die gefärbt sind. Ganz ähnlich erscheinen die Reisstärkekörner, die jedoch in ihren eckigen Fragmenten farblos sind. Um diese Beimischung im Mehl zu ermitteln, rührt Donny dasselbe mit Wasser an, und gießt die stärkehaltige Flüssigkeit in ein konisches Glas. Die überstehende Flüssigkeit wird nach 15 Minuten abgegossen, und der Absatz unter dem Mikroscop geprüft. — Das Anreiben eines kartoffelmehlhaltigen Mehles mit verdünnter Salzsäure, ist schon mehrfach empfohlen worden. Es entwickelt ein solches betrügerisches Gemisch alsdann einen eigenthümlichen krautartigen Geruch, ähnlich dem der frischen grünen Bohnen. Ueber den Werth dieser Prüfungsweise ist indeß noch nicht entschieden, und es sind deshalb noch weitere Versuche abzuwarten. — Um eine Mischung mit Buchweizenmehl zu erkennen, malaxirt man dasselbe (nach Donné und Mareska) in einem Wasserstrahl auf einem Sieb, wascht das durchgehende Stärkemehl mehreremal, ohne es sich längere Zeit absetzen zu lassen. Unter der Loupe zeigt das Mehl außer den gewöhnlichen Stärkekörnern sehr regelmäßige polyädrische Fragmente, welche aus zusammengehäuften, sehr kleinen Stärkekörnern gebildet sind, aus den Perispermen des Buchweizens. — Leinsaamenmehl zeigt mit Wasser vermischt und mit Kalilauge von 14 Proz. behandelt, unter dem Mikroscop eine große Menge regelmäßiger Fragmente von glasigem Ansehen, kleiner als die Stärkekugeln, von röthlicher Farbe und quadratischer Form. Sie rühren von der Umhüllung des Korns her, wo sie in farbloser Membran nebeneinander gelagert sind. Verfälschtes Brod wie Mehl zeigt diese Körner gleichfalls, selbst bei 1 Proz. des Zusatzes. Da der Oelkuchen des Leins nicht völlig von Oel befreit ist, so läßt der Gehalt des Oeles gleichfalls sich als Kennzeichen benützen. Man zieht die verdächtige Substanz mit Aether aus, verdampft und behandelt den Rückstand mit rauchender Salpetersäure; diese verwandelt das Oel des Leins in eine feste, schön rothe Maße. Man wascht sie mit Wasser, nimmt sie mit wenig kochendem Alkohol von 36° auf, und decantirt heiß. Abgedampft läßt er das Leinöl zurück, welches, auch bei geringer Verfälschung, leicht zu erkennen ist. Der Leinsaamen enthält eine beträchtliche Menge vegetabilischen Schleimes, der in Wasser löslich und durch basisch-essigsaures Bleioxyd fällbar ist. Martens hat diese Eigenschaft für ein gutes Kennzeichen gehalten, da jedoch eine Gummilösung dieselbe besitzt, und nach Einhof Roggen 11 Proz. davon enthält, so ist es wohl ein sehr unsicheres Mittel, diese Verfälschung zu erkennen.

Außer mit den bereits angeführten vegetabilischen Stoffen kann das Mehl auch noch, wenn das Getreide nicht gehörig gereinigt wurde, ehe es zur Mühle kommt, mit folgenden Unkräutern vermengt, und ihm dadurch eine der Gesundheit nachtheilige Eigenschaft ertheilt werden. Es sind hier zu nennen: der Saamen des Ackerwachtelweizens, (Melampyrum arvense), der sogenannte Raben,

(Agrostema Githago), die Trespe, (Bromus secalinus), der Hasenpfötchensaamen, (Trifolium arvense), der Klaffer, (Rhinanthus), der Taumellolch, (Lolium temulentum), und endlich das Mutterkorn (Secale cornutum), über welch letzteres wir nach den vorzüglichsten Quellen eine besondere Mittheilung machen werden.

Man will auch absichtliche Verunreinigungen und Vergiftungen des Mehles mit Stoffen beobachtet haben, welche der Metallreihe angehören, und absolut schädlich auf die Gesundheit einwirken. Es sind diese: Weißer Arsenik, Blei-, Zink- und Wißmuthweiß. Verbrecherische Absichten machen eine solche Vermischung glaubwürdig, sie kann aber auch wohl die Folge grober Unwissenheit und Nachläßigkeit sein.

Prüfung auf die genannten metallischen Stoffe. (Nach Duflos und Hirsch). 7 Gm. des verdächtigen Mehles werden mit Wasser zu einem dünnen Brei angerührt, den man in einen Trichter gießt, dessen untere Oeffnung mittelst Kork verschlossen ist, spült das Gefäß, in welchem der Brei angerührt wurde, mit Wasser nach, rührt das Ganze noch im Trichter mit einem Glasstab um, und läßt es nun 25—30 Minuten sich ruhig absetzen. Nach Umfluß dieser Zeit wird der Kork gelüftet, und man läßt etwa $1/6 — 1/4$ vom Bodensatze zur vorläufigen Prüfung in ein zur Hälfte mit gutem Schwefelwasserstoffwasser gefülltes Becherglas abfließen. Färbt sich nun die Masse grau, braun oder gar schwarz, so ist sicher von den genannten Metallen entweder Blei oder Wißmuth darin enthalten. Ferner gießt man den Inhalt des Becherglases in ein Porzellanschälchen, erhitzt über der Weingeistlampe bis zum Sieden, setzt während des Kochens etwas reine Salzsäure zu und unterhält das Kochen noch einige Zeit hindurch; hierauf verdünnt man den Rückstand mit Wasser, gießt das Ganze auf ein Filter, süßt dasselbe wiederholt mit heißem Wasser aus, und leitet endlich in das Filtrat Schwefelwasserstoffgas bis zum starken Vorherrschen des Geruches. Wenn keine Fällung stattfindet, so sind weder Arsenik, noch Blei, noch Wismuth, noch Kupfer vorhanden. Ist aber ein Niederschlag entstanden, so läßt man diesen sich ablagern, gießt die überstehende Flüssigkeit zur weitern Untersuchung in ein anderes Gefäß ab, und den Bodensatz in ein

Filter. Nachdem alles Flüssige abgetropft, spült man den zurück=
gebliebenen Inhalt des Filters, welches man in der äußersten Spitze
mit einem Glasstab durchsticht, mittelst der Spritzflasche in ein Por=
zellanpfännchen ab, setzt etwas reine Salzsäure zu, erhitzt den trüben
Inhalt über der Weingeistlampe bis zum Sieden, und unterhält dieses
so lange, bis alles aufgelöst ist, welches man zuletzt durch Zusatz
einiger Grane chlorsauren Kalis befördern kann. Die Auflösung
wird filtrirt, Pfännchen und Filter mit reinem Wasser sorgfältig aus=
gespült und die saure Flüssigkeit siedend heiß mit einer Auflösung
von reinem Aetzkali bis zum starken Uebermaaß versetzt. Entsteht
nun hierbei ein bleibender weißer Niederschlag, so ist in demselben
das Wismuth enthalten, wenn solches vorhanden war, und kann
mit völliger Gewißheit erkannt werden, wenn man die letztere alka=
lische Flüssigkeit davon abgießt, den Bodensatz durch wiederholtes
Uebergießen mit reinem Wasser, Absetzenlassen und Abgießen aus=
süßt, dann in möglichst wenig Salpetersäure auflöst und diese Lösung
mit einer verdünnten Solution nachstehender Reagentien prüft: **Koch=
salz** erzeugt, wenn Wismuth vorhanden war, eine **weiße Trübung**
von basischem Chlorwismuth, welche durch viel Wasser nicht ver=
schwindet, wohl aber durch ein Uebermaaß von Salzsäure. **Jod=
kalium** bringt im gleichen Falle einen **braunen Niederschlag**
von basischem Jodwismuth hervor, das sich in einem Uebermaaße
des Fällungsmittels wieder auflöst. **Chromsaures Kali** verursacht
in gleichem Falle einen Niederschlag von chromsaurem Wismuthoxyd,
der sich in verdünnter Salpetersäure löst. Die vorhin bezeichnete
klare alkalische Flüssigkeit, welche das Blei und Arsenik enthält, wenn
das eine oder das andere vorhanden war, wird mit Schwefelwasser=
stoff angeschwängert, bleibt sie klar, ungetrübt, **so ist kein Blei
vorhanden,** gegenfalls entsteht durch Bildung von Schwefelblei, eine
schwarze Trübung. Die klar gebliebene oder von Schwefelblei
durch Filtration getrennte Flüssigkeit, welche Arsenik im Zustande
von Schwefelarsenik enthalten kann, wird mit Salzsäure übersättigt;
bleibt sie klar, oder wird sie nur schwach milchweiß durch ausge=
schiedenen Schwefel getrübt, so ist **kein Arsenik vorhanden,** entsteht
jedoch eine gelbliche Trübung und ein ähnlicher Niederschlag, so hat
man die Gegenwart des genannten Giftes zu argwohnen. Man

sammelt den Niederschlag in einem Filter, süßt ihn mit ausgekochtem Wasser aus, übergießt endlich das Filter mit etwas erwärmtem Salmiakgeist, wodurch sein Inhalt, wenn er Schwefelarsenik war, aufgelöst wird, läßt dieses ammoniakalische Filtrat in einem Porzellanschälchen verdunsten, mischt den Rückstand (wovon man übrigens, wenn er viel beträgt, höchstens 0,07 Gm. zu dem eben beschriebenen Versuch anzuwenden braucht) mit der 6—8fachen Menge schwarzen Flusses, schüttelt diese Mischung in ein an einem Ende verschlossenes Reductionsröhrchen, trocknet den Inhalt durch Ueberschütten des Röhrchens mit heißem Sande so viel als möglich aus, und erhitzt ihn endlich über der Weingeistlampe bis zum starken Glühen; ist Schwefelarsenik vorhanden, so wird es reduzirt und verdampft, und das Metall lagert sich im kältern Theil der Röhre in Gestalt eines grauen, metallisch glänzenden Sublimates ab. Die schon früh oben angegebene saure Flüssigkeit, welche mit Schwefelwasserstoff mit oder ohne Erfolg behandelt worden ist, kann noch Zink enthalten; man erforscht dies am unzweideutigsten, wenn man die saure Flüssigkeit mit kohlensaurem Ammoniak in wirklichem Ueberschusse versetzt, den dadurch bewirkten etwaigen Niederschlag abfiltrirt und nun in das klare alkalische Filtrat von Neuem Schwefelwasserstoffgas einleitet; ein weißer flockiger Niederschlag ist Schwefelzink, entsteht derselbe aber nicht, so war auch das genannte Gift nicht vorhanden.

Aufbewahrung des Mehls. Das Mehl enthält bekanntlich den größten Theil der stickstoffhaltigen Bestandtheile der Körner, was dasselbe deshalb so ungemein nahrhaft macht. Es ist daher bei seiner Aufbewahrung von allem nöthig, jene Stoffe, da sie leicht in Gährung gerathen, vor letzterer zu bewahren und unverändert zu erhalten. Dies wird erreicht durch gehörige Austrocknung desselben; durch seine fernere Trockenhaltung indem man es in luftigen Räumen aufbewahrt, dasselbe fleißig wendet oder schaufelt, und es nicht in zu großer Menge aufhäuft. Sehr zweckmäßig und empfehlenswerth ist das Verfahren von Robineau, nach welchem es unter Anwendung starken Druckes, in viereckige Kästen eingepreßt wird. Man bedient sich auch der Fässer und Kisten, welche mit Zinkblech oder Wachspapier inwendig ausgekleidet sind. Vollständig zu verwerfen ist aber die Aufbewahrnng des Mehles an feuchten, dumpfigen Orten, denn hat dasselbe einmal Feuchtigkeit angezogen, so bildet sich Milchsäure, Zucker u. A. aus dem Stärkemehl, es verdirbt ferner der Kleber, wodurch das Mehl jenen so widrigen eigenthümlichen Geruch und Geschmack erhält; es entstehen endlich darin Infusorien und Milben, erstere von Ehrenberg als Monas prodigiosa beschrieben.

Verunreinigung des Mehles durch das Mutterkorn.

Es ist durch vielfache Beobachtungen konstatirt, daß Mutterkorn= haltiges Getreide (Roggen) wenn es gemahlen, und zur Bereitung von Brod und andern Speisen verwendet wird, zwei, bald epidemisch, bald endemisch, bald sporadisch auftretende Krankheiten, den Mutter= kornbrand, und die Kriebelkrankheit (Mutterkornkrampf), zu erzeugen vermag. Dies dürfte Grund genug sein, hierüber etwas ausführlicher zu verhandeln, wobei ich mich an C. Ph. Falks vor= treffliche Arbeit über die klinisch wichtigen Intoxicationen (Handbuch der speziellen Pathologie und Therapie, redig. v. Virchow. Bd. II. Abth. I.) halte. Man schrieb die beiden genannten Krankheiten, früher bald dem im Getreide vorkommenden Ackerrettig oder Hederich, bald dem Taumellolch, bald gewissen epiphytischen Schmarotzerpilzen zu. Die Experimente von Wahlin haben aber gezeigt, daß auf den Genuß eines Mehles, welches Hederich zugemischt enthielt, ganz andere Krankheitserscheinungen erfolgten, als wenn die Kriebelkrankheit auftrat. Taube bemerkte ferner, daß in der Zeit, zu welcher die Kriebelkrankheit epidemisch auftrat, der Hederichsamen im Getreide völlig mangelte. Eben so muß auch der Taumellolch von der An= schuldigung, als erzeuge er die Kriebelkrankheit, freigesprochen werden, denn die auf seinen Genuß erfolgenden Erscheinungen und Zufälle sind von jenen, welche das Mutterkorn hervorbringt, ebenfalls sehr verschieden; abgesehen davon, daß nach Taubes und Puchsteins Beobachtungen, gerade der Taumellolch in dem schädlichen, die Kriebel= krankheit hervorrufenden Getreide ebenfalls fehlte, so bestätigen die experimentellen Untersuchungen von Cordier, Seeger, Zepper= feld, Schneider, Ruspini und mehreren andern, die große Ver= schiedenheit der Symptome, beim allenfallsigen Genusse der beiden genannten giftigen Kräuter. Es ist somit auf die erwähnten und viele andere gemachten Beobachtungen und Experimente sich berufend, das Mutterkorn allein, als äußere Ursache der Kriebelkrankheit zu betrachten. Hier reihen sich bestätigend noch die Versuche vieler Aerzte des 17. und 18. Jahrhunderts an, welche sich eine genaue Beobachtung der Wirkungen des Mutterkornes zur Aufgabe gemacht hatten, und nach den Ursachen der Kriebelkrankheit forschten. Nach den Beobachtungen von A. Scrinci und J. Taube, war dem Getreide, welches die Kriebelkrankheit erzeugte, allenthalben $1/16$ ja $1/8$ Mutterkorn beigemengt, und wer kein frisches Brod oder andere aus mutterkornhaltigem Mehl zubereitete Speisen genoß, blieb, wie auch Säuglinge von der Krankheit verschont. Erkrankte, denen man gesundes reines Brod oder solche Speisen reichte, besserten sich, so wie gegentheilig Rückfälle eintraten, wenn aus der Behandlung Entlassene, neuerdings mutterkornhaltiges Brod genossen.

Das Mutterkorn (Secale cornutum), eine Krankheit des Roggens, erscheint besonders nach vorhergegangener nasser Witterung. Eines oder auch mehrere Saamenkörner schwellen bedeutend auf, bekommen nach und nach eine immer dunklere Farbe, erreichen die Größe von 18 Cm. bis zu 3 Cm. Länge und 2—6 mm. Dicke; sind bald walzenförmig, bald verschiedenartig gekrümmt, werden äußerlich endlich violett, bräunlich grau oder schwärzlich, innen aber gelblich, mißfarbig, und sind der Länge nach furchenartig gestreift. Hat man viele dieser kranken Körner beisammen, so gewahrt man einen eigenthümlich widrigen, ekelhaften Geruch, der, wenn man sie zerstößt, sich bedeutend stärker entwickelt. Ihr Geschmack ist anfänglich wenig auffallend, später aber wird er scharf, dann fad, den frühern Untersuchungen von Vauquelin, Pettenkofer und Winkler zu Folge, welche diese über den giftig wirkenden Theil des Mutterkornes anstellten, ließ sich in dieser Beziehung mit Sicherheit nichts angeben, da es ihnen nicht gelang, denselben isolirt darzustellen, indeß hielt es Simon für wahrscheinlich, daß die energischen Wirkungen, welche dasselbe auf den thierischen Organismus äußert, einem Harz, verbunden mit einer flüchtigen, stickstoffhaltigen Materie, zuzuschreiben sein dürfte. In der neuern Zeit ist indeß durch die chemischen Untersuchungen Liebigs das Ergotin als der wirksame Bestandtheil im Mutterkorn, dargestellt worden, welches durch Ausziehen mit

Aether, kochendem Weingeist und Abdampfen gewonnen wird. Es stellt dasselbe ein bräunlich rothes, bitter schmeckendes, widerlich aromatisch riechendes Pulver von neutralem Verhalten dar, ist in Wasser schwer, in Aether gar nicht, in Alkohol mit braunrother Farbe löslich, dagegen löst es sich in konzentrirten Säuren und in Aetzkalilauge. Die übrigen Bestandtheile des Mutterkorns sind nach Wiggers Angabe: eigenthümliches fixes Oel, 35.05, weißes Fett 1,05, Carin 0,76, Fungin 46,19, Osmazom 7,76, Zucker 1,56, Gummi und Farbstoff 2,33, Eiweiß 1,46, phosphorsaures Kali 0,42, phosphorsaurer Kalk und etwas Eisen 0,29, Kieselsäure 0,14. — Die Industrieblätter, herausgegeben von Hager und Jacobson, enthalten in No. 10, Jahrg. IX. 1872 eine wichtige Mittheilung über die Nachweisung des Mutterkorns im Roggenmehl, welche wir hier wiedergeben, da die Beantwortung der Fragen: enthält das Mehl Mutterkorn und wie viel? oder welch ein Prozent-Gehalt des Mutterkornes im gemahlenen Mehl und im Brod vermag schädliche Wirkungen hervorzubringen? so oft erforderlich werden, und gegenwärtige Nachweisung, für den Landwirth wie für den Mehlhändler gleich wichtig, leicht ausführbar ist, und sichere Resultate ergiebt. Zuerst stelle man sich ein für alle Mal dienend, Normalproben mit bestimmtem Prozentgehalt des Mutterkorns vermischtem Roggenmehl dar, und vergleiche alsdann diese Normalproben, mit den Resultaten des zu prüfenden Roggenmehls. Dies geschieht auf folgende Art. I. Man nehme 99 Gramme reines Roggenmehl, welches man selbst aus ausgesuchten ganzen Roggenkörnern durch Stoßen gewonnen hat, zu diesen 99 Gramm Mehl mischt man 1 Gramm Mutterkornpulver (Secal. cornut. pulv.), schütte das Gemisch in ein Glaskölbchen, und gieße dazu 120 Gramm Spiritus, schüttle die Mischung gut um, und stelle das Kölbchen in eine Kasserole mit kochendem Wasser, und lasse den Spiritus 3—4 Minuten lange sieden. Dann gieße man den Inhalt des Kölbchens auf ein dichtes Leinwandläppchen, presse den Rückstand aus und schütte denselben abermals in das Kölbchen, gieße wieder dieselbe Menge Spiritus hinzu, und verfahre damit auf gleiche Weise wie vorher. II. Das auf diese Weise behandelte Roggenmehl schütte man in ein Reagentienglas, und gieße dasselbe voll mit 90 proz. kaltem Spiritus, schüttle es um, und

Das Mehl.

tröpfle 15—20 einer vorher bereiteten Mischung von 5 Theil. 90 proz. Spiritus nnd 1 Theil reiner konzentrirt. Schwefelsäure, schüttle es wieder um, indem man oben den Daumen aufsetzt. Nachdem nun die Mischung etwa 10 Minuten stillgestanden, setzt sich oben im Röhrchen eine klare hellrosenrothe Flüssigkeit ab. III. Dasselbe Verfahren wird mit einem Gemisch von 98 Gramm reinem Roggenmehl und 2 Gramm Mutterkorn gemacht, in welchem also 2 Proz. des letztern enthalten sind. IV. Dasselbe mit einem Gemisch von 97 Gramm reinem Roggenmehl mit 3 Gramm Mutterkorn, also 3 Prozent. V. Endlich 95 Gramm Roggenmehl mit 5 Gramm Mutterkorn, also 5 Proz. VI. Ein jedes Prozent Mutterkorn mehr bildet eine intensivere Färbung. Um nun diese 4 Normalfärbungen ein für allemal zu fixiren, mache man sich auf einem Blättchen recht weißen Papiers eine Zeichnung nach beistehender

| 1 pCt. Muttert. |
| 2 dito |
| 3 dito |
| 5 dito |

Figur und färbe jeden Strich mittelst eines Pinsels in den Nuancen, wie sie bei den 4 Proben wirklich erhalten ist. Dies Papier mit der Scala dient nun als Form für die Beurtheilung des Gehaltes von Mutterkorn im Mehl. VII. Bei vorkommender Mehluntersuchung nehme man einen Eßlöffel voll Mehl, koche dasselbe mit 90 proz. Spiritus, setze 15—20 Tropfen obiger Schwefelsäure hinzu, schüttle die Mischung und lasse sie sich absetzen. Nun vergleiche man den Grad der Färbung der obern Schicht mit der früher entworfenen Scala, und bestimme annähernd den Prozentgehalt an Mutterkorn im fraglichen Mehl. VIII. 1 Proz. Mutterkorn ist unschädlich, 2 Proz. Mutterkorn ist schädlich, 3 Prozent ist sehr schädlich, 5 Prozent bewirkt lange dauernde Krankheit. IX. Die Untersuchungen mit Mehl dürfen nicht unterbrochen werden, da jedes Mehl, selbst das reinste, bei ruhigem Stehen mit obiger Mischung innerhalb einiger Tage den Spiritus etwas färbt, wenn auch nicht rosenroth. Diese Färbung rührt von der länger audauernden Wirkung der Schwefelsäure auf viele organ. Körper her. Die Geräthschaften zur Mehluntersnchung bestehen in 1 Glaskölbchen von 60—90 Gm. Gehalt; in Spiritus von 90 Proz. in einer Mischung von 5 Theil. Spiritus mit 1 Thl. reiner Schwefelsäure; in einem

Leinwandlappen; in 4—5 Reagentiengläschen; in einer kleinen Waage nebst Gewichten; nnd in der Scala nach vorne stehender Figur.

Falk bemerkt a. a. O., daß die durch Mutterkorn erzeugte Kriebelkrankheit unbezweifelt zu jenen gehöre, die in Folge bestimmter Ursachen ebensowohl sporadisch als in örtlich beschränkten Epidemien aufzutreten vermöge, daß jedoch außer dem Mutterkorn sicher noch andere mitwirkende und prädisponirende Verhältnisse erförderlich seien, die Kriebelkrankheit zu erzeugen; bis jetzt seien aber hierüber unsere Kenntnisse so unzureichend, daß mit Bestimmtheit keine Angaben gemacht werden könnten. Wolle man den Mittheilungen der älteren Aerzte vertrauen, so seien in Noth, Armuth und Entbehrungen aller Art, offenbar sehr begünstigende Momente zu suchen, denn so viel sei sicher, daß diese Krankheit bei den niedern Volksklassen, bei denen eine schlechte Nahrung stattgefunden, jederzeit viel mehr und heftiger zu beobachten gewesen sei, als bei solchen, denen eine zweckmäßige und gesunde Nahrung zu Gebot gestanden. Für eine gewisse, vorhanden gewesene Disposition spreche aber der Umstand, daß an allen Orten Kinder (Säuglinge nicht eingerechnet) weit mehr als Erwachsene, von diesem Uebel befallen wurden, sowie, daß auch bei ganz gleicher Ernährungsweise, dennoch ein Familienglied daran erkrankte, während die andern Zugehörigen, entweder davon verschont blieben, oder nur Spuren des Uebels wahrnehmen ließen.

Von der Kriebelkrankheit oder dem Mutterkornkrampf (Ergotismus convulsivus) bekam man zuerst Kunde von Caspar Schwenkfeld zu Hirschberg, 1603, nachdem sie schon vorher mit den verschiedensten Benennungen belegt worden war. Nach den Berichten der Seuchen-Chroniken, ist diese Krankheit seit 1556, ganz gewiß jedoch seit 1587 und 1592, bis zum Ende des 18. Jahrhunderts in oft wiederkehrenden und nicht selten bösartigen verheerenden Epidemien aufgetreten, deren Aufzählung hier gewiß nicht ohne Interesse wahrgenommen werden wird. Eine solche Epidemie herrschte:

1556. In Brabant. — Berichterstatter: Rambert Dodonaeus.
1581. Bei Lüneburg. —   „   Balduin Ronscius.
1587 u. 92. In den Sudeten (betit. das Kromme) Caspar Schwenkfeld.

1596. In Hessen, Waldeck, Westphalen, Gegend von Cöln. Marburger Responsum.
1648, 49, 75. Im Voigtlande, besonders um Plauen.
1693. Am Harz, bei Menschen, Rind, Schweinen, Pferden, Gänsen. — Brunner.
1698. In verschiedenen Gegenden Deutschlands. — — Ephemerid. N. C. III.
1702. Bei Freiburg, im sächs. Erzgebirge und im Hannöverschen.
1716—17. Epidemie in Sachsen, in der Lausitz, Schlesien, Mecklenburg, Schleswig-Holstein, Schweden — — Waldschmidt, Wedel, Wolf u. A.
1722, 23. Kriebelkrankheit in Schlesien, Pommern, Rußland, bei Menschen, Pferden, Schweinen. Das Mutterkornhaltige Getreide wurde auf Befehl des Königs von Preußen mit anderm vertauscht. — Müller, Glockengießer, Schober u. A.
1736, 37. Kriebelseuche in Schlesien und Böhmen, bei Menschen, Haussäugethieren und Vögeln. — Burghard, Ant. Scrinci.
1741, 42. Kriebelkrankheit an der untern Elbe und in Holstein, besonders bei Stendal, Havelberg, Neu-Ruppin i. d. Altmark. — Feldmann, Kannengießer u. A.
1746, 47. Kriebelseuche im südl. Schweden. — Rosenstein.
1754, 55. Neue Kriebelseuche im südl. Schweden, bei Menschen, Schweinen und Hühnern. — Linné hält den Raph. Raphanistrum für die Ursache. Gleichzeitig herrschte die Krankheit in der Gegend von Berlin und Potsdam. — Cothenius.
1763, 69. Kriebelseuche in Schweden, bald mehr sporadisch, bald mehr epidemisch. — Wahlin.
1770, 71. Große verheerende Epidemie der Kriebelkrankheit in einem Theil von Frankreich, in Schweden, Holstein, besonders aber im nördlichen Deutschland. — Taube, Wichmann, Marcard, Wickard, Herrmanni, Schobelt, Brawe u. A.
1785. Epidemie in Toscana. — Millet.

1789. Kriebelkrankheit in einem Pensionate zu Turin. — Millet.
1795. Kriebelseuche im Waisenhause zu Mailand. — Moscati.

Im 19. Jahrhundert ist die Kriebelkrankheit sehr zurückgetreten, erscheint indeß da und dort sporadisch oder epidemisch. So kamen 1831 zu Berlin nach Hecker's Bericht, mehrere Fälle von Kriebelkrankheit vor, nach Bonjean trat die Krankheit 1843 in Savoyen in einer Familie von 7 Gliedern auf. Plaeschke beobachtete dieselbe 1841 in Sprottau in einer Familie seines Wohnortes, Puchstein in einer Hirtenfamilie zu Stregow im Kaminer Kreise der Provinz Pommern. Endlich sind verschiedene Berichte vorhanden, nach welchen die Krankheit in den letzten Dezennien dieses Jahrhunderts in Rußland und Schweden, bald sporadischen, bald epidemischen Charakters vorgekommen ist, was begreiflich wird, sobald man die Natur und Beschaffenheit des Bodens jener Länder berücksichtigt, der der Erzeugung des Mutterkorns förderlich ist.

Außer der erwähnten Kriebelkrankheit wird durch den Genuß des Mutterkorns auch noch die Brandseuche oder der Mutterkornbrand erzeugt, eine Krankheit, deren ätiologische Verhältnisse lange Zeit undurchschaut geblieben, mit den verschiedensten Benennungen belegt wurde. Dieses Leiden herrschte schon vor dem Jahr 1630 in Italien, Spanien, Portugal, England, Deutschland, ganz besonders jedoch in Frankreich bald mit mehr epidemischem, bald mit mehr sporadischem Charakter. Die ersten Nachrichten über die Brandseuche verdankt man Thuillier, der dieselbe 1630 in der Sologne beobachtete, und Dodart, der 1667 darüber einen Bericht an die Pariser Akademie erstattete. Wir geben hier nach Falk eine Uebersicht der hauptsächlichsten Epidemien dieser Krankheit, beobachtet und beschrieben seit 1630.

1630. Brandseuche in der Sologne. — Thuillier.
1650, 70, 72, 74. Ergotismus in der Sologne, in Guyenne, Gatinais und Montargis. — Perrault, Dodart, Thuillier fils, Bourdelie.
1690. Mutterkornbrand in Finale, bei Menschen, Hunden, Rindern, Schweinen. — Ramazzini.
1695. Mehrere Fälle von Mutterkornbrand zu Augsburg. — Brunner.

1709—10. Ergotismus in Orleanais und Blesois, in der Sologne. Dauphiné, Languedoc. — Noel.
1709—16. Brandseuche bei Bern, Zürich, Luzern. — Lang.
1747. Ergotismus in der Sologne, wobei 8000 Menschen erlagen. — Duhamel, Arnault de Nobleville, Salerne.
1749—50. Epidemie in der Umgegend von Lille. — Boucher, Couvet.
1762. Ergotismus in einer Familie zu Wattisham. — Tissot.
1764. Ergotismus in der Umgegend von Arras und Douai. — Larse und Taranget.
1770. Ergotismus in der Maine. — Read, Petillart.
1774. Epidemie in der Sologne. — Tessier.
1813, 14, 16, 20. Ergotismus im Depart. Cote d'or, Isere, Saonne, Loire, Allier. — Courhaut, Janson, Bouchet, Francois, Gassiloud.

Daß noch heutzutage diese Krankheit nach dem Genuß von Mutterkorn vorgekommen, erhellt aus den Mittheilungen von Bonjean, nach welchem 1814 an einem Orte in Savoyen 2 Kinder einer Familie davon befallen wurden, dann nach dem Bericht von Millet zufolge, welchem 1851 dieselbe im Departement Allier bei 5 Individuen in einer Gemeinde sich zeigte.

Achtes Capitel.

Das Brod.

Beim Brod finden wirkliche Verfälschungen mit schädlich wirkenden Stoffen, sowie gewisse Beimengungen statt, welch letztere, wenn auch für die Gesundheit nicht nachtheilig, immerhin verwerflich sind, weil sie meist aus betrügerischer Absicht vorgenommen werden. Da die Eigenschaften eines guten Brodes allbekannt sind, so werden dieselben hier nicht wiederholt. Eigentliche Verfälschungen des Brodes von schädlicher Wirkung auf den Genießenden sind: die mit Kalk, Knochen und Holzasche, kohlensaurem Kali, kohlensaurer Magnesia, Alaun, Sand, Jalappe, Borax, Kupfervitriol, Zinkvitriol, Bleiweiß. Anderweitige Beimengungen sind die mit Gersten-, Hafer-, Wicken-, Ackerbohnen-, Erbsen- und Linsenmehl, dann mit Kartoffeln, Kartoffelstärkemehl und Kleien.

Prüfung des Brodes auf Kalkbeimengung. Mit zwanzig Theilen reinen warmen Wassers zusammengeriebenes Brod läßt man sich auflösen. Ist das Ganze nach einiger Zeit kalt geworden, so erhält man auf dem Boden des Gefäßes einen Satz, den man von der Lösungsflüssigkeit und dem was oben auf schwimmt, sorgfältig trennt, filtrirt und trocknet. Von dem erhaltenen trockenen Rückstand übergießt man nun einen Theil mit reinem destillirtem Essig. Löst sich der so behandelte Rückstand unter Aufbrausen gänzlich auf, so ist mit Wahrscheinlichkeit das Vorhandensein von Kalk anzunehmen. Völlige Gewißheit von vorhandenem Kalk erlangt man aber, durch das Hinzutröpfeln von Sauerkleesäure oder Phosphorsäure in die klare Auflösung des Brodes, denn die beiden genannten Säuren bilden in derselben einen weißen Niederschlag.

Prüfung des Brodes auf Beimengung von Knochenasche. Zu einem andern Theil des oben zuerst erwähnten Rückstandes mischt man etwas Essigsäure. Löst sich letzterer nicht darin, so ist auch kein Kalk vorhanden, sondern Knochenasche, die leicht an der gänzlichen Löslichkeit des Sediments in Salpetersäure erkannt wird. In der Knochenasche ist aber auch phosphorsaurer Kalk enthalten. Diesen ermittelt man durch Verkohlung des verdächtigen Brodes, durch Digeriren mit Salzsäure, Abgießung der klaren Flüssigkeit und Mischung derselben mit Ammoniak. Es bildet sich alsdann ein Niederschlag von phosphorsaurem Kalk. Wird dieser Niederschlag mit Schwefelsäure befeuchtet, auf einem Platinbleche vor dem Löthrohr erhitzt, so erscheint eine blasse, gelblich-grüne Flamme. — Ein ganz einfaches mechanisches Verfahren, die Knochenasche im Brod zu ermitteln, besteht darin, daß man Brod bei bedeutendem Wärmegrad in einer großen Menge Wassers digerirt. Es scheidet sich bei dieser

Prozedur die Knochenasche aus der Masse ab, und bildet auf dem Boden des Gefäßes eine Schichte weißen Pulvers.

Prüfung des Brodes auf Beimengung von Holz-asche. Kocht man Brod mit Wasser gehörig und unter Umrühren auf, so setzt sich auf der Oberfläche des Wassers ein unreiner schmutzig grauer Schaum ab, und das zum Kochen des Brodes verwendete Wasser erhält, wenn viel Holzasche dem Brod beigemischt war, eine alkalische Beschaffenheit.

Prüfung des Brodes auf Beimengung von kohlen-saurem Kali. Hiefür ist folgendes Verfahren anempfohlen. Man äschert 13,3 Gm. wohl ausgetrocknetes und fein gepulvertes Brod ein, laugt die Asche auf einem Filter mit etwas Wasser aus, und reagirt auf das Filtrat mit Gipslösung und Curcumapapier. Starke Bräunung des Prüfungspapiers, und, wird Gipswasser mehr als 8 Gm. zur Ausscheidung nöthig, lassen mit großer Wahrscheinlichkeit auf eine absichtliche Beimengung von kohlensaurem Kali zum Brod zu schließen. Der gebildete kohlensaure Kalk mit reinem Wasser in einem abgewogenen Filter ausgesüßt, scharf ausgetrocknet, gewogen und der Gewichtserfund mit 1,37 multiplizirt, giebt als Faktor die entsprechende Menge kohlensauren Kalis.*)

Prüfung des Brodes auf Beimengung von kohlen-saurer Magnesia. Eine Quantität zur Asche gebrannten ausgelaugten Brodes wird in einem kleinen Tiegel von Platina mit etwas Wasser, welchem wenig reine Schwefelsäure zugesetzt ist, übergossen, umgerührt, eingetrocknet und bis zum Glühen erhitzt. Den Rückstand kocht man mit Wasser aus, filtrirt ihn, das Filtrat zuerst mit etwas gelöstem Salmiak, dann mit Aetzammoniak, um die Thonerde, sodann mit kleesaurem Ammoniak, um die Kalkerde zu präzipitiren, endlich

---

*) Im Jahre 1838 wurde von Stuttgart aus unterm 9. Dezember durch die Karlsruher Zeitung Nr. 342, auf die Verfälschung des Zwiebacks mittelst Pottasche folgenderweise aufmerksam gemacht: „Zur schnellern Gährung wird in neuerer Zeit zu dem sogenannten Zwieback Pottasche angewendet, wodurch dieser zugleich lockerer und zur Aufnahme von Flüssigkeit fähiger wird. Allein die Pottasche ist in solchen Quantitäten genossen ein wahres Gift für die Verdauung, namentlich bekommen Kinder auf den Genuß solchen Zwiebacks, Stuhlzwang, ja selbst Blutausleerungen u. s. w."

filtrirt man noch einmal und erhitzt das Filtrat bis zum Sieden und versetzt es schließlich mit kohlensaurem Natron. Die dem Brod beigemischte kohlensaure Magnesia scheidet sich nun als weiße Gallerte ab. Der Niederschlag wird nun auf einem Filter gesammelt, mit kochendem Wasser ausgesüßt, getrocknet und abgewogen. Sein Gewicht entspricht dem Gehalt des Brodes an kohlensaurer Magnesia.

Prüfung auf Alaunbeimischung. Diese sehr schädliche Beimischung zum Brod ist höchst wahrscheinlich durch das Vorurtheil vieler Consumenten, daß nur recht weißes Brod auch zugleich gut sei, in Aufnahme gekommen. Man sann daher auf ein Mittel, recht weißes Brod zu liefern, und fand dieses im Alaun, einer Substanz, die aus Thonerde, Kali und Schwefelsäure besteht. Der Alaun enthält das Kali nur in unbedeutenden Gewichtsmengen, und ist letzteres deshalb nur schwer zu ermitteln und aus dem Brode darzustellen. Leichter dagegen wird die Entdeckung der Schwefelsäure nach folgendem höchst einfachem Verfahren. 62 Gm. von dem verdächtigen Brod schneidet man in dünne Schnitten oder Scheiben, kocht diese etwa eine halbe Stunde lang in einem Kolben mit destillirtem Wasser und filtrirt die Lösung behutsam durch Papier. Die nun erhaltene klare Lösung füllt man in eine reine Schaale und kocht sie über einer Lampe bis zur Reduction von $1/4$ ihres frühern Umfanges. Dieser Flüssigkeit werden nun einige Tropfen einer verdünnten Chlor-Baryumsolution zugemischt, welche einen mehr oder weniger reichlichen weißen Niederschlag bilden wird. (Schwefelsaurer Baryt.) Ein bedeutender weißer Niederschlag berechtigt zur sichersten Annahme des Vorhandenseins von Alaun im Brod. Soll die Thonerde, welche den Alaun mitbildet, ermittelt werden, so dient folgendes Verfahren. Die Auflösung des Brodes, von welcher oben gesprochen wurde, wird filtrirt, in einer Schaale bis zur Trockene abgeraucht, und der feste Rückstand in einem eisernen Löffel bis zum Rothglühen erhitzt, wodurch die auflöslichen organischen Substanzen aus dem Brode zersetzt werden. Die nach dem Glühen übrige Masse wird nun in eine Mischung aus Salzsäure oder Schwefelsäure gethan, eine Viertelstunde über einer Lampe erhitzt, durch Papier filtrirt, und die Auflösung, mit den auf Thonerde bekannten Reagentien untersucht. Dadurch wird man folgende Resultate gewinnen: 1) Eine Aetzkali-

Das Brod.

solution bildet einen reichlichen Niederschlag, der sich wieder auflöst, wenn Kali im Ueberschusse beigemischt wird. 2) Flüssiges Ammoniak bewirkt einen Niederschlag, welcher im Ueberschusse des Ammoniums unlöslich bleibt. Hat man nun so Schwefelsäure und Thonerde nachgewiesen, so ist auch die Anwesenheit des Alaunes konstatirt.*)

---

*) Von Duflos und Hirsch wird ebenfalls ein sehr bewährtes Verfahren mitgetheilt, um den Alaungehalt des Brodes zu ermitteln. Der Vollständigkeit wegen lassen wir es hier folgen. Von verdächtigem Brod werden 133 Gm. stark ausgetrocknet, fein gepulvert, mit 3,3 Gm. wasserleerem kohlensaurem Natron innig gemengt und diese Mischung successiv in einer Platinschaale über der Weingeistlampe bei nach und nach bis zum Glühen gesteigerter Hitze so lange geröstet, bis sich keine Dämpfe mehr entwickeln. Der kohlige Rückstand wird in einer Porzellanschaale mit einer Mischung aus 64 Gm. Wasser, 16 Gm. reiner Salzsäure von 1,12 und 1,3 Gm. chlorsaurem Kali übergossen, das Ganze unter stetem Umrühren bis nahe zur Trockene verdampft, abermals mit 64 Gm. Wasser aufgenommen, filtrirt, und der Rückstand auf dem Filter mit destillirtem Wasser ausgesüßt. Die vermischten sauern Flüssigkeiten werden bis auf etwa 32 Gm. eingeengt, und der Rückstand zuerst mit salzsaurem Baryt geprüft. Entsteht keine oder nur sehr unbedeutende Trübung, so fehlt die Schwefelsäure, folglich auch der Alaun im Brod; gegenfalls wird so lange salzsaurer Baryt zugesetzt, als noch eine Trübung entsteht, der Niederschlag auf einem Filter gesammelt, ausgesüßt, getrocknet, geglüht, gewogen und $34\frac{1}{3}$ Prozent vom Gewicht als Schwefelsäure berechnet. Aus der mit Salzsäure behandelten Flüssigkeit wird zuerst der im Ueberschuß zugesetzte Baryt durch verdünnte Schwefelsäure ausgefällt, die Flüssigkeit abermals filtrirt, und nun mit Aetzammoniak übersättigt; entsteht kein Niederschlag, so ist dies ein Beweis für die Abwesenheit der Thonerde und abermals für die des Alauns. Entstand aber ein Niederschlag, so muß seine Beschaffenheit näher untersucht werden, denn es könnte derselbe auch nur phosphorsaure Kalk- oder Talkerde sein, wovon das Brod jederzeit eine geringe Menge, etwa $\frac{1}{4}\%$ enthält. Zu diesem Behuf wird der Niederschlag auf einem Filter gesammelt, mit reinem Wasser ausgesüßt, dann, nachdem das Filter mit einem Glasstab durchstochen worden, mittelst der Spritzflasche in ein Becherglas abgespült, etwas reine Aetzkalilösung zugesetzt, eine Weile in gelinder Wärme digerirt und hierauf nochmals filtrirt. Das Filtrat wird mit reiner Salzsäure bis zur schwachsauern Reaction versetzt; entsteht nun ein weißer, gallertartiger Niederschlag, so kann dieser nur Thonerde sein; ist aber das Gemisch klar geblieben, so war keine Thonerde, folglich auch kein Alaun vorhanden. Das Gewicht der Thonerde giebt durch Multiplication mit $9,25$ die entsprechende Menge Alaun, dessen Gehalt an Schwefelsäure $\frac{1}{3}$ seines ganzen Gewichtes beträgt. — Eine Prüfungsweise des Brodes auf Alaunbeimengung geschieht nach Carter Moffat, indem man das Brod mit einer aus Campechenholz

Das neueste Verfahren Mehl und Brod auf ihren Alaungehalt zu prüfen, dürfte wohl das von John Horsley (Chemie News, Mai 1872. N. 651. Wittstein.) angegebene sein. Hier das Hauptsächlichste darüber. Zum Nachweis einer Verfälschung des Mehls und des daraus gebackenen Brodes mit Alaun, bediente sich Horsley früher des Einäscherungsprozesses. Da jedoch derselbe mehr Zeit erfordert als von der Polizeibehörde in solchen Prozessen gewöhnlich eingeräumt wird, so sah er sich nach einem andern Verfahren um und griff auch zur Campechenholzprobe von Hadow, obwohl er wußte, daß ein Absud dieses Holzes an und für sich wenig oder gar keinen Werth hat, da Eisen, Kupfer und noch verschiedene andere Substanzen sich ganz ähnlich, wie Alaun gegen denselben verhalten. Horsley verfiel nun darauf, eine Tinctur des Campechenholzes im Verein mit einer gesättigten Lösung von kohlensaurem Ammoniak anzuwenden, und fand nach einer Reihe von Versuchen mit absichtlich mit verschiedenen Materien versetzten Brodlaiben, daß das Eisen der einzige Körper war, welcher ähnliche Resultate wie der Alaun gab, daß aber beide, wenn sie zusammen anwesend waren, durch ein besonderes Verfahren leicht unterschieden werden konnten.

Völlig befriedigt durch dieses Resultat, stellte Horsley seine verbesserte Methode der Behörde zur Disposition; besuchte in deren Begleitung die ganze Graffschaft Gloucester zweimal, besuchte die dortigen Müller und Bäcker, wobei ihm mehrere tausend Brode durch seine Hände gingen, und mehr als zweihundert Fälschungen konstatirt wurden, welche er mit der Einäscherungsmethode unmöglich so schnell hätte vollführen können. Der letzte Fall solcher Verfälschung kam 1870 bei einem Herefordshirer Müller vor. Horsley prüfte in Gegenwart der Behörde dessen Mehl und Brod nicht nur unmittelbar, sondern auch den daraus mit Wasser bereiteten Auszug auf Alaun, und erhielt in beiden Fällen eine tief purpurne oder violettblaue Färbung. Der Müller gestand hierauf, daß sein Mehl Alaun enthalte, derselbe sei durch seine Leute aus Versehen hineingekommen.

---

bereiteten Tinctur befeuchtet. Diese verräth das Vorhandensein des Alauns durch eine dunkelrothe Färbung, während unverfälschtes Brod durch genannte Tinctur nur strohgelb gefärbt wird. (The Pharmacist and Chemie. Record. Chicago Jul. 1871.)

Diese Ausflüchte hinderten jedoch nicht, daß er zu einer Geldstrafe von 15 Guineen verurtheilt wurde.

Horsley bereitet sich die Campechenholz-Tinctur durch Digeriren von 8 Gm. frischgeschnittenen Holzes mit 156 Gm. Holzgeist. (Wozu verdünnter Weingeist wohl eben so zweckdienlich sein wird.) Die Probe selbst wird folgendermaßen vorgenommen. Man setzt zu einem Weinglas voll Wasser, welches sich in einer Porzellanschaale befindet, einen Theelöffel voll von genannter Tinctur, und eben so viel einer gesättigten Lösung von kohlensaurem Ammoniak in Wasser. Taucht man in diese blaßrothe Mischung alaunhaltiges Brod, zieht es nach etwa 5 Minuten wieder heraus und legt es auf eine Platte zum Trocknen, so nimmt es binnen einer oder zwei Stunden eine blaue Farbe an, bei Abwesenheit von Alaun hingegen verschwindet die rothe Farbe gänzlich. Wird das Brod beim Trocknen grünlich, so deutet dies auf Kupfer, denn alsdann ruft das kohlensaure Ammoniak keine blaue Farbe hervor.

Bei Gegenwart von Eisen wird das feuchte, blau gefärbte Brod durch Versetzen mit einigen Tropfen Essigsäurehydrat schmutzigweiß, während bei Gegenwart von Alaun eine rosenrothe oder röthlich gelbe Farbe entsteht. Man kann auch auf folgende Weise experimentiren. Ein Stück Brod digerirt man mit verdünnter Essigsäure etwa eine Stunde lang, drückt es aus, filtrirt die abgelaufene Flüssigkeit, wirft ein Stück kohlensaures Ammoniak hinein, und setzt, nachdem das Brausen aufgehört hat, einige Tropfen Schwefelkalium oder Schwefelnatrium hinzu. Ist Eisen zugegen, so tritt eine dunkle Färbung ein, während Alaun keine solche Reaction giebt, aber ein wenig Campechenholztinctur verräth sofort den letztern.

Will man die Alaunerde, resp. den Alaun quantitativ bestimmen, so digerirt man 125 Gm. Brodkrume mit verdünnter Essigsäure einige Stunden lang, kolirt durch Leinwand, preßt, wäscht nach, filtrirt die Flüssigkeit, sättigt sie mit kohlensaurem Ammoniak und setzt Campechenholztinctur im Ueberschuß hinzu. Ist Alaun vorhanden, so entsteht eine dunkelblaue Färbung und darauf ein blauer flockiger Niederschlag. Man sammelt diesen auf einem Filter, wäscht ihn, bringt ihn dann durch Beträufeln mit verdünnter Salpetersäure in Lösung, verdunstet die rothe Lösung zur Trockene, und glüht den dabei verbliebenen Rückstand in einem Tiegel. Man hat nun die Alaunerde als ein weißes Pulver vor sich, welches höchstens etwas Kalk enthält; um letztern zu entfernen, behandelt man sie mit Kalilauge, verdünnt mit Wasser, filtrirt, erwärmt das Filtrat mit kohlensaurem Ammoniak und bekommt dadurch einen Niederschlag von reiner Alaunerde, der gesammelt, gewaschen, getrocknet, getrocknet, geglüht und auf Alaun berechnet wird. (1 Gew. Theil Alaunerde entspricht 9 Gew. Theilen Alaun.)

Die Angabe Davis, daß Kartoffeln im Brod keine blaue Färbung hervorrufen, wenn ein solches Gebäck auf die mitgetheilte Weise behandelt wird, fand auch Horsley bestättigt.

Es unterliegt keinem Zweifel, daß eine tägliche Aufnahme Alauns in den Körper durch Brod, sei die Menge auch noch so gering, endlich doch von nachtheiligen Folgen sein muß, besonders bei Individuen, die zur Hartleibigkeit hinneigen. Da ferner gutes reines Mehl nie einer solchen Beimengung bedarf, so läßt die Anwendung dieses Salzes immerhin auf ein Säure erzeugendes Nahrungsmittel schlechter Qualität schließen. Außer der Verdauungsschwäche, welche der Alaun zu erzeugen vermag, ist auch noch Grund zu der Annahme vorhanden, daß er vielfältig im Brode genossen, zur Entstehung von Blasensteinen die Veranlassung werden könnte.

Prüfung des Brodes auf Jalappenbeimischung. Die verstopfende Wirkung des Alauns ist allbekannt, deßhalb wird dem mit Alaun gebackenen Brod Jalappenpulver zugemengt, um die genannte Wirkung des Alauns im Brod zu schwächen oder so viel möglich gänzlich aufzuheben. Man findet die Jalappe im Brod durch folgendes Verfahren. Brod wird mit Alkohol digerirt, die Masse von Zeit zu Zeit umgerührt, der Alkohol nach Umfluß von etwa 36 Stunden abgegossen. Der Alkohol enthält nun das Jalappenharz aufgelöst. Man filtrirt diese erhaltene Lösung und setzt etwas Wasser zu; es entsteht hierauf ein weißlicher Niederschlag, der abgedampft das Jalappenharz deutlich erkennen läßt.

Prüfung des Brodes auf Borax-Beimischung. Um aus schlechtem Mehl gut aussehendes Brod zu bereiten, wird besonders in Frankreich, zu ersterem Borax gemischt. Ob dies auch bei uns stattfindet, ist mir bis jetzt nicht bekannt geworden. Für den Fall des

Vorkommens, folgt hier das Verfahren von Duvillé zur Prüfung boraxhaltigen Brodes. Dieser sagt, man soll eine ziemlich große Quantität Brod mit Wasser ausziehen, den filtrirten Auszug durch Aufkochen mit Eiweiß abklären, dann durchseihen, unter Umrühren konzentrirte Schwefelsäure zu setzen, und das Ganze ruhig stehen lassen. War das Brod boraxhaltig, so setzen sich Krystalle von Borsäure ab, leicht erkennbar, durch die bekannten Erscheinungen, wenn auf sie reagirt wird.

Prüfung des Brodes auf Kupfervitriolgehalt. Eine der nachtheiligsten und strafwürdigsten Brodverfälschungen, die nicht selten angewendet wird, um den Brodteig ohne Sauerteig zur Gährung zu bringen, dasselbe schöner, blasiger und leichter zu machen, und aus schlechtem Mehl gutes Brod zu backen. Die Anwesenheit des Kupfervitriols im Brod zu ermitteln, fällt nicht schwer, besonders wenn eine ziemliche Quantität dieses Präparates verwendet wurde. Einfache Verfahren sind folgende. Man behandelt Brodkrumen unmittelbar mit eisenblausaurem Kali, es wird sich alsdann eine rothe Färbung zeigen. Eine recht blanke Messerklinge in die angefeuchtete Brodmasse gesteckt, läßt nach einiger Zeit einen Ueberzug von metallischem Kupfer deutlich erkennen. Will man ganz geringe Mengen Kupfer aus dem Brod darstellen, so wird letzteres verbrannt, der Rückstand mit Säuren ausgelaugt, abgedampft, mit Wasser verdünnt, filtrirt, mit Ammoniak die allenfalls vorhandenen Salze gefällt, und die konzentrirte Flüssigkeit mit Cyaneisenkalium und Schwefelammonium geprüft. Von Duflos und Hirsch haben wir ebenfalls ein zweckmäßiges Verfahren, diese höchst gewissenlose, strafwürdige Verfälschung des Brodes nachzuweisen. Es besteht dasselbe in Folgendem. Ist das verdächtige Brod Weißbrod, so schneidet man ein etwa 3 Cm. breites und 9 Cm. langes Stück von dem Brod ab, taucht es zur Hälfte in eine sehr verdünnte Lösung von Blutlaugensalz, (1 Th. Salz auf 100 Th. Wasser) nimmt es schnell heraus und legt es auf eine weiße Untertasse. Bei Gegenwart von Kupfer nimmt der eingetauchte Theil eine blaß rosenrothe Färbung an, welche besonders neben dem trocken gebliebenen Theil deutlich wahrnehmbar ist, auch wenn der dem Brod zugesetzte Vitriol nur $1/10000$ von ersterem beträgt. Findet jedoch diese Reaction nicht statt, so kann man über-

zeugt sein, daß das Kupfer nicht in nachtheilig werdender Menge vor=
handen ist. Wünscht man indeß die Gegenwart noch weit geringerer
Mengen von Kupfer zu erkennen, oder ist das zu untersuchende Brod
Schwarzbrod, so verbindet man sehr zweckmäßig die bezügliche Prü=
fung mit der vorne angegebenen auf Alaun. Die salzsaure, mit
Aetzammoniak im Ueberschuß versetzte und von dem dadurch entstan=
denen Niederschlag abfiltrirte Flüssigkeit, wird nämlich von Neuem mit
etwas Salzsäure sauer gemacht, sodann in einem verschließbaren Glase
mit Schwefelwasserstoffgas bis zum starken Vorherrschen des Geruchs
angeschwängert. Man verschließt das Gefäß und läßt das Gemisch
durch 24 Stunden stehen. Ist nach Verlauf dieser Zeit kein Sedi=
ment in dem Gefäße sichtbar, so war das Brod sicherlich frei von
Kupfer, hat sich dagegen ein bemerklicher brauner Niederschlag ge=
bildet, so gieße man die überstehende klare Flüssigkeit bis auf einen
geringen Rest behutsam davon ab, bringe den letztern auf ein kleines
Filter, süße dieses mit etwas Schwefelwasserstoffwasser aus, lasse dann
das Filter trocken werden, und verbrenne es endlich in einem kleinen
Platin- oder Porzellantiegel zu Asche. Diese letztere wird mit mög=
lichst wenig verdünnter Salpetersäure aufgelöst und die noch mit
etwas Wasser verdünnte Auflösung mit einem Tropfen aufgelösten
Blutlaugensalzes geprüft. Die Anwesenheit des Kupfers giebt sich
sogleich durch eine Röthung und allmählige Entstehung eines braun=
röthlichen Niederschlages zu erkennen, auch wenn die Menge des vor=
handenen Kupfers nur $1/150000$ vom Gewichte der geprüften Flüssigkeit
beträgt. — Ein anderes nicht minder zweckmäßiges Verfahren, Kupfer
im Brod zu ermitteln, geben die oben genannten Chemiker an, es ist
ebenfalls nicht weniger entsprechend als das mit Blutlaugensalz, und
besteht in der Anwendung des Löthrohres. Man wendet ohne vor=
herige Auflösung in Salpetersäre die Brodasche an, schmilzt zu diesem
Behuf eine Boraxperle auf dem zu einer Oehre umgebogenen Ende
eines Platindrathes, taucht die Perle zuerst ins Wasser, sodann in die
Asche, und schmilzt sie von Neuem abwechselnd in der äußeren und
und innern Flamme des Löthrohres. Bei vorhandenem Kupfer er=
scheint die Perle in der äußern Flamme grün, in der innern schmutzig
braunroth. Ist die Menge des Kupfers sehr gering, so entsteht die

Das Brod.

braunrothe Farbe leicht, wenn die Perle mit etwas Staniol umgeschmolzen wird.*)

---

*) Ueber die Verwendung mehrerer Metallsalze bei der Brodbereitung, sowie über die Mittel diesen schädlichen Betrug zu entdecken, findet sich im Journ. de Pharmacie. Fevr. 1830. p. 58 folgende sehr wichtige Notiz von Henry sen., Deyeur und Boutron-Charlard, die wir nicht umgehen zu dürfen glauben. Sie lautet: „Seit einiger Zeit ist man durch mehrere traurige Zufälle veranlaßt, wieder auf den abscheulichen Gebrauch mehrerer Bäcker, vorzüglich in einigen Gegenden der Niederlande und einem Theil von Frankreich, das Brod mit Kupfervitriol oder Zinkvitriol zu versetzen, aufmerksam geworden. Dieser Gebrauch, der nicht scharf genug geahndet werden kann, verdient gewiß von Seiten der Regierungen, so wie der Chemiker alle Aufmerksamkeit, und in letzterer Beziehung dürften einige Angaben über das Verhalten des Brodes gegen Metallsalze, so wie über die Auffindung derselben, in dieser Zeitschrift einen geeigneten Platz finden. Der hohe Preis des Getreides in den Jahren 1828 und 1829 war die Veranlassung, daß die Bäcker dem Brod andere Mehlarten z. B. von Kartoffeln, Bohnen, Erbsen ꝛc. zusetzten, und um dem so zubereiteten Brod ein besseres Ansehen zu geben, nahm man seine Zuflucht zu verschiedenen Salzen. Schon in frühern Zeiten hat man sich mehrere Betrügereien beim Brodbacken erlaubt, dahin gehört z. B. Alaun, Magnesia, Kreide, Pottasche, Soda, Ammoniak und sogar Gips. Früher schon hat man Kupfervitriol beim Brodbacken angewendet, allein wahrscheinlich galt dies damals in höchst geringen Quantitäten, so, daß dieser Betrug der Aufmerksamkeit entging. — Derheim, Apotheker zu St. Omer, hat über den Gebrauch des Kupfervitriols beim Brodbacken eine Abhandlung geliefert, aus welcher die oben genannten Chemiker Mehreres anführen und berichtigen. Nach Derheim soll der Zusatz von Kupfervitriol nur als auflockerndes Mittel (als Hefe) dienen; die erwähnten Chemiker aber bemerken, daß dies wohl richtig sein könne, daß aber ein anderer Grund noch der sei, daß durch einen Theil des Kupfervitriols, der sich im Brod noch unzersetzt finde, das schwarze Aussehen sich verliere. Die Meinung Derheims, daß der Kupfervitriol dem Brod in geringen Quantitäten zugesetzt, gänzlich zersetzt werde, während bei größerem Zusatz ein Theil unzersetzt bleibe, wird von genannten Autoren bezweifelt. Die Ansicht Derheims, daß der Kupfervitriol im Brodteig so zersetzt werde, daß sich Hydrothionsäure bilde, nach Art der von Vogel angegebenen Zersetzungsart schwefelsaurer Salze in Berührung mit flüssigen organischen Stoffen, halten jene ebenfalls für ganz irrig, da hier die Umstände anders sind. Statt der von Derheim angegebenen Methode, die Gegenwart des Kupfervitriols im Brod nachzuweisen, geben die Obigen folgende an, wobei sie zugleich die Gegenwart von Zinkvitriol beobachteten, was Derheim nicht gethan hat. Nach ihnen nimmt man etwa 125 Gramme des verdächtigen Brodes, trocknet dasselbe, pulvert und erhitzt es in einem Platintiegel mit ungefähr 100 Grammen gewöhnlicher Salpetersäure, so lange und unter fernerem Zusetzen von letzterer, bis der Inhalt des Tiegels auf ein möglichst kleines

Das Brod.

Prüfung des Brodes auf Zinkvitriolbeimischung. Es ist von der Wirkung des Zinkvitriols beim Brodbacken nicht viel Günstiges wahrgenommen worden, und es dürfte derselbe deshalb nicht viel Anwendung finden. Duflos und Hirsch bemerken jedoch, daß seine Ermittelung gleichzeitig mit jener des Kupfers stattfinden könne, da das Zink in der sauern Flüssigkeit zurückbleibt, aus welcher das Kupfer, wenn es gegenwärtig ist, mit Schwefelwasserstoff gefällt wird. Man macht diese saure Flüssigkeit vermittelst Aetzammoniak alkalisch und mischt etwas Schwefelammonium zu. Es bildet sich nun, so ferne Zink vorhanden ist, ein weißer flockiger Niederschlag — Schwefelzink.

Prüfung des Brodes auf Bleiweiß=Beimischung. Diese Verfälschung findet statt, um das Brod schwerer und weißer zu machen. Man ermittelt den Bleiweißgehalt des Brodes durch folgendes Ver-

---

Volum reduzirt ist. Den Rückstand nimmt man mittelst Salpetersäure auf, filtrirt und setzt einen Ueberschuß von Ammoniak hinzu, wodurch phosphorsaurer Kalk, phosphorsaure Magnesia, so wie Eisenoxyd abgeschieden werden. Man filtrirt von Neuem, versetzt das Filtrat mit Salpetersäure im Ueberschuß und bringt dasselbe durch Verdampfen auf ein möglichst kleines Volum, alsdann prüft man mit Ammoniak und Cyaneisenkalium, wo bei Gegenwart von Kupfer die bekannten Reactionen erscheinen. — Im Bulletin des sciences medicales, Sept. 1829 befindet sich ein Aufsatz von Dr. Fallot über eine Brodvergiftung durch Kupfervitriol. Es gelang ihm nicht, in der Abkochung des mit 10 Gran Kupfervitriol vergifteten Brodes mit den gewöhnlichen Reagentien Kupfer zu entdecken. Er nahm daher an, daß das Kupfersalz während des Backens zersetzt werde und das Kupferoxyd mit dem Kleber des Mehles eine unauflösliche Verbindung eingehe. Als er aber das Brod vor dem Kochen mit Essigsäure behandelte, gelang ihm die Entdeckung des Kupfers auf gewöhnlichem Wege. — In einem notorisch mit Kupfervitriol vergifteten Brod zu Bruges, vermochten die mit der Untersuchung beauftragten Chemiker nicht, das Kupfersalz oder Kupferoxyd zu ermitteln. Man wendete sich zu Orfila. Dieser fand, daß die Verkohlung des Brodes, welche man vorgenommen hatte, ungenügend, und daß die völlige Einäscherung des Brodes erforderlich sei, um zu einem positiven Resultate zu gelangen. Dies wurde auch von Jaquemyns in Liege und Hensmann in Löwen gefunden. — Im Courrier belge findet sich folgende Notiz: Trotz aller Vorsichtsmaßregeln findet die Anwendung des schwefelsauern Kupfers bei der Brodbereitung in Belgien immer noch statt. Unterm 22. Mai 1843 verurtheilte das Zuchtpolizeigericht zu Bruges einen Bäcker dieser Stadt, der der Anwendung des schwefelsauern Kupfers zu seinen Waaren überwiesen wurde, zu einer Gefängnißstrafe von 3 Jahren, und einer Geldbuße von 600 Francs.

fahren: In 20 Theilen scharfen, vorher genau auf Blei und Schwefelsäure geprüften Essigs, läßt man einen Theil Brod in einem Porzellangefäß weich sieden, damit sich das Bleioxyd vollständig auflöst.
Diese Lösung wird gut filtrirt, der Rückstand auf dem Filter sorgfältig ausgesüßt. Die abfiltrirte Flüssigkeit prüft man mit der Hahnemann'schen Probe, die nun das Blei mit schwärzlich-brauner Farbe fällen
wird. Zur genauen Bestimmung der Quantität des Bleies bemerkt
man pünktlich die Gewichtsmenge des Brodes, süßt das auf dem Filter
zurückgebliebene sorgfältig aus, damit vom essigsauren Blei nichts
übrig bleibe, wägt genau die ganze durchgeseihte Flüssigkeit, und sucht
durch Sättigung eines ebenfalls abgewogenen Theiles desselben, z. B.
31 Gm., mit reinem kohlensaurem Kali den Bleigehalt desselben zu
finden. Die Menge des Bleis kann auch durch dessen Reduktion gefunden werden durch anhaltendes Glühen desselben in einem ver-
schlossenen Tiegel, wozu indeß eine größere Quantität Brod erfordert wird.*)

Prüfung des Brodes auf Sandbeimischung. Diese findet
bald absichtlich bald zufällig statt. Letzteres durchweiche Mühl-
steine, bei feuchtem Getreide. Es wird eine solche Beimischung
leicht erkannt, wenn man einen Theil Brod mit 20 Theilen weichen Wassers sorgfältig zusammenreibt, dies bis zur Auflösung des
Brodes sieden läßt, das Ganze bis zur Erkaltung ruhig hinstellt.
Nach kurzer Zeit zeigt sich das sandige Sediment auf dem Grunde
des Gefäßes, und man kann nachher den Sand durch behutsames Ab-
waschen völlig rein darstellen.

Ueber das Mehl von Hülsenfrüchten, welches nicht selten unter

---

*) Eine merkwürdige Vergiftung des Brodes durch Blei findet sich
in einem Buche über die Gifte des Mineralreiches verzeichnet. Dort heißt
es, daß der Besitzer eines Landgutes das Holzwerk eines kleinen Häus-
chens, welches er niederreißen ließ, an einen Bäcker verkaufte, der das
mit einer Oelfarbe von Bleiweiß angestrichene Holz zur Feuerung seines
Backofens verwendete. Das so angewendete Holz gab dem Brod eine
giftige Eigenschaft, wodurch bei solchen die von letzterm genossen hatten,
Bleikolik entstand, welche bei einigen tödlichen Ausgang nahm. Auch
durch einen Anstrich mit Grünspan, ist eine Vergiftung des Brodes in
gleicher Weise entstanden, indem das mit Grünspan bemalte Holz die oben
bemerkte Anwendung gefunden hatte.

das Brod gemengt wird, ist folgendes zu merken. Ackerbohnenmehl macht das Brod sehr bald trocken und rißig. Röstet man solches Brod so giebt dasselbe einen sehr unangenehmen Geruch und Geschmack zu erkennen. Erbsenmehl macht das Brod ebenfalls bald trocken und rissig, es wird dadurch viel schwerer und zeigt die Porosität des echten Weizenbrodes nicht. Gersten-, Hafer- und Wickenmehl geben dem Brod eine grobe, trockene, auch feuchte und schwärzliche Krume, so wie einen faden bittern Geschmack. Das Brod, welchem Kartoffeln beigemischt werden, wird feucht, speckig, weich und weniger elastisch als Weizenbrod, es läßt sich nur kurze Zeit aufbewahren, und wird sehr bald und stark grünlicht-schimmlig. Boland, Bäcker in Paris, bemerkt in seiner preisgekrönten Abhandlung über Brod aus Weizenmehl, dem Kartoffelstärke beigemengt ist: „von der Menge wie von der Qualität des Klebers, hängt die Güte und Lockerheit des Backwerkes ab. Mehl, welches wenig Kleber und viel Stärkemehl enthält, wird nur ein schweres, flaches und dichtes Brod liefern. Dies ist denn auch der Fall, wenn man dem Weizenmehl Kartoffelstärkemehl zumischt, man vermindert das Verhältniß des Klebers, welcher der Gasmasse, die ihn hebt, alsdann nicht genug Widerstand entgegensetzt. Das Gas entweicht frei, und es bilden sich im Innern des Brodes keine Hölen mehr, die seine Lockerheit bedingen. Man hat, bemerkt Boland in seiner Abhandlung weiter, bessere Ausbeute erwartet, wenn das Mehl mehr Stärkemehl enthält, weil dieses letztere, oder das des Reises, wenn man es zu Brei verwandelt, viel mehr Wasser absorbirt. Es ist unmöglich, das Mehl in einen Brei zu verwandeln, ohne den Kleber zu zersetzen; das kalte Wasser geht in den Teig ein, ohne die Stärkemehltheilchen zu durchdringen. Der in den Ofen gebrachte Teig wird einer stärkern Hitze ausgesetzt als nöthig, um das Stärkemehl zu zerreißen, welches mit dem Wasser sich in einen Brei verwandelt. So wie das Stärkemehl vor dem Knetten durch Kochhitze sich umwandelt, so geschieht es auch durch den Ofen; die Ausbeute ist dieselbe. Der Kleber allein absorbirt das Wasser, und dient dem befeuchteten Stärkemehl als Einhüllung, welche ohne dasselbe wie Brei zerfließen würde. Von dem Verhältnisse des Klebers hängt die Solidität der Einhüllung, das gute Ausbacken des Brodes, und deshalb auch ein geringeres Verdampfen des Wassers ab.

Das Brod.

Dies ist es, was den an Kleber armen, geringern, oder mit Kartoffelstärkemehl wie mit Reismehl vermischten Mehlsorten abgeht. Das Brod bleibt flach, feucht, und erlangt nie die gewünschte Qualität. Somit wird klar, daß man nicht nur die Ausbeute an Brod, sondern auch die Backbarkeit vermindert, wenn man dem Fruchtmehl kleberfreie Substanzen beimischt."*)

Ueber die Verfälschung des Brodes mit Kleien machen Wetzel und Hees folgende Mittheilung. Beide erhielten den Auftrag Brod, zu untersuchen, welches der genannten Beimischung verdächtig war. Zur Beantwortung dieser Frage mußte zuerst festgestellt werden, wie viel Kleie die verschiedenen im Handel vorkommenden Kornsorten enthalten. Als Mittelergebniß der hierüber angestellten Versuche, erhielt man aus 96 Gm. Roggenschrot 13 Gm. unlösliche Kleie; 7,1 Gm. unlöslicher Kleie entsprechen 19 Gm. gewöhnlicher Roggenkleie. Bei der Taxe des Schwarzbrodes wurde

---

*) Chevalier giebt ein Verfahren an, um das reine Weizenbrod von dem Brod aus Stärke- und Weizenmehl zu unterscheiden. Nach diesem Chemiker läßt sich mittelst chemischer Reagentien leicht erkennen: a) Brod aus Mehl, b) Brod aus Mehl und Stärke im trockenen Zustande, c) Brod aus Mehl und Stärke im Kleisterzustande. I. Man nimmt 3 Probegläser, bringt in jedes derselben ein würfelförmiges Stück Krume von dem zu prüfenden Brod, und schüttet frisch bereitetes Jodwasser darüber. Es wird nun 1) dieses Wasser auf Weizenmehlbrod geschüttet, das Brod blau färben, seine eigene Farbe aber nicht verändern, sondern gelb bleiben, selbst nach 20 Minuten langer Berührung. 2) Derselbe Fall wird eintreten, wenn das Brod aus 90 Thl. Mehl und 10 Thl. trockenem Stärkemehl bereitet ist. 3) Das aus 90 Thl. Mehl und 10 Thl. Stärke in Kleisterform bereitete Brod aber sich in Berührung mit dem Jodwasser blau färben, und diese Flüssigkeit selbst nach und nach lilla und dann violett werden. II. Man nimmt 10 Gramme der zu analysirenden Brodkrume, reibt sie nach der Zertheilung mit 624 Dezigrammen ($^1/_{16}$ Liter) Wasser in einer Reibschale ab, und bringt sie wohl zerrieben mit der Flüssigkeit auf ein Filter. Man setzt nun zu 31 Grammen 25 Centigramme ($^1/_{32}$ Liter) der filtrirten Flüssigkeit eine gleiche Quantität frisch bereiteten Jodwassers. Hat man es mit Brod aus Weizenmehl zu thun, so entsteht eine röthliche Färbung, welche nach 8—10 Minuten wieder verschwindet. Bei solchem aus 90 Thl. Mehl und 10 Thl. trockener Stärke, entwickelt sich eine ins violett spielende blaue Färbung, die in 10—12 Minuten verschwindet. Wenn endlich das Brod aus besagten Mengen Mehls und Stärke, letztere aber im Hydratzustande, als Kleister bereitet wurde, so erhält man eine schöne blaue Färbung, welche 20—40 Minuten bis zum Verschwinden bedarf.

2 Kil. 625 Gm. Roggenschrot von der Behörde zur Anfertigung eines siebenpfündigen Brodes berechnet, welches nach diesem Ansatz 970 Gm. gewöhnliche Roggenkleie enthalten darf. Ob Weizen= oder Roggenkleie in betrügerischer Absicht zugesetzt sei, läßt sich nach dem Auskochen und Austrocknen sehr gut entscheiden. Die Weizenkleie nimmt nämlich nach dem Austrocknen eine hellgelbe Farbe an, während die Roggenkleie viel dunkler erscheint; jene zeigt sich auch sehr glatt und dünn, während diese mehr zäh und zusammengeschrumpft ist. Für das praktische Leben ist übrigens diese Unterscheidung ziem= lich gleichgültig, bei einer gerichtlichen Untersuchung jedoch dadurch wichtig, daß der Gehalt an löslichen und nahrhaften Bestandtheilen in beiden Kleiensorten so verschieden ist. Es entsprechen nämlich 3 Gm. trockener Weizenkleie nur 7 Gm. gewöhnlicher, 3 Gm. trockener Roggenkleie, dagegen 9 Gm. gewöhnlicher Roggenkleie. Zur Untersuchung des Brodes wird eine gewogene Menge wie das Roggenschrot ausgekocht, und der unlösliche Rückstand getrocknet und gewogen. Aus diesem wird nun der gewöhnliche Gehalt an Kleie berechnet. Aus der Untersuchung von 13 Broden ging hervor, daß bei einem betrügerischen Zusatz von Kleie das Brod eines größern Gehaltes an Wasser bedarf, wodurch der Betrug sich verdoppelt. Man kann annehmen, daß der Wassergehalt bei einem schlechten Brod ungefähr so viel mehr beträgt, als Kleie betrügerischer Weise zugesetzt ist.

Es müssen hier noch die Untersuchungen von Poggiale an= gereiht werden. Dieser bestimmte den Stickstoffgehalt und somit die Nährfähigkeit verschiedener Commisbrodsorten durch mehrfache Unter= suchungen, wobei sich folgende Resultate ergaben. Pariser Com= misbrod enthält in 100 Theilen 2,26, Badisches 2,24, Sar= dinisches 2,19, Belgisches 2,08, Holländisches 2,07, Würtembergisches 2,06, Oesterreichisches 1,58, Spa= nisches 1,57, Frankfurter 1,44, Baierisches 1,32, Preu= ßisches 1,12 Theile Stickstoff. Bezüglich der Kleienmischung ist derselbe der Ansicht, daß diese Substanz durch die Menge ihrer nicht assimilirbaren Bestandtheile (über 50 Proz.) keineswegs als Nahrungs= mittel betrachtet werden könne, allein deßhalb nicht ganz zu entbehren sei, weil sie den Durchgang der andern Nahrungsbestandtheile des

Brodes verzögern, und somit deren Verdauung vollständiger macht. Er räth daher die Beimischung von Kleie zum Commisbrod beizubehalten, jedoch in geringeren Mengenverhältnissen, als dies bisher der Fall war. (Vergl. Union med. 28. Juli 1853. — Med. Centr.=Zeitschr. Nr. 73.) *)

---

*) Eine merkwürdige schwarze Färbung des Brodes durch Infusorien, wird ebenfalls von Poggiale berichtet. In der Militairbäckerei zu Paris wurde ein Brod von schwarzblauer Farbe erhalten, das eine Menge lebender Infusorien vom Genus: Bacterium enthielt. Zu diesem Brod war zum Theil verdorbenes Getreide verwendet worden. Im Mehl fanden sich die Infusorien nicht, auch nicht in solchem Brod, das ohne Sauerteig gebacken wurde. Letztere hatten sich also in Folge der Gährung entwickelt, und die Hitze des Backofens sie nicht zerstört. Journ. de Pharm. 30.) Seit dem 16. Jahrhundert ist bekannt, daß das Roggenbrod, wenn der Roggen die Saamen von gewissem Unkraut enthält, eine ungewöhnliche Färbung annimmt. Wird das von brandigem Getreide herstammende Mehl benutzt, so ist das Brod von schlechtem Geschmack, zäher Beschaffenheit und von bläulicher Farbe. Mutterkornhaltiges Brod ist fleckig, violett gefärbt, schmeckt schlecht und riecht widerlich. Die Saamen des Ackerklees (Trifol. arvens.) ertheilen dem Brod eine blutrothe Farbe, machen es aber in keiner Weise schädlich. Acker=Wachtelweizen (Melampyrum arvens.) ertheilt dem Brod eine röthliche, bläuliche, bis schwarze Farbe, solches Brod ist unschädlich. Die Roggentrespe, Zedel, (Bromus secalinus) sonst unschädlich, färbt das Brod schwarz und macht es unverdaulich. Die Saamen des rauhen Hahnenkamms, (Rhinanth. Alectorolophus) machen das Brod feucht, klebrig, ertheilen ihm einen ekelhaft süßen Geschmack und schwarzblaue Farbe; solches Brod ist indeß nicht schädlich und nicht giftig. Anders verhält es sich mit der Kornrade (Agrostemma Githago). Kommt diese im Brod vor, so wird dasselbe bläulich, hat einen scharfen bittern Geschmack, und erlangt, wenn auch nicht geradezu giftige, doch gesundheitsgefährliche Eigenschaften. Ludwig, Professor in Jena, untersuchte mehrmal blau=violettes Brod und den zu seiner Bereitung verwendeten Roggen, und fand, daß genannte Färbung schon durch eine verhältnißmäßig geringe Beimischung des Saamens der Klapperschote veranlaßt werde. Den Farbstoff, den er Rhinantin nennt, isolirte er in weißen Krystallen. Ein ähnlicher Farbstoff ist im Saamen des Wachtelweizen, sowie in dem aller Pflanzen der natürlichen Familie der Melampyren enthalten, weßhalb dieselben auch beim Trocknen leicht eine dunkle Färbung annehmen. Der alkoholische Auszug von Rhinantinhaltigem Mehl nimmt mit Salzsäure oder verdünnter Schwefelsäure erhitzt, eine graue bis tief=blaue Färbung an, und bleibt zu ermitteln, auf welche Weise diese Färbung durch den Backprozeß vermittelt wird.

Von den Brodsurrogaten.

In Zeiten, da Getreidemißwachs stattfindet, wird häufig zu Broderſatzmitteln gegriffen, die ein Gegenſtand der Geſundheitspolizei werden, da es ſich oft um deren Schädlichkeit oder Unſchädlichkeit handelt. Von den Stoffen, die in ſolchen Zeiten zur Bereitung von Brod anempfohlen worden ſind, und größtentheils ins Pflanzenreich gehören, haben nicht viele entſprochen, und man führt hier nur diejenigen an, welche der Geſundheit unbeſchadet, zur Brodbereitung verwendet werden können, es ſind dies ſämmtliche **Hülſenfrüchte, Bohnen, Erbſen, Linſen,** dann der Saame vom **Canariengras, vom Spinat, Kaſtanien, Mais, Eicheln, Kartoffeln, weiße Rüben, die Queckenwurzeln, die Früchte der Lindenbäume, Warzenkürbis.** Alle dieſe werden theils mit Weizen, theils mit Roggenmehl gemiſcht und liefern ein genießbares Brodſurrogat. Bei Verwendung der Hülſenfrüchte iſt immerhin, wenn das Brod gut werden ſoll, die Hälfte Roggenmehl erforderlich; der Saame vom Canariengras liefert ein feines gutes Mehl, und mit Weizen- oder Roggenmehl gemiſcht auch ein gutes Brod. Vom Spinatſaamen will man in Frankreich gutes Brod bereitet haben, ſichere Nachricht hierüber fehlt uns jedoch; Kaſtanien geben ein wohlſchmeckendes leicht verdauliches Brod, ihres nicht unbedeutenden Zuckergehaltes und des allzuſüßlichen Geſchmackes willen, muß aber bei der Brodbereitung eine größere Quantität Sauerteig beigegeben werden. Welſchkorn oder Mais eignet ſich für ſich allein nicht zur Brodbereitung, es muß eine Miſchung mit Weizen- oder Roggenmehl ſtattfinden; Mais mit Roggenmehl gemiſcht, liefert ein beſſeres Brod, als mit Weizenmehl. Zu Brod mit Eichelmehl-Zuſatz hat Roſa eine uns unbekannte Vorſchrift gegeben; die Verwendung der Kartoffeln zu Brod iſt allbekannt. Die weißen Rüben ſollen nach Reſch, weil ſie reich an Nahrungsſtoff ſeien, das wohlfeilſte und beſte Erſatzmittel abgeben; ebenſo ſoll das Mehl der Queckenwurzel mit Roggenmehl gemengt, ein brauchbares Brod liefern. Nach der Empfehlung von Schmidt geben die Früchte oder Nüßchen vom Lindenbaum, ein wohlſchmeckendes geſundes Brod, wenn deren Mehl, deſſen Gewinnung nach demſelben Autor etwas umſtändlich iſt,

Das Brod. 121

dem Getreidemehl beigemengt wird. Die Warzenkürbis soll ein gesundes nahrhaftes Brod liefern. Angaben zu dessen Zubereitung mangeln uns. *)

Neuntes Capitel.

Vom Käse.

Verfälschungen des Käses aus betrügerischer Absicht, und Verunreinigungen desselben, welche dessen Genuß schädlich machen, sind bis jetzt folgende bekannt: Vermischung desselben mit **gekochten Kartoffeln, Mehl und Satzmehl**, Färbung desselben mit **Orleans, Grünspan**; endlich kann der Käse auch in Folge unzweckmäßiger Aufbewahrung **kupfer- und bleihaltig** werden.

Prüfung des Käses auf Kartoffel-Mehl- oder Satzmehl-Beimischung. Orfila bemerkt hierüber: Wenn man eine Mischung von Käse, Wasser und Jodine in einem Mörser zusammen reibt und das Verhältniß, des dem Käse beigemengten Satzmehles nicht allzu gering ist, so bildet die Jodine mit dem Stärkemehl eine Zusammensetzung von schönem Blau. Käse, dem kein Satzmehl bei-

---

*) Gerding in seiner vortrefflichen Gewerbe-Chemie bemerkt: „Von allen angepriesenen sogenannten Brod- oder besser Mehlersatzmitteln, in der Brodbereitung, ist in der Wirklichkeit nur der Malzteig als ein solches anzusehen. Es wird derselbe bei der Bereitung der Bierwürze als Nebenprodukt erhalten, und ist bisher nur zur Viehfütterung benutzt worden. Er enthält noch unzersetztes Stärkemehl, ist aber namentlich kleberreich, und eignet sich daher vorzüglich als Zusatz zu solchem Mehl, welches arm an eiweißartigen Stoffen ist, z. B. zu einer Mischung von Getreide- und Kartoffelmehl. Für sich allein läßt er sich nicht zu porösem leichtem Brod verbacken, wohl aber zu gleichen Theilen mit Getreidemehl." (Bd. III. S. 131.)

gemengt ist mit Jodine und Wasser abgerieben, erhält die gelbliche Farbe des spanischen Tabaks. — Käse, mit heißer Fleischbrühe so lange gekocht, als zur Hartsiedung eines Eies erforderlich ist, löst sich, wenn er rein ist, vollständig auf, ist er aber in vorbemerkter Weise verunreinigt, so bildet sich ein schleimiger wachsartiger Bodensatz. — Käse mit Kartoffelmehl gemengt, ist schwerer als der unverfälschte, wird krumig, zerbröckelt leichter, und es ist sein Kartoffelgeschmack nicht wohl zu verkennen.

Die Färbung des Käses geschieht mittelst Orleans, um demselben eine rothe Farbe zu geben. Da aber Orleans häufig mit Cochenille, und diese wieder mit Mennige verfälscht wird, so wird leicht begreiflich, daß solcher Käse bleihaltig und für den Genießenden schädlich werden kann.

Prüfung des Käses auf Bleigehalt. Der verdächtige Käse wird mit kohlensaurem Natron vermischt und in einem hessischen Tiegel der Rothglühhitze ausgesetzt. Die Hitze darf jedoch nicht zu groß sein, weil sich sonst das Blei verflüchtigen würde. Nach Erkaltung des Tiegels wird die geschmolzene Masse mit Wasser in einem harten Mörser gepulvert, und die Kohle sorgfältig abgeschlemmt. Das reduzirte Blei bleibt im Mörser zurück, und ist leicht zu erkennen. — Eine weitere Prüfungsweise ist: Man bereitet eine wässerige und auch eine salpetersaure Auflösung des Käses, außerdem lasse man einen Theil Käse mit 20 Theilen völlig bleifreien Essigs einige Stunden lang in einem gläsernen Kolben sieden, filtrire die Flüssigkeit, und reagire dann mit der Hahnemann'schen Probe. — Gleiche Theile Käse und Kohlenpulver werden zusammengerieben, in einen mit Kohlen ausgeschlagenen Tiegel gebracht und einige Zeit der Glühhitze ausgesetzt. Metallisches Blei wird sich nun auf dem Boden des Tiegels wahrnehmen lassen.

Prüfung des Käses auf Kupfergehalt. Käse kann durch Aufbewahrung in kupfernen Gefäßen kupferhaltig werden. Steht Käse in diesem Verdacht, so wird er einfach auf folgende Weise geprüft. Man zerschneidet denselben in kleine Stückchen oder zerreibt ihn zu einem Brei, bringt ihn in einen Kolben, setzt eine drei- oder vierfache Gewichtsmenge Wasser mit etwas Salpetersäure zu, erhitzt den Kolben, läßt dann die Flüssigkeit sich setzen und filtrirt sie durch feines Löschpapier. Die gewonnene Flüssigkeit enthält das Kupfer in Salpetersäure gelöst. Stellt man nun eine blanke Stahlklinge in erstere, so bildet sich an derselben der bekannte Kupferüberzug. — Eine andere Prüfungsweise ist: Man reibt einen Theil des verdächtigen Käses mit 20 Theilen destillirten Wassers zusammen, und siedet das Gemenge so lange, bis sich nichts mehr auflöst. Das Ganze wird nun filtrirt, das Flüssige von dem Rückstande getrennt, letzterer mit Scheidewasser digerirt, bis sich nichts mehr löst. Man reagirt nun auf die Flüssigkeit mittelst Ammonium.

Zehntes Capitel.

Die Butter.

Verfälschungen der Butter aus betrügerischer Absicht, kommen sehr häufig vor, und ebenso bedient man sich verschiedener Farbstoffe, um derselben ein schönes Aussehen zu geben. Bis jetzt kennt man folgende Stoffe, die zur Verfälschung der Butter angewendet werden: Mehl, Kreide, Sand, Bleiweiß, Schwerspath, grobes Salz, Talg oder Unschlitt, geriebene Kartoffeln, Eiweiß, Alaun, Borax, Gips, Wasser. Zur Färbung der Butter werden angewendet: Orleans, Curcuma, Safran, Baumöl, Ringelblumen, Schöllkrautsaft.

Prüfung der Butter auf Getreidemehl-Beimengung. Sie giebt sich zu erkennen durch die teigartige Beschaffenheit, welche die Butter annimmt, wenn sie mit Wasser zusammengeknettet wird, denn dieselbe besitzt die Fähigkeit, bei kühler Witterung, viel Wasser aufzunehmen.

Prüfung der Butter auf Kreide-, Sand- und Schwerspath-Beimischung. Butter mit den genannten Stoffen verfälscht, zeigt ein körniges Ansehen, knirscht beim Kosten unter den Zähnen, und mit 10 Theilen heißen Wassers aufgekocht, fallen die erdigen Verfälschungsmittel zu Boden und die Butter schwimmt oben auf.

Prüfung der Butter auf die Beimischung von grobem Salz. Diese Verfälschung geschieht um der Butter größeres Gewicht zu geben. Eine solche Beimischung giebt der Butter ein streifiges Ansehen, starken Salzgeschmack, und sie knirscht beim Zerschneiden. Will man den Salzgehalt ermitteln, so kocht man einen Theil der Butter mit 10 Theilen Wasser unter fleißigem Umrühren. Das Kochsalz löst sich nun in dem Wasser auf, man schöpft die gereinigte Butter davon ab, und scheidet das Salz durch Krystallisation aus dem Wasser ab.

Prüfung der Butter auf Alaunverfälschung. Diese geschieht ebenfalls zur Gewichtsvermehrung. Derartige Butter charakterisirt sich durch auffallende Weiße, salbenartige Beschaffenheit, sowie durch einen süßlich fettigen, jedoch nicht adstringirenden Geschmack. Letztere Eigenschaft widerspricht Pfaff, welcher zugleich die Ansicht ausspricht, daß statt Alaun Borax zu dieser Verfälschung benützt werde. Enthält die Butter übrigens Alaun, so wird Lackmus dadurch geröthet, und die Solution des salzsauren Baryts bewirkt eine weiße Trübung.

Prüfung der Butter auf Boraxbeimengung. Raucht man die Auswaschflüssigkeit ab, giebt man zum erhaltenen Rückstand etwas Schwefelsäure, und wird etwas Alkohol darüber abgebrannt, so zeigt sich besonders am Ende die characteristische grüne Flamme, woran sich die Anwesenheit der Boraxsäure entschieden zu erkennen giebt.

Prüfung der Butter auf Beimengung von geriebenen Kartoffeln. Sie wird erkannt durch den der Butter mitgetheilten Kartoffelgeschmack, durch deren leichtes Zerbröckeln, rauhe fleckige Beschaffenheit, und durch den mehligen, deutlich nach Kartoffeln riechenden und schmeckenden Bodensatz, den man erhält, wenn die Butter ausgesotten wird. Reibt man ferner eine derartige Butter mit Wasser und Jod zusammen, so entsteht die characteristische blaue Färbung.

Die Butter.

Prüfung der Butter auf Eiweißbeimischung. Durch diese Beimischung soll alter Butter ein frisches Ansehen gegeben werden, was jedoch Geruch und Geschmack leicht widerlegen, auch läßt sich das Eiweiß nach dem Verfahren von Merzdorf mittelst Behandlung der Butter durch Alkohol, und Trennnng des Eiweißes von ersterer durch rektifizirtes Terpentinöl, nachweisen.*)

A. Duflos und A. Hirsch geben in ihrer ökonomischen Chemie eine vereinigte Untersuchungsmethode für die vorkommenden Verfälschungen der Butter an, die wir hier anzuführen nicht wohl unterlassen können, da sie die sichersten Resultate liefert.

I. In einem hohen Cylinderglase, von der Form wie sie gewöhnlich bei aräometrischen Versuchen mit Spindeln benutzt werden, und dessen Gewicht bekannt ist, wägt man 63 Gm. von der verdächtigen Butter und doppelt so viel reines Wasser ab. Man stellt die Mischung an einen warmen Ort, damit die Butter flüssig werde, verschließt dann den Cylinder mit einem gut passenden vorher be-

---

*) Merzdorf berichtet hierüber folgendermaßen: Die untersuchte Butter hatte äußerlich das Ansehen einer frischen Marktbutter, ihr Geruch und Geschmack aber, welche beide höchst widrig waren, ergaben das Resultat, daß man es mit einer sehr alten Butter zu thun hatte. Das Untersuchungsverfahren war folgendes. Man schmolz einige Stücke Butter in einem steinernen Topfe bei der Temperatur des Wasserbades, und ließ den Topf noch einge Zeit im Wasserbad stehen, damit sich alle fremdartigen Stoffe von größerem spezifischen Gewicht ruhig absetzen konnten. Nach diesem wurde die oberhalb im Topf als eine klare gelbe ölartige Flüssigkeit befindliche reine Butter von der unter ihr befindlichen fremden Masse vorsichtig abgegossen, und zu deren Untersuchung geschritten. Diese bestand aus etwa 125 Gm. Wasser, die einen Kochsalzgehalt durch den Geschmack erkennen ließ; dann aus einer äußerlich dem Stärkemehl ähnlichen Substanz, welche auf dem Wasser schwamm, und zwischen dem Wasser und der geschmolzenen Butter sich befindend, nur mit der erstern verbunden, abgeschieden werden konnte. Um die Natur dieser Substanz zu erforschen, war die Trennung von ihr erforderlich, was man durch Terpentinöl zu bewerkstelligen hoffte. Man begoß sie daher mehremal damit, um sie nachher einige Zeit zu digeriren. Der Versuch gelang, und die Substanz blieb von aller Butter befreit auf dem Filter, durch welches sie vom Terpentinöl zu trennen unternommen wurde, zurück. Um sie jedoch vom letzten Antheil und zugleich von anhängenden Terpentinöl zu befreien, wurde sie erst mit absolutem Alkohol digerirt und nochmals mit schwächerem, so oft, bis der abgegossene Alkohol das Wasser kaum noch milchig machte.

netzten Pfropf, welchen man durch Ueberbinden von Bindfaden vor dem Herausgedrängtwerden schützt, wendet den Cylinder um, und läßt das Ganze, in warmes Wasser eingesenkt, an einem kühlen Orte bis zum völligen Erkälten und Erstarren der Butter stehen. Nachdem dies eingetreten, nimmt man den Cylinder aus dem Wasser heraus ohne ihn umzuwenden, öffnet dann behutsam den Pfropfen, läßt die wässerige Flüssigkeit, welche sich angesammelt haben wird, in eine Porzellanschale vollständig abfließen, und bestimmt nun durch Wägung des Cylinders, worin die erstarrte Butter zurückgeblieben, den Gewichtsverlust; bei guter Butter darf dieser letztere nur $1/6$, höchstens $1/5$ betragen.

II. Die durch die vorhergegangene Prozedur erhaltene Flüssigkeit wird auf ein Filter gegossen, das Filter mit reinem Wasser ausgesüßt, das Filtrat in einer tarirten Porzellanschale bis zum Trocknen verdunstet, und der Rest endlich abgewogen. Das Gewicht desselben giebt den Salzgehalt der Butter zu erkennen. Will man nun ermitteln, ob dieses Salz reines Kochsalz ist, oder ob es andere salzige Beimengungen enthält, so unterwirft man es folgenden secundären Prüfungen: a) ein kleiner Theil des trockenen salzigen Rückstandes wird in einer kleinen Porzellanschale mit etwas Weingeist übergossen, dazu einige Tropfen konzentrirte Schwefelsäure gefügt, die Mischung alsdann umgerührt und angezündet. Eine grüne Färbung des Flammensaumes vor dem Erlöschen, verräth die Borsäure, und folglich auch des Borax. b) Man löst den trockenen Rückstand in Wasser, filtrirt und versetzt mit Aetzammoniak im Ueberschuß; bleibt die Flüssigkeit ungetrübt, so ist keine Thonerde, folglich auch kein Alaun vorhanden; entsteht hingegen ein weißer, gallertartiger Niederschlag, so prüfe man, ob derselbe durch Aetzkaliflüssigkeit aufgelöst wird, in welchem Falle derselbe nichts anderes als Thonerde sein kann; was bei der zweiten Filtration ungelöst zurückgeblieben, ist geronnenes Casein, aus der der Butter eingemengten Buttermilch herrührend.

III. Der beim Abfiltriren der wässerigen Flüssigkeit auf dem Filter zurückgebliebene Rückstand, sofern ein solcher sich ergab, wird vom Filter abgenommen, was am besten geschieht, indem man das Filter an der äußersten Spitze mit einem Glasstäbchen durchsticht

Die Butter. 127

und nun den Inhalt desselben mittelst der Spritzflasche in eine Porzellanschale herausspült. Man kocht in derselben Schale mit reinem Wasser aus, filtrirt abermals, und fügt zu dem Filtrat Jodlösung hinzu: eine röthliche oder bläuliche Färbung giebt die Anwesenheit von Stärkemehl zu erkennen; findet aber keine solche Reaction statt, so enthält die Butter weder Beimengung von Stärkemehl, noch von stärkemehlhaltigen Körpern als z. B. Mehl, Kartoffeln u. dgl.

IV. Der bei dem vorherigen Auskochen nicht aufgelöste Antheil des Rückstandes wird scharf getrocknet, gewogen, und endlich durch Glühen bei Luftzutritt auf einem Eisenblech eingeäschert. Was die Asche weniger wiegt als der nicht eingeäscherte trockene Rückstand, kann als der Butter eingemengt gewesenes geronnenes Casein in Rechnung gebracht werden, wofern nämlich die Butter keine Einmengung von stärkemehlhaltigen Stoffen erhalten hatte. Beträgt die Asche mehr als 1 Prozent von der angewandten Butter, so war diese mit irgend einer erdigen Substanz verfälscht. Man kocht die Asche mit Salzsäure aus, filtrirt, läßt das Filtrat bis fast zur Trockene verdunsten, nimmt von Neuem mit reinem Wasser auf, setzt etwas aufgelöstes essigsaures Natron zu, filtrirt abermals und versetzt die klare Flüssigkeit mit aufgelöstem oxalsaurem Ammoniak; entsteht hiebei eine Trübung, so ist diese oxalsaurer Kalk, welchen man sammeln und durch mäßiges Glühen in kohlensauren Kalk verwandeln kann, welcher, wenn er mehr als $1/4$ Proz. vom Gewicht der Butter beträgt, dieser betrügerischerweise zugesetzt war. Wenn oxalsaures Ammoniak keinen Kalk oder nur geringe Spuren davon anzeigt, so wird die Flüssigkeit mit Aetzammoniak im Ueberschuß versetzt, und entsteht hierdurch ein weißer gelatinöser Niederschlag, so war Thon das Verfälschungsmittel. Wenn das Gewicht der Asche durch die Auskochung mit Salzsäure keine erhebliche Verminderung erlitten, so muß das erdige Verfälschungsmittel Gyps oder Baryt sein. Man erkennt dies bald, indem man die rückständige Asche mit Wasser auskocht und die filtrirte Abkochung portionweise mit aufgelöstem salpetersaurem Baryt und kleesaurem Ammoniak prüft; eine weiße Trübung in beiden Fällen, zeigt die Gegenwart von Gyps an. Um den Baryt zu erkennen, muß die Asche mit einer Auflösung von kohlensaurem Natron gekocht werden; die trübe Mischung wird filtrirt, der Inhalt des Filters erst mit Wasser ausgesüßt und dann mit salzsäurehaltigem Wasser ausgezogen; das salzsaure Filtrat wird mit Gypswasser geprüft; eine weiße Trübung verräth die Anwesenheit des Baryts und somit die des Schwerspathes.

V. Durch unzweckmäßige Aufbewahrung und Behandlung der Butter in metallenen Gefäßen, kann dieselbe mit Metall verunreinigt und dadurch der Gesundheit nachtheilig werden. Um eine solche Verunreinigung nachzuweisen, werden 63 Gm. der verdächtigen Butter mit einer Mischung aus 250 Gm. Wasser und 8 Gm. reiner Salzsäure in einer Porzellanschale übergossen, $1/_4$ Stunde hindurch unter anhaltendem Umrühren mit einem Glasstabe im Sieden erhalten, erkalten gelassen, und endlich das Ganze auf ein vorher benäßtes Filter gegossen. In das klare Filtrat wird Wasserstoffgas bis zum Vorherrschen des Geruches eingeleitet; entsteht hierdurch weder bald, noch nach einiger Zeit irgend eine gefärbte Trübung, so fehlen alle schädlichen Metalle mit Ausnahme des Zinks, welches auf diese Weise nicht erkannt werden kann. Hat jedoch Schwefelwasserstoff einen braunen Niederschlag veranlaßt, so sammelt man diesen auf einem Filter, süßt mit Schwefelwasserstoffwasser aus, löst von neuem in erhitzter reiner Salzsäure, und prüft die filtrirte Lösung auf Kupfer und Blei, nach der bei der Untersuchung der Milch angegebenen Weise.

VI. Die mit Schwefelwasserstoff behandelte Flüssigkeit wird bis zur Hälfte eingedampft, mit Ammoniak übersättigt, filtrirt, und zu dem Filtrat Schwefelwasserstoffammoniak zugesetzt. Eine erfolgende weiße Trübung giebt die Gegenwart von Zink zu erkennen.

Im Journal der neuesten Fortschritte der landwirthschaftlichen Fabrikenkunde, Bd. 6, Heft 6, S. 126, 1856 beschreibt v. Babo die leicht ausführbare Methode zur Untersuchung der Butter, und bemerkt über die hiezu erforderlichen Instrumente folgendes. 1) Zum Abmessen der Butter dient eine an beiden Seiten offene, gleichweite Glasröhre von 8 Cm. Länge und 6 Mm. Weite. Diese ist an beiden Enden abgeschliffen, und zwar an dem einen konisch, am andern aber flach. In dieselbe paßt ein an einem Eisendrathe durch Einstechen und Umbinden befestigter, die Röhre fast luftdicht verschließender Kork, der mit Leichtigkeit in derselben vorgeschoben werden kann. Beim Gebrauche wird der Stöpsel an das flach geschliffene Ende der Röhre zurückgezogen, und diese durch Einstechen in einen Butterballen mit Butter gefüllt, wobei zu vermeiden ist, daß sich zwischen die Buttertheile Luft hineinziehe. An der Röhre ist eine Marke angebracht, welche als Maaß für die zur Probe zu verwendende Quantität Butter dient.

2) Eine graduirte Röhre, an einem Ende luftdicht geschlossen, am andern abgeschliffen, gleich weit, 17 Cm. lang 8 Mm. weit, ist am untern Ende in 10 gleich große Theile getheilt, und zwar so, daß diese 10 Theile genau dem Volumen der das Buttermaaß bis zur Marke anfüllenden Butter entsprechen. Um dieses Volumen zu finden, füllt man das Maaß, dessen Stöpsel auf die Marke eingestellt ist, mit Wasser, gießt dieses in die zu graduirende Röhre aus, wartet ungefähr eine halbe Minute bis sich alles Wasser gesammelt hat, und bezeichnet das Niveau desselben durch einen Feilstrich, wobei man den Stand des Wassers nach dem tiefsten Punkte desselben in der Mitte der Röhre abliest. Der unter dieser Marke befindliche Raum wird in 10 Theile getheilt, und letztere mittelst einer scharfen Feile bezeichnet. 11 Cm. über der Graduirung wird noch eine andere Marke eingefeilt, deren Zweck später deutlich wird.

3) Die graduirte Röhre paßt in eine Röhre aus Blech, welche unten geschlossen 5 Cm. länger als die Glasröhre, und gerade so weit ist, daß sich diese hineinschieben läßt. An dem obern Theil derselben ist ein beweglicher Drathbügel durch zwei Oehre so befestigt daß man die Glasröhre mit Leichtigkeit ein- und ausschieben kann während derselbe, wenn die Röhre an ihm hängt, eine senkrechte Stellung derselben zuläßt. Diese Röhre ist durch eine starke Schnur von 150—180 Cm. Länge an das obere Ende einer 7—8 Cm. langen, geraden Stange von 9 Cm. Dicke mittelst einer kleinen aufgesteckten Rolle so befestigt, daß sie sich mit Leichtigkeit im Kreis so herum schwingen läßt ohne sich um die Stange zu wickeln. Das untere Ende der Stange ist zugespitzt. Um die Butter mittelst dieser Instrumente zu prüfen, füllt man wie bereits bemerkt, durch Einstechen etwas über die Marke. Es gelingt dies besonders bei dünnen Butterstücken, ohne daß man Luft hineinbringt dadurch, daß man die Röhre in die auf dem Teller befindliche Butter senkrecht

einsticht, bis der Rand der Glasröhre den Teller berührt. Nun schiebt man durch den Stöpsel, nach zurückgezogener Röhre, die Butter etwas über den Rand der Röhre vor, und sticht auf gleiche Weise ein zweites Stück der Butter heraus, und wiederholt diese Operation bis die Röhre hinlänglich angefüllt ist. Dann schließt man die Mündung mit dem Finger, drückt mit dem Kork gegen die Butter so, daß sie sich vollständig vereinigt, entfernt den Finger, schiebt den Kork genau auf die Marke, und streicht das vorstehende Ende der Butter ab. Man setzt das Buttermaaß auf den offenen Rand der graduirten Röhre, schiebt die Butter durch den Stöpsel in diese und streicht dasjenige, was noch am Stöpsel hängen geblieben ist, am Rande der Röhre genau ab. Diese wird nun bis zur Marke mit einem wasserfreien Aether gefüllt, und durch Schütteln die Butter in diesem gelöst, während das offene Ende der Röhre durch Aufdrücken der Finger luftdicht verschlossen bleibt. Es löst sich in Zeit von einer halben Minute alles Fett im Aether, während die Unreinigkeiten, Buttermilch, Wasser, sonstige Zusätze in diesem als trübe Flocken oder Tropfen herumschwimmen. Stellt man die Röhre ruhig hin, so setzen sich alle Unreinigkeiten nach etwa 24 Stunden vollkommen zu Boden und bilden eine Schichte, deren Dicke an der Theilung abgelesen werden kann. Jeder Grad entspricht, wie man sich durch auf anderm Weg angestellte Versuche überzeugen kann, ziemlich genau 10 Prozent der Verunreinigungen, seien nun diese Wasser oder andere Substanzen. Da man noch ganz gut halbe Grade ablesen kann, so läßt sich also der Buttergehalt auf diese Weise bis zu 5 Prozent, ja noch genauer bestimmen. Mittlere Buttersorten setzen eine Schicht von 2 Graden ab, sie enthalten demnach 80 Prozent Butter und 20 Prozent Verunreinigungen; bei schlechten Sorten, welche noch als verkäuflich angenommen wurden, durfte die Schichte nicht mehr als $2^1/_2$ Grade, (75 Proz. Butter, 25 Proz. Verunreinigung) betragen, dagegen wurden auch solche untersucht, bei denen die Verunreinigungen bis zu 3 und $3^1/_2$ Grad (70—75 Proz. Butter; 30—35 Proz. Verunreinigung) stiegen, ja, eine Sorte zeigte sogar 4 Grade, also nur 60 Proz. Butter an.

Um das längere Stehenlassen zu umgehen, welches die Anwendung dieser Probe besonders für den polizeilichen Gebrauch sehr beschränken, wo nicht unausführbar machen würde, bedient man sich mit dem besten Erfolg der Anwendung der Centrifugalkraft. Da die Abscheidung der Verunreinigungen auf der Verschiedenheit des spezifischen Gewichtes der ätherischen Butterauflösung und der Verunreinigungen beruht, diese Verschiedenheit aber durch Anwendung der Centrifugalkraft leicht um das zehnfache vergrößert werden kann, so läßt sich hierdurch die Abscheidung in kürzester Frist eben so vollständig bewerkstelligen, als durch längeres Hinstellen. Zu diesem Ende schließt man die Röhre durch einen Kork und bringt dieselbe in die oben beschriebene Blechbüchse. Man geht an einen freien Platz, stellt die Spitze der Stange etwas in den Boden, und schwingt die Stange so, daß die Blechbüchse einen horizontalen Kreis um die Stange beschreibt. Man beschleunigt die Bewegung der Art, daß die Umdrehung in einer halben Sekunde, d. h. so schnell als möglich, bewerkstelligt ist. Nach etwa 60 bis 80 Umdrehungen läßt man die Büchse allmählig zur Ruhe kommen, zieht die Glasröhre heraus und liest das erhaltene Resultat ab. Man wiederholt nun diese Operation nochmals, und beobachtet, ob die beiden Resultate übereinstimmen. Sollte dies nicht der Fall sein (was jedoch selten vorkömmt), so wiederholt man die Rotation nochmals. Die erhaltenen Resultate werden nun sicher übereinstimmen, und sobald dies der Fall ist, kann man überzeugt sein, daß die Abscheidung vollständig erfolgt ist, und das Resultat als genau ansehen. Man gießt den Aether ab, und unterwirft den Rückstand, wenn nöthig noch andern chemischen Prüfungen, z. B. auf Stärkemehl ꝛc. Am Schlusse dieser Mittheilung wird bemerkt, daß das ganze Verfahren sich in der Praxis viel einfacher und leichter gestalte, als es nach dieser Beschreibung scheinen dürfte, indem bei einiger Uebung die ganze Prüfung in 3, höchstens 5 Minuten ausgeführt werden könne.

Die Verfälschung der Butter mit Wasser, der Gesundheit zwar nicht nachtheilig und häufig vorkommend, bleibt immerhin ein sehr gemeiner Betrug. Sie gründet sich auf die merkwürdige Eigenschaft der Butter, bei kühler Witterung durch tüchtiges Kneten und Durchschaffen, eine große Menge Wassers aufzunehmen. Von Dr. Kölreuter in Karlsruhe soll im Anzeigeblatt des Mittelrheinkreises ein sehr zweckmäßiges Verfahren zur Ermittelung dieser Verfälschung bekannt gemacht worden sein. Wir konnten dieses Blattes nicht habhaft werden, um dessen Verfahren hier mitzutheilen.

Die Industrieblätter, eine Wochenschrift, herausgegeben von Dr. H. Hager und Dr. E. Jacobsen, Jahrg. VIII. Nr. 49 1871 enthalten über eine Butterfälschung in neuerer Zeit folgende Mittheilung: „Die rheinische Polizei hat in letzterer Zeit einem Industriezweig, der in seinen Folgen tief ins gewerbliche und hauswirthschaftliche Leben einschneidet, ihr besondere Aufmerksamkeit gewidmet. Es wurden nämlich die Niederrheinischen und Bergischen Märkte (bis Essen) mit Fabrikbutter förmlich überschwemmt, und manche Hausfrau beim theuern Preise von 15 Sgr. pro 500 Gm. recht angeführt. Wäre nur ein geringerer Zusatz von unschädlichen Stoffen, wie Kartoffeln, Möhrenreibsel oder Fett in Frage gekommen, so wäre das allerdings auch verwerflich, aber doch nicht so schändlich wie das Verfahren einer Butterfabrik, welche die Polizei in Cöln aufhob, wo von alter Butter, Pferdefett (ohnehin ungenießbar), Bleiweiß, Mehl ꝛc., unter Zusatz von frischer Buttermilch ein Fabrikat hergestellt wurde, welches für den ersten Tag das Ansehen schöner Butter hatte, den zweiten Tag jedoch einen ekelhaften und fauligen Geruch verbreitete, und ungenießbar wurde. — Diese Butter wurde in gewöhnlichen Pfundmassen von Individuen beiderlei Geschlechtes und in Bauerntracht verkleidet, zu Markte gebracht und für theures Geld als ächte Waare an das Publikum verkauft.*)

Die Farbstoffe, deren man sich zum Färben der Butter bedient, sind: Orleans, Saft der gelben Rübe, Curcuma, der Saft vom Schöllkraut (Chelidonium majus) und nicht selten auch frisches Rapsöl. Orleans wird durch das Wasser nicht so leicht

---

*) Luroth und Heek erwähnen eines Buttermessers oder Butyrometers. Dasselbe besteht aus einer an beiden Enden offenen graduirten Glasröhre, in welche die zu untersuchende Butter gethan wird; eine Seite wird mit Kork geschlossen, und der Apparat in heißes Wasser gestellt. Beim Schmelzen trennt sich Wasser und Butter, und nach der Scala kann man die Proportionen ersehen. Das Casein jedoch, welches oft suspendirt bleibt und dabei auch Buttertheile in sich festhält, macht diese Probe unsicher. Daher bemerkt Hopp, daß ein Zusatz von einigen Tropfen Ammoniak das Casein auflösen und diesen Uebelstand so ziemlich beseitigen dürfte.

Die Butter.

aufgenommen, weshalb denn auch die Fälschung nicht so leicht erkannt wird. Sein Gebrauch ist aber auch schon deßwegen verwerflich, weil er gewöhnlich mit Urin befeuchtet, in den Handel gebracht wird. Um die Butter mit ihm zu färben, werden die ranzigen Rückstände aus den Butterfässern mit Orleans gekocht, und auf diese Art ein Farbencorpus bereitet, welches dann der Faßbutter beigemengt wird. Diese Verunreinigung wird entdeckt, wenn man die von Salz und Wasser befreite Butter mit kaltem Alkohol auszieht. Färbt sich derselbe gelb, und hinterläßt er nach dem Verdampfen einen geruchlosen gelbrothen Rückstand, der durch konzentrirte Schwefelsäure schön indigblau gefärbt wird, so war eine künstliche Färbung durch Orleans vorhanden. (Caspers Vierteljahrschrft. f. g. M. III.) — Da das Schöllkraut einen eigenthümlichen scharfen Stoff besitzt, der auf die Haut gebracht, ätzend und blasenziehend wirkt, so kann eine damit gefärbte Butter zweifelsohne nachtheilig werden. Eigenthümlicher Geschmack, grelle Farbe, verrathen bei der Butter die übrigen üblichen Farbstoffe. — Ueber eine Färbung des Rindsschmalzes mit Orleans, berichtet Ludw. Leiner im März-Heft des Archivs der Pharmazie des deutschen Apothekervereins 1873 folgendes: „Eine durch ihre hochgelbe Farbe verdächtige Schmalzsorte wurde ihm zur Untersuchung übergeben. Das Rindsschmalz ergab sich als ungefälscht, aber die damit vorgenommene Untersuchung auf Orleans wies nach, daß die erhöhte Farbe des Schmalzes von Orleans herrühre, was auch das Microscop bestätigte. — Im Jahr 1872 erstattete der französische Chemiker F. Boudet dem Gesundheitsrathe des Seine-Departements einen Bericht über zwei neue Produkte, welche als „künstliche Butter" verkauft werden und bereits ausgedehnte Verwendung finden. Wir entnehmen daraus folgendes. Von der Regierung beauftragt, eine Fettkomposition ausfindig zu machen, welche billiger und besonders haltbarer sei, als die gewöhnliche Butter, dieselbe aber im Uebrigen ersetzen könne, fand Mege-Mousiez bei seinen hierauf bezüglichen Versuchen, daß unter gewissen Bedingungen aus Rindstalg Butter zu fabriziren sei. Sein Verfahren ist folgendes: Roher Ochsentalg wird unter Zusatz von Wasser und Pottasche und zerschnittenen Schwein- oder Schafmägen bei möglichst niederer Temperatur geschmolzen, das Schmalzprodukt wird unter

Salzzusatz gereinigt und erkalten gelassen, dann durch die hydraulische Presse vom Stearin befreit, und stellt nun eine der geschmolzenen Butter ähnliche, gelbliche, körnige Masse dar, welche im Stande ist, gleich jener, als Speisezusatz zu dienen und unter dem Namen „Margaritine" in Paris bereits häufig verkauft wird. Wird dieser Stoff mit etwa der Hälfte seines Gewichtes Milch und eben so viel Wasser, in welchem Kuheuter eingeweicht worden sind, gemischt und in einer Buttermaschine bearbeitet, so erhält man in Zeit von zwei Stunden die gesammte Fettmasse in Form von Butter, welche nach der chemischen Untersuchung ärmer an Wasser und käsigem Stoff, und leicht zersetzlichen Stoffen ist als die natürliche Butter, und daher leichter zu konserviren ist. Durch theilweise Entziehung des Stearin, kann man dieselbe nach Belieben konsistenter machen. Besonders haltbar soll bei niederer Temperatur gewaschene wasserfreie Butter sein, welche Mege fabrizirt. Ein Stück davon im Oktober 1871 nach Wien gebracht, kam im April 1872 wieder ziemlich gut erhalten in Paris an.

Anhang.

Das Schweinefett oder Schweineschmalz das in den Haushaltungen viel gebraucht wird, erleidet ebenfalls Verfälschungen und zwar mit Wasser, Stärkemehl, Kochsalz, Alaun, Pottasche und Kalk. Die Wasserzumischung wird erkannt am Blasenwerfen beim Kochen, und an dem dabei entstehenden Gewichtsverlust; Stärkemehl weisen Jod und das Microscop nach; Salztheile giebt theils der Bodensatz, den die schwerer löslichen beim Schmelzen des Fettes bilden, zu erkennen, theils die Auflösung des Fettes in Schwefeläther, wobei die Salztheile ungelöst bleiben, und durch ihren Geschmack erkannt werden können. Reines gutes Schweinefett ist geruch- und geschmacklos, schmilzt ohne Blasen zu werfen bei 212° F. zu einer fast wasserhellen Flüssigkeit, ohne Bildung eines Bodensatzes. — Die amerikanischen Schmalzfabrikanten verfälschen nach Shuttleworths Mittheilung, (American. Journ. of Pharm.) indem sie gewöhnlich 5 Proz. Kalkmilch dem geschmolzenen Fett beimischen, um demselben eine weiße Farbe zu geben.

Elftes Capitel.

Der Caffee.

Im Handel kommt der Caffee unter zweierlei Gestalt vor, als Caffeebohnen und zu Pulver gemahlen. Kauft man Bohnen, so ist man wenigstens sicher, daß man Caffee erhält, dagegen sieht es mit dem gemahlenen Caffee schon mißlicher aus, weil es nachgewiesen ist, daß derselbe mit Taubenknochen, Erbsen, Nüssen, Gerste, Reis, Weizen, Pastinak, Möhren, Roßkastanien, Eicheln, Roggen und Löwenzahnwurzeln, die man vorher röstete, vermischt wird. Sämmtliche genannte Stoffe besitzen begreiflich den Geschmack und die belebende Kraft des ächten Caffees nicht, sind sie aber verdorbenem echtem Caffee in einem richtigen Verhältniß zugemischt, so fällt die Unterscheidung von jenem äußerst schwer, und die Chemie leistet hier wenig Hülfe, indem die den Ausschlag gebenden Kennzeichen bei Beurtheilung des Caffees größtentheils auf Geruch und Geschmack beruhen. Durch Meerwasser auf dem Transport verdorbener Caffee, wird ebenfalls häufig verkauft, ist jedoch leicht zu erkennen, da die Bohnen, gewöhnlich glanzlos, zusammenkleben, auch nicht selten eine grünliche übelriechende Masse bilden und einen viel leichtern Caffee liefern. Die am Schlusse dieses Capitels angefügte Tabelle giebt das Verhalten eines solchen verdorbenen Caffees in Abkochung, im Vergleich einer solchen von Martinique-Caffee. Am häufigsten wird der gemahlene Caffee mit dem Pulver der Cichorienwurzel verfälscht. Nach Orfila läßt sich dieser Betrug leicht erkennen, indem man solchen Caffee etwas anfeuchtet und ihn zwischen den Fingern rollt. Er wird alsdann sich kneten lassen und ein Kügelchen bilden, während der reine unverfälschte Caffee ein Pulver bleibt. Auch besitzt der mit Cichorien vermischte Caffee einen bittern und säuerlichen, der ächte, reine dagegen, einen aromatisch bittern Geschmack. — Nach Pereira unterscheidet sich gemahlener, gebrannter Caffee von allen Pulvern, mit denen er verfälscht werden kann, dadurch, daß eine Probe in ein Weinglas voll Wasser geschüttet, lange oben bleibt, und die Flüssigkeit kaum färbt; nur ganz allmählich zieht er Wasser an, färbt dann die Flüssigkeit weingelb und sinkt dann zu Boden. Cichorie fällt rasch nieder, und färbt die Flüssigkeit gleich rothbraun. Geröstetes Korn giebt außerdem eine Färbung mit Jod. Auch das in England in Zinnbüchsen als refining powder verkaufte stark konsumirte Caffeesurrogat, ein rothbraunes mit glänzenden Schüppchen vermengtes, nach Caramel riechendes, bitterlich schmeckendes, in der Hitze schmelzendes, sich aufblähendes und dann verbrennendes Pulver, fällt gleich zu Boden und färbt das Wasser roth.

Ursprünglich hat der Kaffee eine schön gelbe oder grüne Farbe, welche an Intensität verliert bei längerem Aufbewahren, so, daß der Caffee weißlich wird, und dadurch an seinem Ansehen verliert. Um diesen Fehler zu verdecken, wird der Caffee gefärbt. Man vermischt ihn in einem Faße mit Eisenvitriol, wenn er grün, mit Curcuma- oder Gelberdepulver, wenn er gelb werden soll, und rollt ihn im Faße so lange, bis er die gewünschte Farbe erhalten hat. Diese betrügerische Schönfärberei ist indeß leicht zu erkennen, da die Hand, in der man solchen mit Eisenvitriol gefärbten Caffee reibt, schwarz wird, oder, wenn man ihn mit Wasser abschlemmt, eine Eisenauflösung entsteht, welche durch die bekannten Reagentien leicht ermittelt wird. Der mit den genannten Stoffen gelbgefärbte Caffee setzt seinen Farbstoff, wenn er gewaschen wird, leicht an das Wasser ab.

Um den Caffee ebenfalls grün zu färben, soll derselbe mit einer verdünnten Lösung von kohlensaurem Kupfer in Aetzammoniak benetzt werden. Es wird dies dadurch ermittelt, daß man den Caffee mit salzsäurehaltigem Wasser behandelt, filtrirt und in die Flüssigkeit eine blanke Klinge stellt, und sie eine Zeit lang darin stehen läßt. Ein kupferrother Ueberzug wird alsdann das angewendete Kupfer deutlich zu erkennen geben.

Tabelle über das Verhalten eines verdorbenen Caffees,
bei der Anwendung von Reagentien.

Reagentien.	Martinique-Caffee.	Verdorbener Caffee.
Kaustisches Kali	die Flüssigkeit wird orangegelb und trübt sich dann	Erleidet keine Veränderung und erst nach langer Zeit bilden sich einige Flocken.
Kalkwasser	Intensiv gelb.	Unverändert.
Essigsaures Blei	Reichlicher, gelber, flockiger Niederschlag.	Reichlicher, graulichweißer, flockiger Niederschlag.
Schwefelsaures Eisenoxydul	Intensiv grüne Farbe, keine Trübung.	Grünlich braune Trübung.
Schwefelsaures Kupfer	Eine grüne, bei Ueberschuß des Reagens dunkler werdende Farbe; durch Ammoniakzusatz ein grüner Niederschlag.	Braungrüner, reichlicher flockiger Niederschlag, bei Ammoniakzusatz zunehmend, grünlich werdend.
Salpetersaures Quecksilberoxydul	Ein gelber, flockiger Niederschlag.	Flockiger, weißer Niederschlag.
Gallerte	Keine Veränderung.	Leichte Trübung.
Salpetersaures Silber	Leichte Trübung, allmählig zunehmend, und zu einem schwachen in Ammoniak löslichen Niederschlag werdend.	Ein weißer, reichlicher, flockiger, in Ammoniak löslicher Niederschlag.
Zinnchlorüre.	Ein gelblich weißer, flockiger Niederschlag.	Reichlicher, flockiger, graulicher Niederschlag. *)

---

*) In der pharmaz. Centralhalle für Deutschland, Nr. 13, 28. März 1872 berichtet Armand Müller, über eine Verfälschung der Caffeebohnen. Derselbe erhielt eine Probe rohem grünlichem Rio-Caffee zur Untersuchung. In seinem Ansehen unterschied sich der fragliche Caffee kaum vom ächten; die Bohnen waren ziemlich gleichmäßig sowohl in Farbe als Größe, und nur unter der Loupe erkannte man, daß einzelne etwas poröser waren als andere. Das Resultat der in genanntem Blatte dargestellten Prüfungsweise ergab: daß der untersuchte Caffee mit Bohnen vermischt war, die aus Brodteig in Formen nachgekünstelt, und entsprechend

Anhang.

Der Cichoriencaffee.

Dieser wird manchmal sehr groben Verfälschungen unterworfen. Die bis jetzt bekanntesten sind:

1) Mit **Ziegelsteinmehl, Lehm** und andern Erdarten. Man erkennt sie durch Einäscherung des zu untersuchenden Caffees. Reine Cichorie giebt 4—5 Prozent Asche, eine Vermehrung derselben giebt daher schon zur Genüge eine derartige Verfälschung an.
2) Mit **Caffeesatz.** Wird ganz einfach durch Schütten des Caffees in's Wasser ermittelt. Während die Cichorie das Wasser begierig aufsaugt und zu Boden sinkt, bleibt der Caffeesatz schwimmend auf der Oberfläche.
3) Mit **geröstetem Brod** und Resten von Nudelmehl. Erkennungsmittel ist die Jodtinctur; die Abkochung reiner Cichorie wird dadurch nicht blau, dagegen eine solche mit den genannten Stoffen die charakteristische blaue Färbung erhält.
4) Mit **gerösteten Eicheln.** Die Abkochung eines damit verfälschten Cichoriencaffees giebt vermöge des Gerbstoffgehaltes der Eicheln, mit Eisensalzen einen schwarzen Niederschlag.
5) Mit **geröstetem Grassaamen.** Wird leicht durch Jodwasser erkannt; die Abkochung eines solchen Cichoriencaffees wird blau.
6) Mit **gerösteten Hülsenfrüchten.** Erbsen, Linsen, Bohnen ꝛc. werden häufig geröstet unter den Cichorienkaffee gemengt. Man erkennt diese betrügerische Zuthat wie die vorige mit Hülfe des Jodwassers oder auch durch Eisenoxydlösung. Letztere bewirkt in der Abkochung des Caffees eine schwarze Färbung und einen mehr oder weniger starken

---

gefärbt waren. A. Müller räth daher, wenn die Aechtheit eines Caffees bezweifelt wird, denselben vor dem Rösten einige Stunden in lauwarmes Wasser einzulegen, wo dann der Betrug offen zu Tag liegt.

Niederschlag, den reine Cichorie nicht giebt. Eine solche Verfälschungsart mit Erbsen und Bohnenmehl, soll in England besonders häufig unter dem Namen „Hambro powder" vorkommen. Das hiezu verwendete Mehl wird mit Eisenroth gefärbt. Jod und das Microscop sind hiefür die Entdeckungsmittel.

7) Nach Hornemanns Beobachtung, soll eine Verfälschung der Cichorie mit Bilsenkraut vorgekommen sein. Ein Aufguß von solcher Cichorie röthet Lakmuspapier, was bei reiner Cichorie nicht der Fall ist.

Die unter Nr. 2 bemerkte Verfälschung der Cichorie, wurde nach Bericht des schwäbischen Merkurs vom 22. November 1842, von einem Cichorienfabrikanten in Arras, Namens Laurent, ersprießlich ausgeübt, indem derselbe den Caffeesatz in den Pariser Caffeehäusern aufkaufen und unter sein Fabrikat mischen ließ. (Dieser Betrug kam in anderer Weise auch bei uns vor. Man mischte nämlich unter den gemahlenen käuflichen Caffee getrockneten Caffeesatz. Dies Geschäft soll sich geraume Zeit unbemerkt gut rentirt haben.) *)

Manche andere Verfälschungsmittel, bestehend aus dem Pulver alter Rinden, würden sich ebenfalls durch Eisenoxyd auffinden lassen, andere dagegen, wie z. B. die mit Runkelrüben sind nur sehr schwer auszumitteln. **)

---

*) In England bedient man sich der Cichorie nicht blos zur Caffeeverfälschung, sondern auch zu der des Schnupftabacks und zur Färbung des Biers. Gewaschen und geröstet sind dort die Cichorienwurzeln als Taraxacum coffee im Handel. Die gebrannte Cichorie wird per Tonne mit 56. Pfd. Sterling bezahlt, deshalb werden jährlich über 100 Tonnen Wurzeln eingeführt und im Lande gebrannt. Man röstet sie in Trommeln unter Zusatz von Speck, um das Product glänzend und weniger hygroscopisch zu machen.

*) In neuester Zeit berichtet Th. Swartz, Professor in Gent über die Verfälschung des Cichoriencaffees mit Torf. (S. Journ. de. Med. de Bruxelles, Août 1871, 157. Auszug — dann: Vierteljahresschrift für Pharmazie von Dr. G. C. Wittstein. Bd. XXI. Heft I)

Zwölftes Kapitel.

Der Thee.

Der Hauptbetrug, der im Theehandel vorkömmt, besteht im Verkaufe schlechter Theesorten statt guter, und in der Verabreichung nachgekünstelten Thees. Außerdem sind aber noch mancherlei Verfälschungen des Thees bekannt geworden, worüber wir hier mittheilen wollen, was wir in Erfahrung bringen konnten. Nach diesem werden alte Theeblätter an solchen Orten zusammengekauft, wo viel Thee getrunken wird. Man trocknet, färbt, rollt sie auf und verkauft sie wieder. Dann kocht man die Blätter des Weißdorns, behandelt sie wie die vorigen, und verkauft sie ebenfalls als grünen Thee. Ebenso verfährt man mit den Blättern des Schlehenstrauches, und fabrizirt daraus den schwarzen Thee. Die schwarze Farbe wird durch Campechenholz erzielt. Häufig soll auch zur Färbung des gemeinen Thees kohlensaures Kupfer benützt werden. Diese Fälschungen werden in Bezug auf die Blattform des ächten Thees leicht erkannt. Die ächten Theeblätter sind klein, schmal, oben scharf zugespitzt, am Rande tief gekerbt, ihr Gewebe ist zart, die Farbe lebhaft grün, und die Oberfläche glatt und glänzend. Will man diese Blätter gründlich untersuchen, so erweiche man sie einige Stunden in Wasser, und breite sie alsdann nach ihrem vollen Umfange auf einer Tafel aus. Das Blatt des Schlehenstrauches ist im Verhältniß zu seiner Länge weit breiter als das des Thees, seine Form ist mehr rundlich, die Spitze stumpf, und die Einkerbung weit schwächer. Die obere Fläche des Schlehenblattes ist ferner weniger glatt, das Gewebe nicht so zart wie beim Thee, und seine natürliche Farbe ist ein dunkles Olivengrün. Die Färbung mit Campechenholz wird folgendermaßen erkannt. Man befeuchtet den verdächtigen schwarzen Thee, und reibt ihn sodann auf einem rein weißen Blatt Papier. Es werden sich auf dem Papier schwarzblaue Flecke zeigen, wenn der Thee mit Campechenholz gefärbt war. Auch kann diese Färbung noch dadurch erkannt werden, wenn man den Thee in kaltes Wasser einweicht. Es entsteht eine schwärzliche Flüssigkeit, die beim Zusatz einiger Tropfen Schwefelsäure grün wird. Wird aber die Flüssigkeit des in kaltem Wasser eingeweichten Thees gelb, und wird sie durch etwas Schwefelsäure Zusatz nicht roth, so hatte man es mit reinem Thee zu thun. Die Färbung des Thees mit kohlensaurem Kupfer dürfte wohl seltener vorkommen. Sollte dies jedoch der Fall sein, so schüttle man den verdächtigen Thee in einem kleinen Kolben mit verdünnter Ammoniakflüssigkeit. Das Kupfer wird sich alsdann durch die schöne blaue Farbe der Flüssigkeit zu erkennen geben. Eben so selten und höchst nachtheilig, muß die Färbung einiger Theesorten mit chromsaurem Blei, die man beobachtet haben will, sein, da durch den Genuß solchen Thees die Erscheinungen der Bleikolik kaum ausbleiben dürften. Derartig verfälschte Theesorten, bestehen gewöhnlich aus einem Gemisch von Blättern schlechter Qualität mit andern bessern.

Von großem Interesse sind die Mittheilungen welche Porret über die Verfälschung des grünen Thees macht. Er sagt: „es ist bekannt, daß die chinesischen Theefabrikanten ihrem Product vermittelst Berlinerblau, Curcuma und gepulvertem Fasergips einen grünen Ueberzug — glaze oder facing — verleihen, um es dadurch ihren Abnehmern angenehmer zu machen. Dagegen wird in China mit dem grünen Thee eine ganz andere Fälschung in ausgedehntem Maaßstabe vorgenommen, um den englischen Importeurs möglichst niedere Preise gewähren zu können. Einige Proben dieses Thees fand Warrington aus gepulverten Thon, Sand und Schmutz bestehend, welche Ingredienzien durch Gummi zusammengeklebt und entweder mit Graphitschwarz, oder mit oben erwähntem Gemisch grün gefärbt waren. Analysirt lieferte dieser Thee 34—35 Prozent Asche, während guter Thee durch Verbrennung nicht mehr als 5 Prozent Asche liefert; der Mehrbetrag der Asche von den gefälschten Proben bestand aus Sand, Schmutz und andern fremdartigen Substanzen. In England sind binnen 18 Monaten mehr als 375,000 Kgm. dieses Thees eingeführt worden. Die Verfälschung wird leicht erkannt durch Uebergießen des Thees mit heißem Wasser, wobei sich keine Blätter entfalten, aus dem einfachen Grunde weil keine Blätter vorhanden sind. Die Chinesen nennen dieses Kunstproduct Lie=Thee und fabriziren es nur auf Verlangen der Importeurs. Im Handel nennt man eine Sorte Thee „Gum—and—dust" (Gummi und Staub), welche eine Mischung ist von Theeblättern mit dem gefälschten Fabrikat. Der Unterschied zwischen grünem und schwarzem Thee scheint darin zu beruhen, daß letzterer vor der Röstung eine Art Gährung und Oxydation durchzumachen hat.

Versichernd bemerkt Davis: die Chinesen künsteln aus schlechten schwarzen Theeblättern einen grünen Thee nach, den sie selbst nicht gebrauchen sondern nur ausführen. Die Fabrikation ist in dieser Hinsicht so weit gediehen, daß derlei schlechte Blätter mittelst der Anwendung von Berlinerblau und Gyps, selbst die Farbe und beinahe den Geruch des Haysanthees bester Qualität annehmen. Bruce sagt, daß sich die Chinesen bei der Theefabrikation auch des Indigos bedienen. Warrington hat indeß bei seinen Theeuntersuchungen letztern nicht gefunden. Die Bestreuung des Thees mit den von Warrington angegebenen Pulvern geschieht um demselben die eigenthümliche Blume und Farbe zu ertheilen, auf die der Theekonsument hauptsächlich sieht.

Weiter bemerkt Warrington über die Verfälschungen des chinesischen grünen Thees, (the lancet Aug. 1851) daß dieselben fast nie im Innern des Landes, sondern in Canton und Honän, den Hauptstapelplätzen für den Theehandel, vorgenommen wurden. Keine einzige Sorte soll ungefärbt exportirt werden, da der ungefärbte Thee nach dem Rösten nie die hübsche glänzend grüne Farbe besitzt, die man bei dem käuflichen Thee wahrnimmt. Die zum Färben gebrauchten Pigmente sind: Berlinerblau; erkennbar durch das Rothwerden der Blätter, mit Aetzkalilösung, das Wiederkehren der blauen Farbe bei Zusatz von verdünnter Schwefelsäure, und das Nichtverändertwerden derselben durch Chlor. Mineralgrün, essigsaures und arsenitsaures Kupferoxyd, holländisch Gelb, Curcuma, chromsaures Kali, doppelt chromsaures Kali, Chromgelb, kohlensaurer Kalk, Gyps, Magnesia und Seifenstein. Die blauen und gelben Farben werden vermischt, wodurch Grün entsteht; die weißen werden zugesetzt um die grüne nicht zu auffallend zu machen, und um den Blättern einen gewissen Glanz zu geben. Man erkennt diese Farbstoffe leicht theils durch die chemische Reaction, theils durch eine Loupe, durch die man deutlich die farbigen Flecke wahrnimmt, theils durch Aufgießen von warmem Wasser, wo sich der Farbestoff zu Boden setzt; theils endlich durch Anfeuchten der Blätter und Ausdrücken derselben zwischen den Fingern, wo gleichfalls das früher grüne Blatt seine Farbe ändert. In England, wo gleichfalls die Kunst den Thee zu fälschen, sehr verbreitet ist, nimmt man dazu die bereits einmal aufgegossenen Blätter des Thees, oder wohl auch andere Blätter, und behandelt sie auf die früher angegebene Art.

Robert Warrington unterwarf eine Probe von grünem Thee, welcher verdächtig aussah und vom Zollamt konfiszirt worden war, der microscopischen Untersuchung, und fand, daß seine eigenthümliche Farbe von mechanisch anhängenden, darauf gestäubten Substanzen herrührte. Der große Theil dieses Pulvers war weiß, vermengt mit orangegelben und glänzend blauen Theilchen. Durch Schütteln konnte es abgesondert werden, und die blauen Theilchen gaben sich als Berlinerblau zu erkennen; der orangegelbe Bestandtheil war offenbar eine Pflanzenfarbe, der weiße und größere Theil des Pulvers aber bestand aus Kieselerde, Thonerde, etwas Kalk und Magnesia, und war wahrscheinlich Kaolin oder Agalmatholit, bei einigen Mustern auch Gyps. Es wurden noch sehr viele andere Theeproben untersucht, und alle mit verschiedenen Substanzen überzogen befunden, welche ihnen die für den grünen Thee so charakteristische glänzende Farbe ertheilten. Bei den nicht glänzenden Sorten schien kein blau färbendes Material angewendet zu sein. Ueberhaupt wechselten die verschiedenen Sorten in ihren Zusätzen und in dem Verhältniß derselben, und die geringern Qualitäten, wie der Twaubey, waren dick bestreut. Nach Entfernung dieses Ueberzuges war der Thee schwarz, aber nicht von so runzligem Ansehen wie der schwarze Thee gewöhnlich ist, was offenbar von der höhern Temperatur beim Trocknen derselben herrührt. (Chemical Gazette 1844 Nr. 36).

Daß die Chinesen häufig auch den ächten Thee mit Blättern

anderer Sträucher vermischen, findet man schon in der Chymie recreatise de Decmaret p. 308, dann in der Bibl. univers. Mai 1829 p. 83, angeführt. Ein solcher Betrug ist leicht zu erkennen wenn man einem Aufgusse solchen Thees $1^1/_4$ Gm. Schwefeleisen zusetzt. Ist es wahrhaft grüner Thee, so bekömmt die Infusion, wenn man sie zwischen Licht und Auge hält, eine etwas bläuliche Färbung; diese Färbung wird aber schwarzblau wenn es Thea Bohea ist, und alle Schattirungen von gelb, grün und schwarz, zeigen sich wenn er verfälscht war. In der Bohea, wahrscheinlich auch in andern Gegenden, werden, wenn der Thee theuer ist, alte und harte Blätter gepflückt, in siedendes Wasser gebracht, und mit der Behandlung wie gewöhnlich fortgefahren; dann werden sie gestoßen, und fünf bis sechs Cattys dieses Staubes unter 95 Cattys ganzen Thees gemischt. Um den Bohea-Thee grün zu machen, nehmen die Chinesen Ankoi-Thee (Bohea, welcher in Ankoi präparirt wurde) in großen Blättern, machen ihn mit heißem oder kaltem Wasser milde, oder nehmen wohl auch schon infundirt gewesenen Thee, wenn die Blätter geöffnet und wieder getrocknet sind. Sie bringen ihn dann auf den heißen Ofen mit einer kleinen Quantität gepulverten Chico (eines fetten Steines) und verfahren dann nach der Regel. Er wird dann gesiebt und ist fertig. Um ihn noch grüner zu machen, wird er neuerdings auf den Ofen gebracht. Alle diese gemachten Thees, und die von schlechter Erndte, werden mit ächtem gutem Thee gewöhnlich gemengt, um auf den europäischen Markt gebracht zu werden. Alter Thee wird als neu verkauft, indem man ihm durch Mengung mit wirklich neuem, oder durch wiederholte Behandlung auf dem Ofen ein frisches Ansehen giebt.

Ueber die Verfälschung des chinesischen Thees mit den Blättern von Epilobium angustifolium spricht sich Döpp, Pharmazent aus Petersburg, im nordischen Centralblatt für Pharmacie 1839, folgendermaßen aus: „Schon im Jahr 1816 wurden in Petersburg mehrere der Verfälschung verdächtige Theesorten auf Befehl der Regierung untersucht, und man fand darunter die Blätter von mehreren Epilobium-Arten, besonders von Epilob. angust. Trotz der strengen Bestrafung der Schuldigen war der durch diese Betrügerei zu erlangende Gewinn so groß, daß bald andere zur Wiederholung dieses Betrugs verlockt, und deshalb 1819 ebenfalls bestraft wurden. In den Jahren 1833 und 34 nahm aber diese Verfälschung so überhand, daß auf Befehl des Kaisers eine eigene Kommission zur Untersuchung aller in Petersburg vorhandenen und verdächtigen Theevorräthe niedergesetzt wurde. Döpp war Mitglied dieser Kommission, welche durch dreimonatliche unausgesetzte Bemühung nicht nur eine Menge mit genannten Blättern vermischten Thees entdeckte, sondern sogar in einigen Buden viele Pude, zur Verfälschung dienender, zubereiteter Blätter von E. angust. vorfand. Die Zubereitung dieser Blätter geschah auf folgende Weise. Noch frisch werden dieselben mit siedendem Wasser übergossen und so lange in demselben gelassen, bis ihre grüne Farbe in braun verändert ist; hierauf werden sie zerschnitten, auf eigene Weise gerollt und schnell getrocknet. So zum Gebrauche fertig, erhielten sie den Namen „Kaporscher Thee" von dem unweit Jamburg gelegenen Dorfe Kaporje, dessen Bauern sich zuerst und vorzüglich mit der Produktion desselben beschäftigten, und ungeachtet des strengsten Verbotes ihn auf mancherlei Weise, z. B. in Heufudern versteckt, nach Petersburg einführten, woselbst sie das Pud zu 8 Rubel Banko Assig. an die Theehändler verkauften.

Dieser Kaporsche Thee nun, ist im Ansehen von den geringern Sorten des schwarzen chinesischen Thees fast gar nicht zu unterscheiden, und obgleich er selbst geruchlos ist, so giebt dies auch kein Unterscheidungszeichen, indem er dem chinesischen Thee — etwa zu 20 bis 25 Prozent beigemischt wird. Der Aufguß eines so verfälschten Thees ist weit dunkler und schmekt abstringirender, als der des unverfälschten. Am sichersten geht man aber, wenn man die aufgeweichten Theeblätter entfaltet, wodurch sich die Blätter des chinesischen Thees (Thea Bohea et Thea viridis) welche vor dem Trocknen nicht gerollt werden, in ihrer natürlichen Form leicht herstellen lassen, die des Kaporschen Thees aber nicht, weil sie durch Gährung und Rollen so mürbe gemacht sind, daß sie beim Entfalten den Zusammenhang verlieren, auch sind die noch zusammenhängenden Theile ihres Blattgrüns beraubt, durchsichtig, punctirt, und ganzrandig, während die chinesischen Theeblätter am Rande fein gesägt sind, und meistens eine grünlich-braune Farbe besitzen. Der Aufguß des Kaporschen Thees ist dunkelbraun, er hat einen widerlichen, dem menschlichen Schweiße ähnlichen Geruch und einen faden zusammenziehenden Geschmack; er enthält viel Gerbstoff und Gummi. Mit salpetersaurem Quecksilberoxyd, salzsaurem Zinnoxydul und essigsaurem Bleioxyd giebt er braune Niederschläge, da hingegen dieselben Reagentien mit chinesischem Theeaufgusse gelbe Präzipitate erzeugen.

Ueber eine Färbung des Thees mit giftigen Stoffen, enthielt die Karlsruher Zeitung vom 24. Oktober 1843 folgende Mittheilung. „Von dem in den Gewässern von Calais im Winter 1842 gestrandeten Schiff „Reliance" waren 4—500 Theekisten aufgefangen, und deren Thee in sehr verdorbenem Zustande das Pfund zu 25 Ct. verkauft worden. Ein ansehnliches Pariser Haus hatte gegen 10,000 Kilog. von dieser Waare an sich gebracht. Es war lauter schwarzer Thee, der so nicht verkäuflich war, daher wurde für gut befunden, denselben in grünen Thee zu verwandeln, als welcher er dann zu 2—3 Fr. bezahlt wurde. Die Speculation, d. h. der große Betrug, war im besten Gange, als zwei Arbeiter von heftiger Kolik befallen, sich in ein Spital meldeten, und auf die Befragung des Arztes angaben, sie seien bei dieser Theefärbung mittelst **Chromgelb** und **Bleierz** beschäftigt. Da dies giftige Substanzen sind, so wurde sogleich auf den ganzen Vorrath Beschlag gelegt, und sicherlich ist den gewinnsüchtigen, betrügerischen Unternehmern die wohlverdiente Strafe geworden. *)

---

*) **Marchand** giebt zur Prüfung der Aechtheit des Thees überhaupt, ein Verfahren an, welches wir hier schließlich folgen lassen. 16 Gramme Thee werden mit 182 Grammen destillirten Wassers gekocht, das Dekokt filtrirt, und mit einer Sublimatlösung vermischt, welche auf 200 Grammen Wasser 8 Gramme Sublimat enthält; die Infusionen des grünen Thees werden davon röthlichgelb und bilden gleich einen flockigen Niederschlag, welcher sich mit Leichtigkeit sammelt und nach einigen Stunden etwas dunkler gefärbt ist; die Infusionen des schwarzen Thees erhalten eine röthliche Farbe und machen nach Verschiedenheit der Theesorte verschiedene Niederschläge; Sougonthee giebt einen braunen, und der Peccothee gar keinen Niederschlag; es entsteht kaum eine leichte Wolke, welche erst nach etwa 18 Stunden sich zu einem grauen, unbedeutenden Niederschlag vereinigt. — Der englische **Consul Medhurst** in Shanghai berichtet, daß die Zubereitung von Weidenblättern, die unter den Thee gemischt werden, von den Chinesen in den Dörfern auf der Hong-Keu-Seite des Soo-Chaw-Creek ganz offen betrieben werde, und ein Geschäft von Bedeutung geworden sei. Die Ufer der zahlreichen Buchten sind mit Weiden bewachsen, deren junge Blätter im April und Mai gesammelt

Dreizehntes Kapitel.

Die Chocolade.

Unter den Nahrungsmitteln spielt die Chocolade eine nicht un= bedeutende Rolle. Ein Gemenge von gerösteten Cacaobohnen, Zucker und gewürzhaften Stoffen, wird sie indeß auch durch Zusätze von Reismehl und Kartoffelstärke verfälscht, ohne daß hierdurch ihr Ge= schmack auffallend beeinträchtigt würde. Wird aber bei dieser Zuthat auch noch Wasser zugemischt, so erhält die Chocolade eine ganz andere Beschaffenheit, sie wird dick, läßt ihre Bestandtheile durch den Geruch erkennen, gerinnt beim Erkalten der Flüssigkeit gallertartig, was bei gut zubereiteter Chocolade nie der Fall ist. Andere Be= trügereien bestehen darin, daß man zu ihrer Bereitung Cacaobohnen verwendet deren Butter schon ausgezogen ist, und diesen Mangel durch beigemischtes Kalbsfett, Mandelöl oder selbst Mandeln zu ver=

---

werden. Man schüttet sie dann in Haufen auf den Dreschtennen der Gehöfte auf, und läßt sie unter dem Einflusse der Sonnenstrahlen einen leichten Gährungsprozeß durchmachen. Dann werden sie ähnlich wie ächte Theeblätter, nach ihrer Größe sortirt, und in gewöhnlichen Thee= öfen geröstet. Das Ansehen ist nachher dem der ächten Theeblätter ähnlich. Man bringt diese Blätter so nach Shanghai, wo man sie im Verhältniß von 10—20 Proc. dem ächten Thee beimengt. Die ärmern Klassen von Shanghai, haben schon seit geraumer Zeit solche geröstete Weidenblätter statt des für sie zu kostbaren Thees consumirt; seit etwa 10 Jahren aber, mischt man sie auch unter den in den Handel kommenden Thee, und es hat diese Verfälschung des Thees von Jahr zu Jahr größere Dimensionen angenommen. Medhurst schätzt den Verbrauch von Weiden= blättern für diesen Zweck im letzten Jahr auf etwa 200,000 Kgm. Nach= theilige Folgen soll allerdings die Abkochung der Weidenblätter nicht haben, aber es erscheint wünschenswerth, diese Vermengung des Thees mit Weidenblättern unter die Kontrolle der Behörden zu stellen, damit so verfälschter Thee, nicht als ächter in den Handel kömmt. (Schweiz. Wochenschr. für Pharm.)

decken sucht. Diese Fälschung wird aber dadurch erkannt, daß derartige Chocolade leicht ranzig wird, und einen übeln Geschmack erhält. Wird nun solcherweise schon die Masse verfälscht, aus der man die Chocolade darstellt, so ist dies auch mit jenen Stoffen der Fall, welche dieser als Gewürze beigegeben werden, und man mischt z. B. statt Vanille Storax, Benzoe, Tolubalsam unter dieselbe, welche ihr zwar Wohlgeruch verleihen, aber zur Bereitung einer ächten Chocolade keinesweges gehören.

Manche Verfälschungsmittel der Chocolade sind chemisch nicht nachzuweisen, es bleibt da der geübte Geschmack der beste Schiedsrichter, und hiebei geben leichtes Zerfließen im Munde, verbunden mit Kältegefühl auf der Zunge, so wie das gänzliche Fehlen eines rauhen zusammenziehenden Geschmackes, einen sichern Anhaltspunkt bei der Beurtheilung. Was das äußere Ansehen einer guten Chocolade anbelangt, so soll dieselbe eine helle, röthlich-braune Farbe, und im Bruche eine glatte, gleiche, nicht rauhe Fläche mit festem glänzendem Korn zeigen. Ein schlechtes Fabrikat sieht schwarz, zeigt ein mehliges, grobes und ungleiches Korn, bittern Geschmack, kocht sich mit brenzlichem Dampfe, giebt ein zähes wässeriges Getränk, schmeckt fad, syrupartig, und hinterläßt einen fettigen ungleichartigen Bodensatz.

Andere Verfälschungen denen die Chocolade unterworfen wird, und deren Ermittelung leicht zu bewerkstelligen ist, sind die mit Mehl oder Stärkemehl, mit Ziegelmehl, Mennig oder Zinnober. Die Verfälschung mit Mehl (meist Erbsen oder Linsenmehl) giebt sich zu erkennen, daß eine solche Chocolade beim ersten Aufkochen einen leimartigen Geruch verbreitet, und beim Erkalten eine Art Gallerte bildet. Nach Orfila hat man zur Nachweisung der kleinsten Mengen genannter Mehle, genau folgendes Verfahren einzuhalten. Einen Theil Chocolade läßt man mit 6—7 Theilen destillirten Wassers 8—10 Minuten kochen, um das einen Theil des Mehles ausmachende Satzmehl aufzulösen, mittelst einer hinreichenden Menge konzentrirten Chlors entfärbt man sodann die Flüssigkeit; den sich nun bildenden gelben Niederschlag läßt man sich ruhig setzen und filtrirt ihn alsdann. Die gewonnene Flüssigkeit ist gelblich, und enthält das Satzmehl. Ein bis zwei Tropfen weingeistiger Jodsolution färben diese Flüssigkeit schön blau. Behandelt man eine Chocolade welche kein

Die Chocolade.

Mehl beigemengt enthält auf gleiche Weise, so entsteht nur eine gelbliche Flüssigkeit die bei genanntem Jodzusatz bräunlich wird.

Die Verfälschung der Chocolade mit Ziegelmehl, Mennig oder Zinnober findet statt, um derselben eine schöne rothbraune Farbe zu geben. Dieser erste Betrug giebt sich mittelst eines Vergrößerungsglases durch die ziegelrothen Punkte und Striche an der Chocolade zu erkennen. Ein noch genaueres Resultat gewinnt man dadurch, daß man die Chocolade fein zerreibt, mit kaltem Wasser aufweicht, und die Flüssigkeit häufig umrührt. Das Ziegelmehl wird sich als ein reichlicher Bodensatz von ziegelrother Farbe darstellen, während verfälschte Chocolade weniger Satz abgiebt, zu dessen Bildung längere Zeit braucht, und von fahlgelber Farbe ist. Zur vollständigen Erkenntniß der Beschaffenheit des Verfälschungsmittels dient das Verfahren von Duflos und Hirsch, besonders wenn es sich um die Prüfung eines Milchgetränkes z. B. Milchchocolade handelt. Die verdächtige Flüssigkeit wird mit etwas conzentrirtem Essig versetzt, erwärmt, worauf Coagulation erfolgt, und ein käseartiger Niederschlag sich bildet, während die über letzterm stehende Flüssigkeit fast klar erscheint. Die so erhaltene essigsaure Lösung prüft man nun theilweise mit Schwefelwasserstoff und Blutlaugensalz, indem man von ersterem bis zum starken Vorherrschen des Geruches, vom zweiten aber nur einige Tropfen zusetzt. Verhalten sich beide Reagentien indifferent, so fehlt ein Metallgift entweder gänzlich, oder es können höchstens nur geringe Spuren davon vorhanden sein. Hat dagegen Blutlaugensalz eine röthliche Trübung, und bald darauf eine ähnliche Fällung veranlaßt, so ist die Gegenwart von Kupfer fast unzweifelhaft, und völlige Gewißheit giebt dann die Anwendung eines polirten Eisenstabes. Erzeugt sich ein orangerother Niederschlag durch Schwefelwasserstoff, so deutet dies auf Spießglanz, ein gelber auf Arsenik, ein schwarzer oder schwarzbrauner auf Quecksilber, Blei, Kupfer oder Wismuth, ein weißer auf Zink.

Von den bei der Bereitung der Chocoladenmasse angewendeten Gefäßen, kann letztere auch eine Verunreinigung mit Eisen erleiden. Solcher Eisengehalt wird ermittelt, indem man die Chocolade auflöst in Salpetersäure, die erhaltene Flüssigkeit filtrirt, und in das Filtrat

Gallustinctur tröpfelt. Es wird alsdann ein schwarzer Niederschlag entstehen.

Die Verunreinigung der Chocolade mit Kalk, herrührend von Reibsteinen von Kalksteinen die häufig bei deren Bereitung in Anwendung gebracht werden, giebt ein Gemisch von Chocolade mit sauerkleesaurem Kalk durch ein auf dem Boden des Prüfungsgefäßes sich bildendes weißes Präzipitat, leicht zu erkennen. Cadet berechnete, daß ein Mensch, täglich eine Tasse Chocolade trinkend, jährlich 31 Gm. Kalk verzehre.

Eine sehr interessante und umfangreiche Arbeit über Chocolade, deren Verfälschungen, so wie über die Mittel, letztere zu erkennen, verdankt man A. Chevallier. Man läßt aus genannter Schrift das Hauptsächlichste hier folgen.

„Die erste Chocolade gelangte von Mexiko aus nach Spanien. Eine solche, 1748 in Madrid verkaufte Chocolade enthielt außer der Cacaomasse mexicanischen Pfeffer, Anis, Rosenblätter, Campechenholz, Canella und bittere Mandeln, und war roth gefärbt. Häufig wurde die spanische Chocolade auch mit Orangeblüthenessenz parfümirt. Neben der spanischen waren indische, portugisische und St. Malochocoladen im Handel geschätzt. In Frankreich übertrug Ludwig XIV. den Debit dieses Fabrikates 1666 Herrn Chaillou, einem Offizier aus dem Gefolge seiner legitimen Gemahlin. Verfälschungen der Chocolade, anfänglich unerhört, kamen in eben dem Maaße, als der Verbrauch des Präparates in erstaunlicher Weise beständig wuchs, immer häufiger vor, und haben gegenwärtig eine kaum glaubliche Ausdehnung erlangt. Anderseits hat aber auch die Chocoladefabrikation, lange Zeit nach mexikanischem Vorbilde in knieender Stellung, durch Verreibung der Ingredienzien auf einem Steine oder einem eisernen, bezw. bronzenen Mörser geübt, erhebliche Verbesserungen erfahren. Hieher ist in erster Linie die Vertauschung der eisernen mit gläsernen und porzellan Gefäßen zu rechnen. Man hatte sich nämlich das constante Vorkommen geringer Mengen Eisen in unverfälschter Waare in der Weise zu Nutzen gemacht, daß man das Fabrikat, um es schwerer zu machen, mit größern oder geringern Mengen Ocker versetzte. Verwechselungen dergestalt verfälschter mit in eisernen Schaalen zubereiteter Chocolade waren unvermeidlich, und gaben nicht selten zur

Die Chocolade. 151

Verdächtigung auch rechtschaffener Fabrikanten Veranlassung. Die zur Herstellung der Chocolade aus den Cacaobohnen erforderlichen Manipulationen übergehen wir als bekannt. Nicht genug ist indeß die Auswahl der Cacaobohnen, von denen die aus Caracas die geschätztesten sind, anzuschlagen, und hat man darauf zu sehen, daß nicht nur ausgesucht gutes, sondern auch sorgfältig transportirtes Material verarbeitet werde. Denn die Cacaobohne nimmt den Geruch anderer gleichzeitig mit ihr importirter Droguen, (Taback, Caffee, Copaivbalsam u. a.) sehr leicht an, und die daraus bereitete Chocolade erhält dadurch einen widerlichen Beigeschmack."

Bezüglich der Verfälschungen der Chocolade bemerkt Chevallier, daß sie sich beziehen:

1) Auf künstliche Vermehrung des Gewichts der Chocolade, wozu man (von Defraudation abgesehen) sich schlechten Cacaos, des Stärkemehls und Mehls, des Mehls von Hülsefrüchten, des Mais, des Dextrins, der Mandelkleie, des arabischen Gummi, der Mennige, des Ockers, Zinnobers, und des Cacaoschaalenpulvers bedient. Obgleich die Cacaobohnen in sich Amylon enthalten, giebt ein Infusum verfälschter Chocolade nach Chevallier doch nur dann die Jodreaction, wenn Amylon in einer der oben angeführten Formen, künstlich beigemischt ist. In der oben angedeuteten Schrift giebt der Verfasser eine Methode an, dieses Amylon quantitativ zu bestimmen, und verweisen wir deshalb auf jene.

2) Auf Ersatz des Butyrum Cacao, durch andere Pflanzen- oder Thierfette. Während reine Cacaobutter bei 24°—25° C. schmilzt, steigt der Schmelzpunkt nach Beimischung heterogener Fette auf 26°—28° C.

3) Auf Zumischung von Storax oder Perubalsam zur Chocolade, statt der Vanille.

4) Auf Cantharidenpulver in verbrecherischer Absicht. (Zur Willfährigmachung der in schlechte Häuser gelockten Mädchen). Chevallier führt nur eine einschlägige Beobachtung von Barruel an, und gedenkt dieses abscheulichen Zusatzes zu einem Nahrungsmittel mit einer

Schüchternheit, als wäre dieselbe in seinem Vaterlande unerhört, und als wäre es nicht weltbekannt, daß vielleicht nirgends mehr Cantharidenpulver in der erwähnten Weise, verbraucht worden ist, als in Paris, dem Gehirn der Welt (Vict. Hugo), woselbst schon Ludwig XV. bei den Orgien seines Hirschparkes, auch in dieser Hinsicht seinen getreuen Unterthanen voranging. Der Nachweis der Canthariden, bez. des Cantharidins, wird nach Dragendorfs Methode auszuführen sein, abgesehen davon, daß in damit versetzter Chocolade die Loupe und das Microscop, Partikeln der metallisch grün glänzenden Flügeldecken des genannten Insects, auffinden lassen wird. Endlich ist noch
5) der scheinbaren Verfälschungen zu gedenken. Hieher sind dann Einsammeln der unreifen Frucht, Gährungsvorgänge, zu langes Rösten der Bohne und Aufbewahrung des Fabrikats in trockenen Magazinen, bei zu hoher Temperatur oder sonst unter Bedingungen, welche zum Verlorengehen des Aroma Anlaß geben können, zu rechnen. Cacao von Caracas soll nach Chevallier und Payen daran zu erkennen, bezw. vom Trinidad-, Haiti-, Gujana- ꝛc. Cacao zu unterscheiden sein, daß ersterer bei der Extraction mit Alkohol einen gelben Auszug liefert, während die in gleicher Weise bereiteten Auszüge der übrigen Sorten eine saturirt violette Farbe besitzen. (Annales d'Hygiène publique et de Med. légale. 2. Serie. XXXVII. p. 241. Octob. 1871.)

Vierzehntes Kapitel.

Der Zucker.

Bis jetzt hat man den Zucker mit folgenden Stoffen verfälscht und verunreinigt gefunden: mit Marmor, Gips, Alaun, Sand, Mehl und Stärke, Eisen, Kupfer, Blei, Zink, mit Rindsblut raffinirt, oder mit zu vielem Kalk versetzt.

Die Verfälschung mit Marmor wird schnell erkannt, wenn man den Zucker in Wasser auflöst. Der Marmor bleibt unaufgelöst zurück. Schwerer ist der Gipsgehalt des Zuckers zu ermitteln, weil der Gips innig mit letzterm verbunden ist. Ziemlich sicher aber gelingt die Darstellung, wenn eine siedende Zuckerlösung mit einer Lösung von sauerkleesaurem Kali gemischt wird. Es fällt sich sodann indem der Gips zersetzt wird, sauerkleesaurer unlöslicher Kalk. Auch das Löthrohr dient als zweckmäßiges Erkennungsmittel. Enthält der Zucker Alaun, so besitzt er einen herb süßlichen Geschmack, und setzt sich in Wasser aufgelöst, in kleinen Krystallen von süßlichem Geschmacke ab. Salpetersaures Quecksilber in die Zuckerlösung gebracht, fällt mit der Schwefelsäure des Alauns als ein gelbes, schwefelsaures Quecksilberpulver nieder. Ist der Zucker mit Sand verunreinigt, so fällt der letztere in einer Zuckerlösung alsbald zu Boden. Mehl und Stärke dem Zucker beigemischt, geben sich durch ihre Unlöslichkeit in Wasser und einen eigenthümlichen Beigeschmack zu erkennen. Eisen giebt dem Zucker ein grauliches Ansehen, so wie einen zusammenziehenden herben Geschmack. In Wasser gelöst, bildet in derartigem Zucker Galläpfeltinctur einen schwarzen Niederschlag. Kupfergehalt bekömmt der Zucker häufig durch seine Zubereitung in kupfernen Gefäßen beim Einsieden, und durch längeres Stehenlassen in

letztern, (so namentlich in Westindien). Aetzammoniak in eine Zucker=
lösung' geträufelt färbt diese blau, und blausaures Kali bildet in
einer Zuckerlösung einen braunrothen Niederschlag. Ist Blei im
Zucker enthalten, so verräth sich dasselbe weder durch Geschmack noch
durch Farbe, dagegen wird eine Zuckerlösung wenn sie bleihaltig ist,
durch Zumischung der Hahnemann'schen Probeflüssigkeit bald eine
schwarze Farbe zeigen. Zink wenn er im Zucker vorhanden ist,
(Zinkvitriol) ertheilt demselben einen herben zusammenziehenden Ge=
schmack, auch läßt sich dies Metall oder Metallsalz, durch Baryt, Na=
trum oder Kali entdecken. Salpetersaurer Baryt schlägt nämlich die
Schwefelsäure, Natrum und Kali dagegen schlagen das Zinkoxyd als
weißes Pulver nieder. Ein in Wasser leicht lösliches, zusammen=
ziehend schmeckendes und in der Schwefelsäure gelöstes Salz, beweist
das Vorhandensein von Zink. Der mit zu viel Kalk versetzte Zucker
zeigt einen matten Bruch, ist sehr weiß, aber minder süß, und löst
sich in Wasser nicht völlig klar. Mit Rindsblut raffinirt, bekömmt
der Zucker in der Wärme rothe Flecken, und den Geruch des faulen
Blutes.*)

---

*) Ueber einen weißen verfälschten Farin, der gegenwärtig im
Handel vorkömmt, bemerkt Rübsamen: Von einem Frankfurter Hand=
lungshaus wurde uns ein sogenannter weißer Farin zum Hausgebrauch
empfohlen, der seines schönen Ansehens und seiner Billigkeit wegen viel
gekauft werde, und deswegen in vielen Spezereiläden dort zu haben sei.
Allein die geringe Süßigkeit und der eigenthümliche fade Geschmack dieses
Zuckers erweckten den Verdacht des Referenten, und bewogen ihn densel=
ben zu prüfen, und das Resultat im Interesse des Publikums zu ver=
öffentlichen. Dieser Zucker hatte außer der Farbe, das Ansehen des ge=
wöhnlichen braunen Kochzuckers, und gab mit Wasser aufgekocht, keinen
klaren Syrup, sondern einen dicken, trüben, flockigen nicht colirbaren
Schleim, der durch Eiweiß nicht geklärt werden konnte. Die Auflösung
in kaltem Wasser war ebenfalls sehr unvollkommen; filtrirt blieb auf dem
Filter ein weißes Pulver zurück, das mit kaltem Wasser angerührt und
gekocht, einen schönen Kleister bildete, auch sich mit Jodtinctur als Stärke=
mehl auswies. Tausend Theile dieses Zuckers mit alkoholisirtem Wein=
geist ausgezogen, hinterließen 120 Thl. reiner Stärke; das Filtrat war
klar, besaß aber eine graugelbe Farbe, aus dem zur Syrupsdicke verdampft,
eine körnige, warzenähnliche, krystallinische Masse, die aus feinen Na=
deln bestand, nach Verlauf einiger Zeit sich ausschied. Diese Masse be=
saß eine geringe Süße, war nicht so leicht in Wasser und Weingeist lös=
lich wie gewöhnlicher Zucker, und besaß alle Eigenschaften des Stärke=

Der Zucker. 155

Da der Traubenzucker gegenwärtig eine nicht unbedeutende Rolle spielt (Gallisirung des Weines) und nicht selten zur Verfälschung des Rohrzuckers, gebraucht wird sofern letzterer noch

---

zuckers. Der über der krystallinischen Masse stehende Syrup hatte einen bei weitem süßern Geschmack, wurde von Arsensäure purpurroth gefärbt und bestand meistentheils aus Rohrzucker. Metallische Verunreinigungen waren nicht zu erkennen; oxalsaures Ammoniak zeigte deutliche Spuren von Kalk, desgleichen Schwefelsäure. Weiter konnte durch Reagentien nichts aufgefunden werden, und sonach bestand dieser angebliche Farin aus: **Stärkezucker, Rohrzucker, Stärke und etwas Kalk**; auch gelang es Rübsamen vollkommen, diesen Zucker nach folgendem Verhältniß darzustellen: 586 Thl. Stärkezucker, 293 Thl. Rohrzucker in der nöthigen Menge Wasser gelöst und mit 120 Thl. Stärke unter fortwährendem Rühren zur Trockene gebracht. Man unterscheidet verschiedene Arten von Zucker. 1) **Eigentlicher Zucker** (krystallisirbarer Zucker), ein ausschließliches Product des lebenden vegetabilischen Organismus, enthalten im Zuckerrohr, in der Runkelrübe und im Ahorn. Diese drei Gewächse werden besonders zur Zuckergewinnung benützt. Rohrzucker, Runkelrübenzucker und Ahornzucker, sind untereinander keineswegs verschieden, und ihre Benennung deutet nur auf ihren Ursprung. 2) **Fruchtzucker**. Kommt in vielen süßen Früchten vor. An Süßigkeit dem Rohrzucker zunächst stehend, besteht sein Unterschied vor jenem und den andern gährungsfähigen Zuckerarten darin, daß die Lösung desselben das Licht nach Links polarisirt. 3) **Schleimzucker**. (Syrupszucker) bildet den Hauptbestandtheil des braunen Syrups. Er verhält sich gegen polarisirtes Licht indifferent. 4) **Krümmelzucker**. Er ist Hauptbestandtheil des erstarrten Honigs, hat das Vermögen aus seiner wässerigen Lösung sich in undeutlich krystallinischen Massen abzusondern. Kömmt sonst noch vor in vielen Pflanzensäften, als in den Trauben, Birnen, Aepfeln, Feigen; dann ist auch das Ausscheidungsproduct in der Harnruhr, woher denn auch die Benennungen Honigzucker, Traubenzucker, Stärke- und Harnzucker. Eine Lösung dieses Zuckers polarisirt das Licht nach Rechts ab, jedoch etwas minder als der Rohrzucker. 5) **Milchzucker**. Bestandtheil der Milch von Säugethieren. Findet größtentheils nur arzneiliche Anwendung. Unter den hier angeführten Zuckerarten, ist der Rohrzucker als Nahrungsmittel der meist gebrauchte. Scheibler bemerkt, daß der Rohrzucker im Handel auch mit Dextrin verfälscht vorkomme. Die Prüfung darauf geschieht am besten in der Weise, daß etwa 12 Gramme verdächtigen Zuckers in 50 CC. Wasser gelöst werden, und ein Theil der Lösung mit dem vierfachen Volum Alkohols von 90—95 Prozent versetzt wird. Bei Anwesenheit von auch nur $1/2$ Proz. Dextrin entsteht dann eine deutliche milchige Trübung. Letztere könnte jedoch auch von einem Gipsgehalt des Zuckers herrühren, es muß daher das Ausgeschiedene weiter geprüft werden. Setzt man einer andern Zuckersolution einige Tropfen Jodlösung zu, so deutet die entstehende wein- bis purpurrothe Färbung sicher auf Dextrin. Hier ist jedoch wieder zu bemerken, daß die Färbung nicht eintreten und doch Dextrin vorhan-

nicht raffinirt ist, so soll über ihn hier kurz folgendes bemerkt werden. Der Traubenzucker steht dem Rohrzucker an Süße bedeutend nach, krystallisirt meist undeutlich in kleinen Körnern, ist weniger löslich als ersterer, denn er braucht 1$^1/_2$ Thle. kalten Wassers, schmilzt bei 100°, verliert 2 M. G. Wasser und bekömmt über 140° erhitzt, eine braune Farbe. Heißes Wasser löst ihn in jeder Menge auf. Eine Lösung von ihm in heißem Wasser, lenkt den polarisirten Lichtstrahl von der Rechten zur Linken. Von dem Rohrzucker unterscheidet er sich leicht durch die Einwirkung der Säuren und Basen, so wie durch die directe Gährungsfähigkeit d. h. durch Hefenzusatz und bei günstiger Temperatur, direct in Gährung überzugehen. Alkalien ändern den Traubenzucker schnell um, die Säuren aber wirken nur gering ändernd auf ihn ein. Aus Alkohol läßt er sich krystallisirt in 4 seitigen Tafeln oder Würfeln darstellen; und im Großen erhält man ihn aus Stärkemehl durch Kochen mit verdünnter Schwefelsäure.

Die massenhafte Production des Traubenzuckers mittelst Schwefelsäure und Stärke in Frankreich, und der niedere Preis dieses Fabrikates daselbst, begünstigt eine Verfälschung des Zuckers mit Stärkezucker ungemein. Es kann daher nur wünschenswerth sein, das geeignete Mittel zu kennen, wodurch eine solche Verfälschung ermittelt werden kann. Krantz schlägt zu diesem Behuf folgende Mischung vor:

    Zucker 20.
    Wasser 300.
    Aetzkali 2.
    Kupfervitriol 1.

War der Zucker rein, so ist auch nach 8 Tagen die Flüssigkeit noch klar, enthielt er aber Stärkezucker, so entsteht nach einigen Stunden ein rother Niederschlag von Kupferoxydul. Diese Reduction findet

---

den sein könne, da es Dextrinsorten giebt, welche das Jod nicht zu färben vermag. Außer diesen beiden Prüfungsverfahren dienen, zwar minder wichtig, jedoch zur Bestätigung des Dextringehaltes als beachtenswerthe Merkmale: der vielen Dextrinsorten eigenthümliche Brodgeruch, der auch an dem damit versetzten Zucker wahrzunehmen ist; der Umstand, daß dextrinhaltiger Zucker sich durch Bleiessig viel schwerer klärt und leichter ein trübes Filtrat giebt als reiner Zucker. Die microscopische Untersuchung läßt bei nicht sorgfältiger Mischung des Zuckers mit Dextrin, feuchte, schleimige oder klebrige Klümpchen erkennen; diese können ausgesondert, und ihr Verhalten gegen Alkohol und Jod noch genauer untersucht werden.

Der Zucker. 157

nach Frommherz augenblicklich statt, wenn man die Flüssigkeit erhitzt. Barreswill empfiehlt eine Probeflüssigkeit aus Kupfervitriol, neutralem weinsaurem Kalk und Aetzkali. Mit einer Lösung von reinem Rohrzucker kann diese Flüssigkeit ohne Trübung erhitzt werden, war hingegen Traubenzucker beigemengt, so wird Kupferoxydul ausgeschieden. Stärkezucker wird durch Erhitzen mit Aetzkali gebräunt, mit reinem Rohrzucker wird blos eine molkenartige Flüssigkeit erzeugt. Ein mit Stärkezucker verfälschter Hutzucker ist in der Regel weich, krümmelig, und beim Anfühlen fettig, während reiner Hutzucker hart und klingend ist, und sich rauh anfühlt.

Der Milchzucker krystallisirt in weißen vierseitigen schiefen Säulen, ist sehr hart, knirrscht zwischen den Zähnen, hat schwach süßlichen Geschmack, löst sich in 6 Theilen kaltem und 3 Theilen heißem Wasser, bildet keinen Syrup, lenkt die Polarisationsebene nach Rechts ab, ist nur in heißem Alkohol ziemlich löslich, schmilzt durch Erwärmen und wird wasserfrei. Nur sehr langsam der geistigen Gährung fähig, geht er durch Käsestoff in Milch- und Buttersäure über. Salpetersäure erzeugt aus demselben Kleesäure und Schleimsäure, ein wichtiges Unterscheidungsmittel vor den übrigen Zuckerarten. Kupfervitriol reduzirt er bei Gegenwart von Kali wie Traubenzucker, geht mit verdünnten Säuren behandelt in direct gährungsfähigen Zucker über, der jedoch nicht Traubenzucker ist nach der bisherigen Annahme, da er sich nicht in Krystallen oder Krümmeln erhalten läßt, und giebt mit Salpetersäure Schleimsäure. Optisch weicht er ebenfalls vom Traubenzucker ab. Man hat bis jetzt den Milchzucker verfälscht und verunreinigt gefunden mit Zucker, mit Kochsalz und mit Alaun. Den Zuckergehalt erkennt man durch Anrührung des Pulvers mit gleichen Theilen Wassers, wodurch der gemeine Zucker sich auflöst, und seinen süßen Geschmack nicht verläugnet. Der mit Kochsalz verunreinigte Milchzucker giebt sich durch seinen salzigen Geschmack zu erkennen. Die Lösung desselben schlägt Silber, Blei und Quecksilber aus ihren Lösungen in Salpetersäure nieder, was mit reinem Milchzucker der Fall nicht ist. Alaunbeimischung macht sich durch den Geschmack kenntlich, sodann bildet die wässerige Auflösung solchen Milchzuckers mit Lösungen von oxydulirten salpetersaurem Quecksilber und essigsaurem Blei, reichliche Niederschläge.

Anhang.

Der Honig.

Verfälschungen und Verunreinigungen des Honigs theils in betrügerischer Absicht, theils in Folge unzweckmäßiger Behandlung, kommen nicht selten vor. So giebt man ihm, um ihn weiß und schwer zu machen, häufig einen Zusatz von Stärke oder von Bohnenmehl, Erbsen und Linsenmehl, oder es wird ihm Wasser beigemischt. Außerdem wird er verfälscht mit Möhrensaft, Tragantschleim, Leim, Sand und mit Zusätzen von aromatischen Kräutern. Kupfer und Zinkgehalt findet sich bisweilen im Honig, wenn eine unzweckmäßige Behandlung desselben in Metallgefäßen stattfand. Ist der Honig mit genannten Mehlarten verfälscht, so giebt sich dies dadurch zu erkennen: nach Auflösung desselben in Weingeist, bleibt das Mehl zurück, und giebt mit Wasser gekocht ein kleisterartiges Gemisch, welches durch Jod sich blau färbt. Mit dem Mehl von Bohnen, Erbsen oder der Hirse vermengt, erhält der Honig eine schleimige, weißstreifige Beschaffenheit, und einen fadsüßlichen Geschmack. Seinen Wassergehalt erkennt man an seinem spezifischen Gewicht unter 1,425, an seinem Unvermögen ein hineingelegtes Ei zu tragen, so wie an der Leichtigkeit, mit welcher ein ausgegossener Tropfen auseinander fließt. Möhrensaft macht den Honig trübe, dunkel und giebt ihm einen eigenthümlichen Geschmack. Enthält er Tragantschleim oder Leim, so erstarrt eine bis zur Syrupsdicke eingekochte Honiglösung zu einer Gallerte, und hinterläßt auch beim Auflösen in Weingeist einen gallertartigen Rückstand. Befindet sich Sand unter dem Honig, so knirscht er unter den Zähnen, und es fällt ersterer in einer warmen wässerigen Honiglösung nach dem Erkalten zu Boden. Ueber Feuer gesetzt, geräth ein solcher Honig nur ziemlich schwer in den Fluß, und bleibt breiartig. Zugesetzte aromatische Kräuter sollen zur Verbesserung eines schlechten Honigs beitragen, allein sie ertheilen demselben den nur ihnen eigenthümlichen Geruch, und geben sich durch die im Honig häufig enthaltenen fremdartigen Blättertheile zu erkennen. Kupfer und Zinkgehalt, herrührend von der Behandlung in Metallgefäßen, wird auf die schon öfter angegebene Weise ermittelt. *)

Der Genuß des Honigs kann manchmal der Gesundheit sehr nachtheilig werden, da bekanntlich die Bienen häufig den süßen Saft aus den Nectarien giftiger Gewächse saugen, und es ist Thatsache, daß durch solchen Honig selbst lebensgefährliche Zustände erzeugt worden sind. So fand im Herbst und Winter 1790 in Philadelphia eine große Sterblichkeit bei Personen statt, die Honig genossen hatten der in dortiger Nähe gesammelt worden war, und eine genaue Untersuchung wies nach, daß dieser Honig von Giftgewächsen stammte. Aehnliches berichtet Menke von Honig einem Hummelneste entnommen, in dessen Nähe Eisenhut und andere Giftgewächse gewachsen waren, und nach der Mittheilung von Turnbull ist der Honig in den höhern Gegenden der Insel Cuba sehr gut, während jener aus tiefer liegenden dortigen Gegenden, besonders in der Nähe der Küste, giftiger Gewächse wegen, die dort vorkommen, entschieden nachtheilige Wirkung äußert. Beim Betrieb der Bienenzucht wird es daher Aufgabe der Gesundheitspolizei, den Flor einer solchen Gegend zu berücksichtigen. Duflos bemerkt bezüglich der Güte des Honigs: daß erstere je nach dem Lande, der Oertlichkeit und der Nahrung der Bienen sehr veränderlich sei, daß im Allgemeinen in den warmen Ländern, wie z. B. im südlichen Europa, Honig aus der Familie der Labiaten (Lippenblüthigen Pflanzen) erzeugt, weit besser ist, als jener aus temperirten oder kalten Gegenden, daß aber doch der von den Lindenblüthen stammende, in Polen, Preußen und Rußland viel ge-

---

*) Lassaigne fand den Honig auch mit Stärkezucker verfälscht. Dieser Honig hatte Consistenz und kristallinische Beschaffenheit des ächten Honigs, war jedoch blasser von Farbe. Der Geruch war aber nicht honigartig, sondern ähnlich dem des stark gekochten, etwas angebrannten Syrups, der Geschmack anfänglich schwach zuckerartig, hintennach etwas säuerlich-bitter. Nach Duflos kann bei dieser Verfälschung nur der minder süße Geschmack und die allenfallsige Gegenwart von Gips entscheiden; letztere ergiebt sich, wenn man den Honig in mäßig starkem Weingeist auflöst, filtrirt, das Filter zuerst mit Weingeist aussüßt, dann mit Wasser auskocht, und diese Abkochung portionweise mit salzsaurem Baryt auf Schwefelsäure, und mit oxalsaurem Amoniak auf Kalk prüft.

brauchte, immerhin unter die geschätzten Sorten zähle. Buchner theilt folgende höchst schätzbare Beobachtung über die Qualität des Honigs mit. Er sagt: „Honig von jungen Bienen ist im Allgemeinen heller und angenehmer, als von alten Bienen, wenn diese auch in demselben Bienenhause stehen und ihren Honig in derselben Gegend einsammeln, so ist derselbe meist dunkler. Nur wenn sie ihre Nahrung aus den Blüthen des Buchweizens, der Heidekräuter und der Coniferen (Zapfenträger) einsammeln, können sie ebenfalls weißen Honig liefern. Junge Bienen liefern aber unter gleichen Umständen stets einen weißlichen Honig. Es ist übrigens bekannt, daß der Honig braun und unrein wird, wenn man zu große Wärme und zu starke Auspressung anwendet. Der braune Honig hat ein geringeres spezifisches Gewicht als der weiße, und wird später körnig. Hochgelber Honig von jungen Bienen, deren Nahrung vorzugsweise Buchweizenblüthe war, erstarrte nach 3 — 4 Wochen zu einer krümlich-schmierigen Masse, und hattte ein spez. Gew. von 1,425 bis 1,429. Honig von alten Bienen desselben Ortes erstarrte erst nach 4—6 Wochen zu einer eben solchen Masse und hatte ein spez. Gew. von 1,475 bis 1,422. Honig aus einer Heidegegend war von blaßgelber Farbe, härter als der vorgenannte, und hatte ein spez. Gew. von 1,425 bis 1,434. Von alten Bienen derselben Gegend war der Honig hellbraun, und von 1,422 bis 1,430 spezif. Gewicht. Honig aus einer Marschgegend (niedriges feuchtes, humusreiches, theilweise Ueberschwemmungen ausgesetztes Land mit fettem Graswuchs) wo die Bienen ihre Nahrung vorzugsweise von den Blüthen des Raps, den Feldbohnen und des Klees gesammelt hatten, war fast weiß, erhärtete schon nach 6—8 Tagen zu einer Masse, welche man mit ausgelassenem Ochsentalg vergleichen konnte, und hatte ein spez. Gew. von 1,435 bis 1,440.

Außer den bereits erwähnten giftigen Eisenhut-Arten, welche dem Honig eine für die Gesundheit nachtheilige Eigenschaft verleihen können, vermögen dies noch Azalea pontica, Rhododendron ponticum, Helianthus major. Andromeda mariana, Allium ursinum etc.

Fünfzehntes Capitel.

Das Kochsalz.

Das Kochsalz oder Chlornatrium, das unentbehrlichste Gewürz=
mittel bei der Zubereitung der meisten Speisen, ist absichtlichen wie
zufälligen Verfälschungen und Verunreinigungen unterworfen. Von
den Verfälschungen bemerken wir hier die Anfeuchtung desselben mit
Wasser und die Zumischung von salzsaurem Kalk und Bitter=
erde der Gewichtsvermehrung halber; dann die Vermengung mit
Glaubersalz, Gips und Jodnatrium. An metallischen Ver=
unreinigungsstoffen sind zu bemerken: Kupfer, Gips, Arsenik, Eisen
und selbst auch Quecksilber. (?) Die Kennzeichen eines reinen guten
Kochsalzes (immer aus Sool oder Siedsalz gewonnen) sind: es ist
völlig farblos, luftbeständig, in Wasser vollkommen löslich, fest, dicht
und körnig, kristallisirt in farblosen Würfeln, schmeckt rein salzig, ist
geruchlos, verknistert beim Erhitzen, da das in ihm mechanisch ein=
geschlossene Wasser entweicht, was beim Steinsalz nicht der Fall ist,
schmilzt in der Glühhitze und verflüchtigt sich bei noch höherer Tem=
peratur, eine Eigenschaft, welche das warme Kochsalz zur Darstellung
von Glasuren befähigt. Setzt man zu einer wässerigen Lösung
desselben etwas Gewächslaugensalz zu, so entsteht keine milchige Trü=
bung. Unreines Soolsalz dagegen ist weißgrau, unregelmäßig
kristallisirt, feinkörnig, wird an der Luft feucht, schmierig, zerfließt,
löst sich in Wasser weder schnell noch rein auf, und flüssiges Pflanzen=
laugensalz bringt in ihm eine Trübung hervor.

Mit Wasser angefeuchtetes, salzsauren Kalk und Bitter=
erde enthaltendes Kochsalz ist weißgrau, näßt an der Luft und liques=
zirt. Kocht man eine gehörige Quantität dieses Salzes mit Natron,
so entsteht ein der Beimengung entsprechender bedeutender Nieder=
schlag. Ist dem Kochsalz Glaubersalz beigemischt, so zeigt dies,
auch bei der geringsten derartigen Beimengung, der salzsaure Baryt

an, denn es bildet sich wegen der Anwesenheit von Schwefelsäure im Glaubersalz, ein weißer Niederschlag (Baryt). Diesen sammelt man auf einem Filter, wäscht ihn zuerst mit salzsäurehaltigem, nachher reinem Wasser, trocknet und wiegt ihn. Die Quantität des zugemischten Glaubersalzes ergiebt sich aus dem Gewichte des erhaltenen Niederschlags. 5 Theile Schwerspath entsprechen nahezu 3 Theilen wasserleeren Glaubersalzes. Wenn das Kochsalz mit Gips verunreinigt ist, so ist es feinkörnig, unregelmäßig krystallisirt, bildet mit Wasser eine trübe Lösung und einen Bodensatz. Filtrirte man die Salzlösung, so wird sie durch wenige Tropfen salzsauren Baryts trüb, und im Wasser bildet sich unlöslicher schwefelsaurer Baryt.

Was die metallischen Verunreinigungen betrifft, so kommen solche vor, wenn Salz in Metallgefäßen aufbewahrt wird, auf welche ersteres auflösend einwirkt. Zur Ermittelung solcher Verunreinigung dient folgendes Verfahren. Man löst 125 Gm. verdächtigen Kochsalzes in Wasser, setzt bis zur merkbar alkalischen Reaction kohlensaures Ammoniak zu, filtrirt und leitet bis zum vorherrschenden Geruch Schwefelwasserstoff ein, läßt das Ganze sich ruhig setzen und sammelt den Niederschlag. Ist Kupfer vorhanden, so wird letzterer braun-schwarz; ist Zink gegenwärtig, so wird er weiß. Löst man diesen erhaltenen Niederschlag in verdünnter Salpetersäure, deren freie Säure durch Aetzammoniak fast abgestumpft ist, und prüft man ihn mit Blutlaugensalz, so giebt Kupfer einen braunrothen, Zink jedoch einen weißen Niederschlag. Die Verunreinigung mit Arsenik, (arseniger Säure) wohl nur in Folge grober Fahrlässigkeit, soll in Frankreich verschiedene Male stattgefunden haben. Sollte auch bei uns ein derartig verdächtiges Salz erscheinen, so wäre die Ermittelung dieses heftigen Giftes leicht zu bewerkstelligen, indem man die alkalische Flüssigkeit, welche mit Schwefelwasserstoff behandelt und klar filtrirt worden, mit reiner Salzsäure übersättigt, und leicht bedeckt, an einem warmen Orte sich selbst überläßt. War Arsenik in solchem Salz, so sammelt sich am Boden des Gefäßes ein blaß zitrongelbes Präzipitat, aus welchem sich metallisches Arsenik durch Erhitzen mit Fluß, auf bekannte Weise leicht darstellen läßt. Wurde das Kochsalz in eisernen Pfannen gesotten, so bekömmt dasselbe häufig eine schmutzige Farbe. Gießt man zu einer wässerigen Auflösung

eines solchen Salzes den Absud von rothen Rosen oder von Gall=
äpfeln, so wird jene schwärzlich. Von einem Quecksilbergehalt
manchen Salzes, spricht Friedreich. Die Ursache dieses Gehaltes
ist nach genanntem Autor noch nicht ermittelt. Wässerige Hydrothion=
säure schlägt das Quecksilber aus einer derartigen Salzlösung schwarz
nieder.*)

An die Stelle der früher üblichen kupfernen Wagschalen, sind
jetzt zweckmäßig solche von Porzellan beim Salzverkauf in Gebrauch,
da erstere erfahrungsgemäß nachtheilige Folgen hatten. Auch gut
gefirnißte Wagschalen sind brauchbar.

Sechszehntes Capitel.

Der Pfeffer.

Man hat es in der Kunst den Pfeffer zu fälschen, sehr weit
gebracht. Die Pfefferkörner selbst weiß man nachzukünsteln, so, daß
es dem geübten Auge schwer fällt, jene vor den echten Körnern zu
unterscheiden. Einmal werden zu wenigem echtem Pfefferpulver ge=
stoßener Senf oder andere scharfe beißende Pflanzentheile gemischt,
alsdann wird mittelst Teig eine zusammenhängende Masse gebildet;
dann mischt man zum Pfefferpulver schlechtester Qualität Oelkuchen,
Thon, formirt mittelst Schleim eine Masse, preßt dieselbe durch ein
Sieb, körnt sie dadurch, und rollt sie nachher in einem eigends hiezu vor=

---

*) Man hat nach der Mittheilung von Duflos und Hirsch in
Frankreich zum öftern die Bemerkung gemacht, daß das Kochsalz eine
ziemliche Quantität Jodnatrium enthielt, indem ersteres aus Varec=
Soda dargestellt worden war, welche, reich an Jodverbindungen, fabrik=
mäßig zur Darstellung des Jod benützt wird. Genannte Autoren geben
zur Ermittelung dieser Verunreinigung des Kochsalzes folgendes Verfahren
an. Man digerirt 63 Gm. des verdächtigen Kochsalzes fein gepülvert
mit 95 Gm. starkem Weingeist, bringt die Mischung auf ein Filter, süßt

gerichteten Fasse. Um ferner die möglichst größte Aehnlichkeit mit echtem Pfeffer zu erzielen, wird in das Innere eines jeden Stückchens dieser Masse ein Senfkorn gesteckt. Ist der Pfeffer nun geformt, so steckt das Senfkorn in einer kleinen Höle darin, die Masse schrumpft beim Trocknen ein, dem eingebrachten Korn aber bleibt immerhin ein kleiner Spielraum übrig. Zerbricht man nun behufs der Untersuchung ein solches nachgekünsteltes Pfefferkorn, so fällt das Senfkorn heraus, und es wird eine kleine Höhle wahrnehmbar, wie sie im Mittelpunkte des echten Pfefferkornes immer zu sehen ist. Bei solchem Pfeffer ist der Geschmack das beste Unterscheidungsmittel; die nachgekünstelten Körner schwellen zudem ins Wasser gelegt, auf, erweichen, werden klebrig und fallen bei leisester Berührung auseinander, wohingegen echter Pfeffer ebenso geprüft, seine feste Konsistenz und rundliche Form beibehält. Mit dem gepulverten Pfeffer, der häufig im Verkauf vorkömmt, hat es nicht selten eine schlimme Bewandtniß, denn da wird der **Pfefferladenkehricht, fein zerstoßener Hanfsamen und selbst gebranntes Elfenbein**, darunter gemengt. Das letztere ist leicht zu ermitteln. Man mische den verdächtigen Pfeffer nur mit Wasser, es wird sich alsdann das Elfenbein seiner Schwere wegen, bald zu Boden setzen, der Pfeffer aber obenauf schwimmend bleiben. Die pflanzlichen Verfälschungsmittel des Pfeffers lassen sich auf chemischem Wege nicht nachweisen, es ist deshalb gerathen, immer ganzen Pfeffer statt des gemahlenen, häufig verfälschten, zu kaufen.

Der weiße Pfeffer ist eigentlich nichts anderes als schwarzer Pfeffer, den man durch Erweichen in Seewasser, und indem er der Sonne ausgesetzt wird, seiner schwarzen Rinde oder äußeren Schale entledigte. Auch er wird, weil glatt, weiß und leicht nachzuahmen,

---

den Rückstand nochmals mit 32 Gm. Weingeist aus, raucht die weingeistige Flüssigkeit zur Trockne ab, und löst den Rückstand in wenigem Wasser. Alsdann mischt man die erhaltene Lösung mit etwas dünnem Stärkekleister und setzt unter Umrühren der Mischung tropfenweise Chlorwasser zu. Je nach der Quantität des Jods zeigt die Mischung eine blaß räthliche, violette oder blaue Färbung. Hierbei ist die Vorsicht zu gebrauchen, daß man gleich von vorne herein nicht zu viel Chlorwasser zusetze, weil letzteres im Ueberschuß angewendet, die Reaction wieder aufheben würde.

Der Pfeffer. 165

betrügerischerweise nachgekünstelt. Bisweilen soll dieser mit Stärkemehl und mit Bleiweiß abgerieben werden, aber schon das oberflächliche Ansehen zeigt diesen künstlichen Ueberzug. Das Stärkemehl wird, wenn die Körner ins Wasser kommen, abfallen und Jodtinktur wird alsdann das entstehende Pulver blau färben. Das Bleiweiß läßt sich nachweisen, wenn man die verdächtigen Körner mit verdünnter Essigsäure macerirt, und der Flüssigkeit Hydrothionsäure zusetzt. Es darf keine dunkle Färbung erfolgen. Nach der Beobachtung von Waltl soll dem gepulverten Pfeffer nicht selten altes gedörrtes Brod beigemischt werden. — G. Don in seinem vortrefflichen Buch: A general history of the Dichlamideous plants, berichtet von einer im Handel vorkommenden Verfälschung des schwarzen Pfeffers mit den Beeren von Embelia Ribes Roxb. Diese Pflanze gehört nach Linne in die Pentandria Monogynia, und in die natürliche Familie der Ardisiaceen, oder Myrsineen. Nach der botanischen Charakteristik ist zwar die genannte Pflanze von der Pfefferpflanze bedeutend verschieden, allein die Sache gewinnt ein anderes Ansehen, wenn nur von den Früchten beider Gewächse die Rede ist. Beide sollen sich nämlich im trocknen Zustande so ähnlich sein, daß bei oberflächlicher Betrachtung der Betrug nicht entdeckt werden kann, und er mag vielleicht öfter vorkommen als bis jetzt bemerkt worden ist. Beiderlei Früchte kommen nicht nur in der äußern Form, sondern auch darin überein, daß beide nur einen Saamen im fleischigen Eiweiß enthalten, allein die Structur des Embryo weicht bedeutend ab, denn jener des Pfeffers hat zwei sehr kleine, etwas dicke Cotyledonen mit nach oben gerichtetem Schnäbelchen, während der querliegende, mehr oder weniger gewundene Embryo der Embelia größere Cotyledonen mit nach unten gerichteten Schnäbelchen hat. Ein leichter zu ermittelndes Unterscheidungszeichen giebt aber ohne Zweifel bei beiden Früchten der Geschmack, der sehr von einander abweicht.*)

---

*) Ueber den Cajennepfeffer sagt Friedreich, daß derselbe, wenn er im gepulverten Zustand gekauft werde, meist verfälscht, und mit Kochsalz und gefärbten Sägspänen vermischt sei. Auch erwähnt er der Beimischung von Mennige zum Cajennepfeffer, die zuweilen stattfinde, um letzterem Farbe zu geben. Eine solche Beimischung wird nach Friedreich er-

Siebenzehntes Capitel.

Die Gewürznelken.

Der Hauptbetrug, der mit den Gewürznelken geschieht, besteht darin, daß solche, denen durch Destillation das ätherische Oel entzogen worden ist, unter die noch echten und guten gemischt, und so verkauft werden. Da die Gewürznelken, wenn ihnen ihr ätherisches Oel genommen wurde, einschrumpfen, leichter werden, an ihrer Farbe und gewöhnlichem Aroma verlieren, so wird, um sie in den Verkauf bringen zu können, folgende Manipulation vorgenommen. Auf angefeuchteten Sand werden im Keller ebenfalls angenetzte Bogen Löschpapier gebracht und die ausgezogenen Nelken darauf ausgebreitet. Diese Letztern ziehen nun die Feuchtigkeit wieder in sich, quellen auf, und erlangen so ziemlich ihre frühere Gestalt wieder. Sie werden nun unter echte Gewürznelken gemischt, erlangen von diesen Wohlgeruch, saugen vielleicht wohl auch von jenen etwas Oel ein, und werden so verkauft. Dieser Betrug ist nur schwer zu entdecken. Gewöhnlich haben solche Nelken keine Köpfchen mehr. Außerdem sind auch schon nachgekünstelte Gewürznelken beobachtet worden. Sie bestanden aus **schwarzer Brodrinde**, welche in Gewürznelkentinktur eingetaucht waren. Allein solche Nelken sind schon der Gestalt nach den echten sehr unähnlich, viel leichter, schwammig, porös, geschmackloser und ganz leicht zerreiblich. Endlich sind die Gewürznelken auch aus einem Teig von **Tragant, gekochter Stärke** nachgemacht worden. Diese sind aber völlig unförmlich, und lösen sich in Wasser. (Interessante Berichte über Gewürznelken-Verfälschung sieh in Lancet, Juni 1852.) Die beste Sorte sind die Amboyenelken.

kannt, daß man den Mennig in einer solchen Mischung mit Essig auflöst, und denselben durch schwefelsaures Natron aus der Lösung als schwefelsaures Bleioxyd, oder durch Schwefelwasserstoff als Schwefelblei präzipitirt.

Achtzehntes Capitel.

Die Vanille.

Die Vanilleschoten sind ebenfalls einigen betrügerischen Manipulationen unterworfen. Einmal wird ihnen das feine Mark, welches ein so vortreffliches Aroma und einen höchst gewürzigen fettigen Geschmack besitzt, genommen, indem man die Schoten der Länge nach behutsam öffnet und dieselben nach ihrer Entleerung mit einer in Vanilletinktur getauchten Substanz (häufig bräunlich gefärbtes Gumi arab.) wieder ausfüllt. Dann werden alte ausgetrocknete Schoten wieder aufgefrischt. Es geschieht dies, daß man dieselben mit feinem Oel bestreicht oder mit peruvianischem Balsam. Allein dadurch werden sie in ihrem Ansehen ölig, klebrig, besitzen den ausgezeichnet feinen Wohlgeruch der echten Vanille nicht mehr, und werden auch bald ranzig. Da die so hochgeschätzte echte Vanillesorte äußerlich mit feinen benzoeartigen glänzenden Krystallen überzogen ist, so sucht man auch diese Beschaffenheit zu erkünsteln, indem man die Schoten vorher mit schwacher Gummilösung benetzt und sie dann in Benzoesäure wälzt. Da aber die Benzoekrystalle viel heller sind, als die den Vanilleschoten eigenthümlichen, so verräth sich diese Fälschung ganz schnell.*)

---

*) Im Handel werden vier Sorten von Vanille unterschieden. 1) Die echte Schote auch Leg oder Ley genannt, 2) die Pomponaschote aus Spanien, 3) die Bastardvanille oder Simaroma von Domingo, 4) die Vanilleschote von Hindostan. Sie ist die geringste, hat Zwetschgen-Geruch.

Neunzehntes Capitel.

Der Zimmt.

Von den Betrügereien, die mit dem echten Zimmt oder dem braunen Canell vorkommen, und welcher die Rinde von Laurus Cinamomum ist, sind folgende zu bemerken. Einmal entzieht man der Rinde durch Destillation das Oel, verpackt dergestalt ausgezogene Röhren unter die echten und verkauft sie, da erstere wieder etwas Geruch und Geschmack von letztern erhalten, und so der Betrug weniger bemerkbar wird. Indeß hat der so behandelte Zimmt einen weit weniger starken, stechenden Geruch und Geschmack und die Röhren sind von blasser Farbe. Dann wird der echte Zimmt auch mit sogenanntem Nelkenzimmt vermischt, den man an seiner dünnen, wenig gerollten, inwendig rostfarbig braunrothen, außen hellern und leicht zerbrechlichen Rinde, sowie an seinem Nelkengeruch und gewürzhaft bittern Geschmack erkennt. Eine weitere Vermischnng geschieht mit Zimmtkaßie (Cassia cinamomea). Letztere unterscheidet sich vom echten Zimmt sehr deutlich, denn, nimmt man sie in den Mund, so bildet sie einen süßen Schleim, und scheint, wenn sie gut ist, sich beinahe vollkommen aufzulösen, da gegentheilig echter Zimmt von brennendem Geschmack ist und im Munde eine bittere aromatische Trockenheit hinterläßt. Auch sind die Rollen der Zimmtkaßie weit dicker als jene des echten Zimmtes.

Nach Martin kömmt Zimmtpulver mit Mandelschalen gemischt im Handel vor. 500 Gm. Zimmtpulver wird nämlich mit 125—250 Gm. fein pulverisirten Mandelschalen gemengt, die man vorher mit etwas Zimmtöl aromatisch machte, und reibt das ganze Gemenge durch ein seidenes Sieb. Diese Fälschung wird erkannt, wenn man ein solches Gemenge zwölf Stunden mit wenigem kaltem Wasser übergießt, die Flüssigkeit reagirt und schmeckt säuerlich, wenn das Gemisch Mandelschalen enthält.*)

Zwanzigstes Capitel.

Die Muskatnüsse und der Ingwer.

Eine Verfälschung der Muskatnüsse findet statt, indem man ihnen ihren Gewürzstoff entzieht, dann aber indem man sie nachkünstelt. Ersteres geschieht entweder durch Destillirung, oder durch deren Extraction mittelst Weingeist. In solcher Weise behandelte Muskatnüsse erkennt man an ihrem äußern wie innern gleichförmigen braunen Aussehen, und an ihrem auffallend schlechten Geschmack. Zu ihrer Nachkünstelung bedient man sich eines groben Mehlteiges, der Kreide mit Leimwasser, denen man das Pulver von echten Muskatnüssen zumischt, und dieser Masse Form und Ansehen der letztern zu geben sucht. Auch diese nachgekünstelten Muskatnüsse sind leicht zu erkennen. Einmal besitzen sie die Festigkeit der echten nicht, dann lösen sie sich im Wasser auf, sind von schwachem Geschmack, und wenn man mit einer heißen Nadel in sie einsticht, so geben sie kein Oel

---

*) Es werden fünf Sorten von Zimmt unterschieden. Zimmt von Ceylon, von Tellichery-Malabar, Java und Cajenne. Der erst genannte ist der beste. Nach den Berichten von Dr. Thurthon obliegt auf Ceylon die Prüfung des Zimmt den dortigen Chirurgen. Dieses Geschäft soll sehr beschwerlich und angreifend sein, da das fortwährende Kosten des Zimmtes Mund und Zunge wund macht, so daß dasselbe kaum 2—3 Tage nach einander fortgesetzt zu werden vermag. Zur Linderung des brennenden quälenden Schmerzes genießen daher die Prüfenden viel Butterbrod. — Eine Verwechslung der echten Zimmtrinde mit der Winterrinde, (Cort. Winteranus) scheint uns nicht leicht vorzukommen, da letztere durch die Beschaffenheit der Rinde den pfefferartig beißenden Geschmack, und den der Cascarillrinde ähnlichen Geruch (Moschusgeruch) sich so sehr unterscheidet.

von sich, und in ihrem Innern zeigen sie auch das marmorirte Ansehen der echten nicht, so wie sie überhaupt mit letztern keinen Vergleich zulassen. Die gewöhnliche Annahme, daß die völlig runden Nüsse besser sein als die ovalrundlichen, beruht auf einem Vorurtheil. Am wenigsten gut sind die kleinen westindischen Muskatnüsse, da sie fast gar keinen Geschmack haben, und nur wenig besser die ostindischen haselnußgroßen, von dunkelbrauner Farbe.

Der Ingwer, das Rhizom von Zingiber officinale Rosc. stammt aus Süd-Asien, Amerika und den westindischen Inseln, kommt entweder geschält oder ungeschält in den Handel, und führt darnach den Namen weißer oder schwarzer Ingwer. Die beste Sorte ist der weiße geschälte Ingwer, er ist fleischig, weiß, weich, mehlig, zeigt auf der Bruchfläche einen röthlichen harzigen Ring, und besitzt einen aromatischen brennenden Geschmack. Der schwarze ungeschälte erscheint in kurzen, außen braunen, innen braungelben Stücken und ist weniger aromatisch. Mit dem ganzen Ingwer wird wenn er alt, verlegen und wurmstichig geworden, folgende betrügerische Manipulation vorgenommen um ihn wieder verkäuflich zu machen. Man überstreicht ihn mit einer Mischung von Kreide und Lehm und reibt ihn nach dem Abtrocknen ab. Diese Fälschung wird erkannt, wenn man den ganzen Ingwer in warmes Wasser legt. Hierdurch lösen sich die erdigen Theile ab. War solcher Ingwer gestoßen, so beobachtet man dasselbe Verfahren, läßt das Ganze nach mehrmaligen Umrühren erkalten, wo dann der echte Ingwer obenan schwimmen, die erdige Zuthat aber sich zu Boden setzen wird.*)

---

*) Bei den Zuckerbäckern wird auch kandirter Ingwer als Magenmittel, und unter dem Namen Ingwerpillen verkauft. Auch diese sind häufig gefälscht, da sie meist aus einem Gemisch von weißem Thon, Zucker und gepulvertem Ingwer bestehen. Solche Conditorwaare auf ein glühendes Eisenblech gebracht, faßt Feuer, lodert nicht auf, wird nicht zur Kohle, brennt nur kurze Zeit mit Flamme und hinterläßt eine steinharte Masse, gebrannten Thon. In kochendem Wasser löst sich das Fabrikat auf, und der Thon fällt nach einigen Tagen zu Boden. Dieses Residuum bildet, gesammelt, getrocknet und der Rothglühhitze ausgesetzt alsdann eine fast steinharte Masse. — Das englische Gingerbeer, Ingwerbier, ist ein sehr beliebtes Magenmittel und wird bereitet, indem man 687,5 Gm. Ingwer in 3 Gallonen Wasser $^1/_2$ Stunde lang kocht, dazu 10 Kgm. Zucker, 563 Gm. Limoniensaft, 500 Gm. Honig zusetzt und das Gemenge mit Wasser versetzt, 1 Eiweiß und 10,2 Gm. Citronöl zufügt und das Ganze nach viertägigem ruhigem Stehen in Flaschen abfüllt.

Einundzwanzigstes Capitel.

Der Safran.

Es kommen im Handel drei Sorten von Safran vor, eng=
lischer, spanischer und französischer. Bei uns wird der
englische am meisten geschätzt; seine Blätter sind breit, frisch, steif,
intensiv gelb, und ihr Geruch ist stark gewürzhaft. Weniger geschätzt
ist der tiefrothe, orangefarbige. Damit der Safran schwerer ins
Gewicht fällt, wird er mit Oel befeuchtet. Dadurch verliert er jedoch
bedeutend an seiner Gewürzhaftigkeit, und schmutzt stark ab. Von
weitern Verfälschungsmitteln sind zu bemerken: seine Vermischung mit
den Blüthen der Ringelblume, mit Saflor, getrockneten Fleisch=
fasern, Sand und selbst Blei. Die beiden letztern Zuthaten
machen sich indeß schon durch die Schwere, die sie dem Safran ver=
leihen, leicht erkennbar. Die Verfälschung mit Saflor wird eben=
falls leicht erkannt, denn für's erste besitzt derselbe den starken ge=
würzhaften Geruch des echten Safrans nicht, sodann unterscheidet
sich schon durch seine Form, denn er bildet eine schöne rothfarbige
Röhre, nach oben in fünf Abschnitte getheilt, enthält die Befruchtungs=
organe noch eingeschlossen, wogegen jener, der eine Pflanzennarbe ist,
langen biegsamen Fäden ähnelt. Es wird ferner Safran verkauft,
der vorher schon infundirt und dadurch seiner besten Eigenschaften
beraubt wurde. Derartiger Safran hat ein blaßrothes mattes, gleich=
förmiges Ansehen, färbt den Speichel nur noch ganz wenig, und
riecht nur schwach aromatisch. Die Ringelblumen werden ehe
man sie beimischt, mit Safrantinktur dunkler gefärbt. Sie verrathen
sich durch ihre dünne Form, weißliche hell oder rothgelbe Farbe,
und durch die mangelnden hellgelben Endspitzen. Beide Vermischungen,
die mit Saflor und jene mit Ringelblumen, werden durch Silber=
lösung und Eisenchlorid schnell ermittelt, da dieselben einen Aus=

zug von echtem Safran nicht trüben, was dagegen bei Auszügen von Saflor oder Ringelblumen stattfindet. Beide Reagentien verursachen auch in letztern Auszügen nach längerer Zeit einen Niederschlag. Getrocknete Fleischfasern dem Safran beigemischt, geben sich durch ihre schwärzliche Farbe zu erkennen. Auf glühende Kohlen gebracht, verbreitet derartiger Safran einen stark empyreumatischen Geruch, etwa wie verbranntes Horn.*)

Zweiundzwanzigstes Capitel.

Der Senf.

Im Handel kommt schwarzer und weißer Senf vor, in ganzen Körnern oder aber in Pulverform als sogenanntes Senfmehl. Der schwarze Senf ist klein und rundlich, äußerlich geadert, schwarzbraun, innen gelb, geruchlos von scharf bitterm öligem Geschmack. Der weiße Senf ist größer, rundlich elliptisch innen und außen gelb und in eine durchsichtige Schale eingeschlossen. Als mikroskopische Zeichen des Senfs sind nach den analytical reports Lancet March — Mai 1851 zu bemerken: die äußere Membran des schwarzen Senfs besteht nur aus einer dünnen Schichte 6eckiger Zellen, im Uebrigen entspricht seine Structur ganz der des weißen. Die Hülse des

---

*) Dr. Waltl in Augsburg bemerkt, daß der gestoßene Safran außer mit Saflor, noch mit Wiener Lack und mit Sandelholzpulver verfälscht werde. Ferner soll auch eine falsche Safransorte im Handel vorkommen, Feminell genannt, die nach Martius aus den ausgesuchten Griffeln des Safrans besteht, die man roth färbte. Aber nach einem Artikel im pharm. Centralblatte von 1832 p. 777 wird diese Sorte für gefärbte Randblüthen der offizinellen Ringelblume erklärt, welcher Meinung auch Erdmann in seinem Journal XVII. 112 beistimmt. — Um die Echtheit des Safrans durch chemische Reagentien zu konstatiren, dient nach Müller die Schwefelsäure auf das zuverlässigste. Uebergießt man nämlich den Safran mit konzentrirter Schwefelsäure, so werden die Narben sogleich schön indigblau gefärbt, und die Schwefel-

Der Senf.

weißen Senfsamen besteht aus 3 deutlich getrennten Membranen. Die äußere ist wie bemerkt durchsichtig, besteht aus zwei Schichten, einer äußern, aus 6eckigen in der Mitte perforirten, und einer innern aus trichterförmigen Zellen zusammengesetzten, und enthält Pflanzen= schleim. Die mittlere Membran ist aus sehr kleinen eckigen, den Farbstoff enthaltenden Zellen zusammengesetzt, die innere besteht aus einer einfachen Schicht eckiger, die vorigen an Größe übertreffen= den Zellen. Das Innere des Senfsamens ist hellgelb, weich, von wachsartiger, durch Oelreichthum bedingter Consistenz und enthält im reifen Zustand durchaus kein Stärkemehl. Der schwarze Senf ist von schärferer Beschaffenheit als der weiße, enthält Myrosin und Myrosin=Säure, welche beim Vermischen mit Wasser das flüchtige Senföl entwickeln, ferner ein fixes, hauptsächlich in den Hülsen ent= haltenes Oel. Der weiße Senf enthält weder ein flüchtiges Oel, noch eine Substanz, welche dasselbe wie im schwarzen bilden könnte, dagegen Sulpho-Sinapisin.

Das Senfmehl, wie es im Handel vorkommt, wird durch Zer= quetschen zwischen Rollen und durch Pulvern in Mörsern gewonnen. Betrügerischerweise wird ihm Cajennepfeffer, Weizenmehl beigemischt, das Gemenge aber mit Curcuma gefärbt, um ihm eine schöne gelbe Farbe zu geben. Auch Rettigsamen und verschiedene andere Mehl= sorten außer Weizenmehl werden zu seiner Verfälschung benützt, ebenso der Samen von Brassica sabellica. Die Beimengung von Cur= cumamehl als Färbungsmittel wird leicht ermittelt, indem man einige Tropfen Ammoniakflüssigkeit hinzugießt. Die gelbe Farbe des Cur= cuma wandelt sich in Braun um, während echter Senf völlig unver=

---

säure nimmt gleichfalls dieselbe Farbe an, während andere Beimischungen diese eigenthümliche Erscheinung nicht darbieten. Diese Erscheinung dauert indeß nur wenige Augenblicke, indem die Indigofärbung der Schwefelsäure ins Purpurrothe und nachher ins Schwarzbraune über= geht. Uebrigens bemerkt Müller, wird der Safran am häufigsten mit den Blättern von Crocus vernus verfälscht, welche durch Schwefelsäure dunkelgrün gefärbt werden. — Der jetzige englische Safran besteht aus einem Gemenge von Safflor und Gummiwasser, in Form ovaler, dünner glänzender braurother Kuchen. Safflor bewirkt befeuchtet auf Papier eine geringe, echter Safran dagegen eine intensiv gelbe Färbung. Ueber Safranverfälschungen sieh die Arbeit von Sauvan, Rev. ther. du Midi. 4. 1850.

anbert bleibt. Der Kohlsame (Brassica sab.) ist viel größer als der Senf und ermangelt deß dem Senf eigenthümlichen scharfen Geschmackes.*)

Dreiundzwanzigstes Capitel.

Die eingemachten Früchte.

Es werden so viele Früchte eingemacht, daß deren Aufzählung hier nicht wohl stattfinden kann. Man beschränkt sich deshalb nur auf die gebräuchlichsten, zu eigentlichen Nahrungsmitteln gehörigen. Ueber alle andern kann man sich in jedem guten Kochbuche Raths erholen. Wir rechnen zu den meist gebräuchlichen derartigen Früchten die Gurken, grünen Erbsen, Bohnen, Kappern, Pflaumen, Zwetschgen, Kirschen und die Hollunderfrüchte.

---

*) Chevalier bemerkt, daß auch Rapssamenkuchen und gelber Ocker dem Senfmehl beigemengt werden. Immerhin ist die Verfälschung mit gelbem Ocker sehr strafwürdig, denn er ist unwirksam, und man bedarf zur Erhöhung der gelben Farbe einer weit größern Menge desselben. Aeschert man dergleichen Senfmehl ein, so giebt die Gegenwart des Eisens, Thons und der Kieselerde den beigemischten Ocker leicht zu erkennen. — Unter dem Namen „rother Senf" kommt eine Senfsorte von Calcutta nach Havre in den Handel. Er scheint beim ersten Anblick alle Charaktere des schwarzen Senfs zu besitzen, allein er äußert fast gar keine die Haut röthende Wirkung, entwickelt in größern Massen einen ranzigen Geruch, der beim Stoßen noch stärker hervortritt. Eine Verbreitung dieses Senfs und die dadurch mögliche Substituirung desselben für den gewöhnlichen Senf, wird daher nur Nachtheile bringen können. — Nach den Beobachtungen von G. Merz (D. Ind. Ztg.) kommt auch im Handel eine Sorte Speisesenf vor, dessen Büchsenverschluß aus einer bleihaltigen Folie besteht. Er sagt: „die betreffenden Büchsen sind aus weißem Glas, haben Fläschchenform, tragen die in das Glas gepreßte und auf blauweißer Etiquette gedruckte Aufschrift: M. Louit frères et Comp. Bordeaux. Garantie Grassée et fils. „Moutarde diphane au Naturel", und sind mit einem kurzen Kork verschlossen, über den eine Kapsel aus weißer Metallfolie mit eingepreßter Aufschrift gestülpt ist. An einer solchen dem Handel entnommenen Büchse

Die eingemachten Früchte.

Diese genannten Früchte können eingemacht und genossen der Gesundheit nachtheilig werden, entweder in Folge absichtlicher Fälschung, oder indem man sie in kupfernen Gefäßen zubereitet, wodurch sie wahrhaft giftige Eigenschaften erlangen.

Die **Gurken** werden als Essig- oder Pfeffergurken in Masse verzehrt. Da man darauf hält, dieselben schön grün auf den Tisch zu bekommen, so wird in den Essig, in welchen sie eingemacht werden, etwas Grünspan gethan, Alaunpulver und Seesalz beigefügt. Man läßt diese Mischung stehen bis sie klar geworden, und gießt alsdann davon an die Gurken. Dieses Verfahren giebt ihnen nun allerdings die gewünschte schöne grüne Farbe, zugleich aber auch einen sehr nachtheiligen Kupfergehalt. Diese schädliche Schönfärberei soll in England und Frankreich noch sehr in Gebrauch stehen. Duflos bemerkte hierüber, daß diese grüne Farbe nicht immer durch obige Manipulation erzielt werde, indem die Fixirung derselben ohne alle derartige Künstelei bewerkstelligt werden könne, wenn man derartige Früchte und Gemüse überhaupt nicht mit kaltem Wasser zusetze und diese langsam zum Kochen bringe, sondern vorher das Wasser allein auf den Siedepunkt bringe, und nachher erst erstere hinzuthue. Durch das langsame Anwärmen des Wassers gehe der Farbstoff fast vollständig in dieses über, während er durch plötzliche Erhitzung unlöslich werde und in diesem Zustande dem spätern Kochen mit Wasser widerstehe.

In gleicher Weise wie die Gurken, können auch die **grünen**

---

zeigte sich nun bei Abnahme der Metallkapsel, daß sich zwischen derselben und dem Kork eine dicke Kruste von **Bleizuckerkrystallen** gebildet hatte, welche an der stark angefressenen Innenwand der Kapsel meist so lose saßen, daß ein großer Theil derselben auf dem Korke liegen blieb. Vor dem Ausziehen des Korkes wurde nun der Hals sorgfältig gewaschen, und hierauf die etwa 10 Mm. dicke Korkscheibe entfernt. In dem darunter befindlichen Senf konnte kein Blei nachgewiesen werden, so daß angenommen werden muß, daß der durch den Kork gedrungene Dampf der Essigsäure des Senfes unter Mitwirkung der Luft aus dem Blei der Metallfolie das giftige Salz gebildet hatte. Wenn nun auch ein solcher Senf in der Hand des Sachverständigen ohne Gefahr benützt werden könnte, so würde doch in den Händen des Publikums beim Oeffnen derartiger Büchsen, von der großen Menge Bleizucker leicht so viel in die Büchse gelangen können, daß der Genuß eines solchen Senfes leicht üble Folgen haben würde.

Bohnen aus Absicht, oder aus fahrläſſiger Zubereitungsweiſe kupferhaltig werden, ſo auch die Kappern, die man noch überdies mit den Blüthenknospen der Ringelblume, der Butterblume, des Pfriemkrautes, der Käſepappeln und des Bohnen= krautes vermiſcht, da ſie einen ähnlichen Geſchmack beſitzen. Die Vermengung mit den Blüthenknospen der genannten Gewächſe, iſt indeß für den Genießenden nicht von Nachtheil. Daſſelbe gilt auch in Bezug auf Kupfergehalt vom Pflaumen= und Hollun= dermuß. Es iſt jedoch hier noch anzuführen, daß da und dort der üble Gebrauch vorkomme, beim Kochen des erſtern Bleikugeln in daſſelbe zu legen, damit das Anbrennen verhüthet werde. Bei dieſer widerſinnigen Bereitungsweiſe, kann das Pflaumen= oder Zwetſchen= muß leicht bleihaltig, und ſomit der Geſundheit nachtheilig werden.

Zur Ermittelung des Kupfergehaltes der Gurken, haben wir drei ſehr praktiſche Verfahren, das eine von Trevet, das andere von Duflos und Hirſch, das dritte höchſt einfache, von Boutigny. Erſterer äſchert die verdächtige Waare in einem irdenen Tigel voll= ſtändig ein, behandelt die Aſche bei gelinder Wärme mit einigen Tropfen Salpeterſäure, ſetzt Amoniak im Ueberſchuſſe zu, filtrirt die Flüſſigkeit, dampft ſie im Waſſerbade bis auf $^4/_5$ bei gelinder Wärme ab, und giebt ihr einen Zuſatz von Cyaneiſenkalium. Bei geringem Kupfergehalt erhält die Flüſſigkeit alsbald eine roſenrothe Färbung, eine kaſtanienbraune aber, wenn ſie viel Kupfer enthielt. Will man das Kupfer im metalliſchen Zuſtande aus der Flüſſigkeit dar= ſtellen, ſo legt man ein blankes Stückchen Eiſen in dieſelbe und nach einiger Zeit wird der Kupferniederſchlag erfolgen. — Duflos und Hirſch zerreiben 16—30 Gm. der verdächtigen Gurken mit Waſſer dem etwas Salzſäure zugeſetzt wurde, kochen das Gemeng, preſſen es ſodann durch Leinwand, bringen es auf das Filter, ſchwängern das Filtrat mit Schwefelwaſſerſtoff an, und ſammeln den erzeugten Niederſchlag auf einem Filter, waſchen ihn aus, und ſpülen ihn aus dem durchſtochenen Filter in eine Porzellanſchale. Dem trüben Gemiſch wird nun Salzſäure zugeſetzt, läßt dies zuſammen einkochen, nimmt den Rückſtand mit Waſſer auf, filtrirt abermals, und prüft das Filtrat mit Blutlaugenſalzlöſung. Iſt Kupfer vor= handen ſo färbt ſich die Flüſſigkeit röthlich, und es erfolgt die Ab=

Die eingemachten Früchte.

lagerung eines braunrothen Niederschlages. Bei bedeutendem Kupfergehalt ist es schon hinreichend, eine verdächtige Gurke in einem Glase mit Wasser zu übergießen, einige Tropfen Blutlaugensalz zuzusetzen, worauf sich der Kupfergehalt bald durch die um die Gurke herum entstehende Röthung zu erkennen geben wird. — Nach Boutigny hat man blos Abends eine große Nähnadel unter die Schale der Gurke der Länge nach einzuschieben und des folgenden Tages wieder herauszuziehen. Die Nadel wird wenn die Gurke Kupfer enthielt, den charakteristischen rothbraunen Ueberzug zeigen.

Bleigehalt in Pflaumen die man mit Zucker einkochte und deren Genuß Erkrankung zur Folge hatte, ist von Prof. Artus nachgewiesen worden. Derselbe erhielt derartig Eingemachtes zur chemischen Untersuchung. Er behandelte das ihm Zugekommene in der Wärme mit verdünnter Essigsäure, und prüfte das Filtrat mit Reagentien. Schwefelwasserstoff erzeugte einen reichlichen schwarzen Niederschlag; chromsaures Kali einen gelben, dasselbe bewirkte Jodkalium; schwefelsaures Natron präzipitirte weiß, und ebenso Aetzkali. Der Niederschlag von diesem löste sich im Ueberschuß des Fällungsmittels. Zink fällte metallisches Blei. Der mit schwefelsaurem Natron erzeugte weiße Niederschlag ließ sich auf der Kohle mittelst des Löthrohres auf das entscheidende Bleikorn reduziren.*)

Anhang.

Es erscheint uns nicht überflüssig, dem was kurz über die eingemachten Früchte gesagt wurde, noch einiges weitere über einzelne Gegenstände hier anzureihen, die, wenn sie gleich nicht alle eingemacht werden und zu den eigentlichen Nahrungsmitteln gehören, doch auch da und dort genossen werden. Kann man bis jetzt eine wirkliche Verfälschung der nachfolgenden Artikel zwar nicht nachweisen, so können dieselben doch durch eine fahrlässige Behandlung oder Aufbewahrungsweise an ihrer Güte und Wohlgeschmack einbüßen, und so bei ihrem Genuß, wenn auch nur ein leicht vorübergehendes Unwohlsein zur Folge haben. Wir rechnen hierher: die Kappern, Oliven, Pomeranzenschaalen, den Anis, die Zwetschenlatwerge.

Die Kappern. Die Kappern, welche im Handel vorkommen, und von vielen als eine geschätzte Zuthat zu Speisen genossen werden, sind

---

*) Gegen die Färbung der eingemachten Früchte, speziell der Gurken mit Grünspan, hat schon 1826 die königliche Regierung zu Merseburg eine Verordnung erlassen.

die Blüthenknöpfe vom Kappernstrauche C. spinosa Linn., der in die Familie der Capparideen gehörend, im südlichen Europa und im Orient seine Heimath hat. Bei uns werden sie größtentheils aus Italien, doch auch von Toulon bezogen. Es ist gleichgültig, ob sie linsen= oder erbsen= groß sind, und man hat, wenn man sie kauft, einzig darauf zu sehen, daß sie noch gestielt, fest, grün und rund seien, und einen rein säuerlichen Geschmack besitzen. Unter den Blüthenknospen deutscher Pflanzen sind einige, die betrügerischer Weise unter die echten Kappern gemischt werden. So z. B. die Blüthenknospen der Butterblume Caltha palust. — der Ringelblume, Calend. officin. — Dann die Blüthenknospen einer Malven= art, vielleicht von Malva mauritiana Linn., welche besonders im süd= lichen Europa zu Hause ist. (?) Um die Kappern schön grün zu erhalten, wird ganz dasselbe Kunststück, wie bei den Essiggurken angewendet, und ist deshalb, wenn ihre Farbe verdächtig erscheint, ganz dasselbe Prüfungs= verfahren wie bei jenen vorzunehmen.

Die Oliven. Vom zahmen Oelbaume herrührend, (Oliva culta, — Oliv. sativa Link und Hoffmegg) werden sie unreif, in großer Menge eingemacht, und zum Verspeisen, namentlich in Unteritalien, massen= haft in den Handel gebracht. Die aus Spanien und Portugall bezogenen sind blaßgrün, schmecken bitter und stehen den italienischen weit nach. Unbedingt ungesund sollen, wie wir von italienischen Aerzten vernahmen, die braunen, schwärzlichen, weichen und gar ranzig gewordenen Oliven sein. Auch bei ihnen findet wie bei den Kappern, die Schönfärberei mittelst Kupfer statt.

Die Pomeranzenschalen. Confitirt (kandirt) oder eingemacht, bil= den sie in den Kaufläden der Zuckerbäcker einen häufig geforderten Artikel. Ueber eine Verfälschung derselben konnten wir bis jetzt nichts in Er= fahrung bringen, und es haben die Consumenten einzig darauf zu achten, daß sie fleischig, durch und durch zuckerig, und von angenehm bitter= lich süßem Geschmacke seien. Feucht, moderig und widrig bitter schmeckend gewordene, sind ungesund, verderben den Magen, versäuern denselben, und sollte ihr Verkauf untersagt werden. Die besten Pomeranzenschalen werden aus Spanien bezogen.

Der Anis. Der Anis soll da und dort von den Verkäufern fol= gendermaßen verfälscht werden. Sie nehmen große Stücke Erde von einer alten tüchtig salpeterreichen Kellerwand, zerkleinern dieselben, und lassen sie mehreremal durch ein Sieb laufen. Die feinen durchgesiebten Körnchen, nunmehr vom Staub befreit, sehen bezüglich ihrer Farbe dem Anissamen höchst ähnlich, und werden nun in der entsprechenden Quan= tität, unter den guten Anis gemengt. Schlemmt man einen solchen Anis gehörig ab, so wird sich dieser höchst grobe Betrug leicht herausstellen.

Die Zwetschenlatwerge, Zwetschgenmus. Diese allenthalben ge= bräuchliche, und besonders von den Kindern sehr gesuchte Confection, und auch zu andern Confituren vielfach verwendet, kann kupfer= oder auch bleihaltig sein. Kupfergehalt kann diese Speise bekommen, wenn sie in Kupfergefäßen bereitet, und lange darin stehen gelassen wurde. Die schon so oft angegebene Prüfungsweise auf Kupfer, wird ihren Dienst leisten.

Dritter Abschnitt.

Von den schädlichen Farben, welche beim Bemalen von Conditorwaaren Anwendung finden.

Vierundzwanzigstes Capitel.

Die häufig vorkommenden Erkrankungen, welche man bei Kindern wie bei Erwachsenen nach dem Genusse von Conditorwaaren zu beobachten Gelegenheit hat, rühren, abgesehen davon, daß dergleichen meist süße Backwerke überhaupt nicht sonderlich gut bekommen, in sehr vielen Fällen auch von nachtheiligen beigemischten Stoffen und noch mehr aber von Farben her, mit denen die genannten Fabrikate bemalt werden. Durch die schön bemalten Waaren will der Conditor dieselben anlockender, verkäuflicher machen, und durch die anderseits zugemischten oft schädlich wirkenden Stoffe soll am Zucker gespart, das Gewicht und der Umfang des Confects jedoch vermehrt werden.

Was nun das Bemalen der Zuckerwaaren anbelangt, so weiß man mit Bestimmtheit, daß man sich folgender Farben hiezu bediente, und höchst wahrscheinlich da und dort noch bedient.

1) **Roth. Zinnober, Mennige.** Der Zinnober ist doppeltes Schwefelquecksilber, wirkt an und für sich nicht giftig, ist aber häufig mit Mennige (rothem Bleioxyd) verfälscht, und erhält dadurch schädliche Eigenschaften.

2) **Blau. Berliner Blau, Preußisch Blau, Mineralblau, Bergblau, Kalkblau, Englischblau, Kobaltblau, blaue Smalte, Königsblau, blaue Stärke, unechter Ultramarin, Chemischblau und Eschel.** Die drei erstgenannten blauen Farben sind Verbindungen von Blausäure mit Eisen. Im Mineralblau, Bergblau, Kalkblau oder Englischblau, ist Kupfer enthalten, woher die giftige Eigenschaft dieser Farbe; das

Smalteblau wird höchst nachtheilig wegen seines Arsenik=
gehaltes.

3) **Grün.** Unter diesen sind zu bemerken: Gemeiner und krystallisirter Grünspan, Schweinfurtergrün, Neuwiedergrün, Mineralgrün, Berggrün, Braunschweiger Grün, Wiener= oder Mitisgrün, Papageigrün, Schwedischgrün, dann die Mischungen von Pariserblau und Chromgelb. Der Grünspan ist essigsaures Kupferoxyd; die übrigen grünen Farben vom Schweinfurtergrün an bis zu den Mischungen aus Pariserblau und Chromgelb, sind Verbindungen von Kupfer mit Arsenik. Die Anwesenheit des letztern, wird am Knoblauch= geruch erkannt, den diese Farben verbreiten, wenn sie auf glühende Kohlen gebracht werden. Das Grün, welches durch die erwähnte Mischung hervorgebracht wird, zeichnet sich durch ein schönes Lattichgrün aus, während die andern grünen Farben einen bläulichen Ton zeigen.

4) **Gelb.** Rauschgelb, Auripigment oder Oper= ment, Bleigelb, Massicot, Neugelb, Chemisch= gelb oder Englischgelb, Neapelgelb, Chromgelb, Kölnischgelb, Mineralgelb, Kaßlergelb, Gummi= gutt. Unter diesen gelben Farben ist Rauschgelb wohl die gefährlichste, giftigste, da sie aus einer Verbindung des Arseniks mit Schwefel besteht. Legt man von diesem Gelb eine geringe Menge auf ein kleines Silbergeld und bringt dieses zum Glühen, so bildet sich auf demselben ein schwar= zer Fleck (Quecksilber), während der Arsenik unter Ent= wicklung des charakteristischen Knoblauchgeruches, entweicht. Bleigelb, Massicot, Neugelb sind Bleioxyde, und das Neapelgelb enthält auch etwas Spießglanz.

5) **Weiß.** Von dieser Farbe wurde und wird gebraucht: Bleiweiß, Schieferweiß, Cremserweiß, Ber= linerweiß, Wismuthweiß, Schminkweiß oder Spanischweiß, Zinnweiß, Zinkweiß, Schwer= spathweiß.

Die schädlichen Farben.

6) **Gold und Silberfarbe.** Zu ersterer wird gewöhnlich **unechtes Gold,** (Goldschaum) angewendet, welches aus Kupfer und Zink besteht. Die Silberfarbe ist **Silberschaum!**, unechtes Blattsilber, bestehend aus Zinn und Zink.

Die große Schädlichkeit all' dieser obgenannten Farben ist nachgewiesen, es sind daher zu deren Ersatz folgende vorgeschlagen worden:

Zu Roth: Cochenille, Carmin, Florentinerlack, Kugellack, Wienerlack, Drachenblut, Sandelholz, Safflorroth, Lackmus durch Säure geröthet, Orseille, Alkannawurzel, Krapproth, Fernambuck, Klapprosen, Malven, Heidelbeeren nebst anderen unschädlichen Früchten.

Zu Blau: Indigo, blauer Carmin, Indigowaschblau, Lackmus, Veilchensaft, Saftblauer Lilien, Kornblumensaft, Heidelbeeren, Attichbeeren, Alkanna mit Weingeist digerirt und der Tinctur etwas Kalk zugesetzt. Zu Violet eignen sich Mischungen von unschädlichem Roth und Blau, Cochenille, mit Soda und Wasser ausgezogen.

Zu Grün: Frisch ausgepreßter Schwerdtlilienblättersaft, von Schafgarben, Kohl, Spinat, Mischungen von unschädlichem Blau und Gelb.

Zu Gelb: Berberizwurzel, Curcuma, Färberginster, Färberscharte, Orlean, Ringelblumen, Safflor, Safran.

Zu Weiß: Präparirtes Hirschhorn, Gebrannte Magnesia, Stärkemehl.

Zu Braun: Süßholzsaft, Nußschaalen, Chocolade.

Zu Schwarz: Gebranntes Elfenbein, Rebenschwarz, ausgeglühter Kaminruß, schwarzer Tusch.

Zu Gold- und Silberfarbe: Echte Gold- und Silberblättchen.

Zur Bemalung von Kinderspielwaren eignen sich auch folgende Farben, die jedoch bei allem Zuckerwerk strengstens zu vermeiden sind.

Zu Roth: Gebrannter Ocker, Berlinerroth, Eisenoxyd, armenischer Bolus.

Zu Blau: sind die schon oben bemerkten Pflanzenfarben verwendbar.

Zu Grün: Saftgrün, Grünerde.

Zu Gelb: Schüttgelb, gelber Ocker.

Zu Braun: Kaßlerbraun, Sepia, Asphalt, kölnische Erde, Bister.

Zu Schwarz: Frankfurter Schwarz.

Zu Weiß: Gips, fein geschlemmte Pfeiffenerde.

Gegen das Färben der Liqueure und Bemalen der Conditorwaaren mit nachtheiligen Stoffen, wurde schon 1830 im Dezember in Paris eine Ordonanz erlassen, worauf dieser Unfug ziemlich aufhörte. Nachher aber änderte sich die Sache wieder. Chevallier, Mitglied des Gesundheitsrathes für das Seine-Departement, bekam 1841 zur Untersuchung: 1) Bonbons, die mit chromsaurem Blei gefärbt waren. 2) Bonbons, die mit 40 Procent Kupferoxyd enthaltendem Ultramarin (Bremerblau, Mineralblau) gefärbt waren. Auch in der Provinz hatte Audouard zu Breziers, im Departement de l'Herault, der Gesundheit schädliche Substanzen in Zuckerwaaren aufgefunden, die mehr oder weniger schwere Unglücksfälle bei mehrern Personen herbeiführten. Es ist wie ich glaube von Interesse, die schon damals erlassene Verordnung hier wieder zu geben. Sie lautet:

„In Anbetracht, daß in Paris ein bedeutender Absatz von Liqueurs, Bonbons, Dragues und gefärbter Zeltchen stattfindet, daß, um diese Waaren zu färben, oft giftige Mineralsubstanzen angewendet werden, und daß diese Unvorsichtigkeit schwere Unfälle veranlaßt hat; daß aber solche Unfälle Folge waren des Saugens an geglätteten oder mit Mineralsubstanzen z. B. Bleiweiß, Zinkweiß, Kupferoxyd, Chromgelb, Scheel'schem oder Schweinfurtergrün gefärbten Papieren, in welche die Zuckerwaaren gewickelt oder eingegossen werden, verordnen wir wie folgt:

Art. I. Es ist ausdrücklich verboten, sich irgend einer mineralischen Substanz mit Ausnahme des Berlinerblau's und des Ultramarins zum Färben der Liqueure, Bonbons, Dragues, Zeltchen und aller Arten Zucker und Backwerk zu bedienen. Es sind zum Färben derselben nur vegetabilische Substanzen, mit Ausnahme des Gummi-

Die schädlichen Farben. 185

gutt und des Aconits, Aconit. Napellus (echter Eisenhut, blauer Sturmhut) anzuwenden.

Art. II. Es ist verboten, Zuckerwerk in weiß geglättetes Papier oder in mit mineralischen Substanzen mit Ausnahme des Berlinerblau, und Ultramarin, direct einzuwickeln oder zu gießen. Auch ist es verboten, die Bonbons in Schachteln zu bringen, welche inwendig mit Papier belegt sind, das mit mineralischen Substanzen gefärbt ist, und sie mit ausgeschnittenem Papier dieser Art zu bedecken.

Art. III. Es ist verboten, ein Knallpräparat in die Bonbonshüllen zu bringen. Gleichfalls ist verboten, sich metallischer Stäbe oder Dräthe zu Stielen künstlicher Früchte zu bedienen. Diese müssen vielmehr von Holz, Fischbein, Darmsaiten oder Stroh sein.

Art. IV. Die Zuckerbäcker, Spezereihändler oder andere Kaufleute, welche gefärbte Liqueure, Bonbons ꝛc. verkaufen, müssen dieselben in Papiere eingewickelt liefern, welche Etiquetten mit ihrem Namen, Gewerbe und ihrer Wohnung enthalten.

Art. V. Die Fabrikanten und Kaufleute sind für Unglücksfälle, welche durch die von ihnen gefertigten sämmtlichen Waaren entstehen, persönlich verantworttich.

Art. VI. Alljährlich werden Visitationen bei den Fabrikanten und Destillateurs stattfinden, um die Befolgung der durch gegenwärtige Verordnung gegebenen Vorschriften zu konstatiren."

Paris, den 22. Septbr. 1841.

Der Staatsrath, Polizeipräfect

G. Delessert.

Dieser Verordnung ist angeschlossen die Angabe der färbenden Substanzen, welche von Zuckerbäckern oder Destillateurs zu Bonbons, Zeltchen, Dragues und Liqueurs, gebraucht werden dürfen. Es sind hier nachfolgende erlaubt:

Zu Blau: Sogenannter niedergeschlagener Indigo oder Indigokarmin, Berlinerblau und reiner Ultramarin. Diese Farben mischen sich leicht mit allen andern zusammengesetzten Farben.

Zu Roth: Cochenille, Carmin, Carminlack, Fernambuklack, Orseille.

Zu Gelb: Safran, Avignon-Beeren, Kreuzbeeren, Querzitronrinde, Curcuma, Gelbholz, die Thonerdelacke aus diesen Substanzen.

Zu Grün: Diese Farbe kann durch Mischen von Blau mit mehrern gelben Farben erzeugt werden; eine der schönsten aber ist die aus dem Berlinerblau und Kreutzbeeren erhaltene, sie giebt in ihrem Glanze dem giftigen Schweinfurter Grün nichts nach.

Zu Violett: Campechenholz (Blauholz) und Berlinerblau. Durch passende Mischung erhält man alle Nuancen.

Zu Violbraun Carmin und Berlinerblau. Diese Mischung giebt die schönsten Farben. Alle andern zusammengesetzten Farben können durch Mischung der verschiedenen angegebenen Farbstoffe erzeugt werden, die der Zuckerbäcker oder Destillateur seinem Bedarfe anpassen kann.

Zu Liqueuren kann der Fabrikant alle hier oben angegebenen Farben anwenden, braucht aber noch mehrere andere. Aus folgenden Substanzen kann er noch mehrere besondere Farben bereiten.

Zu holländischem Curacao: Campechenholz.

Zu blauen Liqueurs: In Alkohol aufgelöster Indigo. Diese Auflösung erhält man durch Auflösen des Indigos in Schwefelsäure, Sättigung mit Kreide und Vermischung der Flüssigkeit mit Alkohol, welcher die färbende Substanz aufnimmt, und eine schöne blaue Flüssigkeit giebt.

Zu Absynth: Safran, mit niedergeschlagenem Indigo gemischt.

Weiter giebt die erwähnte Verordnung alle diejenigen Substanzen an, deren Gebrauch zum Färben der Bonbons, Zeltchen, Dragues und Liqueurs verboten ist. Sie nennt: Alle Mineralsubstanzen mit Ausnahme des reinen Ultramarins und Berlinerblaus, und zwar die Kupferoxyde (Bergblau, Mineralblau); die Bleioxyde, das Massicot, Mennige, Schwefelquecksilber oder Zinnober. Das Chromgelb (chromsaures Blei), welches aus zwei giftigen Substanzen (Bleioxyd und Chromsäure) besteht. Das Schweinfurtergrün oder Scheel'sche Grün, das Mitis-

Die schädlichen Farben. 187

oder Wienergrün, heftige Gifte, welche Kupfer und Arsenik enthalten. Das Bleiweiß. Der Zuckerbäcker soll auch keine Farbe nehmen, welche Bleiweiß enthalten könnte.

Die Zuckerbäcker sollen für ihre Liqueure nur Blättchen von Feingold oder Silber anwenden, man schlägt jetzt das Messing so fein wie das Gold; da es aber Kupfer und Zink enthält, darf es der Liqueurfabrikant nicht anwenden. Einige Destillateurs bedienen sich des essigsauren Bleies oder Bleizuckers, um ihre Liqueurs zu klären; dieses Verfahren kann schwere Unfälle zur Folge haben, da diese Substanz giftig ist.

Ueber die Papiere zum Einwickeln der Bonbons heißt es: In der Auswahl des zum Einwickeln der Bonbons bestimmten gefärbten Papieres, muß man sehr sorgfältig sein. Das geglättete weiße oder gefärbte Papier, wird oft mit sehr gefährlichen Mineralsubstanzen bereitet. Solches darf nicht zum Einwickeln der Bonbons, Zuckerwaaren, eingemachten oder candirten Früchte gebraucht werden, welche, wenn sie feucht werden, sich an das Papier hängen, und in den Mund gebracht, Unglück veranlassen können. Das mit Pflanzenlacken bereitete Papier, kann ohne Anstand gebraucht werden. Da die Kinder häufig Papiere zum Munde führen, in welche Bonbons eingewickelt waren, so muß man sie, in was immer letztere eingewickelt gewesen sein mögen, davon abhalten, um mögliche Unglücksfälle zu verhüten.

Am Schlusse dieser Verordnung ist eine Anleitung gegeben um die chemische Beschaffenheit der vorzüglichsten färbenden Stoffe zu erkennen, deren Gebrauch den Zuckerbäckern untersagt ist.

Die weißen Farben. Das kohlensaure Blei oder Bleiweiß giebt, wenn man es mittelst eines Messers in einer dünnen Schichte auf eine ungeglättete Karte bringt, die man anzündet, metallisches Blei, welches in sehr zahlreichen kleinen Kügelchen erscheint, wovon die größten einem kleinen Stecknadelkopf gleichkommen. Macht man dieselbe Operation über einem weißen Bogen Papier oder einem Porzellanteller, so fallen diese Bleikügelchen darauf und sind leicht wahrzunehmen. Das mit Bleiweiß geglättete Einwickelpapier, giebt beim Verbrennen dieselben Kügelchen, ferner umgiebt den verbrennenden Theil des Papiers ein gelber Kreis. Endlich werden das kohlensaure Blei und das damit geglättete Papier ꝛc. braun, wenn man sie mit einem schwefelwasserstoffhaltigen Mineralwasser begießt.

Die gelben Farben. Das Massicot oder Bleioxyd, verhält sich wie das Bleiweiß. Ebenso ist es mit dem Chromgelb, oder chromsauern Blei, jedoch muß dasselbe vorher sehr genau mit einem Viertheil seines Volumens gepülverten Salpeters gemengt werden; man breitet das Gemenge über die Karte aus, entzündet diese, und die Bleikügelchen erscheinen in dem Maße als die Verbrennung vorwärts schreitet. Durch Uebergießen mit einem Schwefelwasser, wird diese Farbe braun, ebenso das Massicot. Das Gummigutt in Wasser gerührt, giebt eine gelbe Milch, welche auf Zusatz von Aetzammoniak roth wird. Auf glühende Kohlen geworfen, erweicht es sich, brennt dann mit Flamme, und hinterläßt Kohle und Asche.

Die rothen Farben. Der Zinnober oder das Schwefelquecksilber, auf stark glühende Kohlen geworfen, brennt mit blaßblauer Farbe und giebt denselben Geruch wie der geschwefelte Theil eines brennenden Schwefelholzes; ein Stück mit Sand gerutzten Kupfers, welches über den Rauch oder weißen Dunst gehalten wird, überzieht sich mit einer weißlichen Schichte metallischen Quecksilbers. — Mit Zinnober gemengter Carmin verhält sich ebenso. Mennige oder rothes Bleioxyd verhält sich wie das Massicot oder das Bleiweiß.

Die grünen Farben. Das Schweinfurtergrün, das Scheel'sche Grün, das Mitisgrün, sind arseniksaure Kupfersalze; in einem Glase mit Ammoniak oder flüchtigem Alkali zusammengebracht, lösen sie sich auf, und geben eine blaue Flüssigkeit. Wirft man so viel davon als man zwischen zwei Fingern fassen kann auf glühende Kohlen, so verbreiten sie einen weißen Rauch, der stark nach Knoblauch riecht. Man muß die Einathmung dieses Rauches bestens meiden. Mit diesen Substanzen gefärbte Papiere, entfärben sich bei Berührung mit Ammoniak, ein einziger Tropfen desselben reicht hin, um das Papier an dem Punkte, den er berührt, zu bleichen, worauf es sogleich blau wird. Endlich geben diese Papiere beim Verbrennen einen Knoblauchgeruch, die zurückbleibende Asche hat eine röthliche Farbe, und besteht größtentheils aus metallischem Kupfer.

Die blauen Farben. Das Mineralblau oder Bremerblau, (kohlensaures Kupferoxyd mit Kupferoxydhydrat) giebt mit Ammoniak eine blaue Auflösung. Vom reinen Ultramarin wird Aetzammoniak nicht gefärbt, wenn derselbe aber mit kohlensaurem Kupferoxydhydrat verfälscht ist, erhält er dadurch die Eigenschaft das Ammoniak blau zu färben, was das characteristische Merkmal der Gegenwart einer Kupferverbindung ist. — Messingblättchen lösen sich nach und nach in Ammoniak auf, welches schnell blau gefärbt wird.

Von größtem Interesse ist die Untersuchung, welche der sehr verdienstvolle Chemiker und Professor Wackenroder in Jena, mit einer arsenikhaltigen Zuckerbäckerwaare, welche zum Verkaufe ausgeboten worden, vornahm. Die Erkrankung eines vierjährigen Kindes, welche mit häufigem Erbrechen verbunden war, wiewohl das Kind nur sehr wenig von der Zuckerbäckerwaare genossen hatte, veranlaßte ihn zu einer Untersuchung der verschiedenen Farben, deren man sich zum Bemalen der Zuckerwaare bedient. Das Resultat seiner Untersuchung bestätigte die Schädlichkeit des verwendeten Farbmaterials, und hatte von Seiten der Landes-Direction zu Weimar, eine öffentliche Anzeige und Warnung vor diesem Backwerk zur Folge.

Das von Wackenroder untersuchte Backwerk bestand in kleinen 6 Cm. hohen Manns- und Weibsfiguren, welche aus Stärkemehl verfertigt, und mit rothen, gelben, schwarzen, vorzüglich aber mit grünen Farben bemalt waren. Zur Befestigung diente den Figuren einer dünner Eisendraht und ein Fußgestell von einer durch und durch hellblau gefärbtem Maße. Ein durchsichtiger, glänzender Ueberzug von harziger Beschaffenheit, ertheilte denselben den unangenehmen Geruch eines Harzfirnisses. Außer dieser Zuckerbäckerwaare, kam Wackenroder noch eine andere zu Gesicht, welche mit ähnlichen Farben bemalt, darin aber von der erstern verschieden war, daß sich ein Papierstreif mit einer Devise im Innern befand, und daß diese anstatt der Drähte kleine Holzspähne und statt eines harzigen Ueberzuges, einen aus Gummi gefertigten besaß.

Die Farben waren außer einer spangrünen, nur in sehr geringer Menge auf den Figuren vorhanden, und konnten daher auch keiner genauen Prüfung unterworfen werden. Indessen wurde doch ausgemittelt, daß der hellblaue Farbstoff im Fußgestell der Figuren keine schädlichen metallischen Theile enthielt. Die spangrüne Farbe war daher vorzugsweise der Gegenstand der Untersuchung von Wackenroder, welche nach sorgfältiger Durchführung einen nicht unbedeutenden Arsenikgehalt derselben nachwies. Eine andere Zuckerbäckerwaare, auf deren Genuß ein kleines Kind von heftigem Erbrechen befallen wurde, war ebenfalls blau gefärbt, und das Bruchstück einer nachgekünstelten Blume. Die Masse derselben bestand in Stärkemehl, durchdrungen von einem schönen dunkelblauen Pigmente. Vor dem Löthrohr auf der Kohle, verbrannte eine Probe davon ohne Geruch nach verbrennendem Arsenik, hinterließ aber einen fixen Rückstand, welcher auf Kupfer reagirte. Von Wasser wurde diese Zuckerbäckerwaare nur wenig angegriffen, in Salpetersäure, so wie auch in Salzsäure löste sie sich hingegen fast vollständig und unter Entweichung von Kohlensäure auf. Die Auflösung verhielt sich wie eine an Kupfer sehr reiche Flüssigkeit; der in der Säure unlösbare Rückstand aber, war nichts geringeres als fein gemahlenes Smalteglas. Fernere Versuche, die mit dieser Zuckerwaare angestellt wurden, erwiesen, daß das blaue Pigment nur in kohlensaurem Kupfer und gemahlener Smalte bestand.

In London, wo die Industrie völlig uneingeschränkt ist, und wo die Gesundheits-Polizei sich nur unter großer Mühe und manchen Umständen in Privatunternehmungen mischen darf, waren Untersuchungen der Art früher noch nicht sehr viele von öffentlicher Seite vorgenommen worden. Dr. Saugnessy hat auf seine eigene Hand verschiedene hieher gehörige Substanzen untersucht, und schon 1836 seine Resultate bekannt gemacht. Er kaufte in verschiedenen Läden Londons einen Theil Confect und Spielsachen, die auf verschiedene Weise gefärbt und bemalt waren. Bei der Untersuchung der gefärbten Sachen, die ausdrücklich als Eßwaaren verkauft wurden, fand er in 10 verschiedenen Stücken eine rothe Farbe, welche in einem aus rothem Bleioxyd, in zwei aus Zinnober, in einem aus gleichen Theilen rothem Bleioxyd und Zinnober, in einem aus chromsauren Bleioxyd mit Kalk, in zwei aus Cochenille, in einem aus Cochenille mit Zinnober, in zwei aus Alaun und Kalk bestand. Hieraus folgt, daß von diesen 10 Stücke, welche

Die schädlichen Farben. 191

ausschließlich zum Verspeisen bestimmt waren, 6 mineralische Gifte enthielten. Alle diese Dinge waren nur äußerlich bemalt, mit Ausnahme eines Stückes, welches durch und durch gefärbt war. Von 7 gelben Stücken waren 4 mit Gummigutt überstrichen, 1 enthielt durch und durch gelbes Bleioxyd und Spuren von Antimon (Neapler-Gelb). Die grünen Stücke waren alle mit Berlinerblau gefärbt, und enthielten gelben alaunhaltigen Ocker und Gips, ausgenommen 2 Stücke, diese enthielten eine Mischung aus Kupfer und Kalk. Die blauen enthielten besonders Berlinerblau. — Bei der Untersuchung verschiedener Devisen und Zuckerfiguren, wurde in 8 gelben Stücken dreimal chromsaures Bleioxyd, und dreimal Alaun und Kalk gefunden. Alle diese Stücke waren durch und durch gefärbt, und enthielten noch außerdem viel Gips. Von 6 rothen Stücken enthielten 3 Alaun und Kalk, 1 chromsaures Bleioxyd und 2 rothes Bleioxyd. Die grünen und blauen Stücke enthielten dieselben Farbstoffe, welche schon oben bei den eßbaren Sachen angegeben wurden. — Auch verschiedene Stücke Spielzeug, wurden mit oben genannten giftigen Substanzen bemalt gefunden. Man ersieht aus allem diesem, welch großer Gefahr Kinder und Erwachsene, welche von solchem Zuckerwerk etwa genossen, ausgesetzt waren. Aber selbst viel später 1853 fand sich das Polizeipräsidium zu Berlin in Folge einer Mittheilung aus England, im Interesse der öffentlichen Gesundheitspflege veranlaßt, eine chemische Untersuchung mit einer Sorte Confects vornehmen zu lassen, welche in Berlin selbst von dortigen Conditoren und Kaufleuten aus England bezogen, und unter dem Namen Nocks verkauft wurden. Es waren dies gestreifte Bonbons. Aus der Untersuchung ergab sich folgendes Resultat: Alle diese Bonbons, welche einen geschlossenen innern dunkelgelben Kern zeigten, enthielten in diesem chromsaures Bleioxyd. Dagegen waren die mit zerstreuten hellgelben und rothen Röhren durchzogenen, ohne schädliche Farben. Unter diesen letztern gab es jedoch wieder Stücke, bei denen die einzelnen hellgelben Röhren einen dunkelgelben Kern zeigten, und auch dieser enthielt die genannte Bleifarbe. Da nun Chromgelb zur Färbung von Conditorwaaren gesetzlich untersagt ist, so wurde in einer Berliner Conditorei sämmtlicher

Vorrath von gelben Rocks um so mehr in Beschlag genommen, als es außer allem Zweifel ist, daß Chromgelb als ein heftiges Gift, die menschliche Gesundheit zu zerstören vermag.

In Henkes Zeitschrift vom Jahre 1832 Nr. 8 machte Medizinalrath Dr. Schneider in Fulda mehrere Fälle bekannt, in denen durch Genuß von Zuckerwaaren die mit giftigen Farben bemalt waren, sehr traurige Folgen entstanden. Die chemische Untersuchung dieser Waaren ergab als Resultat, daß dieselben Schweinfurtergrün, Grünspahn, Chromgelb und Katzlergelb enthalten hatten. — Ein anderer Fall wird aus Paris bemerkt. Dort bekamen mehrere Kinder nach dem Genusse von Confituren äußerst heftiges Erbrechen. Untersuchungen, welche deßwegen angestellt wurden, stellten heraus, daß zum Färben dieser Confituren Gummigutt gebraucht wurde, ferner, daß der sogenannte Veilchensaft mit giftigen Pflanzensubstanzen gefärbt war, endlich daß man bei Figuren aus Chocolade, Soldaten vorstellend mit rothen Epauletts, bei letztern sich zur Färbung des Zinnobers bedient hatte. — Die Gewürzkrämer in Frankreich, die bekanntlich auch mit Liqueurs und Syrupen handeln und diese verschiedentlich färben, haben durch die schädlichen Stoffe, deren sie sich bei letzterm Geschäfte bedienen, schon mancherlei traurige Folgen veranlaßt. So entdeckte z. B. ein Pharmaceut in Gray in einem Safte, der ihm zur Untersuchung mitgetheilt wurde, Kupfervitriol, und zwar in einem Verhältniß von 63 auf 156 Gm. Saft. Dieser Saft war von einem Gewürzkrämer für Eibischsaft an eine Frau verkauft worden, welche davon ihrem kranken Kinde gab, welches bald nach dessen Gebrauch von heftiger Colik befallen wurde. — Die Didaskalia vom Juli 1844 berichtet: „Im Dorfe Hohensathen an der neuen Oder hätte durch Vergiftung leicht großes Unglück herbeigeführt werden können. Ein Fischhändler daselbst hatte seinen Kindern aus einer Conditorei in Berlin Zuckerwaaren mitgebracht, besonders künstliche Früchte, und theilte davon auch noch den Kindern von vier andern Familien mit. Alle Kinder erkrankten, und wurden nur durch stark bewirktes Erbrechen von weitern übeln Folgen befreit. — Am schwersten erkrankte ein fünfjähriges Kind des Fischhändlers, welches eine gelbe Kirsche mit roth gefärbten

Die schädlichen Farben.   193

Backen genossen. Nur schleunigst in Anwendung gebrachte ärztliche
Hülfe vermochte das Kind zu retten.*)

Anhang.

Während unseres Aufenthaltes in der Schweiz, wohnten wir am
Vorabend des hl. Christtages, in einer angesehenen Familie der üblichen
Aufstellung des Christbaumes bei, der mit ungewöhnlichem Aufwand an
allen nur erdenklichen leckern Conditoreiwaaren ausgerüstet, einen wirk=
lich prachtvollen Anblick darbot, und mit bunt gefärbten Zuckerwaaren,
überreich bedacht wurde. Unter den vielen Zuckerwaaren befand sich
namentlich eine Art brauner Lebkuchen, welche von der Frau des Hauses,
gewandt in der Anfertigung der verschiedensten Conditoreiartikel, schon
einige Tage vorher, bereitet worden waren, dann noch mehrere andere,

---

*) Nachträglich mag hier für Conditore, bezüglich eines schönen grünen
Farbmaterials, welches zugleich völlig unschädlich ist, die von Apotheker
Fuchs vorgeschlagene grüne Farbe, Erwähnung finden. Seine Berei=
tungsweise ist folgende: 0,3 Gm. Safran werden in 8 Gm. destillirten
Wassers 24 Stunden digerirt und 2,6 Gm. Indigocarmin in 47 Gm.
destillirten Wassers, eben so lange stehen gelassen, sodann beide Lösungen
mit einander gemengt. Mit 24 Gm. kann man 2 Kgm. und 500 Gm.
Zuckerwaare färben, was nur 5 Kreuzer kostet. Versetzt man diese Farbe
mit Zucker und verdampft sie zur Trockene, so kann sie Monate lang
aufbewahrt werden. — In der neuesten Zeit spielt das Anilin in der
Schönfärberei eine wichtige Rolle, und seine Verwendung zur Rothfär=
bung verschiedener Fruchtsäfte, Conditorwaaren und kohlensäurehaltigen
Wassern ist außer allen Zweifel gesetzt. Da nun zur Darstellung des
Anilins Arsenik verwendet wird, so wird klar, daß der Gebrauch des
erstern zu genannten Färbungen, von größtem Nachtheil für die Consu=
menten solcher Fruchtsäfte Wasser, Syrupe und Conditorwaaren, sein
muß. Zur Ermittelung des Arseniks in den genannten Stoffen, dient
der bekannte Apparat von Marsh ganz besonders, sowie das von Prof.
Dr. Lothar Meyer vorgeschlagene Verfahren, das in verschiedenen Zeit=
schriften bekannt gemacht worden ist. (Siehe auch die ärztlichen Mit=
theilungen aus Baden von Dr. R. Volz in Carlsruhe, Jahrg. 1872,
Nr. 18.) — Zur Entdeckung des Anilinroths (Fuchsins) in Conditor=
waaren, Fruchtsäften, Liqueuren ꝛc. ist von Guiseppe Romei ein sehr
einfaches Verfahren empfohlen. Es besteht darin, daß man den gefärbten
Gegenstand in einem Reagirglase mit einigen Cubikcentimetern Wasser
behandelt, hierauf ein gleiches Volum Amylalkohol zusetzt, tüchtig um=
schüttelt, und dann das Ganze einige Minuten der Ruhe überläßt. Es
sammelt sich dann der Amylalkohol wegen seines geringen spez. Ge=
wichtes auf der Oberfläche, und zwar farblos, wenn die untersuchte
Flüssigkeit kein Fuchsin enthält, dagegen mehr oder weniger roth gefärbt,
je nach der Quantität von Fuchsin, womit der untersuchte Gegenstand
gefärbt war. (Jahresber. d. physikalischen Vereins zu Frankfurt a. M.
1873, p. 25.)

auf das schönste blau, grün und gelb gefärbte Artikel, welche bei der ausgezeichneten Erleuchtung des Christbaumes ganz besonders hervorstachen. Leider sollte dieses sinnige und gemüthvolle Fest, das auch so manchen Erwachsenen von Gefühl, immerhin anspricht, weil es ihn an die glücklichen Zeiten seiner Jugend so lebhaft erinnert, einen traurigen Ausgang nehmen. Man beging die Unvorsichtigkeit und ließ die Kinder, um ihre übergroße Freude nicht zu verkümmern, nach Herzenslust zugreifen, und das eine von ihnen, ein Mädchen von fünf Jahren, genoß eine ansehnliche Portion von einem braunen mit unechten Goldblättchen verzierten Lebkuchen, der wie oben bemerkt, das eigene Fabrikat der Mutter war. Ein anders Kind, ein Knabe von sechs Jahren, genoß einen der schön grün gefärbten Zuckersterne und noch dazu eine ziemliche Portion von andern kandirten Gegenständen, sowie auch von dem im Hause zubereiteten Lebkuchen. Anscheinend wohl, verbrachte man die Kinder zu Bette. In der Nacht aber ergaben sich die Folgen des Genusses der Zuckerwaaren. Beide Kinder wurden vom heftigsten Erbrechen und kolikartigen Leibschmerzen befallen, beim Mädchen stellten sich heftige Krämpfe ein, und anderweitige beängstigende Zufälle, welche der möglichst schnell herbeigerufene Arzt nur schwer zu bewältigen vermochte. Nur langsam genasen die beiden Kinder, und bei dem Mädchen blieb eine noch mehrere Tage andauernde Schwäche in den Gliedern zurück. Schneller erholte sich der Knabe. Sehr wünschenswerth und Aufschluß gebend wäre es gewesen, wenn man die noch übrigen vorhandenen Zuckerwaaren, der von den Kindern genossenen Sorte, sorgfältig untersucht haben würde, um so mehr, als es uns wenigstens höchst wahrscheinlich ist, daß das bei Bereitung des Lebkuchens angewendete Gährungsmittel, welches entweder aus kohlensaurem Kali oder aus kohlensaurem Ammoniak bestand, in einem Messinggefäß zerrieben, in Wasser gelöst, längere Zeit in jenem stehen gelassen wurde, und so sich aus dem Messing Kupferoxydhydrat erzeugte, welches die angegebenen Intoxicationszufälle hervorgebracht haben konnte. Die andern, außer dem Lebkuchen genossenen Gegenstände, kamen aus einem Conditorgeschäft, und wer weiß, ob dieselben nicht mit irgend einer der vorne bemerkten giftigen Farben gefärbt waren. Immerhin bleibt es den Eltern sehr gerathen, bei der Auswahl von Zuckerwaaren zur Verzierung des Christbaumes, große Vorsicht anzuwenden, da trotz aller Verordnungen und Verbote, die bemerkte Schönfärberei jener mit der Gesundheit nachtheiligen Pigmente, von Zeit zu Zeit vorkommt.

Vierter Abschnitt.

Die eßbaren Schwämme oder Pilze
und ihre
der Gesundheit nachtheilige Verwechslung.

Fünfundzwanzigstes Capitel.

Die Schwämme oder Pilze bilden in manchen Gegenden eine nicht unwichtige Nahrung, besonders für die ärmere Klasse der Landbewohner, werden zum Theil auch für Leckerbissen gehalten und zu Markte in die Städte gebracht. Da die eßbaren Gattungen derselben sehr leicht mit den giftigen, ungenießbaren, verwechselt werden können, weil man bis jetzt im Allgemeinen noch keine zuverlässigen Merkmale zu deren Unterscheidung von einander kennt, manche auch bald wenn sie älter, oder aber auch wenn sie jünger sind, nachtheilig zu wirken vermögen, so ist bei deren Genuß große Vorsicht nöthig, zumal Fälle bekannt geworden, wo jener, wegen stattgehabter Verwechslung aus Unkunde, von den schlimmsten Folgen begleitet war. Wir halten es daher für zweckmäßig, hier einige der wichtigern Pilze oder Schwämme, die bei uns genossen werden, anzugeben, kurz zu beschreiben, wo thunlich zu bemerken, wo sie wachsen, mit welchen Gattungen sie verwechselt werden können, und deren Synonymen anzuführen. Aus der Familie der Hautpilze, welche 4 Gruppen umfaßt, liefert die Gruppe der Hutpilze (Pileati) folgende:

1) **Den kaiserlichen Blätterpilz**, Agaricus caesareus Schaeff.

Synonyme. Kaiserschwamm, Kaiserling, Herrenpilz, Herrenschwamm.

Vorkommen. In den Wäldern Süd- und Mitteleuropa's. Im Sommer bis Herbst.

Characteristik. Hut anfangs halbkugelig, dann ausgebreitet und gewölbt, mit geradem, gerilltem Rande, pomeranzengelb oder dunkelgoldgelb, ins Rothe, seltener ins Kupferfarbige oder Weiße übergehend, 7—30 Cm. im Durchmesser, die Plättchen sehr breit (bis 3 Cm.) gelb; Strunk mittelpunktständig, 9—42 Cm. hoch, 2—3 Cm. dick, am Grunde knollig aufgetrieben, ockergelb, innen voll, weiß und oberwärts meist gelblich, über der Mitte einen großen, herabhängenden Ring von gleicher Farbe tragend, am Grunde von einer weiten, weißen Wulsthaut umhüllt.

Riecht frisch schwach nach spanischem Flieder, wird für den edelsten und schmackhaftesten aller eßbaren Pilze gehalten, und war schon den Alten unter dem Namen Boletus bekannt.

Verwechslung. Aus Unkunde mit dem rothen Fliegenschwamm (oder fliegentödenden Blätterpilz Agar. muscarius Linn.), der im Sommer und Herbst in Waldungen, namentlich in Birken- und Nadelholzbeständen ziemlich häufig vorkömmt. Obwohl frisch, beinahe geruch- und geschmacklos, gehört dieser Pilz zu den giftigsten, dient mit Milch übergossen als Fliegengift, und wird von Bewohnern des nordöstlichen Asiens zur Bereitung eines höchst berauschenden Getränkes verwendet.

Unterscheidungscharaktere. Hut ausgebreitet, gewölbt bis flach, 9—24 Cm. breit, anfangs am Rande gerillt, gewöhnlich hochroth, doch auch mennigroth, orangegelb bis weißlich und dunkelbraun, mit weißen zuletzt verschwindenden Warzen besetzt, Plättchen rein weiß, Strunk weiß, am Grunde knollig verdickt, 9—24 Cm. hoch, 2—3 Cm. dick, oberwärts mit weißem vergänglichem Ringe versehen, ohne scheidenförmige Wulsthaut am Grunde, innen ebenfalls weiß, bald hohl werdend.

2) Der hohe Blätterpilz. A. procerus. Scopoli.

Synonyme. Parasolschwamm.

Vorkommen. In Waldungen, doch auch auf offenem Lande, Triften und Brachäckern, im größten Theil Europas. Im Sommer und Herbst.

Charakteristik. Hut anfänglich eiförmig, graubraun, später schirmförmig ausgebreitet, gewölbt bis flach, in der Mitte gebukelt, weiß oder bräunlich weiß, fein filzig und von der zerreißenden dicken Ueberhaut mit graubraunen, leicht ablösbaren Schuppen bekleidet, 9—33 Cm. im Durchmesser, Plättchen weiß, fleischfarbig oder gelb, oft braun berandet, Strunk 2—3 Cm. und darüber hoch, 1 Cm.

Schwämme oder Pilze.

bis über 3 Cm. dick, unten knollig verdickt, weiß, gelblich oder fleisch=
farben, oberwärts einen beweglichen braunen oder weißen Ring tra=
gend, über diesem glatt und nackt, unterhalb desselben von ange=
drückten braunen Schuppen bunt, innen hohl.

3) Der Feldblätterpilz. A. campestris Linn. A.
arvensis, pratensis et sylvaticus Schaeff.

Synonyme. Champignon, Tafelschwamm, Wiesen=Pfiffer=
ling, Kukemuke, Heiderling, Brachpilz, Traufchling, Dreitfchling.

Vorkommen. Auf freien Triften, Wiesen, grasigen Wald=
rändern, in ganz Europa, Asien, Nordafrika und Nordamerika. Im
Sommer und Herbst.

Charakteristik. Hut fleischig, gewölbt bis flach, 3—6 Cm.
im Durchmesser (selten größer) seidenhaarig oder feinschuppig, weiß,
gelblich=weiß, gelblich oder bräunlich, außen stets trocken, die Plätt=
chen kaum den Strunk erreichend, anfangs weiß, dann rosenroth, zu=
letzt schwärzlich braun; Strunk 6—9 Cm. hoch, 1—2 Cm. dick,
gleich dick oder am Grunde etwas verdickt, glatt, weiß, mit einem
ebenso gefärbten Ringe, ohne Wulsthaut am Grunde, innen nebst
dem Hute mit einem weißen, zuweilen röthlich oder bräunlich an=
laufenden Fleische erfüllt.

Verwechslung. Eine solche kann stattfinden mit dem
Knollen=Blätterpilz, A. phalloides Fries, und dem Ser=
vietten=Blätterpilz, A. Mappa, Batsch, und dieser wieder mit
A. phalloides.

Unterscheidungscharaktere. Die Plättchen des Hutes
sind beim Feldblätterpilz oder Champignon stets rosenroth, bei A.
phalloides und Mappa aber immer weiß. *)

---
*) Wie dem Kaiserling der Fliegenschwamm, und dem Cham=
pignon die beiden letztgenannten, so sehen auch den meisten übrigen
eßbaren Blätterpilzen andere, verdächtige oder giftige Arten ähnlich, so
dem Rosenblätterpilze oder Honigtäublinger (A. Russula Schaeff)
die ganze Reihe der eigentlichen (giftigen) Täublinge oder Speu=
teufel, dem leckern Blätterpilze, echten Reizker oder Hirschling (A,
deliciosus Linn.), der unschmackhafte Blätterpilz oder weißmilchende Gift=
reizker (A. insulsus Fries.) der bauchgrimmenerregende Blätter=
pilz, Birkenreizker oder zottige Giftreizker (A. torminosus
Schaeff.), der mörderische Blätterpilz, Giftreizker oder giftige
Hirschling (A. Necator Pers.) u. s. w. deshalb ist denn auch beim
Genusse der Blätterpilze mehr als bei andern, größte Vorsicht nöthig.

Der Geschmack des Feldblätterpilzes oder Champignons ist süßlich, mild oder nußartig, der Geruch schwach aber angenehm. Er gehört zu den gewöhnlichsten beliebtesten Speisepilzen, und wird deshalb häufig in Mistbeeten gezogen.

4) Der Speisefaltenpilz Cantharellus Cibarius Fries.
— Agaric. Cantharellus Linn. — Merulius Cantharellus Pers.

Synonymen: Eierschwamm, Pfifferling, Röthling.

Vorkommen: In Laub- und Nadelholzwäldern auf der Erde gemein und weit verbreitet. Im Sommer und Herbst.

Charakteristik: Hut: anfangs gewölbt, fast halbkugelig, zuletzt kreisel- bis fast trichterförmig, mit abwärts gebogenem, welligem, ausgeschweiftem Rande, 3—9 Cm. im Durchmesser, die Adern dick, 2—5 Mm. hoch, von einander abstehend, am Strunke herablaufend, anfangs fast einfach, später ästig; Strunk fest, nach unten dünner werdend, 3—6 Cm. und darüber hoch, ohne Ring und Wulsthaut; Farbe: dottergelb, bisweilen stark ins Weiße fallend, selten ganz weiß, kahl, fettig anzufühlen, innen gelblich weiß. — Geruch angenehm, Geschmack etwas scharf. Wird häufig genossen.

Verwechslung: Mit dem nicht eßbaren pomeranzengelben Faltenpilz C. aurantiacus Fries, auch falscher Eierschwamm genannt. Er sieht dem vorigen zwar sehr ähnlich, hat aber bei nicht ganz feuchter Witterung einen filzigen, und wenn er trocken ist, einen wie feines Waschleder anzufühlenden Hut von dunkler Farbe, dicht genäherte gerade Plättchen, erscheint indeß auch von weißlicher Farbe.

5) Der eßbare Röhrenpilz Boletus edulis Bulliard.
Synonymen: Steinpilz, Herrenbilzling.

Charakteristik: Hut: stark gewölbt, (polsterförmig) kahl, Farbe: dunkel oder hellbraun, im feuchten Zustand etwas klebrig, 3—36 Cm. im Durchmesser, die Röhrchen von der untern Hutfläche leicht trennbar, lang, eng, anfangs weiß und ihre Oeffnungen kaum bemerkbar, später gelb und grünlich; Strunk: dick, anfangs eiförmig, später fast walzig, am Grunde jedoch meist dicker, 9—18 Cm. lang, blaßbräunlich, netzaderig, innen wie der Hut, mit derbem weißem Fleisch erfüllt.

Schwämme oder Pilze.

Vorkommen: In Laub- und Nadelholzwäldern, im Sommer, Herbst, bisweilen im Mai.

Es ist dies ein beliebter Speisepilz, der selbst roh genossen werden kann, häufig in Scheiben geschnitten und getrocknet, in den Handel gebracht wird.

6) **Der königliche Röhrenpilz,** B. regius, Krombholz.

Charakteristik: Hut: polsterförmig, kahl, trocken, Farbe: blaß bis dunkel blutroth, bisweilen olivenfarbig; 6—9 Cm. im Durchmesser; die Röhrchen der untern Hutfläche fein und kurz, goldgelb; Strunk: 3—6 Cm. dick, walzig oder fast eiförmig, netzaderig, sattgelb, am Grunde meist purpurröthlich, nebst dem Hute mit einem festen gelblichen Fleische erfüllt.

Vorkommen: In den Waldungen Mitteleuropa's, am häufigsten in Böhmen, anderwärts selten.

Ein großer schöner Pilz von großem Wohlgeschmack, der besonders in Prag häufig zu Markt gebracht wird.*)

7) **Der doldige Löcherpilz,** Polyporus umbellatus, Fries. B polycephalus Pers.

Synonyme: Eichhase.

Charakteristik: Sehr ästig; Hüte zahlreich, kreisrund, 2—4 Cm. breit, anfangs gewölbt, zuletzt oberseits nabelig eingedrückt, Farbe: dunkel oder blaß braungelb bis rußbraun; selten weiß, die

---

*) Diese Gattung enthält außer den beiden erst genannten noch mehrere genießbare Pilze, die nicht so leicht mit giftigen Arten zu verwechseln sind. Es gehören dahin: der schwachfilzige Röhrenpilz, die Ziegenlippe oder der Kuhpilzling (B. subtomentosus Linn.), der rauhe Röhrenpilz oder Kapuzinerpilz (B. scaber Bull.), der Ochsenröhrenpilz oder Kuhpilz (B. bovinus Linn.), der gelbe Röhrenpilz oder Ringpilz (B. luteus Linn.), der gekörnelte Röhrenpilz oder Schmeerling (B. granulatus Linn.) u. m. a. Dagegen giebt es doch auch in dieser Gattung verdächtige und giftige Arten, wie z. B. den schmutzig braunen Röhrenpilz oder Herenpilz, (B. luridus Schaeff.), der schon ein sehr unappetitliches Aeußeres zeigt, dann den Satans-Röhrenpilz oder Satanspilz (B. Satanas Lenz), der sehr schön aber auch sehr giftig ist. — B luridus soll indeß in Wien unter dem Namen Schuster, in Prag unter dem Namen Kowar auf den Markt gebracht werden, es obwalten daher Differenzen über seine Genießbarkeit. Der Satanspilz findet sich nur in Thüringen und bei Neubrandenburg.

Löcher auch über die Aeste des Strunkes herabgehend, ungleich, weiß, Strunk: in viele Aeste zertheilt, deren jeder einen Hut trägt, sammt diesen spannen bis über 36 Cm. lang und von den ihn überziehenden Löchern weiß.

Vorkommen: In schattigen Laubholzwäldern, an Baumstämmen. Im Herbst. Nicht sehr häufig und nur in gewissen Gegenden von Oesterreich wachsend, erlangt oft ein Gewicht von mehreren Pfunden, als eine schmackhafte gesunde Speise gerühmt.

Verwechslung: Bisweilen mit dem Klapper-Löcherpilz, B. frondosus Fries, der namentlich in Oesterreich, Ungarn, Baiern und England wächst, dort genossen wird, jedoch an Wohlgeschmack dem doldigen Löcherpilz weit nachsteht. — Auf den Gebirgen Italiens wächst der knollentragende Löcherpilz, Polypor. Tuberaster Jacq. der neben seinen fruchtbaren Strünken meist noch mehrere unfruchtbare, hutlose Strünke treibt. Die lederigen Strünke sind ungenießbar, aber die Hüte gelten besonders in Neapel als beliebte Speise. Zu dieser Gattung gehört auch der zusammenfließende Löcherpilz, Semmelpilz, P. confluens Fr., der so groß wird, daß ein einziges Exemplar 3—4 Menschen zu sättigen vermag.

8) Der echte Leberpilz, Fistulina hepatica, Fries.

Synonyme: Fleischschwamm, Leberschwamm, Zungenschwamm, Blutschwamm, Rindszunge.

Charakteristik: Hut lippenförmig, außen und innen fast wie eine Ochsenzunge oder ein längliches Stück frisches rohes Fleisch; saftig-fleischig, Röhrchen blaß, weißlich dann gelb, gedrückt oder älter, röthlich oder rothbräunlich; Strunk, wo er vorhanden, seitlich, schief, kurz, dick, von der gleichen Farbe wie der Hut, mit Wärzchen und Röhrchen bedeckt.

Vorkommen: An Stämmen der Laubholzbäume, besonders der Eichen, Buchen, Kastanien. In Oesterreich, Nordamerika. Im Herbst. Im frischen Zustande ist er von obstartig erfrischendem Geruche und etwas säuerlichem Geschmacke. Ueberreif soll er nachtheilig wirken.

9) Der schuppige Stachelpilz. Hydrum imbricatum Linn.

Synonyme: Habichtschwamm, braune Hirschzunge.

Schwämme oder Pilze.

Charakteristik: Hut fleischig, kreisrund, 5—8 Cm. breit, schwach gewölbt, am Rande nach unten umgebogen, in der Mitte oft, besonders im Alter, vertieft, oberseits trocken, Farbe: hell graubraun, würfelig schuppig, die Schuppen dunkler braun, stumpf, in der Mitte des Hutes mit der Spitze sich erhebend, gegen den Rand desselben kleiner werdend und meist angedrückt, zuweilen auch nur spärlich vorhanden und zuletzt abgehend; Pfriemspitzen die ganze untere Hutfläche einnehmend, 2—14 Mm. lang, weißlich graubraun, dichtstehend, etwas am Stamme herablaufend; Strunk 3—8 Cm. hoch, 2—5 Cm. dick, unten meist verdünnt, weiß ins Graubraune ziehend, unterwärts feinfilzig, zuweilen auch angedrückt-schuppig, innen wie der Hut mit derbem, weißlichem Fleische ausgefüllt.

Vorkommen: Einzeln oder gesellig, oft mehrere Strunke unten verwachsen in Nadelholzwäldern, in Europa und Amerika auf dem Boden. Im September und October. Ist ein wohlschmeckender Speisepilz.

Es gehören hierher, gleichfalls genießbar: der ausgeschweifte Stachelpilz oder Stoppelschwamm H. repandum Linn. Der korallenförmige Stachelpilz, H. coraloides Scopoli und der Igelstachelpilz oder Igelschwamm H. erinaceus Bulliard.

Aus der Gruppe der Keulenpilze ist anzuführen:

10) Der blumenkohlähnliche Keulenpilz. Clavaria Botrytis Pers.

Synonyme: Hirschschwamm, röthliche Bärentatze, Bocks-, Geis- oder Ziegenbart, Hahnenkamm, Händling, Händelschwamm, Zieserlein.

Characteristik. Strunk niederliegend, 3—6 Cm. lang vnd dick, fleischig, innen fest, weißlich, sehr ästig, die Aeste aufsteigend, 1—6 Cm. hoch, verästelt, zerbrechlich, Farbe: gelblich weiß, nach oben hellgelb bis dottergelb, mit rothen, zuletzt gelben, stumpfen Gipfeln. Bildet Massen von 9—18 Cm. Durchmesser.

Vorkommen. In Laub- und Nadelholzwaldungen, auf Sandboden. Völlig unschädlich und von ziemlich gutem Geschmack.

Es gehören hierher als ebenfalls genießbar: der gegipfelte Keulenpilz, gelbe Bärentatze Cl. flava Fries; der korallenähnliche Keulenpilz oder Korallenschwamm Cl. coraloides

Lien.; der krause Lappenpilz Cl. crispa Wulf; der blätterige Lappenpilz Sparassis laminosa Fries.

Aus der Gruppe der Scheibenpilze sind zu bemerken:

11) **Die Speisemorchel**, Morchella esculenta, Pers. Synonyme: Gemeine Morchel, Mauroche, Maurache.

Charakteristik: Hut mit seinem untern Rande dem Strunke angewachsen, in allen im Gattungscharakter enthaltenen Formen auftretend, mit starken Rippen, welche in meist schiefer Richtung verlaufen und grubige Felder von rundlicher, fast quadratischer, rautenförmiger oder rhomboidischer Gestalt bilden, von blaß-graugelber und braungelber bis rußbrauner und schwärzlicher Farbe, 2—6 Cm. hoch; Strunk: aufrecht, 3—5 Cm. hoch, glatt, innen nebst dem Hute hohl, weich, weißlich, bleiig, bald gleichdick, bald nach oben oder unten verdickt.

Vorkommen. Weit über Europa, Asien und Nordamerika verbreitet. Wächst im Frühjahr bei feuchter Witterung in Wäldern und auf Bergwiesen, ist einer der gewöhnlichsten Speisepilze, wird getrocknet und für den Winter aufbewahrt. — Wie diese, finden Benutzung: die Glockenmorchel, Morch. patula, Pers; die Bastardmorchel, M. semilibera, Decand. Ebenso ist eßbar die Gattung Lorchel, Helvella, Linn, nur durch einen mehr ausgebreiteten, glatten oder gefalteten, jedoch nicht rippig-grubigen Hut unterschieden. Hierher gehört noch Helv. esculenta Pers, Speiselorchel, Frühlorchel, Stockmorchel, Laurich und auch Maurache genannt, die an Güte der Speisemorchel gleich kommt, in Gebirgsgegenden und am liebsten an Wegrändern lichter Nadelgehölze auf Sandboden wächst. Ihre Zeit ist der März bis Mai.

Verwechslung. Die Speiselorchel H. esculenta kann verwechselt werden mit der bis jetzt nur in Böhmen gefundenen „verdächtigen Lorchel", H. suspecta, Krombh. Sie sieht ersterer ganz ähnlich, ist aber mehr wässerig, und zuletzt von widrig süßem Geschmack. Die Erfahrung weist mehrere Fälle nachtheiliger Wirkung bei ihrem Genusse nach.

Eine weitere Art von Lorchel, die krause Lorchel, H. crispa Fries, auch Herbstlorchel, Herbstmorchel genannt, die im Herbste auf feuchtem Dammerdeboden in Waldungen vorkommt, ist eßbar und schon deshalb sehr beliebt, weil sie zu einer Zeit erscheint, in welcher sonst nur wenige oder gar keine Morcheln mehr gefunden werden.

Aus der Familie der **Bauchpilze**, Gasteromycetis **Fries**, sind es zwei Gruppen, die **Hüllenbauchpilze** und die **Glockensvorlinge**, welche Speisepilze liefern. Es gehören hierher:

12) Die **Speise-Trüffel**, Tuber cibarium **Sibthorp**. — Lycoperdon Tuber, **Linn**.

Synonyme: Schwarze Trüffel, Herbst-Trüffel, Winter-Trüffel.

Charakteristik: Stellt einen fast kugeligen elipsoidischen oder auch etwas eckigen Knollen dar, bald Haselnuß, bald Wallnuß groß, doch auch faustgroß, Rinde dick, hart, höckerig warzig, schwärzlich, zwischen den Höckern schwach feinfilzig, innen fleischig, gelblich weiß, mit vielen bräunlichen Adern marmorirt, in welchen die eingestreuten Sporengehäuse unterm Mikroskop als hellere Fleckchen erscheinen. Die Speisetrüffel wächst 3—36 Cm. unter der Erde, gewöhnlich haufenweise beisammen.

Vorkommen. Fast ausschließlich in Eichen-, Buchen- und Kastanienwäldern, in den mildern Himmelstrichen fast aller Welttheile; reift im Spätsommer und Herbst.

Die schwarze Trüffel schon seit Jahrtausenden ein bekannter Leckerbissen, läßt man da, wo sie vorkommt, durch Trüffelhunde oder auch, was weniger zuverlässig ist, durch Schweine aufsuchen, der Trüffeljäger erkennt ihren Standort an gewissen Erhöhungen des Bodens, so wie an ihrem eigenthümlichen angenehmen und durchdringenden Geruch. Ihre Kultur in sogenannten Trüffelbeeten gelingt zwar, ist aber mit vielen Schwierigkeiten verbunden.*)

---

*) **Paulet** bemerkt über die Trüffel: „Sie erscheint im Frühling als ein röthliches oder violettes erbsengroßes Knöllchen, welches bis im Juni seine Purpurfarbe behält, und immer ein sehr weißes Fleisch zeigt. Im Sommer wird die Oberfläche schon schwarz und rauh, aber das Fleisch bleibt noch weiß, und kaum zeigen sich dunklere Adern in demselben. In diesem Zustande nennt man sie: Sommer- oder weiße Trüffeln (**T. d'été!**), welche unverdaulicher und fast geruchlos sind. Erst gegen Ende Novembers bis Februar wird die Trüffel reif, dann ist sie sehr rauh anzufühlen, außen und innen schwarz, und ihr Geschmack und Wohlgeruch am kräftigsten. Bald nach völliger Reife tritt eine innere Auflösung des Fleisches in eine Breimasse ein. (**Spenn**. Hdbch. d. angew. Botanik.)

Verwechslung. Trotz ihrer ausgezeichneten Merkmale, ist die Trüffel im getrockneten zerschnittenen Zustande der Verwechslung mit andern schädlichen Bauchpilzen unterworfen, oder wird mit letztern verfälscht in den Handel gebracht. So enthält die Gruppe der Glockensporlinge eine Gattung: **gemeiner Feldstäubling**, Scleroderma vulgare **Fries**, auch **gelber oder Pomeranzenbovist** genannt (Scl. aurantiacum et citrinum Pers. — Lycoperd. aurant. Bulliard), der in Scheiben geschnitten und getrocknet, betrügerisch statt der schwarzen Trüffel verkauft wird. Es ist dieselbe aber leicht zu erkennen durch den weißen Rand und die blau-schwarze, oder bei jungen Pilzen gelblich weiße, nicht marmorirte Mitte der Scheiben. Sein Geschmack ist zudem sehr scharf, sein Genuß unbedingt nachtheilig. (Vergl. Lenz über nützliche und schädliche Schwämme. Gotha 1831, p. 111.)

Weitere bald mehr bald weniger schmackhafte eßbare Trüffelarten sind: die **weißliche Trüffel**, Tub. albidum Caesalpin. (Wahrscheinlich eine Spielart von der schwarzen Trüffel, kommt auch am gleichen Orte mit diesen vor.) — Die **graue Trüffel** T. griseum Pers. Sie hat Piemont und Südfrankreich zur Heimath, riecht nach Knoblauch. — Die **schneeweiße oder afrikanische Trüffel**, T. niveum, Desfont. Wird Wallnuß bis Pomeranzen groß, ihre Heimath ist in Afrika's Sandwüsten, eine Lieblingsspeise der Araber. Sie wurde von den alten Römern aus Afrika bezogen. Wahrscheinlich war es eine solche Trüffel, an welcher sich, wie Plinius schreibt, der Prokonsul Licinius einen Zahn ausbiß. Es waren nämlich kleine Steinchen in dieselbe eingewachsen. — Die **Bisam-Trüffel**, T. moschatum Bull. Sie hat einzig Frankreich zur Heimath. Geruch stark bisamartig. — Die **weiße Wurzeltrüffel**, T. alb. Bull. Auch **Frühlingstrüffel** genannt. Findet sich im größten Theil von Europa in Laub- und Nadelgehölzen, in Lehm- und Sandboden. Sie findet Verwendung wie die schwarze Trüffel, obgleich sie weit weniger schmackhaft ist, und in geringerem Werthe steht.

13) Der **große Flockenstäubling**, Lycoperdon Bovista **Linn.** — L. giganteum **Batsch.**

Synonyme: Riesenbovist, Großer Boviststäubling, Wolfsrauch.

Charakteristik. Periedie strunklos, fast kugelig oder breit-verkehrtkegelig, auch in mancherlei andern Gestalten auftretend, von 6—54 Cm. im Durchmesser, mit einer weißen, gelblichen, röthlichen oder graulichen, glatten, feinflockigen oder felderig-rissigen Rinde, nach dem Ablösen der letztern sehr zart und zerbrechlich, bis zur Hälfte oder noch weiter hinab stückweise- (felderig) abspringend gelblich, zuletzt blaß rußbraun, unterwärts, wo die Rinde fester aufgewachsen bleibt, auch später noch feinflockig; der Inhalt anfangs weiß und fleischig, dann gelb und breiartig, zuletzt in das Haargeflechte und die grünlich-braunen, seltener gelben, bei der Reife als ein feiner Staub verfliegenden Sporen aufgelöst; das Haargeflechte nach dem Aufspringen eine leichte, weiße, gelbbräunliche schwammartige Masse darstellend, nach seinem Verschwinden den am Rande zersetzten, napfförmigen Grund der Peridie zurücklassend.

Vorkommen. In Gebirgsgegenden, auf grasigen Stellen und Wiesen im größten Theil von Europa. Sommer und Herbst.

Dieser Pilz erreicht eine namhafte Größe, und wird besonders in Italien so lange sein Fleisch weiß ist, häufig verspeist. — Eine andere hierher gehörige Art, der gefelderte Flockenstäubling auch Hasenstäubling, Hasenbovist genannt, L. caelatum, Bull. — L. Bovista Pers, kommt in Deutschland häufiger vor als der vorbeschriebene, und wird, wenn er noch schön weiß ist, ebenfalls genossen. — Ferner sind hier noch anzuführen: der eßbare stachelwarzige Flockenstäubling, auch gemeiner Bovist genannt, Lycop. gemmatum Batsch. Er erscheint allenthalben in Wäldern und im offenen Lande, im Sommer und im Herbst. Ferner der mit ihm verwandte auf Sandboden und alten Baumstrünken wachsende birnförmige Flockenstäubling, Lycop. pyriforme Schaeff. — Endlich noch der schwärzliche oder Kugelbovist, Bov. nigrescens Pers. — Lycop. globosum Bolt. Er wird, wenn er noch jung und frisch ist, in Italien unter dem Namen Pettino sehr häufig verspeist.

Die häufige Verwechslung der Giftschwämme mit den Eßbaren machte es höchst nothwendig, die Merkmale der erstern so viel nur möglich genau zu erkennen, und die Unterschiede von den Eßbaren festzustellen. Was hierüber gesammelt werden konnte, soll zum Schlusse

dieses Abschnittes hier angehängt werden, immerhin darauf hinweisend, daß, wie gleich vorne bemerkt, es eine völlige Untrüglichkeit in dieser Hinsicht, bis jetzt nicht giebt. Als Kennzeichen und Unterschiede der Giftschwämme vor den Speisepilzen, betrachtet man folgende. Die giftigsten Schwämme wachsen am häufigsten bei nasser Witterung auf feuchtem sumpfigem Boden, an schattigen, eingeschlossenen Orten, in finstern Wäldern, besonders Nadelhölzern, an Baumstämmen der Gärten. Eine Ausnahme machen hier der eßbare Champignon, so wie die eßbare Spitzmorchel, welche beide ebenfalls unterm Schatten alter Fichten und Kiefern wachsen, während der giftige Fliegenschwamm sehr häufig auf luftigen, sonnigen Orten vorkommt. Bezüglich der Farbe, welche den Giftschwämmen meist eigen ist, hat man beobachtet, daß dieselben gewöhnlich von schwarzer, schwarz=
blauer, grüner und buntscheckiger Farbe, oder auch regenbogenfarbigem Aussehen sind. Es giebt aber hier wieder der Farbe nach verdäch=
tige, die durchaus unschädlich sind, so der Reizker, die Korallen=
keulschwämme und mehrere Arten Täublinge. Giftige Schwämme erleiden ferner nach der Beobachtung eine Veränderung der Farbe an ihrem Fleisch, beim Druck mit der Hand, oder wenn man sie drückt. Eine Ausnahme hiervon macht aber der eßbare Reizker, dessen Fleisch durch Zerbrechen oder durch Druck gewöhnlich grün wird. — Bei den eßbaren Schwämmen beobachtet man, daß sie entweder keinen, oder einen angenehmen, aromatischen, zuweilen knoblauchartigen Geruch besitzen; giftige riechen dagegen unan=
genehm, widerlich, scharf, einige selbst aashaft. Bei nachtheilig wirken=
den Schwämmen beobachtet man, wenn sie roh gekostet werden, einen bittern, scharfen, beißenden, brennenden oder unange=
nehmen Geschmack, weshalb auch Trattnik vorschlägt, derartige Schwämme, wenn sie geprüft werden sollen, stets roh zu kosten, längere Zeit im Munde zu behalten, und sie zu verwerfen, wenn sich bedeutende Schärfe oder widriger Geschmack bemerklich machen. Es giebt indeß auch hier wieder Ausnahmen, denn der giftige Fliegen=
schwamm besitzt im jüngern Zustand süßlichen Geschmack, wird nur älter geworden herb, der schädliche Blutlöcherpilz hat Haselnuß=
geschmack; andere Speisepilze dagegen wie der Reizker, Goldbrätling, Pfifferling, schmecken pikant, scharf, pfefferartig. Manche Schwämme

Schwämme oder Pilze.

verlieren ihren unangenehmen Geschmack durch Kochen oder Einweichen in Salzwasser, ohne daß deßwegen ihre schädliche Wirkung gehoben würde. Sehr schnell wachsende und rasch faulende, in Jauche zerfließende Schwämme, sind ebenfalls schädlich befunden, es wird dies jedoch zuweilen auch beim Champignon wahrgenommen, der doch als unschädlich genossen werden kann. Als weitere Merkmale für Giftschwämme sind bemerkt: ein hoher Stiel, ein Merkmal, das jedoch nicht allgemein gültig ist, denn die eßbare Spitzmorchel hat einen hohen Stiel, ferner besitzen fast alle Giftschwämme auf ihrer Unterfläche Blätter; sie werden hart durchs Kochen oder doch härter als sie vorher waren; Salz auf den schwammigen Theil gestreut, soll bei giftigen Schwämmen eine gelbe, bei eßbaren eine schwarze Farbe erzeugen, und endlich soll bei den meisten Schwämmen als Sicherheitsprobe zutreffend, eine geschälte weiße Zwiebel oder ein silberner Löffel dienen, welche man beim Kochen der Schwämme in das Gefäß mit einlegt, erhält der eine oder der andere Theil eine schwärzliche Farbe, so sollen Giftschwämme sich darunter befinden.

Aus allem diesen geht hervor, daß neben den angegebenen Kennzeichen und Merkmalen bei Beurtheilung der Schwämme, rücksichtlich ihrer Schädlichkeit oder Genießbarkeit, immerhin die botanischen Charaktere genau in's Auge zu fassen sind. In wie weit die bisher vorgeschlagenen Methoden, die verdächtigen Schwämme genießbar zu machen, und den als giftig erkannten den Giftstoff zu entziehen, entsprechen, ist uns zur Zeit noch unbekannt.

Anhang.

Außer den hier abgehandelten Schwämmen, die als wirklich giftig anerkannt sind, giebt es doch noch manche, die wenigstens als verdächtige, betrachtet werden müssen, und vor deren Genuß hiermit gewarnt wird. Es sind hieher zu rechnen alte, welk gewordene Schwämme, die nicht nur ihren Geruch und Geschmack verloren haben, sondern auch nachtheilige Eigenschaften erhielten. So alle jene, die zu lange über der Erde gestanden, und in einen gewissen Gährungszustand gerathen sind, wodurch sie häufig der Gesundheit schädlich werden. Es gehören hieher ferner noch jene, die etwa in dumpfen Kellern oder an sehr feuchten Orten wuchsen. Es liegt auch in der Erfahrung, daß durch zubereitete Schwämme, die man nochmals zu weiterem Genuß frisch aufwärmte, sehr nachtheilige Zufälle entstanden, obgleich dieselben nicht zu schädlich wirkenden gezählt werden konnten, und frisch zubereitet, als wohlschmeckendes Gericht genossen worden waren. Man hüte sich also überhaupt vor einem Aufwärmen derselben.

Auch mit der Conservirung oder Aufbewahrung der Schwämme, hat es sein Mißliches. Sie erhalten sich zwar für einige Zeit in Eiskellern, Eiskästen, oder wenn sie in Schnee verpackt, noch mit schlechten Wärmeleitern umgeben werden. Immerhin ist aber hierzu ein gleichförmiger großer Kältegrad erforderlich, schon wegen deren bekannten Neigung, sich leicht zu zersetzen. In stark gesalzenem Wasser mit Pfeffer etwa bis auf drei Viertel gar gekocht, dann in starkem Wein aufbewahrt, sollen sich Schwämme unter gutem Verschluß, auf einige Monate gut erhalten, ebenso, wenn sie mit Zucker und Gewürzen eingemacht werden. Wir haben hierüber keine bestimmte Erfahrung. Was die bei uns häufig vorkommende und sehr beliebte eßbare Morchel anbelangt (Phallus esculentus Linn. — Morchella esculenta Pers) so ist, um sie gut zu erhalten anempfohlen, daß man sie von Zeit zu Zeit gehörig reinige, und mit gutem Pfefferpulver bestreue, um so mehr, als eine Art derselben, die Stockmorchel, (Helvella esculenta Pers.) sehr dem Wurmfraße ausgesetzt ist. Durch genannte Bestreuung soll ihrem Verderben vorgebeugt werden können.

Die Aufbewahrung der Trüffel, die bei uns ebenfalls sehr beliebt ist, wollen wir hier auch noch erwähnen. Nach dem einen Verfahren legt man die Trüffeln, wenn man sie Jahre lang in frischem Zustande erhalten will, trocken in eine Flasche mit weitem Halse, stellt diese offen in Wasser, so daß der Hals heraussieht, erhitzt das Wasser drei Stunden lang zum Sieden, verkorkt und verpicht dann die Flasche, und verbringt sie an einen kühlen Ort. Eine andere Aufbewahrungsweise besteht darin, daß man sie in reinem Schmalz (gewöhnlich Schweinefett) kocht, gehörig abtropfen läßt, und sie dann ganz mit reinem Olivenöl übergießt. So behandelt, sollen sich die Trüffeln ein Jahr lang gut erhalten. Auch in Salzwasser oder Wein pflegt man sie aufzubewahren, aber sie halten sich so nicht lange, und verlieren sehr an Geschmack. — Die Trüffel, welche schon die alten Römer speisten und aus Afrika bezogen, scheint Tuber niveum Desf. gewesen zu sein, und galt damals als Lieblingsspeise.

Fünfter Abschnitt.

Die Erscheinungen, welche nach dem Genusse der in dieser Schrift abgehandelten schädlichen Stoffe, am Menschen wahrgenommen werden.

Sechsundzwanzigstes Capitel.

Die schädlichen Stoffe, welche niedrige, gewissenlose Gewinnsucht zur Verfälschung so mancher Nahrungsmittel und Getränke in Gebrauch zieht, gehören theils in das Mineral= theils in das Pflanzenreich. Viele derselben sind an und für sich, auch nur in geringer Quantität in den Körper gebracht, heftiges Gift, andere werden dies, wenn sie längere Zeit hindurch in den Organismus eingeführt werden. Jene treten sogleich, oder doch bald nach ihrem Genusse mit den ihnen eigenthümlichen Wirkungsweisen auf, diese aber durchseuchen den Körper langsam, und führen ihn nur um so sicherer dem Untergange entgegen. Wir haben es uns zur Aufgabe gemacht, in diesem Abschnitt zwar kurz aber möglichst getreu, die vorzüglichsten hierauf bezüglichen Arbeiten benützend, alle jene Erscheinungen anzuführen, welche sich nach dem Genusse giftiger, schädlicher, dem Mineral= oder Pflanzenreich angehörender Stoffe, am Menschen wahrnehmen lassen, was bei dem Zweck unserer Schrift, dem Arzt, Gerichtsarzt, so wie dem Laien nur erwünscht sein dürfte.

Bevor nun diese Stoffe nach ihren Erscheinungen, die sie im menschlichen Körper hervorbringen, einzeln abgehandelt werden, lassen wir folgendes über Vergiftungs=Erscheinungen im Allgemeinen vorausgehen. Auf die Intoxication eines sonst als vollständig gesund erkannten Menschen kann geschlossen werden, wenn sich an demselben ohne irgend eine bekannte Veranlassung, nachfolgende Erscheinungen wahrnehmen lassen: Kraftlosigkeit, Störungen im Athmungsproceß und Kreislauf, eigenthümliche Veränderung der Temperatur des Körpers, so in einzelnen Theilen brennende Hitze, in andern Gefühl erstarrender Kälte, Wechsel der Farbe, einzeln und im ganzen Umfange, regelwidrige Stühle, Unordnungen, Störungen in den äußern und innern Sinnen, heftiger Schmerz, Schlafsucht, Ohnmacht, Krämpfe aller Art, sehr heftige Entleerungen, Hallucinationen, Verlust des Gedächtnisses, Mangel aller Denkkraft, Unvermögen von der Vernunft Gebrauch zu machen, bald schnelles, bald schwaches, bald schweres, bald schmerzhaftes, bald unterbrochenes Athmen; Stimme häufig unverständlich, hohl, bisweilen aber auch eigenthümlich hell, zuweilen gänzlich mangelnd. Oefters stellt sich ein äußerst heftiges, oft blutiges, kaum zu stillendes Erbrechen, verbunden mit Sehnenhüpfen ein; damit sind verbunden Ekel, Appetitlosigkeit, Schluchzen. Die Leichen von Vergifteten verwesen manchmal sehr schnell, manchmal aber gehen sie nur sehr langsam in Verwesung; die Haut trennt sich ab, Nägel und Haare fallen aus, der Körper wird aufgedunsen, insbesondere das Gesicht, Flecken und Striemen der verschiedensten Farbe bedecken nicht selten den aufgetriebenen Unterleib. Destructionen aller Art zeigen sich im Innern des Körpers, bald im Magen, bald in der Lunge, bald an den Eingeweiden, bald an den verschiedenen Gefäßen. So beobachtet man Entzündungen, Brand, angefressene Stellen, Vereiterungen, Löcher, auffallende Erweiterungen oder Verengungen, Verhärtungen und noch eine Masse von Destructionen, deren Aufzählung zu weit führen würde.

1. Die Wirkung schädlicher Stoffe aus dem Mineralreich.

1. Wirkungen des Arseniks.

Aus den verschiedenen vorausgegangenen Capiteln ersieht man, daß sowohl feste als flüssige Nahrungsmittel, sei es nun aus Unwissenheit oder betrügerischer Absicht, selbst Arsenik enthalten können. Die Schädlichkeit des Genusses dieses fürchterlichsten aller Mineralgifte ist einleuchtend, und die so häufig damit vorkommenden Intoxicationen, machen den Arsenik zum Gegenstand ganz besonderer Aufmerksamkeit der Chemiker, Aerzte und Gerichtsärzte. Nach Falk be-

Wirkungen des Arseniks.

tragen die Arsenikvergiftungen unter den gerichtlich verfolgten Intoxicationen in England etwa $1/3$, in Frankreich etwa $7/10$, in den verschiedenen Ländern Deutschlands etwa $5/10 - 8/10$, und in den größern Städten Europas etwa $9/10$. Eine sicher enorme Zahl.

Im 24. Capitel ist besonders gezeigt worden, daß auf die bemalten und gefärbten Zuckerbäckerwaaren, alle Aufmerksamkeit zu richten sei, da nicht selten arsenikhaltige Metallfarben hierzu Verwendung gefunden haben und noch finden. Deßhalb folgt hier die Angabe der Erscheinungen, welche sich am menschlichen Organismus kund geben, wenn Arsenik in dieselben eingebracht wurde.

In ganz kleinen Quantitäten bewirkt der Arsenik beim Menschen: zusammenziehenden, herben styptischen zuweilen selbst ätzenden Geschmack, der jedoch auch gänzlich fehlen kann, ein Gefühl von Brennen, Hitze und spasmodischer Zusammenschnürung im Munde, Schlund, in der Speiseröhre so wie im Magen, höchst vermehrte Speichelabsonderung, häufiges Ausspeien, Stumpfheit der Zähne; endlich Schwellung und Functionsstörung des von dem Gifte betroffenen obern Abschnittes der Speisewege. Greift der Arsenik in die Schleimhaut des Magens ein, so folgt in Zeit von 1—2—4—6 Stunden, seltener schon früher, ein Gefühl von brennendem Schmerz in der Magengegend, so wie Uebelkeit, Würgen und Erbrechen, von welchem das letztere sehr häufig wiederkehrt, lange anhält, und die Ausscheidung von mit Speisen oder mit Galle, Blut und den getrunkenen Flüssigkeiten gemengten, jedenfalls arsenikhaltigen Schleimmassen zur Folge hat. Bald darnach fängt auch in der Regel der Darmkanal zu leiden an, was gewöhnlich unter starker Auftreibung, zuweilen unter krampfhafter Retraction des Unterleibes, heftigen Colikschmerzen, profusen Durchfällen von grünlichen, schwärzlichen, sanguinolenten, höchst übelriechenden Massen, oder im Gegentheil unter Stuhlverhaltung, starkem Tenesmus und heftigem Afterschmerz geschieht. In dem Maaße als sich die Entzündung der ersten Wege ausbildet, wächst die Temperatur des Unterleibes sehr auffallend, und letzterer wird so empfindlich, daß die lebhaftesten Schmerzen beim Zufühlen entstehen. Zu diesen Erscheinungen der Intestinalaffection gesellen sich nachgerade auch andere, die wenigstens zum Theil in mehrfachen Leiden entfernter Organe begründet sind. Als solche sind zu bemerken:

höchste Kraftlosigkeit, zunehmende Angst, heftiger Durst, dessen Befriedigung starkes Erbrechen folgt, Schluchzen, aufgetriebenes geröthetes Gesicht, glänzende injicirte Augen, beschleunigter, entwickelter, wenn auch unregelmäßiger Puls, starke, ja zuweilen stürmische und ungleiche Herzschläge, gestörtes dyspnoisches Athmen, Ohnmachten, zuckendes Gefühl in der brennenden Haut, die sich mit Schweißen oder auch jetzt schon mit Frieselbläschen, Pusteln oder nesselartigen Pappeln bedeckt, so wie endlich sparsamer hochgestellter oder blutiger Urin. Verlauft die Intoxikation weiter, so treten die Zeichen des Collapsus, der tiefsten Adynamie und drohenden Lähmung ein. Das Gesicht des Vergifteten wird bleich, entstellt, die Stimme klanglos, die Augen sinken tief zurück, werden gläsern oder von mißfarbigen Ringen umzogen, die Hautdecken werden kalt, unempfindlich, besonders zunächst an den untern Extremitäten, die Herzschläge werden schwach und kaum merklich, die Pulse klein, aussetzend, bedeutend abnehmend, das Athmen langsam, schwierig, während Kopfschmerz, schwache Delirien, Stupor, Zittern, konvulsivische Muskelzuckungen, besonders im Gesicht, spasmodische Muskelkontractionen, besonders an den Waden, neuralgische Schmerzen, Ohnmachten, allgemeine Convulsionen, die nicht selten mit Kinnbackenkrampf verbunden sind, paretische und paralytische Erscheinungen nach gerade sich einstellen, und dem Leben des Patienten ein Ende machen. Sich selbst überlassen, verläuft die Intoxication in Zeit von einigen Tagen bis zu einigen Wochen oder Monaten, und kann eben so wohl zum Tode führen, als in vollkommene oder völlige Genesung übergehen. Endet die Vergiftung mit Tod, so erfolgt derselbe nur selten vor Ablauf von einigen Tagen, häufig im Verlauf der ersten Woche, seltener nach vielen Wochen und Monaten. Der Tod tritt entweder ein unter den Erscheinungen einer Hirn-Rückenmarksaffection oder des Brandes, oder der Vereiterung, oder der Consumtion und Hektik. Ehe dies höchst ungünstige End eintritt, kommt es zu weilen noch zu Entzündungen dieses oder jenes entfernten Organs, als der Lungen, der Pleuren, der Genitalien, der Hautdecken, wobei in letzterm Fall höchst üble, petechien- und blätterartige, heftig brennende und juckende Flecken und Pusteln, oder selbst Blasen auf der Haut erscheinen, die unter allgemeiner Abschuppung der Oberhaut und unter Ausfallen der

Haare und Nägel, in langwierige Geschwüre übergehen. Ebenso können aber auch Gangrän der Sexualorgane oder der Extremitäten, Lähmungen der Hände und Füße, epileptische Zufälle, Starrsucht, Schlafsucht, Blöd- und Wahnsinn, Oedema, Wassersuchten und Zehrungen sich einstellen, bevor der Tod die Leiden des Vergifteten endigt. Geht die Vergiftung in unvollkommene Genesung über, so bleiben bald chronische Nervenleiden (Epilepsie, Blödsinn, Wahnsinn, Lähmungen, Anästhesien, Neuralgien, Zittern u. s. w. (bald chronische Affectionen der ersten Wege, Verdauungsfehler, Diarrhöen, spasmodische Affectionen, chronische Entzündungen, Verschwärungen, Verdickungen u. s. w.) bald chronische Leiden anderer Organe, als der Lungen, der Leber, der Nieren, der Harnblase, bald chronische Leiden der Hautdecken, bald chronische Fehler der Gesammternährung zurück, die das fernere Leben des Patienten immer mehr oder weniger bedrohen. Endet die Intoxication mit vollkommener Genesung, sei es in Folge einer kräftigen und einsichtsvollen Kunsthülfe, oder in Folge der natürlichen Körperkraft, so müssen begreiflich alle toxischen Läsionen und Alterationen zur völligen Ausgleichung gelangen, was mit unter sehr rasch, mit unter erst nach vielen Wochen und Monaten geschieht.

Nach dem durch Arsenik bewirkten Tod, widersteht die beerdigte Leiche häufig in eigenthümlicher Weise der Verwesung. Die Haut verhärtet leder- oder mumienartig und wird braun, Herz und Lunge schrumpfen ein, Muskeln und Zellgewebe wandeln sich oft in eine käseartige Masse. Daß die Leichen der mit Arsenik Vergifteten sehr oft der eigentlich zerstörenden Verwesung widerstehen, bestätigen die Erfahrungen von Welper, Bachmann, Klanck, Orfila, Lesueur, Hünefeld u. A. und es bleibt diese Thatsache um so wichtiger für solche Fälle, wo durch die chemische Analyse der Arsenik nicht ermittelt zu werden vermag. Allerdings mag auch berücksichtigt werden, daß die Erscheinungen der Verwesung sehr verschieden auftreten, so wie auch die Beschaffenheit des Erdreiches, der Sarg und manche andere Umstände einen bedeutenden Einfluß auf den frühern oder spätern Eintritt der Verwesung zu äußern vermögen. Die antiseptische Kraft des Arseniks wird durch einen sehr interessanten Fall in der Revue médicale 1830, Jan. p. 165 erzählt, gleichfalls dargethan. Die damals stattgehabte medicolegale Untersuchung wurde von Orfila und Ozanam vorgenommen. Ebenso ist ein von Ebermaier in der med. Zeitung des Vereins für Heilkunde in Preußen. Berlin 1835, Heft 4. p. 67 bekannt gemachter Fall, von hohem wissenschaftlichen Interesse.

2. Wirkungen des Alauns.

Eine Anwendung des Alauns, welche bei der Bereitung von Nahrungsmitteln stattfindet, ist im Capitel vom Mehl mitgetheilt. Seine zusammenziehende Kraft macht die nachtheilige Wirkung desselben auf den Organismus erklärlich, wenn er anhaltend und in größerer Quantität beim Brodgenuß oder anderer aus Mehl bereiteter Eßwaaren, in denselben aufgenommen wird. Nicht minder wirkt er nachtheilig, wenn er nicht vollkommen rein ist, sondern, wie dies oft der Fall ist, Kobalt, Kupfer, Eisen beigemengt enthält. Anhaltend und in größerer Menge in den Körper eingeführt, bewirkt er hauptsächlich eine Verätzung der ersten Wege wie alle andern Thonerdesalze, eine bald acute, bald chronische Intoxication mit den folgenden Erscheinungen, als: ein säuerlich-süßlich styptischer Geschmack, Gefühl von Brennen im Munde, dem Schlund, der Speiseröhre oder im Magen; Zusammenschnürung im Hals, Schlund oder Magen, Vermehrung der Mundflüssigkeit, Schaum im Munde, Uebelkeit, Würgen, heftiges anhaltendes Erbrechen zäher alaunhaltiger Massen, das indeß auch fehlen kann, Kolikschmerz, Auftreibung des Unterleibs, Schmerzhaftigkeit des Epigastriums beim Zufühlen, Durchfälle, die zuweilen sanguinolent erscheinen. Diese Erscheinungen führen nur bei mangelndem oder nicht zureichendem Erbrechen in Zeit von 12 bis 24 Stunden zum Tode, da die Entzündung der ersten Wege bei zunehmender Adynamie und Hinfälligkeit des Körpers, erschwerter Athmung und Lähmungserscheinungen ihren Gipfel erreicht. Ueber die Richtigkeit der Angabe verschiedener, namentlich englischer Aerzte, daß durch Genuß von Alaun die Anlage zu Blasensteinen hervorgerufen werden kann, ist uns nichts zuverlässiges bekannt geworden.

3. Wirkungen des Bleies.

Unter den Giften des Mineralreiches ist es ganz besonders das Blei, welches in allen seinen Präparaten unter begünstigenden Momenten langwieriges Siechthum zu erzeugen vermag, da sich mit ihm nicht nur tausende von Arbeitern beschäftigen, sondern dasselbe, wie in voranstehenden Capiteln gezeigt wird, in Nahrungsmitteln und Getränken theils aus Betrug, theils aus Unwissenheit und Fahrlässigkeit sich öfter vorfindet. Die Bleikolik der Maler und Anstreicher, die Töpferkolik, und die Kolik der Arbeiter in den Bleibergwerken, sind allbekannte Krankheiten, die bald im Einathmen von Bleidämpfen, bald im Verschlucken von Bleistaub, ihren Grund haben. Es genügt hier die Symptome der Bleivergiftung, welche sich anfänglich sehr unbestimmt aussprechen, und erst bei höheren Graden stattgefundener Intoxication deutlich hervortreten, möglichst kurz anzugeben. Man bemerkt bei einer chronischen Bleivergiftung vorerst ein Violetwerden des Zahnfleisches mit grauer Besäumung an dessen Rändern, Schwinden des Zahnfleisches, Hervortreten der Zähne, bisweilen Speichelfluß, süßlich adstringirender Geschmack, übelriechender Athem, schmutziggelbgraue oft icterische Hautfärbung, höchst bedeutende Abmagerung, Sprödigkeit und Trockenheit der Haut, Verminderung der Blutmenge, chlorotische Blutmischung. Damit verbinden sich Appetitmangel, Uebelkeit, Brechneigung, hartnäckige Verstopfung, schneidender kneipender Leibschmerz, muldenartig eingezogene Bauchdecken, Erschwerung der Respiration, Husten, anfänglich beschleunigter, dann kleiner harter, langsamer, mitunter weicher Puls, Zurücktreten und deshalb minderes Sichtbarwerden der Venen, Muskelschmerz, Muskel- und Gelenkszittern, Lähmung, anfänglich besonders in den Streckmuskeln der Finger und deshalb Beugung derselben, geistige Aufregung, Manie, Konvulsionen, Sinneslähmungen, Blödsinn, bisweilen schwarzer Staar, Schlagfluß.

Weit heftiger sind die Wirkungen des Bleies wenn es unmittelbar verschlungen wurde. In metallischer Gestalt schadet dasselbe nicht im geringsten, da es aber von vielen Dingen leicht aufgelöst wird, kömmt es selten rein metallisch in den Magen und bringt deshalb die fürchterlichen Folgen hervor, die wir bereits kennen gelernt haben

Die Luft, alle Säuren, Dämpfe, Wasser, wenn es Luft enthält, die Magensäure, wirken mit der Länge der Zeit, oxydirend und auflösend auf dasselbe ein. Der Genuß fetter Gemüse und saurer Speisen fördert diese Auflösung noch mehr. Wasserleitungen mittelst bleierner Kanäle und Röhren, können, da die im Wasser enthaltene Luft zersetzend auf das Blei einwirkt, Bleivergiftung verursachen. Derartiges Wasser ist auch um so gefährlicher, da es sich weder durch Geruch noch durch Farbe von gesundem, reinem Wasser unterscheidet. Die Aufbewahrung von Oel, das zum Genusse bestimmt ist, in Bleigefäßen, oder die Behandlung des Weines in ähnlichen Behältern, muß daher nur als höchst strafbar betrachtet werden.*)

4. Wirkungen des Kupfers.

Die Kupfersalze sind es vorzugsweise, welche bei der Verfälschung und Verunreinigung der festen und flüssigen Nahrungsmittel unsere Beachtung in Anspruch nehmen, da sie, weil auflöslich, auf den thierischen und pflanzlichen Organismus höchst nachtheilig einwirken. Abgesehen von ihrer technischen Anwendung, in welcher sie z. B. als verschiedene Malerfarben einen nicht unbedeutenden Handelsartikel bilden, gaben und geben dieselben noch Veranlassung zu Vergiftungen des Brodes, und haben auch, indem man Kupfergeräthe zur Bereitung von Speisen unvorsichtig benützte, sehr schlimme Folgen hervorgebracht, wie dies betreffenden Ortes gezeigt werden wird.

Die Erscheinungen, welche nach dem Genuß kupfersalzhaltiger Nahrungsmittel beobachtet werden, sind aber kurz folgende: Uebelkeit, Ekel, Kupfergeschmack, grünes Erbrechen, Brennen im Magen, heftige Leibschmerzen, besonders in der Nabelgegend, hartnäckige Verstopfung oder äußerst heftige mitunter sanguinolente Durchfälle, kleinen zusammengezogenen Puls; es stellt sich hektisches Fieber ein, die Gesichtsfarbe wird blaß, große Beängstigung, stete Unruhe mit heftigen

---

*) In den Bleiminen der Sierra de Gador wurde 1851 von Jose Bages eine seltene entzündliche Form von Bleikolik beobachtet. Die damit Befallenen bleiben wohlgenährt; Durchfälle, Erbrechen und Fieber begleiteten diese Krankheit. Als Ursache dieses Leidens wird der häufig genossene Wein betrachtet.

Kopfschmerzen, Schlaflosigkeit. Hiezu gesellen sich häufig stechende Schmerzen im ganzen Körper oder in einzelnen Theilen, Mattigkeit, Schwäche und Zittern der Glieder, Lähmung derselben, Raserei, Zuckungen, Starrkrampf, Schlagfluß.

Kein Gift schadet so häufig und unter mancherlei Gestalten und dabei so schleichend, wie das Kupfer, obwohl eine absichtliche Vergiftung damit nicht leicht stattfinden kann, da sein Geschmack, seine bei der Auflösung erfolgende grüne Farbe dasselbe bald verrathen, und zu dem schon eine größere Gabe nöthig ist, um tödtliche Wirkung hervorzubringen Das Kupfer oxydirt sich zum Theil schon an der atmosphärischen Luft wenn sie feucht ist, und erzeugt den sogenannten Grünspan. Alle stärkeren Mineralsäuren lösen es auf, und selbst schwächere haben diese Eigenschaft, wenn atmosphärische Luft und Wärme gleichzeitig mit einwirken. Saure Salze fressen es ebenfalls an, Fette, Butter, Oel, ätherische Oele oxydiren es an der Luft, und erhalten dadurch eine grüne oder blaue Farbe. Um so leichter löst es sich im oxydirten Zustand in den genannten Substanzen. Schon der äußerliche Gebrauch des Kupferoxydes, mit Säuren verbunden, ist schädlich. Es zerstört die Haut, wo es sie berührt, verursacht Uebelkeit, selbst Entzündung und Brand.

Wenn nun mehrere der vorgenannten Erscheinungen bei einem sonst gesunden Menschen eintreten, wenn man ferner ermitteln kann, daß in seiner Wohnung, oder da, wo er seine Nahrung einzunehmen pflegt, kupferne, messingene nicht gut verzinnte Geräthe vorhanden sind; wenn man an denselben wohl gar grüne oder blaue Flecken wahrnimmt; erfährt man, daß Speisen, besonders saure, fette, in solchen Gefäßen gekocht und langsam darin erkaltet worden sind, oder daß der Koch oder die Köchin schädliche Künste angewendet haben, eines oder das andere ihrer Gerichte wie z. B. Gurken, Salat, Bohnen ꝛc. schön grün auf die Tafel zu bringen, haben Speisen und Getränke gar einen herben, ekelhaften Metallgeschmack, oder war das Individuum vorher unwohl und hat dasselbe süße, saure, salzige Substanzen oder Präparate und Arzneien aus Apotheken oder Kaufläden genossen, wo sie in messingnen Mörsern bereitet und vielleicht aufbewahrt werden, oder feucht in kupfernen unverzinnten oder schlecht verzinten Gefäßen längere Zeit liegen geblieben sind, so darf man mit ziemlicher Gewißheit schließen, daß man es mit einer Kupfervergiftung zu thun habe. So wie in Folge einer Bleivergiftung die **Bleikolik** entsteht, so erzeugt auch eine Vergiftung mit Kupfer eine **Kupferkolik**. Es dürfte daher zweckmäßig sein, die Unterschiede in den Erscheinungen, welche diese Koliken charakterisiren, möglicher Verwechslung halber, hier anzuführen. Blandet giebt hierüber folgende Tabelle:

Kupferkolik.	Bleikolik.
Häufige Diarrhoe.	Stuhlverstopfung.
Grüne Stuhlgänge	Serösschleimige Stuhlgänge.
Unterleib gegen Druck meist empfindlich	Unterleib unempfindlich, äußerer Druck lindert.
Erbrechen ziemlich häufig	Erbechen sehr selten.
Blutfluß.	Zeigt sich nie.
Mittlere Dauer 48 Stunden	Dauer mehrere Wochen.
Keine Affection des Nervensystems	Heftige Affection des Nervensystems.
Gewohnheit macht die Arbeit in Kupfer unschädlich	Fortges. Umgehen mit Blei führt unter schlimmen Symptomen zum Tod.
Milch und gezuckertes Eiweiß bekämpfen und verhüten das Uebel	Schwefelsäure u. einige ihrer Verbindungen sind hülfreich.
Opium ist bei Kupferdiarrhoe angezeigt	Gegen die durch Blei erzeugte Verstopfung dienen Abführmittel.

5. Wirkungen des Zinns.

Nur die Chlorverbindungen des Zinns sind in ihren Wirkungen auf den thierischen Organismus von Nachtheil, als reines Metall ist dasselbe völlig unschädlich, und die etwa mit ihm in Verbindung vorkommenden Metalle wie z. B. Arsenik und Kupfer, sind in demselben in so unbedeutender Quantität enthalten, daß eine nachtheilige Wirkung hievon wohl nicht zu befürchten ist. Um der Aufgabe dieser Schrift möglichst zu genügen, bemerken wir, daß nur zwei Chlorverbindungen des Zinns hier Berücksichtigung verdienen, das Zinnchlorür und das Zinnchlorid. Ersteres (Stannum muriaticum) findet bedeutend technische Anwendung und kann deshalb zu Vergiftungen

Veranlassung geben, das andere welches eine ätzend schmeckende, stechend riechende Flüssigkeit darstellt, die an der Luft weiße Dämpfe ausstößt, findet sich wohl nur als selteneres Präparat in den Schränken der Chemiker. Die Zufälle welche man wahrnimmt wenn hydrochlorsaure Zinnsalze in den menschlichen Organismus gelangten, gleichen den Erscheinungen, welche corrosive Metallsalze erzeugen, und sind kurz folgende: Schmerz in der Magengegend und im Unterleib, anhaltendes Erbrechen und Durchfälle, Gefühl des Zusammenschnürens im Hals, herber styptischer Metallgeschmack, später erfolgende Erschwerung des Athmens, kleiner schneller Puls, konvulsivische Bewegungen der Gesichts- und Gliedermuskeln, mit denen sich auch kataleptische Erstarrung der letztern vergesellschaftet.

6. Wirkungen des Zinks.

Im betreffenden Capitel über die Milch haben wir bemerkt, daß dieselbe zinkhaltig sein könne, besonders wenn sie in Gefäßen von Zink aufbewahrt wird, um dadurch die Rahmbildung zu vermehren. Da das Zink ferner sich in den schwächsten Säuren schnell löst und oxydirt, und seine Präparate im Allgemeinen brechenerregend wirken, so ist dessen Anwendung immerhin nicht zu empfehlen, und es kann nach Orfila besonders der Zinkvitriol, eine tödtliche Magenentzündung bewirken. Im Uebrigen werden sich bei einer je vorkommenden Zinkvergiftung, folgende Erscheinungen wahrnehmen lassen: herber, zusammenziehender, schrumpfender Geschmack im Munde, das Gefühl von Zusammenschnürung und Beengung im Halse, Gesichtsblässe höchst schmerzhafte Empfindungen in der Magengegend, die sich später auf den Unterleib ausbreiten, kopiöse Ausleerungen nach oben und unten, Durst, Dyspnoe, frequenter Puls, kalte Gliedmaßen, somit lauter auf eine entzündliche Magenaffection hindeutende Erscheinungen. Metzger fand in einem tödtlich verlaufenden Falle leichte Magenentzündung, und selbst große Turgeszenz der Lungen, und Mertzdorf in ähnlichem Fall einen stark kontrahirten Magen und Darmkanal, mit graugrünlich gefleckten Schleimhäuten, die an einzelnen Stellen Ekchymosen zeigten.

7. Wirkungen des Eisenvitriols.

Der Eisenvitriol oder das schwefelsaure Eisen, dessen man sich zuweilen in Bierbrauereien bedient, findet sich im Handel in Gestalt grüner Kristalle von herbem, säuerlichem, zusammenziehendem Geschmack. Er wirkt, in größerer Quantität in den Magen gebracht, anätzend auf die Magen= und Darmschleimhaut, verursacht deshalb Magen= schmerz, Uebelkeit, heftiges Erbrechen, schmerzhaftes Zusammenziehen der Gedärme, hartnäckige Verstopfung bisweilen auch heftige Durchfälle.

8. Wirkungen des Kalkes.

Der Kalk, welcher, wie vorne beim Mehl bemerkt ist, als kohlen= saurer, (Kreide) oder als schwefelsaurer, (Gyps) in höchst strafbarer Weise unter ersteres gemischt wurde, und wahrscheinlich noch wird, bewirkt als kohlensaurer Kalk in seiner mildern Form, Störungen im Athmungs= und Verdauungsprozeß, Brustschmerz, Blutspucken, Lun= gensucht, Verstopfung oder Durchfall, Verhärtung der Eingeweide, Abzehrung und Bleichsucht. Käme er etwa als Aezkalk in den Kör= per, so würden sich alle jene Erscheinungen wahrnehmen lassen, welche die entzündlichen Affektionen der ersten Wege gewöhnlich verursachen. Eine bedenkliche Magenentzündung würde wohl kaum ausbleiben, ebenso heftige Kolikbeschwerden, reichlich erfolgende blutige Darmentleerungen, Convulsionen, Schluchzen nebst andern Nervenzufällen. Besonders beschränkt sich in manchen Fällen von Aetzkalkintoxicationen die Wir= kung auf die Speiseröhre, daher die heftigen Deglutitionsbeschwerden, welche sich oft bis zum gänzlichen Unvermögen zu schlingen, steigern, in welchem Fall der Vergiftete an der Hectik zu Grunde geht, welche durch die Strictur des Oesophagus erzeugt wurde. (S. Charles Bell, surgical observations, part. 1. pag. 82. — Christison treatiseon poisons. ed. 4. pag. 242).

9. Wirkungen des Schwerspaths

Da die Thatsache feststeht, daß gepulverter Schwerspath (kohlen= saurer Baryt) unter das Mehl gemengt wurde, so wird die Angabe der Erscheinungen, welche die löslichen Barytsalze überhaupt im menschlichen Organismus hervorzubringen vermögen, nicht unzweckmäßig sein. Nach Falk werden folgende Symptome beobachtet: bitterer Geschmack und Gefühl von Brennen im Schlunde und Magen; Erscheinungen von Gastroenteritis, als Uebelkeit, Würgen, häufiges und starkes Erbrechen barythaltiger, schleimiger oft blutgefärbter Massen, zuweilen Durchfälle, immer intensive Kolikschmerzen und erhöhte Temperatur im Epigastrium so wie auch Schmerzhaftigkeit an derselben Stelle beim Zufühlen. Da entferntere Organe in Mitleidenschaft gezogen werden, so kömmt es zu bedeutender Prostration der Kräfte, ungeheurer Angst, Zittern, Zucken der Gesichtsmuskeln, Kopfschmerz, Schwindel, Erweiterung der Pupille, erschwerte Athmung, Verlangsamung des Herzschlages, Coma, Anästhesie der Hautdecken, zu remittirenden, oder intermittirenden Konvulsionen, sowie endlich zu partieller und totaler Lähmung. Bei genügender Aufnahme des Giftes in die ersten Wege und in die Blutbahnen, tritt der Tod in der Zeit von 1—3 Stunden ein.

10. Wirkungen des Kochsalzes.

In größeren Gaben in den Magen gebracht, bewirkt es in demselben Hitze, Durst, Erbrechen, Leibweh, Wallungen. Der anhaltende Genuß soll Säfteverderbniß, Scorbut, Hautausschläge erzeugen. Wir erwähnen es hier mehr deswegen, weil es außer allem Zweifel liegt, daß gewinnsüchtige Bierbrauer dasselbe nicht selten dem Biere beimischen, um den Durst der Gäste zu steigern.

11. Wirkungen der Schwefelsäure.

Unter den Mineralsäuren ist es ganz besonders die Schwefelsäure, die auf das allerheftigste und nachtheiligste auf den menschlichen Organismus einwirkt, und schon so oft Veranlassung zu Vergiftungen gegeben hat und noch giebt. Im Vorangegangenen findet man, daß dieselbe bei Fälschungen des Rothweins, des Branntweins, Bieres und des Essigs, Anwendung findet. Wird sie nun diesen Getränken auch nicht gerade in allzugroßer Menge beigemischt, so kann sie doch, wenn auch nur in geringer Quantität eben anhaltend in den Körper aufgenommen, für die Gesundheit nachtheilig werden. Eine Haupt-

wirkung der Schwefelsäure oder der Substanzen, welche freie Schwefel=
säure enthalten, besteht nach Falk in der Verätzung der Hautdecken und
der Augen, der Mund= und Nasenhöhle, der Speiseröhre, des Magens
und Darms, von welchen bedeutenden Körperletzungen die Verätzung der
ersten Wege die wichtigsten sind. Genannter Autor characterisirt die
Symptome, welche durch die Einbringung von mehr oder weniger
konzentrirter Schwefelsäure in hinreichender Menge, am menschlichen
Körper zu erkennen geben, folgendermaßen. Zunächst entsteht ein
höchst intensiver saurer scharfer Geschmack, Gefühl von Brennen, das
sich über den Mund, die Speiseröhre verbreitet. Wurde wie gewöhn=
lich die Epiglottis oder wohl gar die Glottis von dem Gifte
berührt, so folgen alsbald konvulsivische Husten und Erstickungsanfälle,
die mitunter so bedeutend sind, daß der Tod bei anhaltendem Glottis=
krampfe unter allen Erscheinungen der Asphyxie erfolgt. Ist das
Gift durch die Speiseröhre in den Magen gelangt, so entsteht ein
heftig brennender Schmerz im Verlauf derselben und in der epigastri=
schen Gegend. Mit der Einwirkung der Säure auf die Schleim=
haut des Magens stellt sich sodann in den meisten Fällen unter hef=
tigen Schluchzen und Würgen ein starkes und wiederholtes Erbrechen
von sehr stark angesäuerten, Lakmus röthenden, jedenfalls Schwefel=
säure haltigen Massen ein, die selbst später mit abgestoßenen Epithe=
lialfetzen, blutigem Schleim oder mit einer schwarzen, tintenartigen
Materie gemengt sind. Ist das Gift bis in den Darmkanal gelangt,
so verbreitet sich der brennende Schmerz oder eine lebhafte Kolik
über den Unterleib, ohne daß dabei in der Regel Durchfälle erfol=
gen. Schreitet die Intoxication weiter, so stellen sich über kurz oder
lang eine Reihe von Zufällen ein, welche die Ausbildung einer mehr
oder weniger intensiven Entzündung des Speisekanals begleiten. Wur=
den die Gewebe der Lippen, des Mundes, des Gaumensegels, der
Mandeln und des Schlundes verätzt, so bemerkt man alsdann alle
Erscheinungen der Lippen= und Mundentzündung, der Angina und
der Pharyngitis, wenn nicht gar die Erscheinung von Glottisödem
und Erstickung, welche den Tod des Vergifteten alsbald herbeiführen
können. Wurde die Speiseröhre stärker verätzt, so kommen die Er=
scheinungen der Oesophagitis zum Vorschein, welche nicht minder ge=

fährlich sind. Entwickelt sich eine Entzündung des Magens und Darms oder wohl gar des benachbarten Bauchfelles, so schwillt der Unterleib tympanitisch auf und erweist sich beim Zufühlen höchst empfindlich und heiß. Neben diesen deutlich ausgesprochenen Intestinalsymptomen sind aber in der Regel andere zu konstatiren, welche zum Theil wenigstens von einem Mitleiden entfernter Organe abhängig sind. Die Pulse des Patienten werden klein, zusammengezogen, zuweilen selbst zitternd und später verschwindend, die Athemzüge scheinen unregelmäßig und dyspnoisch oder schwach und langsam. Die Hautdecken des Patienten bedecken sich mit dünnem Schweiße und werden, besonders an den unteren Extremitäten eiskalt. Ueberdies leidet der Patient an unlöschbarem Durst, der, wenn ihm nachgegeben wird, neue Schmerzen und neues Erbrechen zur Folge hat, ferner an furchtbarer Angst und beständiger Unruhe, während die Lippen, die Muskeln des höchst entstellten Gesichtes, die Muskeln der Extremitäten sich in krampfhafter Bewegung befinden, der Schlaf so gut wie suspendirt ist, jedoch die Gehirnfunction meist ihre Integrität bewahrt und nur selten getrübt wird. Gehen die Patienten in den ersten 12—24—48 Stunden zu Grunde, so geschieht dies gewöhnlich nnter allen Symptomen der Magen= und Darmperforation, oder der Gangrän, oder des Glottisödems, oder der suffocativen Angina. Zieht sich die durch das Gift erzeugte Krankheit längere Zeit, viele Tage, Wochen und Monate hin, so kann sie eben sowohl mit dem Tode als mit vollständiger uud unvollständiger Genesung endigen.

12. Wirkung der Salpetersäure.

Aehnlich wie die Schwefelsäure wirkt die konzentrirte Salpetersäure, ätzend auf alle jene Gebilde, mit denen sie unmittelbar in Berührung kömmt, und erzeugt auch in den inneren Organen gleich ersterer dieselben Erscheinungen der heftigsten korrosiven Entzündung. Schon das Einathmen ihrer Dämpfe wirkt nach Cherrier und Desgranges sehr giftig. Tartra, Traité de l'empoissement par l'acide natrique, Paris 1802, stellt je nach· der Dauer und den Zufällen der Vergiftung mit dieser Säure 4 Modificationen auf. Diese sind 1. der Kranke stirbt sehr rasch, nach Verlauf einiger Tage oder einiger Stunden; 2. der Kranke stirbt erst einige Zeit (2 bis 8 Wochen) nach stattgehabter Vergiftung, während dieser Zeit magert er ungemein ab, bekömmt wiederholtes Erbrechen besonders nach dem Essen, das Erbrechen bildet flockige membranöse Stücke, bisweilen die Gestalt der Speiseröhre oder des Magens darstellend, sehr übel riechend; gleichzeitig treten Krämpfe und Gliederschmerzen auf, mit fortwährender Obstruction und bedeutenden Verdauungsbeschwerden, das Athmen ist behindert, der Bauch gespannt, die Haut trocken, fieberhafter Zustand; 3. der Kranke wird zwar wieder hergestellt, allein nicht gänzlich, und leidet dann noch zwischendurch öfters an gesteigerter Reizbarkeit nnd Empfindlichkeit der Magenorgane, und an mannigfaltigen Verdauungsstörungen, zumal Erbrechen; 4. der Kranke genest vollständig. Im Uebrigen sind die bei der Schwefelsäure speciell verzeichneten Symtome auch die, bei der Intoxication mit dieser Säure vorkommenden.

13. Wirkungen der Salzsäure.

Die Salzsäure zeigt dieselben Wirkungen auf den thierischen Organismus wie die bisher abgehandelten Mineralsäuren, nur sind diese Wirkungen flüchtiger, und es nähert sich die Salzsäure in dieser Hinsicht und in Bezug zur Sensibilität mehr den weingeistigen Mitteln an, sie wirkt deshalb rasch ein, und bewirkt in stärkerer Gabe in den Körper gebracht Schwindel, Sinnesbetäubung, ja selbst eine Art von Trunkenheit, wie dies von Richter und Köchlin bereits constatirt wurde. In ganz kleinen Gaben bewirkt die Salzsäure im Magen ein angenehmes Wärmegefühl, später erhöhte Gefäßthätigkeit, beschleunigter Puls, Turgeszenz der Haut, reichliche Harnsecretion. Zu den schon bemerkten Erscheinungen bei größerer Menge in den Körper gebracht, gesellen sich noch starkes Erbrechen, Ekel, heftiges Leibschneiden und manchmal copiöse Durchfälle. Wurde konzentrirte Salzsäure verschluckt, so entwickeln sich in den ersten Momenten der Intoxication weiße Dämpfe von penetrant stechendem Geruch, die vom Kranken aufsteigen. Die bei einer Vergiftung mit Schwefel- oder Salpetersäure sich zeigende, gelbliche oder bräunliche Färbung der die Mundhöhle auskleidenden Schleimhaut, fehlt bei der Intoxication mit Salzsäure.

II. Die Wirkung schädlicher Stoffe aus dem Pflanzenreich.

Siebenundzwanzigstes Capitel.

1. Wirkungen der Tollkirsche oder Belladonna. (Atropa Belladonna).

Die Tollkirsche, Belladonna, auch Wolfs-, Sau- oder Wuthkirsche genannt, gehört in die Familie der Solanneen, wächst im mittlern Europa auf Höhen, in Gebirgswaldungen an schattigen Plätzen und blüht im Juni, Juli und August. Das in ihr höchst giftige Prinzip ist das Atropin, ein Alkaloid, welches zuerst Mein endeckte, und es ist jenes Prinzip besonders kräftig in der Wurzel derjenigen Exemplare enthalten, die im Frühling an dunkeln, schattigen Orten gesammelt werden. Die Wirksamkeit der Tollkirsche erstreckt sich auf den Verdauungsapparat, auf Circulation und Respiration, auf die Haut, auf die Harn- und Geschlechtsorgane, auf den Gesichts- und Gehörsinn, sowie auf die Nervencentren. Die so vielseitige Wirksamkeit dieses so heftigen Pflanzengiftes, macht die Größe der Symptomengruppe, welche wir nach Falk geben, erklärlich. Die durch sie erzeugten Intoxicationen erscheinen bald in der Form von Manie, von stillen, heitern oder furibunden Delirien, bald in der Form von Coma, Convulsionen, Veitstanz (Drehbewegung) bald in der Form von Hydrophobie, bald in der Form von Apoplexie oder einer andern Cerebral- oder Cerebrospinalaffection. An den durch Belladonna oder Atropin haltige Substanzen vergifteten Individuen zeigen sich folgende Erscheinungen: außerordentliche Trockenheit des lebhaft gerötheten Mundes und Rachens, völlig unterdrückte Speichelabsonderung, Schlingbeschwerden mit darauf folgender Dysphagie, lebhafte, scharlachrothe oder bläuliche Färbung des aufgetriebenen Gesichts, Klopfen der Halsgefäße, Injectionen der Augen, auffallende Erweiterung der Pupille mit mannigfachen Störungen des Gesichtssinnes (Pseudopsie, Diplopie, Hallucinationen) Blindheit, Erbrechen, Kopfschmerz Schwindel, große Agitation des Körpers, sardonisches Lächeln, lebhaft beschleunigter Puls, frequente Respiration, sowie auf der Höhe der Krankheit Delirien, die bald still und muscitirend sind, bald heiter erscheinen, und alsdann mit großer Geschwätzigkeit verbunden sind, bald als furibunde sich darstellen, und mit den heftigsten Ausbrüchen von Tobsucht und Raserei auftreten. Schreitet die Intoxication noch weiter, so sinkt der gehobene Puls und die gesteigerte Körperwärme, während sich allmählig ein Gefühl von Schwere der Glieder, taumelnder Gang, Adynamie, Athmungshemmung, Aphonie, Alalie, Anaesthesie der Hautdecken, Parese, Sopor, allgemeine und partielle Convulsionen, Harnverhaltung oder unwillkührlicher Abgang des Koths und Urins, so wie endlich mehr oder weniger entschiedene und ausgebreitete Paralysen einstellen. Andere Erscheinungen der Atropinvergiftungen, die außerdem und nur bei bestimmten Formen der Intoxication vorkommen, sind: wahrer Tenesmus zum Laufen und Entfliehen, Drehen im Kreise, veitstanzähnliche Bewegungen, Rollen der Augen, konvulsivische Bewegungen des Orbicularis oris, Zähneknirschen, mastikatorischer Krampf, Zuckungen der Gesichtsmuskeln, Erectionen des Penis und andere Zeichen von Reizung der Genitalien, Wasserscheu mit Ausbruch von Convulsionen bei Darreichung von Flüssigkeiten, Zeichen von drohender oder eingetretener Apoplexie, Auftreibung des Unterleibes, Schmerzen in der Gegend des Magens und Dünndarmes, mehr oder weniger ausgesprochene Regung von Fieber u. A. m. Die Dauer der Intoxication kann von mehreren Stunden bis zu mehreren Tagen variiren. Die Ausgänge der Intoxication sind die gewöhnlichen, jedoch ist der

Ausgang in den Tod bei richtiger Behandlung seltener als bei anderen Vergiftungen.*)

2. Wirkungen des Bilsenkrautes.
(Hyoscyam. niger).

In genügender Quantität in den Körper aufgenommen, bewirkt das in dem Bilsenkraut enthaltene Alkaloid, Hyoscyamin, folgende Erscheinungen: Angst, Kopfschmerz, Schwindel, Trunkenheit, und während des Liegens das eigenthümliche Gefühl als falle man; Irre-

---

*) Eines interessanten Falles von Vergiftung durch Belladonna erinnern wir uns noch aus der Zeit unseres academischen Studiums. Derselbe wurde uns von Tübingen aus folgendermaßen berichtet: Mehrere Studiosen der Medizin kamen eines Sonntags Vormittags während der Zeit des Gottesdienstes in einem Locale zusammen, wo vorzugsweise ganz vorzügliches Bier gebraut und ausgeschenkt wurde. Längere Zeit vorher schon, wollten mehrere andere Studiosen auf den Genuß dieses Bieres ganz besondere Erscheinungen an sich wahrgenommen haben, so z. B. ungewöhnlich schnelle, lange anhaltende Berauschung mit Schwindel, Flimmern vor den Augen, Zittern der Extremitäten, Wüstigkeit des Kopfes, Verdunkelung des Gesichts, sexuelle Affectionen, besonders heftige Erection des Penis u. d. m. Man achtete indeß wenig oder gar nicht auf diese Aussagen. Am erwähnten Sonntag nun gingen zwei von den Studiosen von einem Hunde begleitet, zur Befriedigung eines Bedürfnisses in den Hofraum, auf dessen einer Seite sich ein großer Düngerhaufen befand. Im Begriff nach dem Wirthszimmer zurückzukehren, gewahrten sie, daß der Hund eifrig sich beschäftigte an einer Stelle des Düngerhaufens zu scharren und zu kratzen. Begierig, was der Hund da finden und herausfördern würde, blieben beide ruhig beobachtend stehen, und siehe da — nach kurzer Zeit zerrte das Thier einen ziemlich langen leinenen Beutel hervor und schleppte ihn im Hofe umher. Die Studenten nahmen dem Hund den Beutel ab, verbrachten denselben unbemerkt zu ihren übrigen Genossen in das Zimmer, wo man ihn behutsam öffnete. Dieser Beutel enthielt nun nichts geringeres als — Belladonnablätter. Die Sache kam zur Anzeige. Die früher beobachteten Zufälle und Erscheinungen, welche man bei mehreren Studirenden, die hier Bier getrunken, fanden baldige Erklärung. Der Bierbrauer hing nämlich in jeden Sud Bier einen solchen, vorher im Dünger fermentirten Belladonnabeutel. Die weitere Mittheilung über diesen Vorgang sagt, daß dem Bierbrauer auf mehrere Jahre die Wirthschaft geschlossen, und ihm selbst auf dem hohen Aschberg auf längere Zeit Quartier mit ferner schöner Aussicht, angewiesen wurde. — Daß es gewissenlose Bierbrauer giebt, welche sich der Belladonnablätter bedienen um das Bier stark und berauschend zu machen, haben wir vorne im 31. Capitel bemerkt.

reden, große Schläfrigkeit, Schlafsucht, apoplectische Zufälle, Flimmern vor den Augen, Doppeltsehen, Blindheit, Zuckungen, Krämpfe, Paralyse der Zunge oder der Extremitäten, fieberhaften, bald schnellen bald schwachen, verlangsamten, unordentlichen auch aussetzenden Puls, Trockenheit im Munde, heftigen Durst, Leibschmerzen, kalte Schweiße, Hautjucken, bläuliche livide Hautfärbung; Delirien, Brechneigung, Athmungsbeschwerden. Die andern Symtome theilt das Bilsenkraut mit den narkotischen Substanzen überhaupt, und namentlich mit der Tollkirsche. — Weitaus die meisten Intoxicationen finden durch die Wurzel des Bilsenkrautes statt, indem diese mit jener von Pastinak verwechselt wird. Das weiße Bilsenkraut, Hyoscyamus albus, bringt ähnliche Erscheinungen hervor.

3. Wirkungen der Nieswurzel.
(Veratrum album).

Das wirksame Princip in der Nieswurzel ist das Veratrin. Die Pflanze selbst wächst auf den Wiesen der Alpen im mitleren Europa, und blüht von Juni bis August. In größeren Gaben äußert sie die Erscheinungen, welche man einerseits an den mit einem scharfen Prinzip, anderseits an den mit narkotischen Kräften begabten Stoffen wahrnimmt. So äußert sie heftiges Brennen im Munde, Schlund, in der Speiseröhre und im Magen, Zungenstarre, die sich bis zur Stimmlosigkeit steigert; brennende, schneidende, reißende, wühlende Schmerzen im Bauche, gewaltsames Würgen, heftiges Erbrechen, schmerzhafte Diarrhöen, öfters mit Blutabgang verbunden, Tenesmen, Schwerharnen, Blutharnen; große Beängstigung, schmerzhaft aufgetriebene Präcordien, kleinen, unregelmäßigen, zuweilen aussetzenden Puls, Krämpfe und Convulsionen der Extremitäten, Anfälle von Tetanus, Wahnsinn, kalte Schweiße, Kälte der Extremitäten und unter Zufällen von Paralyse, den Tod.

4. Wirkungen des Seidelbast.
(Daphne Mezereum.)

Der Seidelbast oder Kellerhals ist ein Strauchgewächs, welches in gebirgigen Gegenden von Nordeuropa, in feuchten Bergwäldern und Vorhölzern der Kalkregion, an feuchten, steinigen oder schattigen Orten der Voralpen, vorkömmt. Alle Theile dieser Pflanze besitzen eine sehr große Schärfe, und schon die bloße Rinde derselben äußerlich auf die Haut applicirt, bewirkt Blasen daselbst, und greift tief in das organische Gewebe, erzeugt Geschwüre und Pustelausschlag. Kömmt der Seidelbast in das Innere des Körpers, so wirkt er auf die Schleimhaut des Verdauungsapparates, so wie auf die Harnorgane höchst reizend, ruft in höherem Grad seiner Einwirkung Blasenbildung in der Mund und Rachenhöhle hervor, erzeugt im Halse Brennen und Kratzen, Magenschmerz, Kolik, welche beide sich schnell sehr steigern, Erbrechen, wässerige selbst sanguinolente Darmentleerungen, Schleim= und Blutharnen und auch Blutabgang aus der Scheide; Magenentzündung, Abschuppen und Jucken der Haut, Schweiße, Knochenschmerzen. Wird er in größerer Quantität in den Organismus eingeführt, so sind nebst den genannten Erscheinungen auch Brand des Magens und qualvoller Tod die Folge.

5. Wirkungen des wilden Rosmarins.
(Ledum palustre.)

Diese Pflanze auch Porst, Sumpfrosmarin, Sautanne genannt, strauchartig in feuchten waldigen Gegenden wachsend, einen starken etwas aromatischen, betäubenden Geruch und zusammenziehenden Geschmack besitzend, liefert in seinen Blättern betrügerischen Bierbrauern ein Mittel als Bierzusatz, und findet dasselbe besonders in England viele Anwendung. Es bewirkt dasselbe in starker Gabe hohe Berauschung, Schlaflosigkeit oder tiefen Schlaf, Kopfschmerz, Erweiterung der Pupille, Ohrensausen, Angst, Brustbeklemmung, Ohnmacht, Gliederschmerz, Hautjucken und Hautausschläge.

6. Wirkungen des Schwindelkornes.
(Lolium temulentum).

Das Schwindelkorn, auch betäubender Lolch, Taumellolch, Schwindel= und Düppelhafer genannt ist ein sehr schädliches Unkraut, welches sich unter der Saat, besonders unter

Gerste und Hafer, auf kalkigen lehmreichen, überhaupt mehr auf magern als fetten Aeckern im Juni und Juli in nassen Jahrgängen besonders häufig findet, so, daß dadurch das Getreide öfters verdrängt wird. Es kömmt deshalb bei Unachtsamkeit mit der Gerste unter das Bier, und mit den andern Cerealien auch unter das Mehl, und die übrigen hieraus bereiteten Nahrungsmittel. Nach den Selbstversuchen von Cordier zeigt der Taumellolch in den Körper gebracht folgende Erscheinungen: Gedankenschwäche und Verwirrung, Trübung des Sehvermögens, Gefühl großer Muskelabspannung mit mühsamem Gehen und erschwertem Sprechen, Gliederzittern, große Neigung zum Schlaf, wiederholtes Erbrechen. Nach Seeger sollen bei Lolchvergiftungen tiefe Schlafsucht und allgemeines Zittern, die wesentlich charakteristischen Symptome bilden.

7. Wirkungen des Mutterkornes.
(Secale cornutum).

Die Folgen welche durch Nahrungsmittel entstehen, zu deren Bereitung mutterkornhaltiges Getreidemehl genommen wurde, sind bekannt, und wie durch das Mutterkorn schon bösartige Epidemien entstanden, ist vorne beim Artikel über „Verunreinigungen und Verfälschungen des Mehles", gezeigt worden. Es bleibt uns hier noch übrig die Symptome aufzuführen, unter welchen die beiden durch das Mutterkorn entstehenden Krankheitsformen, der Mutterkornbrand (Brandseuche) und der Mutterkornkrampf, (Kriebelkrankheit) erscheinen. Auch hier halten wir uns wieder an Falk's vortreffliche Arbeit über diesen Gegenstand, indem wir derselben nur dasjenige entnehmen, was sich für den Zweck dieser Schrift eignet. Genannter Autor hat aber seiner Darstellung selbst die Mittheilungen französischer Aerzte zu Grunde gelegt, welchen Gelegenheit geboten war, Brandseuche-Epidemien zu beobachten.

Die Erscheinungen und der Verlauf der Brandseuche oder des Mutterkornbrandes, sind zu verschiedenen Zeiten und bei verschiedenen Individuen, ebenfalls verschieden. Man beobachtete gutartige und bösartige Epidemien, und neben dem Brand als dem bedeutendsten konstantesten Zufall, wurde eine Symptomenreihe von

Wirkungen des Mutterkornes.

viel geringerer Beständigkeit wahrgenommen. Im ersten Stadium der Krankheit, zuweilen schon nach dem fünften Tag stattgefundener Intoxication eintretend, bald nur 2—7, dann aber auch selbst 14 bis 21 Tage andauernd, waren Affectionen des Gehirnes, Rückenmarkes, der Eingeweide, der Lungen, der Haut so wie anderer Organe, Schwindel, Trunkenheit, Sinnestäuschungen, Betäubung, Schlaflosigkeit, Adynamie, Frostgefühl, Ameisenkriechen, vagirender Schmerz im Rücken und den Extremitäten, krampfhafte Zusammenziehungen und Zuckungen, schmerzhafter aufgetriebener Unterleib, bisweilen heftige Kolik, Diarrhoe, Brechneigung und wirkliches Erbrechen, bald mehr bald weniger deutlich ausgesprochen. Damit verband sich Trockenheit der Haut, die bald eine bleiche, bald gelbe, bald rothlaufartige Färbung zeigte; kleiner frequenter Puls, ohne weitere Störung in den übrigen körperlichen Functionen.

Das zweite Stadium der Brandseuche kennzeichnete sich durch die nach kurzer oder längerer Zeit stattfindende Entwicklung des trockenen oder feuchten Brandes an irgend einem Körpertheil, und zwar in den meisten Fällen an den Zehen und Füßen, seltener an den Fingern und Händen, am seltesten an der Nase. Die Erkrankten fühlten in dem vorwiegend ergriffenen Theil anfänglich einen dumpfen, nachher heftig schneidenden Schmerz, anderwärts aber das Gefühl von Pelzigsein, Eingeschlafenheit und Taubheit, mit diesen Erscheinungen begann das ergriffene Glied aufzuschwellen und von einer selbst erysipelatösen Röthe überzogen zu werden. (Ignis sacer). Das dem Brande verfallene Glied fühlte sich, statt vermehrte Temperatur wahrnehmen zu lassen, stets eiskalt an, und war nicht zu erwärmen, wobei indeß die Glieder dennoch beim Zufühlen große Empfindlichkeit und Schmerzhaftigkeit äußerten, eine Erscheinung, die um so mehr auffällt, als der schwache zusammengezogene Puls und die Abwesenheit von Fieber, jeden Gedanken an Entzündung nicht wohl aufkommen ließen. Nach solchen Ersterscheinungen zum wirklichen Durchbruche gelangt, verloren sich plötzlich die Schmerzen, die Kälte im brandigergriffenen Theil aber steigerte sich unter Nachlaß aller Funktionsfähigkeit desselben. War der eingetretene Brand der trockene, so schrumpfte die Haut ein, faltete und zerklüftete sich, wobei anfangs das Glied livid, dann bleifarbig, schwarz, trocken und hornartig aussah. Wenn, was sich seltener einstellte, der feuchte Brand auftrat, so schwoll der ergriffene Theil sehr an, auf der Haut aber bildeten sich Phlyctänen, gefüllt mit blutigem Serum und die darunter liegenden Gewebe erweichten sich mit penetrantem Geruche.

Große Verschiedenheit zeigte der Brand bezüglich seiner Ausdehnung. In den meisten Fällen beschränkte er sich auf eine oder mehrere Phalangen des Fußes oder einer Hand, und war derselbe bedeutend, so wurde von ihm ein größerer Arm- und Fußtheil ergriffen. Trat derselbe in größerer Ausdehnung auf, so ergriff er sämmtliche Extremitäten, und es blieb im glücklichsten Falle nur der Rumpf des Körpers verschont. Die von Gangrän oder Sphazelus ergriffenen Glieder lösten sich verschiedenartig ab. So war die Lostrennung eines Fingers oder eines Zehens bei trockenem Phalangenbrande unvermerkt, ohne alle Blutung, und deren Steckenbleiben in einem Handschuh oder Schuh nichts seltenes; dann wieder ging zuweilen das abgestorbene Glied unter jauchiger, höchst übel riechender Zerstörung und Auflösung gänzlich zu Grunde, während nach oben sich eine deutliche Abgränzungslinie einstellte, oder man bemerkte an der letzteren eine übelriechende jauchige Zerstörung, während der übrige Theil des abgestorbenen Gliedes völlig sich mumifizirend, alle Zeichen des trockenen Brandes wahrnehmen ließ.

Ein mehr oder weniger merkliches Fieber gesellte sich zum Eintritt und zur Verbreitung des Brandes, oft 30—40 Tage andauernd, mit dem Stillstande des Brandes aber verschwindend. Rasch zu Grunde gingen die Patienten unter Zunahme der Adynamie, unter Ohnmachten, Schluchzen, Delirien und Coma, wenn sich der Brand auf innere Theile warf. Hectik, Pyämie und Erscheinungen des putriden Fiebers stellten sich ein, bei excessivem Auftreten des Sphaelus an äußeren Theilen und mangelnder Kunsthülfe, und bildete sich bei dem einen oder andern Patienten trotz Formication und bläulicher Gliederfärbung der Brand nicht aus, so verfielen dieselben nebst eintretender Adynamie, Schwindel, Magenschmerz, chronischer Diarrhoe, den Erscheinungen eines langwierigen Siechthumes. Stillenden Frauen versiegte ohne daß Erscheinungen des Ergotismus auftraten, nicht selten die Milch. Verschieden zeigte sich auch der Ausgang des Mutterkornbrandes. So trat z. B. völlige Genesung ein, aber nur bei solchen, bei denen der Brand nicht zum Durchbruche gelangte, hatte letzterer sich ausgebildet, so endete der Kranke unter Erscheinungen der Hectik, der Konsumtion, der Pyämie, des putriden Fiebers, der Hämorrhagie oder Paralyse, oder aber es erfolgte eine unvollständige Genesung mit Gliederverstümmelung, Zehrung oder Lähmungen im Gefolge.

Die Erscheinungen, welche bei dem Mutterkornkrampfe oder der Kriebelkrankheit wahrgenommen werden, unterscheiden sich nach dem Grade, in welchem die Vergiftung damit stattfand, und wir lassen daher deren Darstellung nach den von Falk angegebenen 3 Graden hier ebenfalls folgen.

1. Leichter Grad der Intoxication. Es wurde dieser Grad, wenn die Krankheit epidemisch herrschte, nach dem Zeugniß der sie beobachtenden Aerzte, häufig wahrgenommen. Ameisenkriechen, Taubheit, leichte Anästhesie der Finger und anderer Körpertheile, z. B. der Hände, Vorderarme, Arme, des ganzen Körpers, bisweilen schmerzhafte Zungenzuckungen, gastrische Affectionen mit anhaltenden Diarrhöen, Erbrechen oder auch entschiedenem Brechdurchfall, gaben sich hier zu erkennen. Hiezu gesellten sich noch krampfhafte Empfindungen in der Herzgrube, ohne daß die übrigen körperlichen Functionen irgend wie sich gestört zeigten. Im Ganzen verlief dieser Vergiftungsgrad sehr günstig, wenn die Erkrankten, welche gewöhnlich ihre übrigen Verrichtungen vollzogen, sich zweckmäßiger Nahrung bedienten. War letzteres aber nicht der Fall, oder unterlief irgend eine Unvorsichtigkeit, so steigerte sich derselbe bald zu einem höhern Grade.

2. Schwererer Grad der Intoxication. In einer vollständigen Cerebrospinalaffection bestehend, wurde dieser zur Zeit einer beginnenden Epidemie, nicht selten neben der leichten Intoxication wahrgenommen. Plötzlich eintretender Schwindel, Blindheit, Gliederzittern, konvulsivische Zuckungen, tonisch-spasmodische Contractionen der Muskelbeuger, Uebelkeit, Würgen, vergebliche Brechanstrengung, krampfhafte Unterleibsspannung, träger Stuhl, unterdrückte Harnabsonderung, kalte, die Haut bedeckende Schweiße, waren die Klagen der Ergriffenen. Damit verbunden war ein kleiner zusammengezogener Puls, große Entstellung des Gesichts durch gelbliche Gesichtsfärbung. Wenn, was gewöhnlich der Fall war, die Intoxication sich voll-

ständig entwickelte, so stellten sich nach kurzem Nachlaß des Leidens auf einenmal heftige Zuckungen ein, verbunden mit völliger Sinnesunthätigkeit, Bewußtlosigkeit und dem Unvermögen zu sprechen, und die Kranken endeten ganz schnell, oft schon nach dreitägiger Dauer dieses Zustandes. Der Genuß einer größeren Quantität von Mutterkorn scheint diese Folge hervorgebracht zu haben, und es ist Thatsache, daß weder Alter noch Geschlecht, weder Constitution noch Temperament, Schutz gegen diese Krankheit gewährten, und daß nur Säuglinge frei davon blieben, da sie durch Muttermilch ernährt, der Einwirkung von Mutterkorn nicht ausgesetzt waren.

3. Mittlerer Grad der Intoxication. Wenn dieser sich vollständig entwickelte, so gaben sich außer dem Stadium der Vorläufer zwei weitere Stadien der Krankheit in ihren Symptomen deutlich zu erkennen, deren nun folgende Anführung gerechtfertigt ist.

Gewöhnlich vernahm man von den Erkrankten im Stadium der Vorboten, Klage über Taubheit und Schwere in den Gliedern, über Druck in den Präcordien, Anorexie, Kältegefühl im Unterleib, bis in den Rücken sich ausdehnend, Ameisenkriechen über den ganzen Körper, krampfhaftes Zucken im Gesicht, Rumpf und in den Gliedern, ohne Beeinträchtigung der Excretionsorgane. Kam die Krankheit zum Durchbruch und somit in das zweite Stadium, so erfolgte dies mit großer Beklemmung der Herzgrube, unter Würgen und Erbrechen zäher galliger Massen, unter Schwindel und andern Symptomen. Völlig entwickelt, verlief die Krankheit unter mancherlei Zufällen, deren Darstellung nach den Organensystemen, die geeignetste ist. Mit den Intestinalsymptomen beginnend, so gewahrte man fast immer einen unersättlichen Heißhunger und gesteigerten Durst, welche anhaltend die Kranken veranlaßten mehr als ihnen zuträglich, zu trinken und zu essen. Unüberwindlich war deren Verlangen nach sauren Speisen und Getränken, dessen Befriedigung aber stets erneuertes Erbrechen veranlaßte. Dabei war deren Verdauung schlechter als sonst, bei regelmäßigem Stuhlgang, der indeß nicht selten in Diarrhoe ausartete, wobei der Abgang höchst übelriechender Fäcalmassen, oder ganz unverdauter Speiseüberreste stattfand. Eine besonders das Leben der befallenen Greise und Kinder gefährdende, sich mehr oder weniger einstellende Zehrung, wurde als Folge solcher Diarrhöen beobachtet, und überdies sah man sehr häufig alle Zeichen einer starken Helminthiase, massenhafte Abgänge von Würmern (Ascaris lumbricoides) durch Erbrechen oder durch Stuhlgang, daneben mancherlei von den Würmern herrührende oder unterhaltene Nervenzufälle, die nach stattgefundenen Abgängen der Parasiten auffallend rasch verschwanden.

Das Cerebrospinalsystem anlangend, klagten die Erkrankten über ein lästiges Gefühl von starkem Ziehen und Reißen im Rücken, verbunden mit sehr schmerzhaften Zusammenziehungen der Muskeln und besonders der Muskelflexoren. Die Schmerzhaftigkeit dieser Contractionen war so groß, daß die Kranken weinend und klagend, unruhvoll, angst- und peinvoll, mit kaltem Schweiß bedeckt, sich in den Betten umherwarfen. Verlangten die Kranken Streckung ihrer krampfhaft zusammengezogenen Glieder, so vermochte man zwar deren Contractur zu überwältigen, allein sie kehrte mit dem Nachlasse der künstlich bewirkten Extension bald wieder, und hatte dann die Contraktur stundenlang angedauert, so hörte dieselbe endlich von selbst auf, und ermattet und erschöpft schliefen alsdan die Kranken ein. Erwacht, äußerten dieselben gewöhnlich bedeutende Eßlust, die zu befriedigen ihr angelegentstes Bestreben war, zeigten zugleich sich so gekräftigt, daß sie sich erhoben, ja selbst Geschäften oblagen. Dieses Freisein von Leiden war aber nicht von Dauer, und neue krampfhafte Zusammenziehungen in unregelmäßig intermittirenden Anfällen, kehrten meist Vormittags und nach Gemüthsaffecten wieder. Nebst diesen Zufällen, zuweilen schon in kurzer Zeit in tetanische Krämpfe mit oft tödtlichem Verlaufe übergehend, klagten die Kranken wie schon im Stadium der Vorläufer, über Ameisenkriechen und Gliedertaubheit. Ersteres zeigte sich aber jetzt viel heftiger, ausgebreiteter und andauernder als früher, denn dasselbe wurde jetzt nicht nur in den Fingern und Zehen und oberflächlichen Körpertheilen, sondern auch im Kopfe, im Gesicht, Zahnfleisch, in den Alveolen, im Gaumen und Schlund, selbst in der Brust, dem Magen und Unterleibe empfunden. War das Leiden bedeutender, so klagten die Kranken über vollständige Anästhesie der Finger und Glieder, welche manchmal so ausgebildet war, daß ohne alle Schmerzempfindung beliebige Verletzungen der Haut vorgenommen werden konnten. Diese Anästhesie und Taubheit blieb sich aber nicht immer gleich, sondern sie verminderte sich unter dem Einflusse starker Arbeit und anhaltender Körperbewegung. Von Hirnzufällen, welche sich gleichzeitig ausbildeten, sah man häufig genug konvulsivische Zuckungen um den Mund, an den Augen und Wangen, Erweiterung der Pupille, die gewöhnlich mit Schwindel verbunden war, Störungen im Sehvermögen, als Schmerzhaftigkeit der Augen bei grellem Licht, Diplopie, Chromatopsie, Pseudopsie, ja zuweilen selbst Amblyopie und Amaurose, mit nachfolgenden Cataracten. Dabei trugen die Patienten ein höchst mürrisches und verdrießliches Wesen zur Schau, das auf die Wiederkehr von neuen spasmodischen Contracturen um so mehr von Einfluß war, wenn in den Krampfpausen ein Zittern die Muskeln befangen hielt. Wuchs das Leiden des Gehirns und Rückenmarkes zu größerer Stärke an, so bemerkte man zuweilen wirkliche kataleptische Zufälle, die gewöhnlich nach kurzer Dauer in Convulsionen ausliefen, zuweilen aber auch in eine eigenthümliche, gewaltige Vor- und Rückwärtsbeugung des Körpers, in eine Art von Emprosthotonus oder Ophistotonus übergingen. Häufiger noch als die Zufälle der Catalepsie gewahrte man epileptische Krämpfe, die bald mit, bald ohne Verlust des Bewußtseins auftraten, mastikatorischer Krampf, bei dem die Zunge des Patienten sehr gefährdet war; sardonisches Lachen, endlich auch Tobsucht, oder völligen Blödsinn, wodurch die Kranken in einen wahrhaft traurigen Zustand versetzt wurden.

Außer dem Cerebrospinalsystem und den ersten Wegen, schienen bei aufgekommener Krankheit die übrigen Organe des Körpers nur wenig zu leiden. Die Haut der Kranken erschien besonders im Gesicht, so wie an den Händen und Armen gelb oder erdfahl, und bedeckte sich während der Krampfzufälle mit kalten Schweißen. Ueberdies sah man zuweilen vesiculöse oder pustulöse Ausschläge oder furunculöse Leiden, welche bald hier bald dort zum Vorschein kamen. Die Nägel der Patienten ließen nicht selten dunkelbraune Absätze von $1/2$ Linie Breite wahrnehmen. Das Gesicht des Patienten erschien eingefallen und entstellt, und bot ein schüchternes, finsteres und mürrisches Ansehen dar. Das Herz schlug gewöhnlich ganz ruhig, die Pulse waren kontrahirt, besonders während der Krampfanfälle. Die Respiration war während der Krampfanfälle mehr oder weniger gestört. Die Milchdrüsen kranker säugender Weiber fuhren fort ihr

Secret zu liefern; auch schien die Milch den Säuglingen nicht übel zu bekommen. Schwangere Frauen welche erkrankten, erlitten weder Abortus noch Frühgeburten.

War der Patient in dem zweiten Stadium der Krankheit nicht zu Grunde gegangen, aber auch nicht zu Folge einer guten Behandlung der Gefahr entzogen, so verlief die Krankheit nach kürzerem oder längerem Bestand in das dritte und letzte Stadium. In demselben schwanden die tonisch-spasmodischen Contractionen der Musculatur, während unter Zunahme der Anästhesie die Leiden des Gehirnes und des Rückenmarckes sich auffallend steigerten. Die Kranken verloren alsdann entweder gänzlich oder fast gänzlich das Gesicht, und Gehör, sprachen mit schwerer Zunge, klagten über tiefen, bohrenden, anhaltenden Kopfschmerz, begannen zu deliriren, verloren die Eßlust, begannen aufs Neue zu würgen und zu erbrechen, und verfielen endlich in Convulsionen oder in Lähmungen.

Die Dauer der Krankheit, welche unter begünstigenden Verhältnissen in Recidiven wiederkehrte, variirte bei sehr unregelmäßigem Verlauf von 4—8—12 Wochen, und endigte nicht selten mit dem Tode, aber auch besonders bei frühzeitig eintretender Behandlung mit mehr oder weniger vollständiger Genesung. Der Tod erfolgte bald unter Convulsionen, bald unter den Erscheinungen der Collapsus, besonders nach langwierigen Diarrhöen, bald unter Erscheinungen von Paralyse. Ging die Krankheit in mehr oder weniger vollkommene Genesung über, so wichen die spasmodischen Zufälle und die andern Erscheinungen der Cerebrospinalaffection, aber nicht selten blieben Schwäche und Zittern und Schwellungen der Glieder, Gelenksteifigkeit, Lähmungen, epileptische Zufälle, Melancholie, Blödsinn, Störungen im Sehvermögen, chronischer Schwindel, periodisch wiederkehrende Convulsionen, anasarcöse oder ödematöse Schwellungen, und andere Residuen und Folgen der Krankheit zurück.*)

---

*) Ueber das Mortalitätsverhältniß in dieser schauervollen Krankheit berichtet Taube, der 600 von der Kriebelkrankheit Befallene sah und behandelte, folgendermaßen: Es starben von der angeführten Zahl 97, also fast $1/6$; darunter 41 im Alter von 2—10 Jahren, 15 im Alter von 10—20 Jahren, 14 im Alter von 20—30 Jahren, 21 im Alter über 30 Jahre. (S. Taube, Die Geschichte der Kriebelkrankheit, besonders

Wir konnten es nicht unterlassen hier genau wieder zu geben, was von Falk so vortrefflich über die beiden Krankheitsformen, welche durch den Genuß von Mutterkorn zu entstehen vermögen, geschrieben wurde. Die Möglichkeit des Eintrittes schlechter, an Mißwachs reicher Jahrgänge ist immer vorhanden, so wie die Prädisposition zur Erzeugung beider Krankheiten, da Entbehrung, Noth, Armuth, welche jene so sehr begünstigen, auch nicht abhanden gekommen sind. Was endlich speciell die schädlichen Wirkungen des Mutterkornes anbelangt, so sprechen die Ergebnisse vieler mit demselben angestellten Experimente zu laut dafür, daß genanntes Naturproduct als die äußere Ursache der Kriebelkrankheit betrachtet werden muß.

8. Wirkungen der Krähenaugen.
(Strychnos nux vomica.)

In den Krähenaugen, auch Brechnuß genannt, findet sich das von Caventou und Pelletier entdeckte Strychnin, ein Alkaloid, welches zu den gefährlichsten Giften zählt. Es ist erwiesen, daß dem Bier Aufgüsse oder Decocte von Krähenaugen beigemengt worden sind, um demselben den fehlenden Weingeistgehalt und Stärkegrad durch ihre betäubenden, narkotischen Eigenschaften zu ersetzen. Nach Falk ergaben sich bei einer Intoxication durch Brechnuß folgende Erscheinungen: intensiver bitterer Geschmack, große Aufregung und Angstgefühl, Athemnoth, Zittern, Schwirren und convulsivische Erschütterung der Muskulatur, ungeheure nervöse Schwäche und sensible Vulnerabilität mit großem Mangel an Widerstandskraft gegen mäßige Reize (Schall, Licht, Zugluft, Berührung, Erschütterung) und Schreckhaftigkeit. Diese Symptome bilden die Einleitung zur Intoxication durch Strychnin. Sind erstere in höherem Grade ausgebildet, so treten gewöhnlich plötzlich nach Einwirkung eines stärkeren Reizes, aber auch ohne diesen, ausgebildete tetanische, mit Kinnbackenkrampf verbundene Convulsionen ein, die pausenweise wiederkehren und meistens in Form von Opisthotonus sich einstellen. Mit dem Eintritt jeden

---

derjenigen, welche 1770 u. 71 in den Cellischen Gegenden gewüthet hat. Göttingen 1782, S. 18 u. 19.

Wirkungen der Krähenaugen. 243

Krampfanfalles wird der Kopf des Erkrankten stark in den Nacken gezogen und die Wirbelsäule in der Zuglinie der auf den Rücken gelegenen Streckmuskeln bogenförmig gekrümmt, der Unterkiefer in Folge tonischen Krampfes der Masseteren gegen den Oberkiefer trismatisch fixirt, während die Extremitäten convulsivisch gestreckt oder abducirt werden. Faßt man die Muskelbündel während des Krampfanfalles zwischen die Finger der Hand, so bemerkt man ein ungeheures Schwirren der Muskeln, das bei aufmerksamer Betrachtung auch mit den Augen wahrnehmbar ist. Indessen beschränkt sich dieser tonische Krampf keineswegs allein auf die Streckmuskeln des Rumpfes und der Extremitäten, sondern verbreitet sich auch mehr oder weniger auf die übrigen Muskelgruppen, so daß unter eigenthümlichen Tönen Glottiskrampf entsteht, und unter cyanotischer Färbung des Gesichtes, der Lippen und selbst der Hände, die Respiration völlig coupirt wird, während die starren glänzenden Augen meistens stärker hervortreten. Läßt, wie gewöhnlich nach kurzer Zeit der erste Krampfparoxysmus nach, so erschlaffen die Muskeln, während die Glieder aus der tetanischen Zuglinie herauskommen, und eine mehr oder weniger bequeme Lage und Stellung einnehmen. Auch stellt sich mit Beseitigung der Cyanose die unterbrochene Respiration bald wieder her, die alsdann meistens beschleunigt ist. Der Puls des Patienten ist während der Krampfpause contrahirt, klein und schnell, während die Haut häufig mit Schweiß bedeckt ist, und das Gesicht große Angst verräth. Ueber kurz oder lang folgt ein neuer Krampfparoxismus, gewöhnlich mit steigender Heftigkeit, von denselben Erscheinungen begleitet, wie der erste. Nachgerade folgen Paroxismen mit immer kürzern Pausen und steigender Heftigkeit rasch hinter einander, bis endlich der längste und intensivste tetanische Krampfanfall sich entwickelt hat. Gehen dabei die Patienten nicht augenblicklich unter der ausgebreitetsten Cyanose asphyctisch zu Grunde, so nehmen später die Krampfparoxismen an Häufigkeit, Intensität und Dauer wieder ab, so daß die zwischen 2 Krampfanfällen liegenden Pausen immer länger werden. Indessen nimmt in dem Maaße, als der Krampf schwindet, die Nervenähmung auffallend zu, welche dann unter Schwinden aller und jeder Convulsion dem Leben ein Ende macht, wenn dasselbe nicht asphyctisch erlosch.

Sobald das in das Blut eingedrungene Gift durch Schwächung des Rückenmarkes den Zustand von Hyperästhesie veranlaßt hat, welchen die exaltirte Reizbarkeit bedingt, so reichen die mäßigsten Reize (Schall, starkes Licht, Zugluft, Erschütterung, Berührung des Körpers) hin, den Vergifteten in tetanischen Krampf zu versetzen. Aber auch später, wenn die Convulsionen sich eingestellt haben, reicht ein während der Krampfpause wirkender Reiz hin, derselben ein Ende zu machen, und auf der Stelle Convulsionen einzuleiten. Das Bewußtsein der Patienten bleibt gewöhnlich bis zum Eintritt der höhern Grade von Asphyxie und Nervenlähmung ungetrübt, und die Pupillen erweitern sich gewöhnlich erst dann, wenn das Gehirn bei lethalem Ausgange der Intoxication, in Mitleidenschaft versetzt wird.

Je nach der Dosis von Gift, welche in das Blut überging und das Rückenmark alterirte, verläuft die Intoxication in 5—10—60 Minuten, zuweilen aber auch in noch längerer Zeit. Der Tod erfolgt entweder im Tetanus, der wohl immer mit Glottiskrampf verbunden ist, durch Asphyxie, oder aber durch Nervenlähmung. Geht die Intoxication in Genesung aus, so werden die Krampfparoxysmen immer seltener und schwächer, während die Kräfte des Patienten sich immer mehr sammeln, die Respiration immer freier wird, und ein Gefühl von wiederkehrendem Wohlsein aufkommt.

Fälle von Vergiftungen mit Strychnin sind nicht sehr selten, es dürfte daher besonders für den Gerichtsarz von Wichtigkeit sein, die von J. St. Clair Gray in Glasgow, und von L. B. Lymann in Stockford (Illinois) bekannt gemachten Versuche zur Abscheidung und zum Nachweis des genannten Giftalkoloids, zu kennen. Wir geben die Methode beider so wie sie in der pharmazeutischen Centralhalle für Deutschland, in Nr. 32, 1872 aufgeführt ist. Nach Gray verfährt man am besten, wenn man die verdächtigen Massen mit Hülfe von destillirtem Wasser in einem Mörser zu Brei verreibt, mit Essigsäure im Ueberschuß versetzt und 24 Stunden bei etwa 27° C. digerirt, dann auf einen in der 10fachen Menge Wasser schwimmenden Dyalysator bringt und nach 48 Stunden das Dialysat durch Eindampfen auf eine Drachme concentrirt. Im Fall der Verdunstungsrückstand nicht deutlich reagirt, säuert man ihn mit etwas Essigsäure an, und schüttelt nun wiederholt alle 5 Minuten, mit der

Wirkungen der Krähenaugen. 245

doppelten Quantität Chloroform, bis letzteres beim Verdunsten keinen Rückstand mehr giebt, dann versetzt man die wässerige Lösung mit Ammoniak im Ueberschusse, und schüttelt aufs Neue 5 Minuten mit dem 4 fachen Volum Chloroform, trennt dies sorgsam, und verdunstet vorsichtig auf Uhrgläschen oder Glasplatten, und zwar so, daß man jede Anhäufung des Alkaloids an einer kleinen Stelle vermeidet, indem man die Verdunstung eines jeden einzelnen Tropfens abwartet. Der bei durchfallendem Lichte perlmutterähnliche Rückstand wird mit einem Tropfen reiner concentriter Schwefelsäure übergossen und, wenn er sich damit nicht dunkel färbt, zur Otto'schen Farbenreaction benützt; tritt Braunfärbung ein, so setzt man noch einige Tropfen S. O^3 hinzu, erwärmt bis zur völligen Verkohlung, übersättigt mit Ammoniakflüssigkeit und behandelt nochmals mit Chloroform, ehe man die Reaction anstellt. Essigsäure zieht Gray allen übrigen Säuren zum Ausziehen der Massen vor, und verwirft Salzsäure dagegen gänzlich. Chloroform bevorzugt er als Ausschüttelungsflüssigkeit, da dieses das Strychnin am besten auflöst, und am leichtesten vom Wasser getrennt werden kann. Für die Farbenreaction hält er chromsaures Kali am geeignetsten, nach diesem aber Chromsäure, Blei und Mangansuperoxyd. Die physiologische Reaction bei Fröschen sah Gray schon nach $1/_{10000}$ Gran, bei nicht zu großen Thieren kann die Empfindlichkeit der letztern durch Entziehung von Feuchtigkeit gesteigert werden, indem man sie möglichst gut mit einem Handtuch abtrocknet, und unter eine Glasglocke auf eine Lage Löschpapier setzt, wo man sie 24 Stunden läßt, worauf schon $1/_{30000}$ Gran genügt, um die characteristischen Strychninkrämpfe in 10 Minuten zu produziren. An so geschwächten Fröschen treten dieselben nach Subcutaninjection von 15 Tropfen Blut, aus einem mit Strychnin vergifteten Thiere auf.

Das von Lymann als sehr einfach vorgeschlagene Verfahren empfiehlt den nach 14 stündiger Digestion des Untersuchungsobjectes mit essigsäurehaltigem Wasser, Behandeln mit Kalilauge und Ausschütteln mit Chloroform erhaltenen Verdunstungsrückstand, zum Zweck der Reinigung des Alkaloids von anhängenden färbenden Materien, mit Hülfe eines kleinen abgerundeten Glasstäbchens mit einem Tropfen destillirten Wassers zu verreiben, und auf ein Porzellanschälchen zu übertragen, dann zu verdunsten, und diese Manipulation einige Male zu wiederholen, was zwar sehr einfach ist, aber nicht zum Ziele führen dürfte.

Nach Lymann sind alle Ozonide im Stand, bei chemischreinen Materien die Farbenreactionen hervorzubringen. Ferner giebt er an, daß bei irgend welchen Verunreinigungen übermangansaures Kali und Silberoxyd und daneben Manganhyperoxydrat, den chromsauren Verbindungen, dem rothen Blutlaugensalze und dem Bleihyperoxyd weit überlegen seien, wobei indeß im Auge behalten werden müsse, daß bei den Permanganaten nicht das Auftreten der Purpurfarbe allein das Characteristische ist, da sie einen ähnlichen, wenn auch nicht so brillanten, später in gelblich übergehenden Farbeton, auch mit andern organischen Stoffen geben, sondern der Uebergang von Purpur in Hellroth, welcher nur dem Strychnin zukomme.

9. Wirkungen der Kokelskörner.
(Menispermum Coculus.)

In den Kokelskörnern mit deren strafbarer Verwendung die englischen Bierbrauer sehr vertraut sein sollen, da sie dieselben statt des Hopfen substituiren, ist das Pikrotoxin, ein von Boulay entdecktes Alkaloid, der schädlich wirkende Stoff. In den Körper eingeführt, bewirken die Kokelskörner Erscheinungen, welche mit jener einer Strychninvergiftung ziemliche Aehnlichkeit haben, und die wir hier nach Falk's Angabe folgen lassen.

Drei sich deutlich aussprechende Stadien, characterisiren eine Vergiftung mit Pikrotoxin. Im ersten Stadium, in dem der Incubation des Giftes, bemerkt man Aufregung und Beschleunigung der Respiration und des Herzschlags, Kopfcongestion, Umnebelung und Eingenommenheit des Kopfes, Müdigkeit, Gähnen, Adynamie, Uebelkeit, Würgen, Erbrechen, das jedoch auch fehlen kann, Ausleerungen von Faeces und Urin, zunehmendes Zittern des ganzen Körpers, Schreckhaftigkeit, Zuckungen einzelner Muskeln, konvulsivische Erschütterungen des ganzen Körpers, und einen auffallenden Speichelfluß Das zweite Stadium, das konvulsivische, beginnt mit einem mehr oder weniger ausgeprägten Anfalle von Opisthotonus, der nach kurzer Dauer wieder nachläßt, und in klonische Krämpfe von verschiedener

Art (Schwimmbewegungen, rotatorische Bewegungen, masticatorischen Krampf) sich auflöst, und sich gewöhnlich zum öftern wiederholt. Während des tetanischen Anfalles ist die Respiration zuweilen unterdrückt, während das vergiftete Individuum mit verdrehten Augen, und einigen Zeichen von Cyanose zu Boden fällt. Mit dem Nachlasse des tetanischen Krampfes, kehrt die zuweilen unterdrückte Respiration stets wieder, zeigt sich aber sehr schwierig, und ist von masticatorischem Krampfe, von Zungenkrämpfen, Schwimmbewegungen und Speichelfluß fast immer begleitet. Im dritten Stadium, dem paralytischen oder asphyctischen, schwinden die klonischen Krämpfe immer mehr und mehr, erst an den Gliedmaßen, dann am Unterkiefer, während die Respiration und der Herzschlag unter auffallendem Luftschnappen immer schwieriger und seltener werden, und die Paralyse der Organe zunimmt. Die Intoxication endet bei rapidem Verlaufe und einer Dauer von einer bis einigen Stunden nur selten mit Genesung, am häufigsten mit dem Tode. Sie kommt zu Stand, wenn eine bis einige Drachmen von Kokelskörnern, oder ein paar Grane Picrotoxin eingenommen, und durch Erbrechen nicht ausgeleert werden.

10. Wirkungen des Kirschlorberwassers.
(A. Laurocerasi).

Es ist schon vorgekommen, daß der Branntwein mit Kirschlorberwasser vermischt war, um jenem eine sogenannte magenstärkende Eigenschaft zu geben. Immerhin ist eine solche Mischung höchst strafwürdig, da das Kirschlorberwasser Blausäure, so wie ein sehr heftig wirkendes aetherisches Oel enthält. Kleine Gaben von Kirschlorberwasser bewirken zwar Heiterkeit des Gemüthes, ruhigen Schlaf, stärkere dagegen Beängstigung, Schwere des Kopfes, Schwindel, Betäubung, Schlafsucht, Starrheit der Augen und eine ziemlich starke Röthung der Bindehaut desselben, was auf einen vermehrten Andrang des Blutes nach dem Kopf hinweist. In großen Gaben verursacht es plötzlichen Tod durch Schlagfluß; oft ohne vorausgehende Krankheitserscheinung. Außerdem entsteht bedeutende Muskelschwäche, Zuckungen, besonders am Kopfe, Convulsionen am Nacken und Rücken, Starrkrampf selbst Lähmung, beschleunigte und erschwerte Respiration, Ueberfüllung der Lunge mit

Blut, Verlangsamung des Herzschlages. Die Untersuchung der Leichen zeigt die Venen von Blut strotzend, während die Arterien wie entleert erscheinen. Höchst acute und lebensgefährliche Vergiftungen aber entstehen, wenn konzentrirte Blausäure in Dosen von $^1/_2$—1—10 Gran, und verdünnte, in Gaben von $^1/_2$ Scrupel bis zu mehreren Drachmen durch die ersten Wege, oder die Lungen, oder ein anderes Applicationsorgan in das Blut überführt wird. Die ganz außerordentliche Wirksamkeit der reinen Blausäure wird es entschuldigen, wenn wir hier noch die Symptome nach Falk anführen, welche wahrgenommen werden, wenn eine Blausäurevergiftung stattfand. Bei nicht allzurapidem Verlaufe wickelt sich dieselbe in drei Stadien ab. Im ersten Stadium, welches man als asthmatisches bezeichnen kann, bemerkt man Oppression der Brust, Herzhäsitationen, keuchende, mit weit geöffnetem Munde und verzerrtem Gesichte erfolgende Respiration, bei der Blausäuredampf von dannen geht, während der Kopf eingenommen und schwindlicht wird, und die Augen glänzend hervortreten. Im zweiten Stadium, dem convulsivischen, stürzt das vergiftete Individuum, von Opisthotonus erfaßt, zu Boden, während unter spasmodischer Affection des Kehlkopfs, der Harnblase und anderer vegetativer Organe, lautes Aufschreien, spritzende Ausleerung des Urins, der im Rectum enthaltenen Massen, und zuweilen des Samens erfolgt, und das Bewußtsein sammt der ganzen Cerebralthätigkeit erlischt. Im dritten Stadium, dem paralytischen oder asphyctischen, liegt der Vergiftete mit tiefem Coma und weiten Pupillen ruhig zu Boden, während er immer seltener und unergiebiger nach Luft schnappt. Dabei erschlafft die Muskulatur des Vergifteten zu einer teigigen, ganz atonischen Masse, und der Herzschlag nebst der Respiration wird immer seltener und schwächer, während Speichel in größerer Menge aus dem Munde hervorfließt. Alle diese Erscheinungen verlaufen in Zeit von 10—60 Minuten und enden in der Regel mit dem Tode. Ist die Intoxication intensiver und stärker, so daß der Tod in 1—2 Minuten erfolgt, so können die convulsivischen Erscheinungen ganz fehlen, und die paralytischen sofort die Oberhand gewinnen. Ist die Intoxication weniger intensiv, so dauert das Leiden unter mannigfachem Wechsel der Erscheinungen, eine bis mehrere Stunden, worauf sich der Vergiftete entweder rasch oder langsam erholt, und selten zu Grunde geht.

Sechster Abschnitt.

Vom Wurst- und Käsegift.

Achtundzwanzigstes Capitel.

Vom Wurstgift.

Das Vorkommen von Vergiftungen durch den Genuß schlecht zubereiteter und verdorbener Würste, ist seit Ende des vorigen Jahrhunderts vielfach beobachtet worden, obwohl nach Mittheilungen verschiedener Schriftsteller derartige Intoxicationen schon viel früher vorgekommen sind. Das Verbot des Kaisers Leo scheint wenigstens die Annahme zu rechtfertigen, daß man schon zu jener Zeit, namentlich in Bezug auf Blutwürste, schlimme Erfahrungen gemacht habe. Die Giftigkeit verdorbener Würste wurde in früherer Zeit sehr angefochten, allein die chemischen Untersuchungen von Kerner, Emmert, Walther, Weiß, Kastner, Witting, Kühn, Horn, Dann, Buchner, Chevreul u. a. haben jene zur Genüge erwiesen, und nach Schloßberger's Angabe belaufen sich die vorgekommenen Vergiftungsfälle durch verdorbene Würste, seit Anfang dieses Jahrhunderts, auf etwa 400, von denen wohl die meisten sich in Würtemberg ereigneten, da dort der Genuß von Würsten aller Art, ein sehr ausgebreiteter ist. Weniger häufig, und vereinzelter beobachtete man solche Intoxicationen in der Schweiz, in Baden, Baiern, Preußen, Sachsen, Hessen und Dessau. Aus andern Ländern stehen uns keine Nachrichten hierüber zu Gebot. Meistens traten solche Vergiftungen im Winter und Frühling auf, am häufigsten im April, seltener im November bis März, und fast gar nicht in den Sommermonaten, was in den Witterungsverhältnissen einerseits, dann aber in den wirthschaftlichen Verhältnissen Schwabens begründet sein dürfte.

Dieses Gift bildet sich in Folge einer eigenthümlichen Zersetzung der Wurstmasse fast immer in der Mitte des Fabrikates, daher denn auch die Beobachtung, daß von Individuen, welche von der Wurst aßen, diejenigen erkrankten, welchen der mittlere Theil zukam, während die andern, die das Uebrige der Wurst verzehrten, gesund blieben, oder kaum merkliches Uebelsein verspürten. Nach Angabe von Sobernheim und Simon (Handb. der pract. Toxicologie. Berlin 1838) verdankt man ganz besonders Dr. J. Kerner die Sammlung einer großen Menge von Thatsachen, welche über diesen Gegenstand, der längere Zeit unerhellt geblieben, Licht verbreitete. (S. J. Kerner, das Fettgift und seine Wirkungen. Stuttg. 1822.) — Beobachtung über Vergiftungen durch Würste. Tübing. 1821.) Aber heute noch ist man über den chemischen Charakter des Wurstgiftes nicht im Klaren, und was man von ihm kennt, beschränkt sich auf seine nachtheilige Wirkung, welche bei reichlichem Genusse die stärksten tödtlich verlaufenden Vergiftungen zu erzeugen vermag. Falk characterisirt eine Vergiftung durch Wurstgift folgendermaßen: „Die Erscheinungen von Wurstvergiftung gestalten sich je nach Verschiedenheit der Dose und der Concentration des eingenommenen Giftes, der affizirten Organe und der Rezeptivität der vergifteten Personen, ziemlich verschieden. Bald sieht man mehr Symptome eines Cerebrospinalleidens, bald mehr Symtome eines Intestinalleidens oder einer Affection der Respirationsorgane, des Circulationsapparates und anderer Körpertheile. Da es sonach unmöglich ist, ein auf alle concreten Fälle von Intoxication passendes Krankheitsbild zu entwerfen, so ist es das Beste, die bei Wurstvergiftungen anftauchenden Symptome in mehrere Gruppen zu ordnen und dabei hervorzuheben, welche davon konstant oder sehr häufig, oder nur zuweilen beobachtet werden."

Von Cerebrospinalsymptomen zeigen sich bei den Wurstvergiftungen die bald kürzere bald längere Zeit nach dem Genusse der schädlichen Substanz aufzutauchen pflegen, fast immer Eingenommenheit des Kopfes, sehr häufig Schwindel und Betäubung; zuweilen mehr oder weniger bedeutende Schmerzen im Kopfe, in der Stirne, Trockenheit und livide Färbung der Conjunctiva, sehr häufig Schwäche und Empfindlichkeit der Augen; zuweilen Schmerzhaftigkeit in den Augäpfeln, ein Gefühl von Härte derselben; sehr häufig Lichtscheue,

Doppeltsehen, Pseudopsie, Chromatopsie, Erweiterung der Pupillen, zuweilen mit Erstarrung, eckige Beschaffenheit des Pupillenrandes; zuweilen Unbequemlichkeit und Starrheit der Augäpfel; fast immer Adynamie oder subparalytischer und paralytischer Zustand der Augenlider; zuweilen eresipelatiöse oder ödematöse Schwellung der Lider oder des ganzen Gesichts, vorübergehende Blindheit und Ohrensausen; sehr häufig Blässe des Gesichtes; fast immer zunehmende Schwäche und Adynamie des Körpers, zuweilen von solcher Stärke, daß der Patient nicht mehr zu gehen vermag, sehr häufig Verlust des Gefühls in den Fingerspitzen, Gefühle von Taubheit und Eingeschlafenheit der Glieder; zuweilen Gefühle von Formication und Laufen in dem Rücken und in den Gliedern, oder mehr oder weniger bedeutende Arthralgie; häufig endlich unruhiger Schlaf, oder zuweilen Schlaflosigkeit oder soporöse Schläfrigkeit. Von Symptomen eines Leidens der ersten Wege findet man fast immer eine auffallende Trockenheit des Mundes mit unterdrückter Speichelsecretion; zuweilen Schwellung der Parotiden; bald keinen Durst, bald gesteigerten Durst; bald eine rothe, bald eine braune oder gelbe oder gelbliche, oder weißbelegte trockne Zunge, die zuweilen verschmälert erscheint, sich im Laufe der Krankheit abschuppt, und ihre Motilität mehr oder weniger auffallend einbüßt; sehr häufig Schmerz und Brennen im Halse, zuweilen mit anginöser Schwellung des Zäpfchens, des Gaumens und der Mandeln, die selbst in Eiterung übergehen können; fast immer beschwerliches Schlingen, das sich nicht selten zu einer completen, spasmodischen Dysphagie steigert, und Erstickungszufälle bei dem Verschlucken von Wasser im Gefolge hat; häufig Gefühle von Druck im Magen; bald guten Appetit, bald Mangel an Eßlust; sehr häufig Uebelkeit, Würgen, Erbrechen, starkes Aufstoßen, mehr oder weniger bedeutenden Leibschmerz, hartnäckige, lange anhaltende Stuhlverhaltung, mit endlichem Abgange scybalösen Kothes; zuweilen diarrhöische Leibesöffnung, die in Stuhlverhaltung übergeht, endlich auch häufig eine schmerzlose, tympanitische Auftreibung des Unterleibes. Von Erscheinungen eines Leidens der Respirationsorgane, des Circulationsapparathes nnd anderer Körpertheile, bemerkt man sehr häufig eine auffallende Verlangsamung des Herzschlages mit kleinem unterdrücktem, endlich kaum fühlbarem Puls, zuweilen ganz normalen Puls, sehr häufig Heiserkeit und lallende Sprache; nicht selten Oppression der Brust mit Husten und größern oder geringern Athmungsbeschwerden, die selbst in Erstickungszufälle, noch häufiger aber in mühsames, rasselndes Athmen ausarten können; sehr häufig Schrumpfung der trocknen kühlen Haut an Händen und Füßen, zuweilen mit Exfoliation der Epidermis; häufig Harnbeschwerden, als Strangurie, Ischurie u. a., zuweilen gesteigerte Harnentleerung, endlich fast immer einen bedeutenden Verfall der Ernährung, der sich in Abmagerung, zuweilen auch in Bildung von Oedemen der Füße ausspricht."

Die Dauer der Intoxication variirt in der Mehrzahl der Fälle von mehrern Tagen bis zu einigen Wochen, kann sich aber auch noch weiter in die Länge ziehen. Der Verlauf derselben ist meist continuirlich, seltener remittirend. Fieberbewegungen werden dabei fast niemals beobachtet. Die Ausgänge der Vergiftung sind die gewöhnlichen. Bei lethalem Ende, das am häufigsten eintritt, gehen die Patienten unter Röcheln oder unter den Erscheinungen von Asphyxie oder von leichten Convulsionen zu Grunde. Bei dem Ausgange in unvollkommene Genesung, bemerkt man als Residuen der Krankheit, bald Lähmung der Augenlider oder anderer Körpertheile, bald Schwäche der Augen, bald habituelles Zittern, bald chronisches Leiden des Gehirnes. Bei dem Ausgange in vollständige Genesung schwinden die Intoxicationssymptome meistens ganz allmählig, während das Gefühl von Kraft und Genesung sich einstellt.*)

---

*) Van de Corput leitet das in Würsten und geräuchertem Fleische sich bildende Gift von der Gegenwart einer elementaren Pflanze (Pilz oder Alge) ab, welche zu den Sarcinen gehören soll, und von ihm Sarcina botulina genannt wird. Als für seine Theorie sprechend hebt Corput hervor: 1) die Uebereinstimmung der Bedingungen unter denen Wurstvergiftungen und die Entwicklung kryptogamischer Pflanzen stattfinden 2) Die ähnliche Wirkung nach dem Genusse schimmliger Fleischspeisen und giftiger Würste. 3) Die zuweilen an geräuchertem Fleische und an Würsten beobachtete Phosphoreszenz, welche Erscheinung wesentlich einigen kryptogamischen Pflanzen und besonders den Rizomorphen angehört, und deren Ursache eine Electrizitätsentwicklung während des Vegetationsactes sein dürfte. (Archiv für Pharm. 1856.) — Casper's Zeitschrift f. gerichtl Med. Bd 13. Hft 1. — Ueber die neuern Versuche zur Aufklärung des Wurstgiftes äußert sich der für die Wissenschaft viel zu früh geschiedene Schloßberger in Virchow's Archiv XI. 6. Er hält alle früher versuchten Erklärungen von Kerner's Fettgift bis

Vom Wurstgift.

Es dürfte von Interesse sein, einige Fälle der Intoxication durch Würste und verdorbenes Fleisch, die uns bekannt geworden, hier noch mitzutheilen, da sie sehr geeignet sind, die Aufmerksamkeit des Sanitätspersonales zu beanspruchen. Nach dem Bericht Dr. Oliviers von Angers kaufte sich ein gewisser Plassiard zu Paris eine Schinkenpastete, von der er mit seiner Familie sogleich das Fleisch, folgenden Tages aber die Rinde aß. Drei Tage nach dieser Mahlzeit empfand der Mann allgemeines Uebelsein mit kalten Schweißen, Schauern und heftigen Magenschmerzen, worauf bald öfteres Erbrechen erfolgte. Der Kranke fühlte dabei brennenden Durst, der Unterleib wurde schmerzhaft, worauf dann unter heftigen Kolikschmerzen sich reichliche Stuhlentleerungen einstellten. Seine 27 Jahre alte Tochter und ein Kind von 9 Jahren litten genau an denselben Zufällen. Ein Arzt, den man bald nach dem Eintreten dieser Symptome herbeigeholt hatte, erklärte in einem sehr ausführlichen Bericht den Krankheitszustand dieser drei Individuen, und zeigte, daß sie alle an einer heftigen Entzündung des Magens und der Eingeweide litten, die so heftig war, daß die Erkrankten keine Bekleidung mehr ertragen konnten. Nach einer geeigneten ärztlichen Behandlung schwanden in einigen Tagen diese Zufälle, und der Arzt erklärt, dieselben als die Folge einer Vergiftung, die durch Grünspan entstanden sein könnte, der durch Mühlen, deren sich die Pastetenbäcker gern bedienen, den Speisen mitgetheilt worden wäre. Auf diese Erklärung hin wurden Olivier

---

auf Liebig's Umsetzungsgift, für nicht vereinbar mit der Gesammtheit der über Wurstgift vorliegenden Thatsachen; ebenso hält er auch die Cryptogamentheorie van de Corputs wonach das Giftigwerden der Alimente von der Entwickelung niederer Vegetabilien (Sarcina botulina) herrühren soll, für unhaltbar. Sch. Erklärung, welche durch neuere Untersuchungen bestätigt worden sein soll, lautet dahin: daß bei gewissen eigenthümlichen, von der wahren Fäulniß scharf zu unterscheidenden Entmischungen stickstoffreicher Alimente, giftige Basen ihre Entstehung nehmen. Der Nachweis von Ammoniak in einer als giftig erprobten Wurst, und zwar eines Ammoniaks, das von einem eigenthümlich widrig riechenden Körper begleitet war, scheint dieser Theorie positiven Halt zu geben, um so mehr, als keine Thatsache in der Wurstgiftkasuistik sich dem Bereich dieser Theorie entzog, im Gegentheil aber viele derselben durch sie eine wesentliche Aufklärung zu gewinnen schienen. — Bei der Untersuchung normaler Würste konnte dies übelriechende Destillat nicht gewonnen werden.

und Barruel von dem Tribunal beauftragt, die Analyse der Pastetenreste und der entleerten Materien vorzunehmen, um das Vorhandensein eines Kupfersalzes oder irgend eines andern Giftes darzuthun. Der Auftrag wurde vollzogen, allein es wurde kein Metallsalz und ebenso wenig ein organischer giftiger Stoff aufgefunden. Die beiden untersuchenden Chemiker äußerten daher die Meinung, daß die Vergiftung dieser Individuen ihren Grund in einer Verderbniß des genossenen Schinkens in der Pastete habe, ein Fall, der in Deutschland auch beim Genuß verdorbener Würste ꝛc. schon öfter beobachtet worden sei, und ertheilten über diesen Gegenstand ausführliche Nachrichten. (Journ. de Chemie med. April 1830, p. 236.) — Unterm 13. Mai 1841 berichtet der „Schwäb. Merkur" über eine Vergiftung durch den Genuß von Würsten. In Sanzenbach 1½ Stunde von Hall entfernt, aßen am 3. Mai zwölf Personen Blut- und Leberwürste von einem Schwein, das erst vor 8 Tagen geschlachtet worden war, und keine Spuren von Krankheit gezeigt hatte. Die Leute glaubten nun die Würste recht lange aufbewahren zu können, und ahnten keine Gefahr, sie wurden aber alle bald nach dem Genusse krank. Ein Knabe von fünf Jahren starb bald, mehrere andere lagen gefährlich krank. Der ärztlichen Hülfe ward die Aufgabe um so schwieriger, als solche nicht sogleich, sondern erst am zweiten Tage angerufen wurde. Als Hauptursache des schnellen Verderbens der Würste wurde angegeben, daß solche in einem dumpfen Keller aufbewahrt waren. Dieselbe Zeitung berichtet vom 15. Mai 1841. In Folge der Vergiftung durch Blut- und Leberwürste in Sanzenbach, sind inzwischen außer dem früher erwähnten Knaben, noch fünf weitere Personen gestorben. Die Zahl derjenigen, welche durch solchen Genuß erkrankten, hat sich bei genauerer Untersuchung noch größer herausgestellt, indem solche sich auf 19 Individuen erhöhte.

Von Gerabronn in Würtemberg kam zu gleicher Zeit unterm 12. Mai folgender Bericht. Wie kürzlich in der Nähe von Hall durch den Genuß giftig gewordener Würste mehrere Personen gestorben sind, so hat sich auch in unserm Oberamte der gleiche traurige Fall in Simmetshausen ereignet, wo von 7 erkrankten Personen bereits der Hausvater, der Knecht und nach neuern Nachrichten, nun auch der Sohn an diesem Gifte gestorben sind. Die in Simmets-

Vom Wurstgift.   257

hausen genossenen Leberwürste sollen erst seit 14 Tagen bereitet gewesen sein.

Am 2. April 1846 ereignete sich zu Dürrenmettstetten, 1 Stunde von Sulz am Neckar, eine Wurstvergiftung. Daselbst hatten Vormittags 9 Uhr ein Schmied, dessen Frau, und ein in deren Behausung arbeitender Schneider, Leberwürste genossen, die schon einige Wochen alt waren. Obwohl sich bald nach dem Genuß dieser Würste unwohl fühlend, wurde der Arzt doch erst gerufen, als es zu spät war. Als erstes Opfer fiel nach wenigen Tagen der Schneider, Vater von 6 Kindern, darauf folgte bald der Schmied, und dessen Frau war zur Zeit des Erscheinens dieser Nachricht noch nicht außer Gefahr. Sehr wahrscheinlich, so schließt jene Mittheilung, wird auch die Frau diesem heftigen Gifte erliegen. — Die Karlsruher Zeitung vom 31. März 1859 meldet von Nellingsheim in Württemberg, daß dort durch den Genuß von 5 Wochen alten Leberwürsten mehrere Personen vergiftet wurden. Ein Mann von 37 Jahren und ein Mädchen von 24 Jahren starben, und zwei weitere Individuen lagen zur Zeit der Berichterstattung, ebenfalls noch schwer krank.

Berg, (Würtemb. Corr.-Blatt 1855, Nr. 41—42) berichtet von einer Wurstvergiftung, welche in 8 Fällen eine schwere Erkrankung, und bei drei Individuen den Tod zur Folge hatte. Die Würste waren theils Blut= theils Leberwürste, von säuerlichem, unangenehmem Geruche, und viel weicher als gewöhnlich. Drei der Verstorbenen wurden einer gerichtlichen Obduction unterworfen. Die Erscheinungen die sich bei denselben konstant wahrnehmbar machten, waren: Gänsehaut, Trockenheit und Blutleere der Kopfschwarte und des subcutanen Zellgewebes, Blutüberfüllung der Gefäße in den Luftwegen und den Lungen; Hyperämie der Gedärme und ihrer Schleimhaut mit Blutaustretungen; Blutüberfüllung der Nieren und Harnblasengefäße. Der Verlauf der Krankheit war bei jenen Personen günstiger, die blos Blutwürste gegessen hatten, und endete mit Genesung, tödlich aber bei jenen, die Leberwürste verzehrten. Die Erscheinungen, welche die Krankheitsgeschichte darbietet, zerfallen in zwei Gruppen, nämlich in die der Reaction, und jene der Lähmung. Zur ersteren Gruppe gehören: Leibschneiden, Uebelkeiten, Diarrhoe, Erbrechen, Empfindlichkeit des Unterleibes, geröthetes Gesicht, Lichtscheu, harter, voller Puls. Zur zweiten Gruppe gehören: kalte Hautdecken, schwacher

Puls, Heiserkeit bis zur Aphonie, Stuhlverstopfung, unterdrückte Harnsecretion, Schwindel, Doppeltsehen, verminderte Sehkraft, Paralyse. — Bemerkenswerth war hiebei, daß alle Erkrankten, welche Leibschneiden und Diarrhoe bekamen, mit dem Leben davon kamen, während bei den drei Gestorbenen mit dem Leibschneiden wohl Erbrechen aber **keine Diarrhoe** eingetreten war. Der Grad der Reactionserscheinungen ließ keinen Schluß machen auf die Heftigkeit und Gefährlichkeit des nachfolgenden Zeitraumes, indem die Symptome der Erkrankungen mit tödlichem Ausgange in den ersten Tagen die nämlichen waren, wie bei jenen, die nur in leichterm Grade erfolgten.

Michael (Assoc. med. Journ. Aug. 1855. 17. — Ungar. Zeitschr. 1856. Nr. 9.) berichtet einen Vergiftungsfall durch Genuß von Bratwurst, bei einem fünfjährigen Knaben, der schon nach Umfluß von 4 Stunden tödlich endete und einen ähnlichen Sectionsbefund lieferte.

Von Lahr wurde am 28. August 1866 folgendes berichtet: Vor 8 Tagen beging Lammwirth Hechinger in Kuhbach den frevelhaften Leichtsinn, eine Kuh, welche schon einige Tage vorher bereits krank war, um wenige Gulden zu erkaufen, mit Umgehung der Fleischschau zu tödten, und zu Schwartenmagen ꝛc. zu verarbeiten. Heute liegen etwa 20 Personen in Kuhbach, mehrere in Reichenbach und Lahr, welche davon aßen, schwer krank an Erbrechen und Diarrhoe. Hier starb auch bereits das zweijährige Kind des Mehlhändlers Huber, das am Sonntag Abend mit der ganzen Familie Schwartenmagen von der kranken Kuh gegessen. Die übrigen Familienglieder liegen krank darnieder. Hechinger ist unterdeß auch gestorben. (Bad. Beobachter v. 4. Sept. 1866.)

Dr. Tritschler, Oberamtsarzt zu Cannstadt, berichtet im würtemb. Correspondenzblatt von 1842 seine Beobachtungen über eine Vergiftung durch Blut- und Leberwürste in folgender Weise: Als Symptome dieser Vergiftung zeigten sich nach wenigen Stunden des Genusses Uebelkeiten, Erbrechen, darauf Kopfweh, Leibschmerzen, Kollern im Bauche, Durchfälle, weiterhin mehr und mehr zunehmende Verminderung der Eßlust, Unbehaglichkeits- und Mattigkeitsgefühl, ganz besonders aber und constant als charakteristische Merkmale von Wurstvergiftung: Abnahme des Sehvermögens, so daß kleine in der Nähe befindliche Gegenstände gar nicht, entferntere undeutlich und doppelt gesehen wurden; Erweiterung der Pupillen, dann und wann Herabhängen der obern Augenlider, Trockenheit im Munde und Hals

Vom Wurstgift.

mit leichter Röthung des Schlundes, Schlingbeschwerden. Die Blut- und Leberwürste, welche die Vergiftungsfälle veranlaßten, waren wie gewöhnlich, jedoch namentlich letztere, mit einer sehr starken Zuthat von Kesselbrühe bereitet, sehr kurze Zeit gesotten, Tags darauf in den Rauch gehangen, hier 8 Tage bei sehr warmer Witterung belassen, und dann in eine verschlossene Kiste über einander aufbewahrt worden. Hier bedeckten sie sich bald mit Schimmel, boten aber, als sie 14 Tage darauf verspeist wurden, nichts Auffallendes im Geschmacke dar, ausgenommen, eine sehr umfängliche Blutwurst, welche einen etwas scharfen Geschmack hatte.

Aus dem bisher angeführten ersieht man, daß es ganz besonders Blut- und Leberwürste waren, von denen die Erscheinungen der Intoxication ausgehend, beobachtet wurden. Allein Hirn-, Brat- und die sogenannten Knackwürste können ebenfalls Vergiftung erzeugen. Letztere, die auch unter dem Namen Cervelat, besonders in Bierhäusern verabreicht werden, sind von Verschiedenen als völlig unschädlich erklärt worden. Daß diese aber unter begünstigenden Umständen nachtheilige Folgen äußern können, haben wir schon früher und in neuerer Zeit wahrzunehmen Gelegenheit gehabt. So beobachteten wir in Chur, zur Zeit unseres Lehramtes, nach dem Genusse von ranzig gewordenen Knackwürsten (dort Schübling genannt) bei mehrern Personen ein drei Tage anhaltendes, nicht unbedeutendes Unwohlsein.

Da nicht nur in Würtemberg sondern auch im übrigen Deutschland der Genuß von Würsten ein sehr allgemeiner ist, so sind die Maßregeln zur Verhütung einer Wurstintoxication, die man in den Schriften von Kerner und Weiß angegeben findet, gewiß von Wichtigkeit, und man läßt sie deshalb auch hier folgen.

1) Man sehe streng auf eine zweckmäßige Fütterung der Schweine, damit nicht schon während ihres Lebens eine Neigung zur Zersetzung in deren Blut und Fett sich entwickle, und glaube deshalb ja nicht, das alles Futter gut genug für sie sei. Daher reiche man ihnen regelmäßig frisches Wasser, halte sie nicht immerwährend in engen dumpfen Stallungen eingesperrt, und trachte wo möglich Eicheln füttern zu können.

2) Bei Thieren, die geschlachtet werden und im Verdachte einer Krankheit sind, mache man keinen Gebrauch vom Blute und deren Leber, und verwende letztere namentlich nicht zu Würsten.

3) Magen nud Mastdarm des Schweines verwende man nicht

zur Umhüllung von Würsten, die nicht gleich verspeist, sondern erst geräuchert werden sollen.

4) Die Wurstmasse sei von ziemlicher Festigkeit. Die Füllung der sogenannten Blunzen, die meistentheils aus Leber, Lunge, Hirn, Milch, Brod, Salz, Pfeffer und mancherlei anderen Ingredienzien besteht, ist zu verwerfen.

5) Würste, zu denen Hirnmasse genommen wird, sollte man immer bald verspeisen und nie räuchern.

6) Werden die Würste gewällt, so lasse man dieselben so lange in siedendem Wasser, bis sie ganz davon durchdrungen sind. Nach dieser Behandlung kühle man sie in frischem Wasser ab, beschwere und presse sie und hänge sie alsbald in den Rauch.

7) Das Räuchern geschehe gleichförmig.

8) Sind die Würste gehörig geräuchert, so müssen sie an einem luftigen trockenen Orte aufbewahrt werden. Wechselnde Temperatur wirkt nachtheilig auf sie ein.

9) Beim Genusse der Würste sei man aufmerksam auf ihren Geschmack, Geruch und übrige Beschaffenheit. Ein saurer, bitterer, ranziger Geschmack, und ein eigenthümlicher fast eiterartiger Geruch, eine schmierige, altem Käse ähnliche Beschaffenheit des Innern einer Wurst, beurkunden deutlich die vor sich gegangene Zersetzung und giftige Verderbniß derselben.*)

Nach den allerneuesten Berichten vom 8. April 1874 fand in Kaiserslautern eine Wurstuntersuchung statt, welche das Resultat ergab, daß mehrere Metzger daselbst an 20 Prozent Stärkemehl unter ihr Fabricat gemischt hatten. Ein neues Beispiel von betrügerischer Gewinnsucht, und ebenfalls eine Mahnung für die Sanitätsbeamten, auch diese Zunft genau aufs Korn zu nehmen.

In neuester Zeit hat man die Endeckung gemacht, daß Fleischwaaren und ganz besonders Würste, mit Anilin gefärbt werden. Diese Manipulation hat in bedenklicher Weise zugenommen, und es

---

*) Die großartigste Vergiftung, der neuern Zeit angehörend, und höchst wahrscheinlich durch Genuß in vielerlei Formen zubereiteten verdorbenen Fleisches entstanden, ist die bei einem Sängerfeste zu Andelfingen im Kanton Zürich vorgekommene. Nach dem Bericht des Frankfurter Journals, sollen damals einige hundert Menschen erkrankt und gestorben sein. Junge kräftige Personen erlagen am häufigsten. Ueber die **Richtigkeit** dieser Angabe verlautete später nichts mehr. —

Vom Wurstgift.

ist als ein großes Glück zu betrachten, daß diese Färberei leicht nachgewiesen werden kann. Die natürliche Fleischfarbe rührt von den Blutkörperchen oder dem darin enthaltenen Blutfarbstoff her, der, wenn auch sonst sehr beständig, äußerst leicht bei angehender Zersetzung der dazu so leicht geneigten Fleischsubstanzen sich entfärbt. Bei sorgfältiger Handhabung schneller Räucherung, genügendem Zusatz von Salpeter und Salz, gelingt es aber dem sorgfältigen Fabrikanten, die Fleischsubstanz in natürlicher Farbe zu erhalten, und wird daher mit Recht die erhaltene Fleischfarbe als ein gutes Zeichen der Fabrikation angenommen. Hiermit soll, wie leicht zu ersehen, nicht gesagt sein, daß etwas mißfarbige Fleischwaaren, wie namentlich Cervelat-Wurst, verdorben sei; die meisten in kleinen Schlächtereien oder im Hausbedarf dargestellten Würste behalten die frische Fleischfarbe nur sehr kurze Zeit, und sind deshalb doch völlig gut; hier wird natürlich der äußern Beschaffenheit nicht so viel Aufmerksamkeit zugewendet, wie bei aufmerksamster Behandlung in der großen Fabrication.

Der Blutfarbstoff ist unlöslich in Alkohol und Aether, das Fuchsin oder Anilinroth leicht löslich und behält letzteres diese Löslichkeit auch bei, wenn es zur Färbung der Wurst gebraucht wurde.

E. Reichardt in seinen Mittheilungen im Archiv d. Pharmazie, Juniheft 1873, bemerkt: Bei der mir zur Beobachtung gekommenen, anilingefärbten Wurst konnte man mit dem Auge, noch besser mit dem Vergrößerungsglas, einzelne, besonders stark gefärbte und verdächtig aussehende Stellen und Punkte sehen, was sich nach der Mischung der Wurst aus Fett und Fleisch leicht erklären läßt. Uebergießt man solche zerkleinerte Wurst mit 90% Alkohol, so färbt sich dieser nach kurzer Zeit mehr und mehr roth; **ungefärbte Wurst giebt gar keinen Farbstoff an Alkohol ab.** Ebenso färbt sich sehr bald Aether.

Die Farbe des Alkohols war unverkennbar diejenige des Anilinroths; fügt man etwas Säure zu, so verschwindet die Farbe; Blutfarbstoff würde unter diesen Umständen erst sichtbar werden, ebenso verändert Natron oder Kali das Roth in Gelb, fast zur Farblosigkeit. Letzteres Verhalten giebt sogar Anhalt zur eventuellen quantitativen Bestimmung. Eine Lösung von 0,05 G. Fuchsin in 1000 C.C. Alkohol gebrauchte für 5 C.C. von $^1/_{10}$ Normalnatron 13 C.C. Hierauf wurden 30 G. Wurst in kleingeschnittenen Stückchen mit

Alkohol ausgezogen, und, um die Masse etwas zu konzentriren, das Filtrat zur Trockene verdunstet. Dem Rückstand wurde das Anilinroth durch Aether entzogen, und nach dem Verdunsten dieses wieder mit wenig Alkohol aufgenommen. Zur Entfärbung wurden dann 8 C.C. Normalnatron verbraucht, was beiläufig 0,00015 G. Fuchsin entsprechen würde, oder pro Kilogr. Wurst gleich 0,005 G.

So wenig diese, von Herrn Stud. chem. Kaiser ausgeführte Bestimmung, Anspruch auf vollständige Gewinnung des Fuchsins aus der Wurst machen kann, so enthält sie doch einen für weitere Prüfungen werthvollen Beitrag.

E. Reichardt berichtet einen genau konstatirten Fall, wo durch den Genuß anilingefärbter Wurst starkes Unwohlsein einer ganzen Familie eintrat, leider kam ihm die fragliche Wurst nicht zur Hand. Gegen Färbung der Nahrungsmittel, und besonders so leicht veränderlicher, ist sich aber schon von vorne herein zu erklären, da dadurch nur eine Täuschung des Publikums beabsichtigt sein kann. Bei der Fleischwaare kann man durch diese Färbung sogar schlechte und sonst nicht gut verkäufliche Waare als gut erhaltene anbringen, wodurch nicht nur allein Betrügerei geübt wird, sondern auch sehr leicht nachtheilige Folgen für die Gesundheit entstehen können, da bekanntlich in Zersetzung begriffene Fleischsubstanzen, höchst gefährliche Wirkungen zu äußern im Stande sind.

Es ist aber auch eben so leicht möglich, daß die Anilinfarben an und für sich schädlich wirken, zuletzt muß aber auch die Möglichkeit hervorgehoben werden, arsenikhaltiges Fuchsin zu erhalten und zuwerwenden.

Das meiste Aniliroth wird bis jetzt noch mit Arsenik bereitet, und ist das Handelsproduct wiederholt arsenhaltig erwiesen worden. Die Wurstfabrikanten sind aber keineswegs fähig, diese ernsten Fragen sofort durch Prüfung beantworten zu können, und so bleibt nichts übrig, als die Färbung der Fleischwaaren völlig zu verwerfen, und als strafbar zu bezeichnen.

In dem zur Untersuchung gelangten Fall ergaben verschiedene Prüfungen auf Arsenik kein positives Resultat, nach der geringen Quantität Anilinfarbstoff, welche die Bestimmung erwies, konnten auch nur verschwindend kleine Mengen Arsen vorhanden gewesen sein.

Neunundzwanzigstes Capitel.

Vom Käsegift.

Entstehung, Eigenschaften und Wirkungsweise machen es wahrscheinlich, daß das Käsegift eine dem Wurgift ähnliche Materie sei. Auf den Genuß der verschiedensten Käsesorten sind Erkrankungen erfolgt, die unbedingt einem solchen Stoff zugeschrieben werden müssen, an dessen Erzeugung theils nachlässige unreinliche Behandlung, dann aber auch Stoffe, die dem Käse unzweckmäßigerweise vielleicht schon bei seiner Bereitung beigemengt werden, die Schuld tragen dürften. Die chemische Beschaffenheit ist, so viel uns bekannt, bis jetzt noch nicht ermittelt, und die Chemiker, welche hierüber schreiben, haben es noch nicht vermocht, das im Käse sich entwickelnde giftige Prinzip isolirt darzustellen. Wir wollen deshalb hier diejenigen Ansichten über die Natur des Käsegiftes anführen die wir aus den uns bekannt gewordenen bezüglichen Schriften gesammelt haben.

Willmanns sagt: die schon über ein Jahr alten, schmutzig graugelben unangenehm schmeckenden scharfen Käse rötheten noch Lackmuspapier, und gaben beim Zusammenreiben mit fixen Alkalien Ammoniak. Er ist deshalb der Meinung, daß saures, fettsaures Ammoniak das Käsegift ausmache. — Wenghaus sucht die schädlichen Eigenschaften in der freien Käsesäure, welche vorzüglich in dem frischen feuchten Käse sei und durch das Trocknen verschwinde, wodurch das unter diesem Umstande gebildete Ammoniak gesättigt werde. — Hünefeld, auf Versuche sich stützend, meint, daß das giftige Prinzip giftiger Käse in einer besondern Säure zu suchen sei, die zwar Fettsäure sehr ähnlich, doch auch wieder so verschieden ist, daß sie bis zu weiterer Aufhellung einstweilen mit dem Namen Fäulnißsäure bezeichnet werden dürfte. — Zeller bemerkt: die Käsesäure, das bis jetzt erkannte eigenthümliche Käsegift, erzeuge sich zunächst nur in frischem Käse, als Product der ersten Gährung desselben. Bei den Prozessen der Käsegährung finde eine gleichzeitige Bildung von Käsesäure und Ammoniak statt. Nur durch das Vorherrschen der Käsesäure und durch das Uebergewicht derselben über das Ammoniak, könne dem Käse eine giftige Eigenschaft ertheilt werden. Diese vorherrschende Entwicklung der Käsesäure werde begünstigt, wenn die gährende Masse einen zu großen Antheil von Wasser und dadurch eine zu weiche Beschaffenheit erhalte. Mit dem Verlust des die Säurebildung begünstigenden Wassers, trete die Bildung von Ammoniak hervor, und mit diesem erzeuge sich durch die nunmehrige Verbindung beider ein neutrales Salz, das käsesaure Ammoniak, das keine schädlichen Wirkungen auf den Organismus äußere. Hieraus ließe sich erklären, warum derselbe Käse im frischem weichen Zustande, giftige Wirkungen äußere, und später im trockenen Zustand ohne allen Nachtheil genossen werden könne, was auch auf die verschiedenen Resultate später unternommener chemischer Untersuchung solcher giftigen Käse, bei welchen kein Käsegift mehr gefunden werden konnte, von bedeutendem Einfluß gewesen sein möge.

Auch die Annahme, daß das Käsegift Blausäure sei, hat sich nicht bestätigt. — Immerhin steht die Thatsache fest, daß insbesondere durch weiche Käsearten bereits ziemlich viele Vergiftungen stattgefunden haben, weshalb denn auch das Publikum vor dem Genusse weicher, schmieriger, in Gährung übergegangener frischer feuchter Käse nicht genug gewarnt werden kann, und ebenso zweckmäßig wird es sein, wenn von Seiten der Polizeibehörde wachsam darauf gesehen wird, daß der öffentliche Verkauf von genannten Käsarten, wenn sie nicht gehörig trocken sind, und gar den sauern stechenden Geruch erkennen lassen, und nicht mindestens 3—4 Wochen alt sind, strengstens untersagt und geahndet werde.

Ueber die Erscheinungen, welche der Genuß giftigen Käses herbringt, halten wir uns an Hünefelds Arbeit über die chemische Ausmittelung des Käsegiftes in seiner Chemie der Rechtspflege p. 447 u. ff. Die Erkrankten zeigten Mattigkeit, Schwindel, Gliederlähmung, Kopfschmerzen, starke Fieberbewegungen, heftigen Brechreiz, Blutbrechen (nach Sprengel bei Allen entretend), heftige Schmerzen in der Herzgrube und Magengegend, wirkliche Cardialgie, und blutige Durchfälle. Diese Symptome stellten sich schon nach 5 bis 6 Stunden stattgefundener Vergiftung ein. Westrumb beobachtete heftigen Druck in der Herzgrube, starkes Erbrechen, heftige reißende und stechende Darmschmerzen, schmerzhafte Unterleibsspannung, beim Druck sich vermehrend; Schwindel, Kopfweh, Beängstigung, Pupillenerweiterung, allgemeines Zittern, Hitze mit Frösteln wechselnd; trockene heiße Haut, harten, kleinen und frequenten Puls, dünnflüssige mit Stuhlzwang verbundene Darmentleerungen; die durch das Erbrechen entleerten, und pikanten Käsegeruch verbreitenden Massen, reagirten nach Sertürners Angabe etwas alkalisch. Bei andern Personen zeigten sich im Ganzen dieselben Symptome, mit dem Unterschiede, daß 2 davon, welche starke Portionen Käse genossen hatten, ab und zu von leichten Krampfanfällen ergriffen wurden, an leichten Delirien, Schluchzen, brennender Hitze mit geröthetem Gesicht, heftigem Durst, bei gespanntem Leib an äußerst schmerzhaften Empfindungen in der Magengegend und fortwährendem Stuhlzwange litten, nachdem schon früher starke, wiederholt erfolgende Darmentleerungen stattgefunden; unter der heftigsten Anstrengung trat auch noch ein Erbrechen galligter Flüssigkeiten ein.

Dr. Witting aus Höxter bemerkt in Caspers krit. Repertor. XXIV. p. 203—308 über das Käsegift folgendes: „Ist der Käse nur möglichst von Feuchtigkeit befreit, und genugsam mit Küchensalz versetzt, so trocknet er bei mäßiger Wärme nach und nach aus, ohne beim Genusse schädliche Eigenschaften zu äußern. Je mehr er aber Feuchtigkeit besitzt, um desto schneller tritt Gährung ein, was besonders im eingeschlossenen Raum bedingt zu werden schien. Gewürze schützen den Käse nicht vor Gährung. Bei Untersuchung verschiedener Flüssigkeiten, die Witting durch Destillation verdächtigen Käses mit Wasser und Alkohol erhielt, fand er in einzelnen seltenen Fällen Blausäure gegenwärtig. Aber nur unter gewissen Umständen erzeugt sich bei Zersetzung der Käsesubstanz Blausäure, und manche Käsearten wirken dennoch giftig, ohne daß dies in Folge vorhandener Blausäure geschähe. Durch ihre Gegenwart wird aber die Intoxication verstärkt. In der Gegend von Höxter, lassen die Landleute bei ihrer Käsebereitung Rückstände in den Mulden zur Zubereitung einer nächstfolgenden Masse, um durch den gleichsam scharfen Geschmack diese zu würzen. Diese Residuen enthalten, wenn sie in der ersten Periode der Gährung untersucht werden, nicht selten Blausäure. Diese scheint aber bei sehr veraltetem, der Feuchtigkeit ganz beraubtem Käse total verschwunden zu sein. Auch Säuren hemmen die Bildung derselben. Nach Witting ist eine mehr noch als Blausäure giftig wirkende Substanz, die er mit dem Namen „oxydirte Fettsäure" bezeichnet, in veraltetem Käse vorhanden, deren Eigenthümlichkeiten noch näher erforscht werden müssen. Bei einem unangenehmen Geruch und scharfen Geschmack hat jene säuerlich ölartige Substanz eine Erbrechen erregende Eigenschaft. Schwefelsäure, Chlor, Alkalien im ätzenden Zustande, benehmen ihr diese Eigenschaften.

In den Kreis unserer Beobachtung und Erfahrung gehören einige Fälle von Erkrankungen, die wir dem Genusse schlechten verdorbenen Käses zuzuschreiben kein Bedenken tragen. Diese Erkrankungen fielen in die heißen Sommermonate Juni, Juli und August, und betrafen Landleute, die Abends von ihrer Feldarbeit heimgekehrt, sich an Käs, Brod und Bier erlabten. Der genossene Käse war sogenannter „Backsteinkäs", der in unserer Gegend sehr häufig verzehrt wird, oft aber von ganz schlechter Beschaffenheit ist. Die an den Erkrankten wahrgenommenen Erscheinungen waren mit Ausnahme von Pupillenerweiterung, ganz die auch oben schon angegebenen, und ein kräftiges Vomitiv, wodurch das in den Magen gelangte Schädliche rechtzeitig entfernt wurde, that auch hier das Beste. Nur ein einziges Individuum wurde auf mehrere Tage hinaus so unwohl, daß eine eingreifende ärztliche Behandlung zu dessen Herstellung erfordert wurde. Mit Recht glauben daher auch wir von dem Genusse eines zu alten, schmierig und grünlicht gewordenen Backsteinkäses warnen zu müssen. Vorübergehende leichtere Magenbeschwerden werden indeß auf etwas reichlicheren Genuß des genannten, wenn auch guten Fabrikates wahrgenommen, besonders wenn dasselbe zu jung ist.

Zur Literatur über Käsegift.

Hünefeld, Abhandlung über die chemische Ausmittelung des Käsegiftes, in seiner Chemie der Rechtspflege, pag. 447 ff. — Westrumb, in Horns Archiv 1828, Jan. u. Febr., pag. 65—96. — Hennemann, Hufelds Journal 1825, August. — Brück, das. 1825, Juli. — Kühn, Verf. u. Beob. über die Kleesäure, das Wurst- und Käsegift. Leipzig 1824, pag. 156. — Witting, in Kastners Archiv. Bd. I., pag. 488. — Fischer, in der medizinischen Zeitung von dem Verein für Heilkunde in Preußen. 1836, Nr. 30. — Witting, Toxicologisch med. chem. Bemerk. über das Käsegift in Caspers krit. Repert. XXIV. 2. pag. 303—308.

Siebenter Abschnitt.

Vergiftung und Verunreinigung der Speisen durch Erd- und Metallgefäße.

Dreißigstes Capitel.

Die Güte und Zweckmäßigkeit der Gefäße in welchen die Speisen zubereitet werden, üben auf die Gesundheit des Menschen entschieden einen großen Einfluß aus. Diese Gefäße sind entweder aus Holz, aus Erde oder aus Metallen gefertigt. Erstere sind nie gefährlich, es sei denn, daß man ihnen einen Anstrich gäbe, der mit gewissen flüssigen Substanzen in Berührung gebracht, sich entweder auf oder abzulösen vermöchte, und so in den Körper gelangend, schädlich einwirken könnte. Dies kömmt aber nur zur größten Seltenheit vor, deshalb soll hier nur von den Erd- und Metallgefäßen, weil stark im Gebrauch, abgehandelt werden.

I. Erdgeschirre.

Aus Thonerde geformt, sind diese Gefäße an und für sich der Gesundheit nicht nachtheilig. Um sie aber dauerhaft und von Flüssigkeiten möglichst unangreifbar zu machen, werden sie glasirt, d. i. mit einer glasartigen Decke überzogen, wodurch sie die genannten Eigenschaften erhalten. Von der zweckmäßigen Zubereitung und Verwendung dieses künstlichen Ueberzuges unseres irdenen Geschirres nun, hängt dessen Schädlichkeit oder Unschädlichkeit ab, welcher, ächtes Porzellan und das sog. Gesundheitsgeschirr ausgenommen, als wesentlicher Bestandtheil Bleioxyd enthält.

Die allgemeine übliche Glasur der Töpfer ist sonach nichts anderes als ein Bleiglas, welches man durch Vermengung von kieselsaurer Thonerde mit Bleioxyd, bei mäßiger Wärme zusammengeschmolzen, erhält, und womit inwendig und auch äußerlich genannte Gefäße überzogen werden. Soll dieser Ueberzug eine verschiedenartige Färbung erhalten, so giebt man ihm beim Schmelzen der Glasurbestandtheile einen Zusatz von färbenden Metalloxyden. Das in der Glasur enthaltene Bleioxyd spielt somit bei irdenem Kochgeschirr die wichtigste Rolle, denn ist dasselbe nicht in gehörigem Verhältniß jener beigemengt, und wurde bei der Verglasung nicht der erforderliche Hitzegrad angewendet, so vermögen die beim Kochen im Gebrauch gezogenen Flüssigkeiten, von dem Bleioxyd in sich aufzunehmen, gelangen so in den Körper, und müssen unbedingt einen nachtheiligen Einfluß auf die Gesundheit äußern.

Schon 1790 wurde gegen die bei den Töpfern übliche Bleiglasur losgezogen, und G. A. Ebel versuchte 1794 in einer Schrift den Beweis, daß die Bleiglasur die Quelle unendlich vieler Krankheiten sei. Diese Schrift fand damals großen Anklang. Heute aber zeigt die Erfahrung auf das bestimmteste, daß, wenn die Glasuren gehörig mit Kieselerde gemischt und gut gebrannt sind, so, daß letztere mit dem Bleioxyd sich vollkommen verglaste, von schlimmen Folgen die Rede nicht mehr sein kann, da selbst die stärksten Säuren auf eine solche Glasur nicht mehr auflösend einzuwirken vermögen, und wie das Glas, nur in feingepulvertem Zustande von jenen angegriffen werden. Eine Ausnahme hiervon machen die Oele, welche, wenn sie längere Zeit in glasirten Geräthen gestanden, etwas auflösend auf die Bleiglasur einwirken. Den etwa hieraus entstehenden Nachtheilen kann indeß leicht vorgebeugt werden. Für alle Fälle aber sind schlechte Glasuren, oder solche, bei denen das Bleioxyd allzusehr vorwiegt, als höchst schädlich zu verwerfen, da sich jene in fetten und auch sauern Speisen, wenn man sie längere Zeit darin stehen läßt, auflösen.

Es muß hier auch der Versuche erwähnt werden, welche von Guibourt mit irdenem Geschirr vorgenommen wurden, die eine Bleiglasur hatten. Diese Versuche sind, wenn gleich nicht neu, doch von Interesse. In einem irdenen Geschirr dampfte er destillirtes Wasser bis auf ein kleines Volumen unter lebhaftem Sieden ab. Die zurückbleibende Flüssigkeit enthielt Bleioxyd, und gab mit schwefelwasserstoffsaurem Wasser einen schwarzen Niederschlag. Arsenik wurde, wie zu vermuthen war, nicht darin gefunden.

Es wurde nun Aschenlauge in einem ebenfalls neuen Topfe eingekocht, mit Salzsäure übersättigt und mit Schwefelwasserstoffgas gefüllt. Es entstand ein reichlicher Schwefelniederschlag, der ebenfalls keinen Arsenik enthielt. Asche zieht also dasselbe aus, was auch Wasser aufnimmt. Kochsalzlösung greift jedoch die Glasur viel stärker als beide an. In der übrig bleibenden Flüssigkeit gab Schwefelwasserstoff einen sehr reichlichen Niederschlag. Kochsalz wird zum Theil zersetzt, es bildet sich kohlensaures Natron und Chlorblei, welches bei dem Uebergewicht des Kochsalzes nicht von dem kohlensauern Natron wieder rückwärts zersetzt wird. Bekanntlich gründet sich auf diese Erscheinung eine Darstellung des kohlensauren Natrons aus Bleiglätte und Kochsalz, die man auch schon im Großen versuchte. Aus Guibourts Versuchen geht hervor, daß alle Flüssigkeiten aus bleiglasirten Töpfen Blei aufnehmen. Indeß hat er vorliegende Frage nicht erschöpft, und namentlich den für die Praxis sehr wichtigen Punkt nicht berücksichtigt, ob durch dieses Kochen etwa das basische Bleisilikat in der Art verändert werde, daß es durch Hinwegnahme des überschüssigen Bleioxydes unlöslicher werde, oder, was dasselbe heißt, ob die Bleiglasur bis zu ihrer völligen Verzehrung immer Bleyoxyd abgebe oder nicht, und ob es alsdann ein Mittel gäbe, durch eine einzige Operation ein bleiglasirtes Gefäß zum fernern Gebrauche unschädlich zu machen. Guibourts Versuche sind niedergelegt im Journal de Chimie medical, 1836, Nr. 4.

Um die gleiche Zeit machten Chaptal und Schrader Glasuren ohne Bleigehalt bekannt. Es waren diese aber theils zu strengflüssig, theils zu theuer, wenn sie gleich bezüglich ihrer Unschädlichkeit nichts zu wünschen übrig ließen. Später endlich wurden völlig unschädliche und doch wohlfeile Glasurbereitungen bekannt gemacht von Niesemann in Leipzig, von Müller, von d'Arracq, Massieu in Monlins, Hardtmuth in Wien (1841) u. n. a.*)

---

*) Schon 1828 setzte der König von Baiern 1000 fl. aus für die Erfindung bleifreier Töpferglasur, den Preis gewann der Hofhäfner Leibel in München. Nach dessen Vorschrift wird die konzentrirte Lösung des Wasserglases von Fuchs mit so viel Kalkmilch versetzt, daß auf 100 Theile

Der Chemiker Lampadius gab ein Verfahren an, um bei thönernen Kochgefäßen zu ermitteln, ob die Bleiglätte oder Bleiasche enthaltende Glasur vollkommen durchgeschmolzen und völlig gahr gebrannt ist, und ob also bei deren Gebrauch keine Gefahr von Bleiintoxication zu befürchten steht. Nach ihm soll man in solchen Gefäßen destillirten Essig aufkochen und erkalten lassen, und sodann 20 bis 30 Tropfen reiner mit 10 Theilen Wasser verdünnter Schwefelsäure hinzutröpfeln. Bleibt der Essig klar, so hat er keinen Bleigehalt, und die Gefäße sind unschädlich. Trübt er sich aber weiß, so ist Blei aufgelöst, und solche Gefäße sind alsdann gefährlich.

Wichtig ist das von Prof. Pleischl vorgeschlagene Verfahren zur sichern und schnellen Erkennung schlechter Geschirrglasur. Nach diesen versieht man sich mit einigen kurzen Glasstäben und mit den wichtigsten Reagentien auf Blei: **verdünnte Schwefelsäure, verdünnte Salzsäure und hydrothionsaures Ammoniak** (wo möglich nach der österr. Pharmacopöe bereitet). Nun bringt man a) mittelst eines Glasstabes oder auf sonst schickliche Weise einige Tropfen verd. Schwefelsäure auf die innere Seite des Geschirrrandes und läßt sie einige Minuten einwirken. Ist die Glasur schlecht, so wird die betropfte Stelle bald weiß erscheinen, was noch deutlicher sich einstellt, wenn die Flüssigkeit vom Rande in das Gefäß hinabfloß, wo dann weiße Streifen sich zeigen und die benetzten Stellen sichtbar bezeichnen. b) Ebenso verfährt man an andern Stellen des

---

des erstern 5—6 Theile Kalk kommen. Das Ganze wird rasch unter beständigem Rühren in einem eisernem Kessel zur Trockene verdampft, dann fein gesiebt. Beim Glasiren wird das schwach gebrannte Geschirr zuerst mit einer Mischung Wasserglaslösung getränkt, nach einigen Minuten obiges Pulver aufgesiebt, nach dem Eintrocknen die Gefäße nochmals mit Wasserglas übergossen, und nach gehörig erfolgtem Austrocknen, gebrannt. — Diese Glasur läßt sich noch einfacher darstellen, indem man durch Zusammenschmelzen von 100 Thl. Quarzpulver, 80 Thl. gereinigter Pottasche, 10 Thl. Salpeter und 20 Thl. gelöschten Kalkes ein Glas bereitet, welches gepulvert mittelst Wasserglas auf die Geschirre wie angegeben aufgetragen und eingebrannt wird. Diese Glasur widersteht den Säuren eben so gut wie gemeines Glas, und kann man ihr durch Zusatz von Smalte oder andern Metalloxyden eine beliebige Farbe geben. Da das Wasserglas in die Poren der Gefäße eindringt, so gewinnen diese dadurch an Festigkeit. (Vergl. Buchner's Repert. 33. S. 150.

Die Erdgeschirre. 273

Gefäßes mit verdünnter Salzsäure. Bei schlechter Glasur kommt auch hier bald ein weißer Fleck oder Streif zum Vorschein. c) Bei **weiß oder gelblichweiß** glasirten Töpfen könnte es geschehen, daß durch die beiden Säuren keine sichtbare Veränderung wäre bewirkt worden; in diesem Falle nimmt man noch die dritte Flüssigkeit zu Hülfe, das hydrothionsaure Ammoniak, und betropft ebenfalls die innere Oberfläche des zu prüfenden Geschirres an mehreren Stellen. Werden letztere **schwarz** oder **grauschwarz**, so ist jenes verwerflich; färbt sich die bestrichene Stelle nur etwas **grünlich**, so ist das Geschirr brauchbar, verändert sich die Farbe gar nicht, um so besser. Gefäße, welche an den mit Schwefelsäure oder Salzsäure bestrichenen Stellen **stark weiß** werden, sind als der Gesundheit nachtheilig, zum Verkaufe nicht zu gestatten; erscheint an den betreffenden Stellen nur ein **weißer Hauch**, so kann deren Verkauf gestattet werden. Gefäße, welche durch die genannten Flüssigkeiten gar keine Veränderung erleiden, sind als gut zu betrachten. (Med. Jahrb. des k. k. österr. Staates. 1848, August.)

Freiherr **von Königsbrun'n** empfiehlt auch eine Geschirrglasur. Diese besteht aus präparirten Hochofenschlacken mit einer Beimischung von Pottasche, Soda, Salpeter oder Borax. Sie ist in Bezug auf Gesundheit völlig gefahrlos, dürfte die von **Hardtmuth** bekannt gemachte übertreffen, da sie theils weniger, theils keinen Borax enthält. Ob sie aber bei der gewöhnlichen Hitze des Töpferofens ebenso haltbar ist wie jene, darüber müssen gründliche Versuche erst noch entscheiden.

Andere bleifreie Glasuren sind noch vorgeschlagen worden von dem Engländer **Meigh**, vom Pharmazeuten **Arragos**, von **Frik, Reich** und **Wagner**.

Alois Klammerth in Znaim theilt ein Verfahren mit, irdene Geschirre zu glasiren, welches alle Beachtung verdient. Er sagt:

„Meine verwendete Glasur besteht aus $2/3$ schmelzbarem
„Ziegellehm nnd $1/3$ Lehm, der sehr ocker- und eisenhaltig ist,
„mit 8 Theilen Aschenlauge getränkt. Diese Glasur braucht
„zwar einen hohen Hitzgrad zum Garbrennen, doch beim
„Brennen schmilzt diese Glasur so fest in die Thonscherben ein,
„daß derartige Geschirre den Mineralsäuren eben so gut

„widerstehen, wie Glasgefäße. Die Manipulation wird da-
„durch so einfach, daß wirklich eine große Erleichterung für
„den Arbeiter im Geschäfte entsteht, der Lehm wird geschlämmt
„und wie erwähnt ,mit Kalilauge getränkt, die halbtrockenen,
„aufgedrehten, fertig gearbeiteten Geschirre alsdann in den
„Schlamm getaucht, und sobald solche etwas abgetrocknet sind,
„von innen mit demselben ausgegossen, und hierauf können
„sie in den Ofen mit oder ohne Kapsel (Klammerth ver-
„wendet Kapseln) gebracht werden."

Dieses Verfahren beobachtet derselbe schon seit 6 Jahren. Die Arbeiter sollen sich dabei viel wohler befinden, als bei der Anfertigung von Geschirren mit bleihaltigen Glasuren. (Pharm. Centralhalle f. Deutschl. VIII. Jahrg. Nr. 25. 1872.)

II. Metallgeschirre.

Die Metallgefäße, deren man sich zum Kochen und Aufbewahren der Nahrungsmittel in fester und flüssiger Gestalt bedient, bestehen aus Gold, Silber, Kupfer, Messing, Neusilber, Zinn, Blei, Zink und Eisen. Je nach Beschaffenheit der Substanzen, die zubereitet oder aufbewahrt werden sollen, und die bald saurer, salziger oder fetter Natur sind, eignet sich hiezu auch mehr oder weniger, oder aber gar nicht, das eine oder das andere der genannten Metalle, und vermögen selbst mit diesem oder jenem Stoff in längere Berührung gebracht oder zum Kochen gebraucht, giftige, der Gesundheit nachtheilige Wirkung hervorzubringen. Wegen Weichheit und geringer Dauerhaftigkeit werden Gold und Silber in reinem Zustande zu Geschirren nicht verarbeitet, sondern immer mit Kupfer legirt. Goldene Kochgeschirre sind unseres Wissens nicht im Gebrauch, aber silberne werden zur Aufbewahrung von den verschiedensten festen und flüssigen Nahrungsstoffen verwendet, die, wenn sie salziger oder fetter Natur sind, oder leicht gähren, das im Silber enthaltene Kupfer aufnehmen, und so nachtheilig auf die Gesundheit einzuwirken vermögen. Selbstverständlich findet dies aber nur statt, wenn die genannten Stoffe mit dem Silbergeschirr in zu langer Berührung stehen, oder überhaupt jenes nicht reingehalten wird. So hat man

z. B. durch Versuche nachgewiesen, daß 13löthiges Silber 18 Tage mit Essig in Berührung gebracht, 1 Prozent an Gewicht verlor. Das Aufgelöste war Kupfer. Reines, nicht legirtes Silber, ist bekanntlich in Pflanzensäuren unlöslich, ebenso in Salzsäure, wohl aber in Salpetersäure. Gehen wir nun zur Betrachtung der andern im Gebrauch stehenden metallenen Koch- und Aufbewahrungsgeräthe über.

A. Kupfergeschirre.

Nach Lehre der Chemiker oxydiren sich alle Kupfergefäße, wenn auflösende Stoffe, besonders Säuren darin aufbewahrt werden. Wirken diese Stoffe längere Zeit auf Kupfer ein, so bilden sich Kupfersalze, Producte, welche auf den lebenden Organismus den nachtheiligsten Einfluß ausüben. Da das Kupfergeschirr bezüglich seiner Haltbarkeit das irdene und selbst das von Gußeisen übertrifft, so steht es, wenn gleich bedeutend theurer, fortwährend in größtem Gebrauch; eine Verbannung desselben aus dem Haushalt, wie Manche vorschlagen, wird deshalb wohl nie eintreten. Pünktliche Reinhaltung solcher Gefäße, Vermeidung des langen Aufbewahrens stark saurer und gesalzener Speisen ec. und besonders des Erkaltenlassens darin, sind Vorsichtsmaßregeln, welche jede Schädlichkeit derselben abhalten werden. Die frühere Ansicht, daß nur Säuren, Oele, Kalien und andere Salze lösend auf das Kupfer einwirken, ist durch die Erfahrung widerlegt: da selbst bloßes Wasser das Kupfer auflöst, wenn ein freier Zutritt der atmosphärischen Luft stattfindet. Das oxydirte und kohlensaure Kupfer, welches sich hierbei bildet, an der Oberfläche der Gefäße sich absetzt, löst sich in den meisten sauern Substanzen auf, so in den verschiedenen Pflanzensäften, daher das Kochen und Aufbewahren von Früchten der verschiedensten Art in Kupfergeschirren möglichst vermieden werden soll.

Ueber die verderblichen Eigenschaften des Kupfers hat sich Thiery, wenn wohl in einigem übertrieben, folgendermaßen ausgesprochen; er sagt:

"Unsere Nahrung erhält in der Küche durch den Gebrauch "kupferner Pfannen und Schüsseln, ihre tüchtige Portion "Gift. Der Brauer mischt Gift in das Bier, indem er

„in kupfernem Geschirr braut. Der Zuckerbäcker gebraucht „kupferne Pfannen; der Pastetenbäcker backt Pasteten in kupfer„nen Modeln, der Confiturieur bringt Kupfergefäße in An„wendung. Der Oelmann siedet in Gefäßen von Kupfer oder „Messing den Pöckel, und Grünspan wird durch das Ein„wirken des Essigs auf dieses Metall überall nur zu häufig „erzeugt. Wenn auch eine Dosis dieses Giftes nicht gleich „den Tod bringt, so wird doch eine, wenn gleich kleine, mit „jedem mal neuerdings genossene Gabe Giftes weit traurigere „Folgen haben müssen, als man gewöhnlich zu befürchten „pflegt. Ueberdies ist die Einwirkung verschieden, je nach der „Constitution dessen, der davon genießt, so, daß selbst kleine „Quantitäten dieses Giftes den Körper heftig angreifen „können."

In einer andern Abhandlung, deren Verfasser nicht genannt ist, (Serious Reflexions on the Dangers attending the use of Copper Vessels) wird versichert, daß ein namhaftes Heer von Krankheiten lediglich durch die giftige Wirkung des Kupfers, das unmerklich mit den Speisen in unseren Körper gelangt, herbeigeführt werde. Eller hat ferner nachgewiesen, unter welchen Umständen das metallische Kupfer von Flüssigkeiten aufgelöst werde; (Sur l'usage prétendu dangereux de la vaiselle de cuivre dans nos cuisines. Histoire de l'Acad. royal de Sciences de Berlin 1756) außer ihm verbreiteten auch Proust, Falconer u. a. Licht über diesen Gegenstand.

Bei dem ausgedehnten Gebrauch kupferner Geräthe erscheint es nicht unwichtig das anzuführen, was gegen die Schädlichkeit des Kupfers geschrieben worden. Toussaint versuchte es darzuthun, daß Kupfer kein Gift und kupferne Geschirre unschädlich sind. Er stützt sich dabei auf seine Erfahrungen, so wie auf zahlreiche sowohl an sich selbst, als auch andern Individuen mit den verschiedensten Kupferpräparaten vorgenommenen und lange Zeit hindurch fortgesetzte Versuche. Nach diesen gemachten Beobachtungen und Erfahrungen stellt derselbe nun folgende Behauptungen auf. 1) Reines Kupfer, schwarzes Kupferoxyd und Schwefelkupfer, sind für die Gesundheit völlig unschädlich, ebenso das salzsaure Kupferammoniat in der Dosis von 60 Tropfen. 2) das schwefelsaure Kupferammoniak erregt in der Gabe von 7 Gran, das Jodkupfer bei 8 Gran, das phosphorsaure und kohlensaure mit 10 Gran, das salpeter- und essigsaure, erst zu 14 Gran genommen, Erbrechen. Diese können jedoch in getheilter Gabe ohne Nachtheil in weit größeren Mengen genommen werden. 3) Die gleichzeitig genossenen Speisen, selbst das Milchsäure enthaltende Sauerkraut, üben keinen Einfluß auf die Wirkung des Mittels aus. 4) Im Harn sind zwar die löslichen, nicht aber die unlöslichen Kupfersalze aufzufinden. 5) Auch bei längerem Gebrauche des Kupfers traten die als gewöhnlich vorkommenden Erscheinungen als: blaue Ringe um die Augen, Schmerzhaftigkeit des Unterleibes, Erbrechen, Fieber ꝛc. nicht ein. Toussaint's Ueberzeugung geht ferner dahin, daß es keine Krankheiten giebt, welche durch den längeren Genuß oder längeres Einathmen von Kupferverbindungen hervorgebracht werden. Wenn bei Kupferarbeitern wirklich Erscheinungen auftreten, so seien dies Erkältungskrankheiten oder Darmkrankheiten in Folge mechanischer Reizung, wie solche bei andern Gewerben vorkommen, oder aber Krankheiten, hervorgerufen durch Beimengungen im Kupfer, von Blei, Arsenik.

Bezüglich der Kupfergeschirre, mit welchen derselbe zahlreiche Versuche anstellte, indem er darin selbst die als sehr gefährlich erachteten Speisebestandtheile kochen ließ, z. B. Essigsäure, Wein, Milch, Fette, Sauerkraut, kam er zu folgenden Schlüssen: 1) Eine große Zahl von Genußmitteln kann in kupfernen Gefäßen ohne Nachtheil für die Gesundheit gekocht werden. 2) Essig und andere Pflanzensäuren lösen ebenso wie Kochsalz, während des Kochens das Kupfer, jedoch in so geringer Menge, daß dies nicht nachtheilig wirkt. 3) Wasser, Bier, Kaffee, reine Fette, können in kupfernen Gefäßen erkalten, ohne daß sie Kupfer auflösen. 4) Die säurehaltigen Genußmittel lösen, wenn sie in kupfernen Gefäßen erkalten, größere Mengen Kupfer aus, die wohl toxische Erscheinungen hervorbringen, aber nie den Tod herbeiführen können. — Als medizinisch-polizeiliche, Kupfervergiftung verhütende Maßregel stellt Toussaint folgende auf: 1) die Geschirre müssen aus reinem Kupfer gefertigt sein, welches weder Blei noch Arsenik enthält; 2) dieselben müssen stets blank und rein benützt werden; 3) darf man in ihnen keine säurehaltigen Speisen kochen und keine Speisen darin erkalten lassen.*)

Als Beleg zu der nachtheiligen Einwirkung von Säuren auf Kupfergefäße, mag dienen was Girardin berichtet. Eine Frau von Rouen bereitete sich für ihren Wintervorrath gekochten Sauerampfer, und bediente sich hierzu eines Kupfergefäßes. Der Sauerampfer war nun immer schön grün, aber so oft man davon aß, verursachte er Colik und Purgiren. Im folgenden Jahr wurde der Vorrath erneuert und zum Kochen absichtlich ein irdenes Gefäß genommen. Der

---

*) Dr. Johnston (Essai on Poison, p. 102) erzählt den qualvollen Tod dreier Menschen nach dem Genusse von Speisen, die in unreinen kupfernen Gefäßen zubereitet worden waren; 33 andere, die an derselben Mahlzeit Theil genommen hatten, erkrankten ebenfalls sehr schwer. — Dr. Baker (Medical Transactions vol. 1. p. 213) erwähnt eines allzusauern Cyders, der, um verbessert zu werden, in einem kupfernen Gefäße mit Honig gekocht wurde. Wer davon trank, wurde von Colik befallen. Eine Person starb bald unter Convulsionen, andere litten lange Zeit, und der Herr des Hauses konnte seine Gesundheit nie wieder erlangen. Er starb nach drei Jahren, während welcher er durch eine schleichende Krankheit erschöpft wurde — Die Didaskalia enthält in Nr. 193 vom 11. Juli 1840 über eine in Churhessen vorgekommene Vergiftung durch Speisen, die in Kupfergeschirr zubereitet worden, folgende Mittheilung: Wie leicht die Sorglosigkeit im Haushalt und bei der Wirthschaft ein großes Unheil herbeizuführen vermag, davon möge nachfolgende, schaudererregende Begebenheit ein warnendes Beispiel geben: Das Hauspersonal des Leinwebers Rust zu Lauenhagen bestand vor wenigen Monaten aus dem Meister mit seiner Ehefrau, zwei Gesellen, und zwei Töchtern des erstern, also aus sechs Personen. Sämmtliche Personen gingen gesund und wohl zu Tisch, und stürzten eine Viertelstunde nach eingenommenem Mahle, sämmtlich besinnungslos zu Boden. Nach Verlauf einer halben Stunde, hatten die Frau und zwei Gesellen ihren Geist aufgegeben. Die beiden Töchter und Rust selbst, welche wahrscheinlich von der giftigen Speise weniger genossen hatten, blieben zwar am Leben, jedoch verletzte sich letzterer durch seinen Sturz auf einen eisernen Ofen höchst bedeutend. Bei der Untersuchung über die Ursache dieser offenbaren Vergiftung ergab sich, daß die Verunglückten wenige Tage vorher geschlachtet, und in einem nicht gehörig von Kupferoxyd oder Kupfersalz gereinigten kupfernen Kessel, worin noch Ueberbleibsel hier sogenannter Würstelse länger stehen geblieben, und sich natürlich Säure und Grünspan entwickelt hatte, und gerade bei dieser Mahlzeit ihre Speise aus dergleichen bestand. Da nun die kupfernen Geschirre sowohl beim Bürger als Landmann in hiesiger Gegend noch häufig gebraucht werden, besonders auch beim Käsemachen, so sollte man strenge darauf halten, daß solche immer gut verzinnt wären, und man Speisen, welche bald in Säuren übergehen, nicht darin erkalten lasse.

Sauerampfer war alsdann weniger grün, aber er wirkte auch nicht wie der früher zubereitete. Ein Jahr später kochte dieselbe Person wieder Sauerampfer in einem Kupfergeschirr. Die Speise war sehr schön grün, aber ihr Genuß verursachte schwere Zufälle. Die chemische Untersuchung derselben ergab Girardin einen beträchtlichen Kupfergehalt. Bekanntlich ist diese Pflanze sehr sauer, sie enthält viel kleesaures Kali, welches sehr große Neigung besitzt, Metalloxyde aufzulösen, und damit leicht lösliche Doppelsalze zu bilden. Beim Kochen des Sauerampfers in einem kupfernen Gefäß, bedingt das saure, kleesaure Kali die Oxydation des Metalls durch Sauerstoff der Luft, und das gebildete Oxyd löst sich in der Speise auf, indem sich ein kleesaures Doppelsalz von Kali und Kupferoxyd bildet, das wie alle Kupfersalze entschieden giftige Eigenschaften besitzt.

Man ersieht aus dem bereits mitgetheilten, daß die Ansichten über die Schädlichkeit und Nichtschädlichkeit des Kupfergeschirres, getheilt sind. Aber im Hinblick auf die vorhandenen wahrheitsgemäßen Darstellungen von schlimmen Folgen, die durch den Genuß von Speisen entstanden, welche in kupfernen Gefäßen entweder zubereitet oder aufbewahrt worden waren, muß eben doch sehr dahingewirkt werden, den Nachtheilen des Kupfers möglichst zu begegnen. Letzteres erreicht man am besten und wenigsten gefahrvoll durch eine recht gute **Verzinnung**. Die Erfahrung lehrt, daß gut verzinnte Kupfergegenstände, so lange ihre Oberflächen gehörig mit Zinn überdeckt sind, ohne Bedenken zum Kochen verwendet werden können. Dadurch wird nämlich die Berührung des Kupfers mit der Luft und den in ihr enthaltenen Bestandtheilen gehindert, es wirken auch erfahrungsgemäß ölige fettige Substanzen weniger angreifend auf Zinn als wie auf ersteres, und das Zinn übt überhaupt auf die Gesundheit bei weitem den nachtheiligen Einfluß nicht aus, wie das Kupfer. Immerhin bleibt jedoch gerathen, die Frischverzinnung kupferner Geschirre immer wieder vornehmen zu lassen, sobald deren Zinnüberzug auch nur einigermaßen abgenützt erscheint, da das oben bemerkte nur von sauern und gewissen salzigen Flüssigkeiten, keinesweges aber von fettigen und solchen die ammoniakalische Salze enthalten, gilt.

Da fast alles Zinn mit **Blei** legirt ist, so ist es wichtig, die Unterscheidungskennzeichen einer bleireichen Verzinnung von einer reinen zu kennen. Bei einer bleireichen Verzinnung fällt der Glanz mehr ins Matte, die Farbe mehr ins Bläuliche; bei reinem Zinn dagegen ist die Farbe fast silberweiß, der Glanz lebhaft; reibt man die Oberfläche einer bleihaltigen Verzinnung mit dem Finger, so wird dieser bleifarbig und schwärzlich werden, während er bei reiner Verzinnung sich gar nicht färbt, und das Zinn überhaupt äußerst fest haftet. (Duflos und Hirsch ökon. Chemie. 1842.)

B. Zinngeschirre.

Es stehen bekanntlich auch Zinngeschirre bei uns häufig im Gebrauch, und es ergiebt sich die Frage: Sind Zinngeschirre wirklich schädlich oder nicht? Es erscheint zweckmäßig, hier in dieser Rücksicht anzuführen, was für und wider die Schädlichkeit des Zinnes vorliegt. Der bessern Verarbeitung willen, wird alles Zinn mit Blei legirt. Im besten englischen Zinn, das im Ruf größter Reinheit steht, ist ein Prozent Blei enthalten. Daraus ergiebt sich nun auch der Bleigehalt jeder Verzinnung. Völlig chemisch reines, von allem Bleigehalte, freies Zinn giebt es aber, wie schon bemerkt, nicht im verarbeiteten Zustande, deshalb haben schon früher mehrere Chemiker wie z. B. Buchner, Schulze, Ebel, nicht nur gegen die Verzinnung, sondern ganz besonders auch gegen zinnernes Küchengeräth überhaupt, ihre Stimme erhoben. Offenbar hatten sie hierbei immer nur den Bleigehalt des Zinnes im Auge, ohne zu bedenken, daß durch Legirungen die schädlichen Eigenschaften der Metalle zernichtet werden. Durch Proust wurde endlich nachgewiesen, daß auf einen Quadratzoll Zinn bei guter Verzinnung nur 1 Gran Blei komme, somit in einer mittlern Kasserole nicht mehr als etwa 20 Grane Blei enthalten sei. Da nun mehrere Jahre nöthig sind, bis die Verzinnung ganz abgenützt ist, so träfe es unter fünf Individuen jährlich eines 2 Grane, wenn in zwei Jahren die Verzinnung abgenützt wäre, somit täglich ungefähr $1/_{182}$ Gran, abgesehen davon, daß durch die Legirung mit Zinn, das Blei seine Wirksamkeit verliert. Dieses von Proust gewonnene Resultat wurde noch von Fischer bestätigt, der zugleich noch bemerkte, daß Essig und Wein in größter Siedhitze nicht vermögend seien, das Blei aus einer guten Verzinnung aufzulösen. In Anbetracht dessen wäre somit anzunehmen,

daß eine Verzinnung, die nur so viel Blei enthält, als sie, um halt=
bar zu sein bedarf, vollkommen unschädlich sei, und daß auch bloß
das Kupfer schädlich einzuwirken beginne, wenn die Verzinnung abge=
nützt geworden.

Marggraf, ein ebenfalls sehr verdienstvoller Chemiker, stellte
die Behauptung auf, daß das Zinn auch wegen seines Arsenik=
gehaltes ganz besonders nachtheilig wirke. Dieser Ausspruch Marg=
grafs bewog die französische Regierung, eine Commission zu ernen=
nen, welcher die genaueste Untersuchung der Sache zur Aufgabe ge=
stellt war. Das Resultat zahlreich angestellter Versuche war: daß
in 700 Theilen des schlechtesten Zinnes nur 1 Theil Arsenik enthal=
ten sei, während Marggraf glaubte, daß 1 Loth ganz feines Zinn
einen Gran Arsenik enthalte. Somit war schon damals die ganze
Geschichte, welche alle Chemiker in Bewegung setzte, nichts als —
blinder Lärm!*)

C. Zink- und Bleigeschirre.

Die aus Zink und Blei gefertigten Koch= und Aufbewah=
rungsgeräthe, welche trotz aller Warnung noch immer Anwendung
finden, sind absolut schädlich, denn beide Metalle werden von allen
Flüssigkeiten, sogar vom Wasser mehr oder weniger angegriffen, und
gehören in die Reihe der kräftigern Metallgifte. Ist nun auch die
nachtheilige Wirksamkeit längst anerkannt, so verhält es sich mit dem
Zink in dieser Hinsicht anders, denn noch immer findet letzteres eine
sehr unangemessene Anwendung als Aufbewahrungsgeräth für Milch

---

*) Viele Zinngießer, die man füglich Bleigießer nennen dürfte, ver=
kaufen ihre Fabrikate für reines englisches Zinn. Diese letztern sind
aber häufig ein namhaftes Bleigemisch, welches bei den bekannten schäd=
lichen Eigenschaften des Bleies, schlechterdings keine Verwendung in un=
seren Küchen finden sollten. Das reine englische Zinn characterisirt sich
aber folgendermaßen. Es ist von Farbe rein silberweiß, spielt weder
ins Graue noch Bläuliche, läßt sich mit dem Messer schneiden, ist weich,
doch härter als Blei, läßt sich in ganz dünne Blätter hämmern und
ausdehnen, kann nicht zu feinem Draht gezogen werden, ist klingend,
knistert stark beim Biegen, und zeigt geschmolzen und ausgegossen, eine
spiegelnde, nicht matte, Oberfläche. Vorgebliches Zinn, welches beim
Biegen nicht knistert, und Eindrücke des Fingernagels annimmt, ist stark
bleigemischt.

und Butter, und selbst bei der Zuckerfabrikation. Schon durch eine bloß andauernde Berührung mit der Luft, vermag das Zink sich zu oxydiren, und es geschieht letzteres um so leichter, wenn noch eine Einwirkung von Wasser stattfindet. Influirt aber nun die schwächste Säure, so bildet sich bald ein meist lösliches Zinksalz, welches in die Speisen übergeht, was sodann die vorne angegebenen nachtheiligen Folgen bewirkt. Aus diesem Grund muß schon die Unbrauchbarkeit des Zinks zu ökonomischen Zwecken einleuchten, was denn auch nach mehrfach angestellten Versuchen Steudner veranlaßte, die Anwendung dieses Metalls völlig zurückzuweisen, um so mehr, als es leicht Doppelsalze bildet, wie z. B. mit Kochsalz in Verbindung, mit welcher ein lösliches Chlornatriumzink entsteht. Ebenso verhält es sich, wenn das Zink mit organischer Säure in Berührung kömmt, wie mit Obst, Gemüse, weßhalb denn auch die Bereitung der meisten Speisen in Zinkgeschirren nicht als gefahrlos zu betrachten ist. Anders verhält es sich mit Zinkgefäßen, die mit einer unschädlichen Oelfarbe angestrichen, zur Aufbewahrung vollkommen trockener Victualien benützt werden; solcher kann man sich unbedenklich bedienen, nur hüte man sich vor grünen Oelanstrichen. — Ueber die Verwerflichkeit der aus Blei gefertigten Gefäße hier Weiteres zu sagen, erscheint nach dem bereis vorne Erwähnten, überflüssig.*)

D. Neusilber- oder Argentangeschirre.

Das Neusilber findet heute die ausgedehnteste Verwendung, denn es werden nicht nur Eßgeschirre, sondern auch mannigfaltige Luxusgegenstände in ausgezeichneter Weise davon verfertigt. Obwohl dasselbe in seiner Zusammensetzung außer Nickel und Eisen auch Kupfer, Zink, und im Nickel auch etwas Arsenik enthält, so kann es doch völlig gefahrlos, etwa wie das 12löthige Silber, verarbeitet werden, denn die mit ihm vorgenommenen Prüfungen haben gezeigt, daß Löffel aus demselben gefertigt, und 48 Stunden lang mit 12 Loth Essig

---

*) In Frankreich und Belgien, wo beim Militär theils Feldflaschen, theils Kochgeschirre aus Zink zu einer gewissen Zeit eingeführt waren, erkannte man das Nachtheilige derselben bald, und setzte sie außer Gebrauch.

in Berührung erhalten, vom Zink nur so wenig aufgelöst enthielten, daß auch die empfindlichsten Reagentien letzteres kaum nachzuweisen vermochten. Derselbe Versuch auf den Kupfergehalt des Neusilbers angewendet, ergab das Resultat, daß der Essig nur 13 Milligramm an Kupfer aufgelöst enthielt, während ein Löffel aus Messing unter gleichen Verhältnissen 104 Milligramme, ein kupferner 87 Milligramme, und ein solcher aus 12löthigem Silber $7^{1}/_{2}$ Milligramme an den Essig abgab. Anders würde sich die Sache gestalten, wenn durch Veränderung des Zuthatenverhältnisses bei der Bereitung des Neusilbers, dieses mehr Kupfer, Zink oder Nickel enthielte, wodurch dasselbe, weil es alsdann den Säureeinwirkungen weniger widerstehen würde, zu Arsenik- oder Kupferintoxicationen Veranlassung geben könnte. Beobachtet man übrigens bei Eß- und Trinkgeschirren von Neusilber nur dieselbe Vorsicht wie bei Geräthen aus legirtem Silber, so wird für die Gesundheit kein Nachtheil entstehen. In Bezug auf spezifisches Gewicht, unterscheidet sich gut dargestelltes Neusilber nur wenig von jenem des ächten Silbers, hinterläßt auf dem Probierstein wie jenes den gleichen Strich, und ist in dieser Rücksicht nur dem geübtesten Auge der Unterschied zwischen ihm und Silber zweiter Qualität bemerkbar. Das Scheidewasser giebt indeß das sicherste Erkennungsmittel an die Hand. Beim Neusilber wirkt dasselbe nämlich nur langsam auf den auf dem Probierstein erzeugten Strich, und verschwindet dieser allmählig vollständig, während der Strich des ächten Silbers, immer eine graue Spur zurückläßt. Sollten nach diesem Versuch dennoch Zweifel obwalten, so lasse man nur einen Tropfen Salpetersäure auf den Strich fallen, und man wird alsdann auf der Stelle des angebrachten Striches einen grünlichen Fleck wahrnehmen, ein Resultat, welches ächtes Silber nicht liefert, denn dies hinterläßt jedesmal einen schwarzen Fleck.

E. Messing- und Eisengeschirre.

In Bezug auf den Nachtheil, den Messinggeschirr, zum Kochen verwendet, zu bringen vermag, gilt das Nämliche, was über Kupfergeräthe gesagt wurde, denn Messing ist ebenfalls eine Legirung von Kupfer und Zink, und löst sich noch viel leichter als selbst das Kupfer. Für alle Fälle ist es gerathen, wo in Messing gekocht wird, die Speisen, besonders wenn sie saurer Natur sind, in solchen Gefäßen weder erkalten noch längere Zeit stehen zu lassen.

Unter den metallenen Kochgeräthen sind die von Eisen wohl die unschädlichsten, nur haben sie das Unangenehme, daß manche Speisen, z. B. Hülsenfrüchte, einzelne Gemüse, in ihnen eine dunkle oft schwärzlichgraue Farbe bekommen, weil etwas Eisen durch sie aufgelöst wird, was jedoch die Gesundheit nicht beeinträchtigt. Nicht alles Eisen zeigt aber diese Eigenschaft, so das Gußeisen. Es soll indeß dieser Uebelstand dadurch gehoben werden, daß man Kaffee in solchem Geschirr öfters röstet, und dies wiederholt, wenn sich die Neigung zum Schwärzen wieder zeigen sollte. Ganz wird aber diesem abgeholfen durch Verzinnung des Eisens, oder durch einen Ueberzug desselben mit Email. Letztere Methode, das Eisengeschirr vor dem angeführten Uebelstand zu sichern, ist besonders in Deutschland sehr in Aufnahme gekommen, und es entspricht dieselbe auch vollkommen allen Anforderungen, wenn das Email von der Beschaffenheit ist, wie das von Waldenburg, Gleiswitz und Peitz, welches aus Kieselsteinpulver, Borax, eisenfreiem Thon, Feldspath und etwas Zinkoxyd bestehend, dem Eingriffe der stärksten Säure widersteht. Daß bei Emaillirung des Eisengeschirres darauf gesehen werde, jeden Bleigehalt zu vermeiden, ist selbstverständlich.*)

---

*) Die Gefäße von sogenanntem caldarischem Erz, welches nach Buchner aus einer Composition von 90 Thl. Kupfer und 10 Thl. Zinn besteht und Loos in Berlin zum Erfinder hat, soll nach Remer auch Nickel und Arsenik enthalten. Ein Umstand, der für ihre Unzweckmäßigkeit spricht Diese Geschirre sehen Tomback ähnlich, laufen, auch nicht benützt, schnell an, überziehen sich rothgrün, und geben den Speisen deutlichen Kupfergeschmack.

Achter Abschnitt.

Kurze Zusammenstellung der zuverlässigsten Reagentien zur Ermittelung der in Speisen und Getränken möglicherweise enthaltenen giftigen Stoffe aus dem Pflanzen- oder Mineralreich.

Ein und dreißigstes Capitel.

A. Pflanzengifte.

I. Narkotische Pflanzengifte.

1. Blausäure.

Es ist nicht Aufgabe dieser Schrift, die spezielle Anwendungsweise der verschiedenen hier folgenden Reagentien anzugeben, denn dies würde zu weit führen. Man möge daher wie bei der Blausäure, so auch bei den übrigen nachfolgenden Reagentien, das zu ihrer Anwendung erforderliche Verfahren, in geeigneten toxicologischen Werken nachschlagen. Als die wichtigsten Reagentien auf Blausäure sind in den Toxicologien aufgeführt:

a) Eine Eisenoxydul-oxydlösung, bereitet durch Vermischung von Eisenchlorür und Eisenchlorid.

Reaction: Einer blausäurehaltigen Flüssigkeit zugesetzt, bildet sich ein blaugrüner, blauer oder braungrüner Niederschlag, der mit Chlorwasserstoffsäure behandelt, die Farbe in intensives Blau umändert, löst sich weder in Wasser noch in Alkohol oder verdünnter Säure; verliert, mit kaustischer Kalilösung übergossen, die blaue Farbe und wird braun. Dieser Niederschlag, höchst characteristisch und nicht leicht mit einem andern verwechselbar, muß als das beste Erkennungsmittel für die Blausäure anerkannt werden.

b) Salpetersaures Silberoxyd.

Reaction: Bildet in einer blausäurehaltigen Lösung in Wasser oder Alkohol, oder im blausäurehaltigen Bittermandelwasser einen weißen flockigen Niederschlag, unter Verschwinden des Blausäuregeruches (nicht aber des Bittermandelwassergeruches). Statt dessen wird in neuerer Zeit das salpetersaure Silberoxydamoniak sehr empfohlen.

c) **Schwefelsaure Kupferoxydlösung.**

Reaction: Bildet einer mit kaustischem Kali bis zum Geruchs=
schwinden versetzten Blausäure zugemischt, einen Niederschlag, der nach
Berzelius von Essigsäure bis auf eine weiße Trübung, die sich nach
einiger Zeit zu einem weißen Niederschlag von Kupfercyanür sam=
melt, aufgelöst wird.

d) Quecksilberoxydullösung.

Reaction: Diese Lösung wird von freier Blausäure so wie
von konzentrirtem Bittermandelwasser so zersetzt, daß sich metallisches
Quecksilber ausscheidet, und in der Auflösung Quecksilbercyanid zurück=
bleibt. *)

2. Opium.

In dem dritten Capitel, welches von der Verfälschung und
Verunreinigung des Bieres handelt, ist bemerkt, daß man sich
auch des Opiums, namentlich in England bediene, um den beim
Biere mangelnden Weingeistgehalt und Stärkegrad durch die betäu=
bende narkotische Kraft des Opiums zu ersetzen. Zugleich ist dort
aber auch angegeben, daß eine Untersuchung des Bieres auf Opium=
gehalt nur höchst schwer zu einem Resultat führe und es deshalb
besser sei, jenes auf seinen Morphingehalt zu prüfen.

Obwohl es uns nicht bekannt geworden, daß man sich in Deutsch=
land des Opiums zu genanntem Zweck bis jetzt bedient hat, so könnte
es doch auch wohl vorkommen, daß diese höchst strafbare Zumischung
da oder dort stattfände, um so eher, als es nachgewiesen ist, daß
Belladonnablätter, Kokelskörner, Brechnuß, Bilsenkraut, wilder Ros=
marin, ungescheut in Abkochung oder in Aufguß, ihre Verwendung
beim Bierbrauen gefunden haben. Wir lassen daher hier diejenigen

---

*) Diese vier angegebenen Reagentien reichen hin zur Ermittelung
der Blausäure, wenn sie frei von organischen Beimengungen oder in Bitter=
mandelwasser enthalten ist. Schon ihr Geruch macht sie alsbald erkennt=
lich. Sollte der Gerichtsarzt es mit ihrer Nachweisung aus dem Magen=
inhalt zu thun bekommen, so wird ihm das Verfahren **Hünefelds**
(Chemie der Rechtspflege S. 436) vorzüglich an die Hand gehen.

Pflanzengifte. 289

Reagentien folgen, durch welche bei einer medico-legalen Untersuchung das Morphin entweder in Substanz, oder in feinen Salzen, unter Hinweisung auf die in den toxicologischen Schriften angegebenen Verfahrungsweisen, am sichersten sich zu erkennen giebt.

a) Konzentrirte Salpetersäure: Mittelst eines Glasstabes auf Morphin gebracht, erzeugt sogleich eine schöne gelbe, bald ins tief orangerothe übergehende Färbung.

b) Konzentrirte Schwefelsäure: Auf reines Morphin gebracht, färbt dasselbe garnicht, mit essigsaurem Morphin entsteht eine schmutziggelbe Färbung. Erhitzt man Schwefelsäure mit reinem Morphin etwas, so wird die Säure grünschwarz, und mit etwas Wasser verdünnt, grün bis grünblau.

c) Gallustinctur: Aufgelöstes essigsaures Morphin (1:100) erleidet durch sie geringe Trübung, und nach kurzer Zeit einen Niederschlag.

d) Eisenchlorid: Bringt man dieses recht vorsichtig in eine Lösung des Morphinsalzes, so erzeugt sich eine dunkelblaue Färbung, selbst bei tausendfacher Verdünnung noch gut erkennbar.

e) Jodsaures Natron: Wird dieses in etwas konzentrirter Lösung einer Morphinsalzlösung zugesetzt, und fügt man noch 2 bis 3 Tropfen konzentrirte Schwefelsäure hinzu, so erzeugt sich beim Schütteln sogleich eine dunkelorange, oder leicht rothbraune Farbe unter deutlicher Entwickelung von Jodgeruch. Eine 6—7000fache Verdünnung läßt noch eine schwachgelbe Färbung so wie den Safrangeruch wahrnehmen.

f) Goldchlorid: In geringer Menge einer Morphinsalzlösung zugesetzt, bewirkt zuerst eine gelbliche dann ins schmutzig grün übergehende Trübung, nach kurzer Zeit setzt sich metallisches Gold ab. Setzt man Goldchlorid zu einer spirituösen Auflösung reinen Morphins, so wird selbst bei der geringsten Menge eine erst gelbe, dann intensiv dunkelblaue Färbung hervorgerufen; nach einiger Zeit setzt sich ebenfalls metallisches Gold ab. Diese Reaction ist noch bei einer 3—4000fachen Verdünnung wahrzunehmen.

g) Jodtinctur: In der Morphinsalzlösung erzeugt sie einen chocoladebraunen, bei geringem Zusatz von Jodtinctur und nachherigem

Schütteln wieder verschwindenden, bei vermehrtem Zusatz bleibenden schwerlöslichen Niederschlag.

h) **Platinchlorid** erzeugt in Morphinsalzlösungen nach einiger Zeit eine unbedeutende Trübung.

i) **Theeaufguß** bewirkt eine bedeutende Trübung.

k) **Gummilösung**: Lösungen des thierischen Leimes und die des Eiweiß, fällen die Morphinsalzlösungen **nicht**. Die erwähnten Reagentien bringen in den mit diesen organischen Stoffen versetzten Morphinsalzlösungen mit wenigen Abänderungen, dieselben Reactionen hervor, wie sie bereits angegeben wurden. Bisweilen macht das Eisenchlorid hievon eine Ausnahme.

Sollte der Mageninhalt bei Verdacht auf Opiumgehalt nach genossenen Getränken oder Speisen untersucht werden müssen, so ist sich an die von **Merk** angegebene zweckmäßige Methode zu halten, die man auch im Handbuch der praktischen Toxicologie von **Sobernheim** und **Simon** angegeben findet.*)

3. Die Brechnuß.

Wie bei medico-legalen Untersuchungen fester oder flüssiger Nahrungsstoffe die im Verdacht des Opiumgehaltes stehen, die Nachweisung des Morphins ins Auge zu fassen ist, so muß dies auch geschehen, wenn derartige Stoffe, einer Brechnußbeimengung verdächtig, geprüft werden sollen, denn die Brechnuß enthält ebenfalls ein höchst giftiges Alkoloid, das **Strychnin**. Es steht fest, daß die Brechnuß von gewissenlosen Brauern ihrem Fabrikat beigemischt wurde. Das Strychnin kann in Substanz in den zu untersuchenden Stoffen enthalten sein, oder als salpetersaures Strychnin. In beiden Fällen wird es durch folgende Reagentien erkannt.

a) **Konzentrirte Salpetersäure**: Bringt man diese mittelst eines Glasstabes auf etwas Strychnin, so färbt sich letzteres **hellzitrongelb**. Enthält das Strychnin aber Brucin, so geht die Färbung aus schwach rosenroth ins **dunkel orange** über. Ver-

---

*) Nach **Sobernheim** ist die Mekonsäure wegen ihrer charakteristischen Eigenschaft mit Eisenoxydsalzen eine blutrothe Färbung zu geben, ein sicheres Mittel, die Gegenwart von Opium nachzuweisen.

Pflanzengifte. 291

dünnt man ein reines Strychninsalz 100 fach mit Wasser, so bewirkt konzentrirte Salpetersäure eine kaum merkliche Färbung, ist es aber brucinhaltig eine orange; nach etwa 12 Stunden findet Kristallbildung statt.

b) **Konzentrirte Schwefelsäure:** Ist das Strychnin vollkommen rein, so bewirkt sie, wie vorhin angewendet, **reine schwachgelbe Färbung**; enthält es Brucin, so wird es erst **rosenroth**, dann **braun**. Strychninsalz, 100 fach verdünnt, erleidet durch wenige Tropfen konzentrirter Schwefelsäure selbst nach 24 Stunden keine Trübung, aber in kurzer Zeit nach dem Zusammenmischen; und viel früher als dies bei der Salpetersäure geschieht, füllt sich die ganze Flüssigkeit mit nadelförmigen in Büscheln gruppirten Kristallen. Strychnin mit einem Tropfen konzentrirter Schwefelsäure benetzt und erwärmt, ändert die Farbe vom **gelben ins dunkelbraune**; einige Tropfen Wasser hinzugefügt, lösen sie mit **hellbrauner Farbe auf.**

c) **Gallustinctur** bewirkt eine weiße Färbung.

d) **Jodsaures Natron:** in ziemlich konzentrirter Auflösung, und darauf einige Tropfen konzentrirte Schwefelsäure einer Strychninsalzlösung zugesetzt, bewirken keine Färbung; erhitzt man aber das Ganze, so zeigt sich bei reinem Strychnin eine sehr schwachrothe Färbung mit Jodgeruch, war es brucinhaltig, so entsteht eine fast violette Färbung.

e) **Goldchlorid** bildet sogleich einen **gelblich weißen** Niederschlag.

f) **Jodtinctur:** giebt sogleich einen **chocoladebraunen** Niederschlag.

g) **Schwefelcyankalium:** einer Strychninsalzlösung zugesetzt, bildet bei 100 facher Verdünnung sogleich eine starke weiße Trübung und Niederschlag; bei 400 facher Verdünnung entstehen in kurzer Zeit in der Mitte der Flüssigkeit eine große Menge feiner Nadelkristalle; bei einer 2000 fachen Verdünnung findet noch in wenigen Minuten, besonders nach den Versuchen von Artus, in der Mitte der Flüssigkeit, Kristallbildung statt. Es ist dieses Mittel deshalb ein sehr empfindliches, empfehlungswerthes Reagens.

h) **Platinchlorid:** erzeugt sogleich eine starke **gelbe Färbung.**

i) **Sublimat**: einer wässerigen Auflösung salpetersauren Strychnins zugesetzt, erzeugt in dessen 100facher Verdünnung sogleich weiße Trübung und später eine Fällung.

k) **Theeaufguß**: Bringt in einer Strychninsalzlösung starke Trübung hervor.

l) **Eiweiß, Gummi, thierischer Leim**: bringen in einer Lösung salpetersauern Strychnins keine Trübung hervor; die angegebenen Reagentien bieten dieselben Erscheinungen dar, wie sie in der Auflösung des Salzes im reinen Wasser hervorgerufen werden.

Zur Nachweisung des Strychnins im Mageninhalt, ist ebenfalls die Methode von Merk (s. Trommsdorffs Journal, Bd. XX. p. 156) anempfohlen.

B. Mineralische Gifte.

1. Arsenik.

Auf wie vielerlei Weise Speisen und Getränke Arsenik enthalten können, sei es nun aus Absicht, Unwissenheit oder Fahrlässigkeit, ist vorne in den betreffenden Capiteln gezeigt worden. Die vorzüglichsten und zuverlässigsten Reagentien auf Arsenik sind nach Angabe der Toxicologen: **Schwefelwasserstoffgas, schwefelsaures Kupfer, Kalkwasser und salpetersaures Silber.**

a) **Schwefelwasserstoffgas**: Es ist bei gerichtlichen Fällen frisch bereitet anzuwenden. Man achte sehr darauf, daß die Flüssigkeit kein freies Alkali enthalte, nehme daher Reagenzpapier zur Hand und neutralisire, wenn letzteres der Fall ist, die Flüssigkeit vollkommen durch Chlorwasserstoffsäure. Eine schwache Ansäuerung ist immerhin von Vortheil, da sie die Fällung des Schwefelarseniks befördert. Hat man das Schwefelwasserstoffgas eine Zeit lang durch die zu prüfende Flüssigkeit hindurch geleitet, so erwärme man letztere, hierdurch wird der Niederschlag noch mehr zusammengezogen. Ist der Geruch nach Schwefelwasserstoff dabei völlig verschwunden, so leite man das Gas nochmals durch, und zwar so lange, bis die Flüssigkeit selbst den erwähnten Geruch bleibend angenommen, und kein Schwefelarsenik mehr ausgeschieden wird. Dieses Reagens weist den

Arsenik noch bei 100,000 facher Verdünnung nach, und zählt daher unstreitig zu den vorzüglichsten Prüfungsmitteln.

b) Schwefelsaures Kupfer: Es bringt in der Auflösung arseniger Säure keinen Niederschlag hervor, aber es entsteht sogleich ein solcher von hellgrüner Farbe, wenn man die Flüssigkeit mit etwas Amoniak oder reinem Kali versetzt. Es ist indeß mit dem Zusatz dieser Alkalien Vorsicht nöthig, und ein Ueberfluß derselben zu vermeiden, denn das arsenikfaure Kupferoxyd ist im kaustischen Ammoniak mit blauer Farbe löslich. Es findet auch zu dieser Prüfung das schwefelsaure Kupferoxyd-Ammoniak Anwendung. Bei 100,000 facher Verdünnung des Arseniks, bewirkt dieses Reagens noch eine grünliche Färbung.

c) Kalkwasser: erzeugt in der Auflösung der arsenigen Säure einen weißen Niederschlag, der sich selbst in 3000 facher Verdünnung noch bildet. Bei seiner Anwendung beobachte man die Vorsicht, daß die Flüssigkeit keine freie Säure enthalte, denn der arsenikfaure Kalk ist in jeder freien Säure, selbst in arseniger Säure löslich; man wende daher Kalkwasser im Ueberschuß an, oder schütte die zu prüfende Flüssigkeit in dasselbe. Ist eine etwa anwesende freie Säure, vielleicht Chlorwasserstoffsäure vor dem Hinzufügen des Kalkwassers mit Ammoniak gesättigt worden, so bildet sich auch öfters kein Niederschlag, da die arsenigsaure Kalkerde im Chlorwasserstoff-Ammoniak löslich ist, selbst wenn dieses freies Ammoniak enthält. Enthielt die zu untersuchende Flüssigkeit aber freie Salpetersäure, und stumpfte man dieselbe durch Kali ab, so wird der Niederschlag von arsenigsaurer Kalkerde erscheinen.

d) Salpetersaures Silber: bewirkt in einer Auflösung der arsenigen Säure nur eine gelbe Opalisirung hervor; sättigt man jedoch die freie Säure hinreichend mit Ammoniak, so bildet sich sogleich ein gelber Niederschlag, in der Farbe dem Schwefelarsenik ähnlich. Es ist bei diesem Versuch große Vorsicht nöthig, wenn man nicht getäuscht werden soll, da der Schwefelarsenik nicht nur im Ammoniak, sondern auch in freier Säure löslich ist. Dieser Täuschung zu entgehen, läßt man an einem Glasstab, der geneigt in die Flüssigkeit gestellt wird, einen oder zwei Tropfen Salmiakgeist herabfließen, und dann, ohne die Flüssigkeit zu bewegen, einen Tropfen

Silberauflösung; es zeigt sich dann augenblicklich, selbst bei sehr starker Verdünnung, eine weißlich gelbe, deutlich erkennbare, bei weniger starker Verdünnung eine zitrongelbe Trübung oder Zone. Auf diese Weise ließ sich nach Sobernheim die arsenige Säure selbst bei $^{1}/_{150000}$ facher Verdünnung genau erkennen. Sonach folgt das salpetersaure Silber bezüglich seines Werthes als Prüfungsmittel auf arsenige Säure, unmittelbar dem Schwefelwasserstoff.

Die höchst glückliche Erfindung des Engländers Marsh, der sich zur sichersten Entdeckung des Arseniks, des Wasserstoffgases bedient, stellt indeß die bisher üblich gewesenen Prüfungsmethoden in den Hintergrund. Sein Verfahren ist das sicherste, und wurde durch eine pariser Kommission, bestehend aus den Chemikern Thenard, Dumas, Boussingault und Regnault geprüft. Ihr Ausspruch lautete, daß das Verfahren von Marsh einen Milliontheil arseniger Säure in einer Flüssigkeit leicht entdecken, ja selbst bei $^{1}/_{2000000}$ noch metallische Flecken erkennen lasse. Diese ungemein practische Prüfungsmethode von Marsh hier zu wiederholen, erscheint unnöthig, da sie heute jeder Pharmazeut auszuführen versteht.

2. Quecksilber.

Bei medico-legalen Untersuchungen bietet das Quecksilber wie das Arsen ebenfalls seine Schwierigkeiten, wenn das zu Untersuchende aus organischen, nicht mit flüchtigen Substanzen versetzten Massen besteht, und auch die leicht löslichen Quecksilbersalze sind nicht so bald nachgewiesen, wie dies beim Arsen der Fall ist, wo immer noch anzunehmen ist, daß dasselbe in Substanz in dem einen oder andern Organ sich vorfindet. Viel leichter dagegen lassen sich die unlöslichen Präparate des Quecksilbers, wie z. B. rother Präzipitat, Calomel, wenn sie nicht sehr fein zertheilt durch Getränk oder Speise in den Körper gelangt sind, durch die geeigneten Manipulationen, die in jeder Toxicologie zu lesen sind, nachweisen.

Bezüglich der auflöslichen Quecksilbersalze liefern aber die Reagentien folgende Resultate.

a) Kalkwasser: behutsam in Quecksilberoxydlösungen gegossen, entsteht zuerst ein braunrother, dann aber zitrongelber Niederschlag. In Oxydulauflösungen entsteht eine Fällung von **schwarzer** Farbe.

b) **Kaustisches Kali**: zeigt das gleiche Verhalten; enthält aber die Quecksilberoxydlösung Salmiak, so entsteht ein **weißer** Niederschlag.

c) **Kohlensaures Kali**: gleiches Verhalten, der in der Quecksilberoxydlösung bewirkte Niederschlag zeigt jedoch eine mehr **rothbraune** Farbe; ist Salmiak zugegen, entsteht ein **weißes** Präzipitat.

d) **Salzsäure**: sie bewirkt in einer Quecksilberoxydullösung **weißen** Niederschlag, der in kaustischem Salmiak sich nicht löst, jedoch davon **schwarze** Färbung bekommt.

e) **Schwefelwasserstoffgas**: bringt den schon öfters erwähnten charakteristischen Farbenübergang in Quecksilberoxydlösungen aus **Weiß** in **Grau**, zuletzt in **Schwarz** hervor, sobald das Prüfungsmittel in sehr geringer Quantität besonders verdünnten Lösungen des Quecksilbersalzes zugemischt wird.

f) **Kaustisches Ammoniak**: bewirkt in einer Quecksilberoxydsalzlösung einen **weißen**, dagegen in einer Oxydulsalzlösung einen **schwarzen** Niederschlag.

g) **Jodkalium**: Ist für die beiden vorgenannten Quecksilbersalze ein sehr charakteristisches Prüfungsmittel, die Oxydlösung wird nämlich **roth**, dagegen die Oxydullösung **grüngelb** präzipitirt. Diese Reaction hat jedoch nach Sobernheim mehrerer Umstände wegen, geringen Werth, und dürfte deshalb weniger in Anwendung gesetzt werden.

Die Gegenwart des Quecksilbers, wenn es auch unlöslich in der zu prüfenden Masse vorhanden, läßt sich durch die Reduction ebenfalls nachweisen. Ist die zu untersuchende Verbindung aufgelöst, so dampft man sie ab, sonst wird sie mit trockener Soda gemischt und in einem Reductionsröhrchen in der Löthrohrflamme geglüht; es sublimirt sich alsdann metallisches Quecksilber als grauer Anflug, in welchem durch Berührung mit der Spitze eines Elfenbeinstäbchens, leicht die Quecksilberkügelchen nachgewiesen werden können. Schwefelquecksilber mit kaustischem Kalk vermischt und in der Reductionsröhre geglüht, läßt das metallische Quecksilber ebenfalls als metallisches Quecksilber erkennen.

h) **Kupferblech**: Wird dieses mit einem auflöslichen Quecksilbersalz gerieben, oder stellt man dasselbe in die zu prüfende Flüssigkeit, so überzieht sich das Kupferblech mit einem silberglänzenden Ueberzug, der beim Erhitzen des Bleches verschwindet.*)

3. Kupfer.

In wie vielen Fällen Speisen und Getränke ein Kupfersalz aufgelöst enthalten können, ist vorne in den betreffenden Kapiteln gezeigt worden. Zu ihrer Nachweisung in Auflösungen dienen: Das **Ammoniak, Cyaneisenkalium, Eisen, Schwefelwasserstoff, Butter.**

a) **Ammoniak**: man gieße von einer der Kupferbeimengung verdächtigen Flüssigkeit etwa einen Theelöffel voll in ein Prüfungsglas, und mische einige Tropfen Ammoniakflüssigkeit hinzu, es wird nun, wenn die Flüssigkeit keine animalischen oder vegetabilischen Stoffe enthält, dieselbe alsbald eine schöne blaue Färbung zeigen. Diese Färbung findet nicht statt beim gleichzeitigen beträchtlichen Vorhandensein der genannten Stoffe, oder wenn die Flüssigkeit nur ganz wenig Kupfer enthält, und eine dunkle Farbe besitzt. Weißem Wein, der ziemlich viel Kupfergehalt besitzt, Ammoniak im Ueberschuß

---

*) Feste oder flüssige Nahrungsmittel können entweder ätzenden Sublimat, oder einfach Chlorquecksilber (Calomel) enthalten; um nun beide von einander zu unterscheiden, dienen folgende Prüfungsmethoden: a) durch eine verdächtige Flüssigkeit lasse man Schwefelwasserstoffgas strömen, es wird sich ein schwarzer Niederschlag bilden, der geschüttelt bald weiß wird. Bei längerem Hindurchströmen des Gases wird der Niederschlag endlich vollkommen schwarz. Enthielt die Flüssigkeit Calomel, so sind die Niederschläge bei erwähnter Behandlung von Anfang bis zu Ende vollkommen schwarz. b) Die Auflösung von Kaliumjodid bewirkt einen Niederschlag von zinnoberrother Färbung, der sich aber sowohl im Ueberschuß des Fällungsmittels als auch des ätzenden Sublimates wieder auflöst. Wäre Calomel vorhanden, so würde sich durch Kaliumjodid ein grünlich gelber oder schwärzlicher Niederschlag bilden. c) Ammoniakflüssigkeit bildet mit Aetzsublimat einen weißen, mit Calomel aber einen schwarzen Niederschlag. d) Aetzkalilösung giebt mit Aetzsublimat einen gelben, mit Calomel einen schwarzen Niederschlag. — Ein Reactionsverfahren auf Sublimat, welches aber andere an Feinheit und Sicherheit übertreffen soll, und welches man Smithson verdankt, wäre im Handbuch der prakt. Toxicologie von Sobernheim und Simon nachzusehen.

zugesetzt, ertheilt ersterem eine schmutzig grüne oder braune Farbe, und die blaue Farbe tritt nur hervor, wenn die Menge des aufgelösten Kupfers sehr beträchtlich ist. Ist Kupfer in rothem Wein enthalten, so ertheilt ihm Ammoniak eine schmutzig braune Farbe, und eben diese Veränderung bewirkt auch das Ammoniak in ganz reinem rothem Wein.

b) Cyaneisenkalium: Wenn es sich um die Prüfung solcher Auflösungen handelt, die eine größere Menge nicht flüchtiger organischer Substanzen enthalten, so ist das Cyaneisenkalium ein zuverlässiges vortreffliches Reagens, um das Kupfer aufzufinden, und wenn selbst nur sehr geringe Spuren von letzterm in einer Auflösung mit beträchtlichen Mengen organischer Substanzen verbunden sind, bewirkt eine Solution des gelben Cyaneisenkaliums denselben characteristischen röthlichen Niederschlag, wie er sich in Lösungen ganz reinen Kupfers bildet. Aber die Auflösung muß alsdann entweder streng neutral oder nur schwach sauer, nie aber alkalisch sein. Geringe Spuren von Kupfer können auf diese Weise in weißem Wein, Zuckerlösungen und anderen organischen Stoffen ermittelt werden. Es dürfen aber dieselben nicht zu stark gefärbt sein, denn in diesem Fall bliebe das Reagens unwirksam. Dies beweist z. B. der Rothwein, in welchem dadurch das Kupfer nicht gefunden werden kann, wenn es selbst in beträchtlicher Menge darin vorhanden sein sollte.

c) Eisen: um selbst die geringsten Mengen Kupfer in einer Auflösung zu entdecken, ist die Methode, dasselbe durch blankes Eisen niederzuschlagen, wohl die sicherste, zuverlässigste. Man füllt zu diesem Zweck die Flüssigkeit in ein Glas, mischt bis zur schwachen sauren Reaction etwas Salz- oder Salpetersäure zu, und stellt alsdann eine polirte Messerklinge oder irgend einen blanken Eisenstab hinein. Nach kurzer Zeit gewahrt man einen Kupferüberzug an dem Eisen, der sich auch zeigt, wenn die Auflösung organische Substanzen aller Art enthält, von dunkler Färbung oder ganz durchsichtig ist. Ist die Auflösung wenig kupferhaltig, so wird der metallische Ueberzug an dem polirten Eisenstab erst nach Verfluß einiger Stunden sichtbar.

d) Schwefelwasserstoff: Seine Anwendung ist nicht so vortheilhaft als die vorige, da sich kleine Mengen von Schwefelkupfer nur sehr schwer von der Flüssigkeit abfiltriren lassen, und lange

Zeit in Auflösungen suspendirt bleiben, welche viele organische Stoffe enthalten. Ist die Auflösung stark gefärbt, so kann der durch Schwefelwasserstoff gebildete Niederschlag nur schwer erkannt werden; auch ist blankes Eisen ein weit empfindlicheres Reagens als Schwefelwasserstoff.

e) Butter: in gemischten Auflösungen ist sie ein sehr empfindliches Reagens für Kupfer. Wenn man etwas Butter in irgend eine trübe Flüssigkeit oder Auflösung organischer Substanzen z. B. Branntwein, der mit Kupfer versetzt ist, bringt, so erhält sie nach und nach eine grüne Farbe. Enthält jedoch die Flüssigkeit nur in geringer Menge Kupfer, so währt es meist einige Tage bis sich die erwähnte characteristische Reaction zeigt. Die Butter verdient bei ihrer außerordentlichen Empfindlichkeit häufiger zur Nachweisung des Kupfers benützt zu werden, als dies der Fall ist.

Wenn, was leicht vorkommen kann, Substanzen von fester teigartiger Consistenz auf Kupfergehalt untersucht werden sollen, so zeigt sich folgendes Verfahren entsprechend. Man zerschneidet den Körper in kleine Stücke, oder zerreibt ihn zu einem Brei, bringt diesen in einen reinen Kolben mit drei- bis vierfacher Gewichtsmenge Wasser und ein wenig Salpetersäure. Hierauf wird der Kolben über eine Lampe oder einem Kohlfeuer eine halbe Stunde lang erhitzt, man läßt dann die Flüssigkeit sich setzen und filtrirt sie durch ein in ein Filter zusammengelegtes, und in einen Glastrichter gestelltes Stück weißes Fließpapier. Die helle Flüssigkeit, welche durch das Papier läuft, enthält das Kupfer in Salpetersäure aufgelöst. Die Gegenwart desselben erkennt man nun durch die Anwendung von Ammoniak oder polirtem Eisen, wie dies bereits angegeben wurde. In einigen Fällen ist es rathsam, den festen organischen Stoff in einem Tiegel durch Rothglühhitze zu verkohlen, und die verkohlte Masse dann mit verdünnter Salpetersäure auszuziehen. Aber sehr geringe Mengen von Kupfer, wenn sie großen Quantitäten von festen organischen Stoffen beigemengt sind, können durch dieses Verfahren nicht aufgefunden werden.

Will man sehr geringe Quantitäten von Kupfer entdecken, die in Speisen, welche in Kupfergefäßen gekocht wurden, oder in Brod, welches durch einen kleinen Zusatz von Kupfervitriol verfälscht wurde, enthalten sind, so dient nachfolgendes Verfahren. Man mischt die Substanz mit so viel Wasser, als zur Bildung eines weichen Breies erforderlich ist, den man mit dem Doppelten seines Gewichtes gepulverter kohlensaurer Natronkristalle zusammenmengt. Die Mischung wird in einen kleinen hessischen Tiegel gebracht, dieser zugedeckt, und einem Lampen- oder Kohlfeuer ausgesetzt. Die Hitze wird allmählich bis zur Rothglühhitze gesteigert, in welcher man den Tiegel eine Viertelstunde stehen läßt. Nach Abkühlung des Tiegels schabt man die verkohlte Masse herunter, und reibt sie in einem Achatmörser zum feinen Pulver. Zuvörderst bringt man einen Theil dieser Masse in den Mörser, feuchtet sie mit Wasser an und zerreibt sie fein, gießt hierauf noch mehr Wasser in den Mörser, und gießt sie, nachdem man sie mit dem Pistill umgerührt, mit dem darin befindlichen Kohlenpulver vorsichtig ab. Hierauf pulverisirt man den Rest der Masse auf dieselbe Weise, und fährt nun so mit Reiben und Waschen fort, bis der Mörser ganz von Kohle befreit ist. Das Kupfer wird endlich auf dem Boden des Mörsers als kleine metallische kupferfarbige Blättchen zurückbleiben. Beim Weggießen des Kohlenpulvers muß man bedacht sein, dies nicht eher zu thun, als bis die Kupfertheilchen sich zu Boden gesetzt haben. Hat man eine geringere Menge kohlensaures Natron genommen, als hier vorgeschrieben ist, so kann zwar das Kupfer noch reduzirt werden, ist aber so fein zertheilt, daß man es mit dem Kohlenpulver leicht wegwaschen kann. Der Tiegel muß durch und durch glühend sein, damit die kleinen Theilchen reduzirten Kupfers sich besser mit einander vereinigen. Um zu verhüten, daß der Tiegel in der Glühhitze durch das kohlensaure Natron nicht zerstört werde, ist es gut, den Boden mit einer Lage der zur Analyse bestimmten Substanz ohne Zumischung von kohlensaurem Natron zu decken.

4. Eisen.

Das Eisen gehört zwar nicht zu den Giften, aber ein Präparat von ihm, der grüne Eisenvitriol, dient häufig zur Verfälschung des Biers, daher wir es für geeignet halten, demselben einige Aufmerksamkeit zu schenken. Das Eisen ist in einer Auflösung entweder als Eisenoxydul oder als Eisenoxyd enthalten. Die Reagentien wirken anders, wenn die Auflösungen Eisenoxyd, anders aber, wenn sie Eisenoxydul enthalten.

Enthält eine nicht mit organischen Substanzen gemischte Auflösung Eisenoxydul in einer Säure gelöst, so dienen zu seiner Ermittelung:

a) **Cyaneisenkalium (gelbes)**: dieses bildet in einer Auflösung einen **weißen** Niederschlag, der bald hellblau, und endlich dunkelblau wird.

b) **Rothes Cyaneisenkalium**, gelöst, bewirkt sogleich einen **dunkelblauen** Niederschlag.

c) **Schwefelammonium**: bildet in neutralen Solutionen einen **schwarzen** Niederschlag, der an der Luft sich **röthlich braun** färbt.

d) **Schwefelwasserstoffwasser**: bewirkt keinen Niederschlag.

e) **Kalisolution**: bildet einen **weißen** Niederschlag, der nach und nach **grau, grün und braun** wird.

Ist aber in einer Auflösung Eisenoxyd vorhanden, so ergeben sich folgende Reactionen:

a) **Gelbes Cyaneisenkalium in Solution**: bewirkt sogleich einen **tief blauen** Niederschlag.

b) **Rothes Cyaneisenkalium in Lösung**: bewirkt keinen Niederschlag, färbt jedoch die Eisensolution dunkler.

c) **Schwefelammonium**: giebt dieselben Reactionen wie beim Eisenoxydul.

d) **Schwefelwasserstoffwasser**: bildet einen milchweißen Niederschlag, der aus Schwefel besteht. Indem zugleich eine theilweise Reduction des Eisenoxyds erfolgt, bleibt Eisenoxydul in der Auflösung.

e) **Kalisolution**: erzeugt **röthlich braunen** Niederschlag.

Soll der Eisengehalt in festen organischen Stoffen nachgewiesen werden, so bereitet man zuerst eine Auflösung, indem man die festen Substanzen in Wasser, welches man mit Schwefel- oder Salzsäure (nie mit Salpetersäure) ansäuerte, auskocht. Oder man verkohlt die organischen Stoffe zuerst in einem Tiegel, und behandelt den verkohlten Rückstand mit verdünnter Säure. Ist eine solche Solution bereitet und filtrirt, so untersucht man sie dann mit den verschiedenen bekannten Reagentien.

Mineralische Gifte. 301

5. Blei.

Zur Ermittelung des Bleies, besonders auflöslicher Bleisalze, dienen folgende Reagentien:

a) **Kaustisches Kali**: es bewirkt einen weißen Niederschlag, der sich in einem ziemlich bedeutenden Ueberschuß des Füllungsmittels vollständig wieder auflöst.

b) **Kohlensaures Kali**: erzeugt einen weißen Niederschlag (Bleiweiß), der sich ebenfalls in kaustischem Kali, nicht aber in einem Ueberschuß des Fällungsmittels löst.

c) **Jodkalium**: bildet einen schönen gelben Niederschlag, der sich in einem großen Ueberschusse des Fällungsmittels auflöst.

d) **Chromsaures Kali**: erzeugt ebenfalls einen Niederschlag von intensiv gelber Farbe, löslich in kaustischem Kali.

e) **Schwefelsäure oder ein schwefelsaures Salz**: bewirkt einen weißen Niederschlag noch bei 20,000facher Verdünnung. Bei essigsaurem Bleioxyd wie beim salpetersauern tritt die Grenze der Reaction schon bei 5000facher Verdünnung ein.

f) **Schwefelwasserstoffgas**: bewirkt einen sehr reichlichen schwarzen Niederschlag, der selbst bei 100,000facher Verdünnung noch bemerkbar wird.

Soll eine Mischung von Blei mit harten oder weichen, vegetabilischen oder animalischen Stoffen geprüft werden, so mengt man die ganze Masse mit kohlensaurem Natron, und setzt sie in einem hessischen Tiegel bedeckt der Rothglühhitze aus. Damit sich indeß das reduzirte Blei nicht verflüchtige, lasse man die Hitze nicht zu stark werden. Ist der Tiegel abgekühlt, so wird die geschmolzene Masse in einem Achatmörser mit Wasser pulverisirt und die Kohle sorgfältig abgeschwemmt. Das reduzirte Blei bleibt alsdann leicht erkennbar im Mörser zurück.

Die Prüfung eines Weines auf Bleigehalt kann in folgender Weise entsprechend vorgenommen werden: Man raucht eine Portion des verdächtigen Weines zur Trockene ab, indem man sie in einer Porzellanschaale von Wedgewood so lange über einer Lampe kocht, bis alle Feuchtigkeit entfernt ist. Den trocknen Rückstand sammelt man zusammen und macht ihn in einem kleinen Tiegel oder in einer Kölnerpfeife rothglühend, wodurch die ganze Masse in Kohle verwandelt wird. Man reibt nun die Kohle mit der doppelten Gewichtsmenge salpetersauern Kalis zusammen, bringt diese Mischung in einen rothglühend gemachten Porzellantiegel, in welchem sie zersetzt wird. Es verpufft nämlich die Mischung von salpetersaurem Kali und Kohle, und eine geschmolzene Masse bleibt im Tiegel als Rückstand. Behielt letztere eine dunkelbraune Farbe, so muß noch ein wenig salpetersaures Kali zugesetzt und die Glühung noch einmal vorgenommen werden. Dann gießt man Wasser, mit ein wenig Salpetersäure gemengt, in kleine Quantitäten in den Tiegel, wodurch sich die geschmolzene Masse vollkommen auflöst. Die so erhaltene Solution wird durch Papier filtrirt, das erhaltene Fluidum bis zur gehörigen Klarheit ruhig stehen gelassen, und dann die Nachweisung auf Bleigehalt mit den angegebenen Reagentien ausgeführt.

6. Zink.

Wie Bier und Milch zinkhaltig werden können, ist vorne in den betreffenden Capiteln angegeben worden. Gewöhnlich ist es der weiße Zinkvitriol, der zu Intoxicationen Veranlassung giebt. Zur Ermittelung des schwefelsauren Zinkoxydes dienen:

a) **Kaustisches Kali:** es bewirkt in einer Auflösung des schwefelsauern Zinkoxydes einen **weißen** Niederschlag, der sich im Ueberschuß desselben wieder auflöst.

b) **Kaustisches Ammoniak:** zeigt ganz dieselbe Reaction.

c) **Kohlensaures Kali:** bringt einen weißen, im Ueberschuß von kohlensaurem Kali **nicht**, aber wohl in kaustischem Kali und Ammonik löslichen Niederschlag hervor.

d) **Schwefelwasserstoffgas:** bewirkt in neutralen oder alkalischen Zinkoxydlösungen einen **weißen** Niederschlag von Schwefelzink, in sauren Lösungen findet dies **nicht** statt.

e) **Schwefelwasserstoff-Amoniak:** bringt ebenfalls in neutralen Zinkoxydlösungen einen **weißen** Niederschlag hervor. Da aber das käufliche Zinkvitriol fast immer eine Beimengung von etwas Eisen enthält, so kömmt wohl vor, daß der Niederschlag **grau bis schwarz** ausfällt, welche Färbungen sich auch in diesem Falle bei der Füllung mit Schwefelwasserstoffgas zeigen werden.

f) **Kaliumeisencyanür:** bildet einen **weißen** gallertartigen Niederschlag: der sich in Chlorwasserstoffsäure nicht auflöst.

Neunter Abschnitt.

Nachträge.

Zum Wein.

Wurde Obstmost unter dem Wein gemischt, so läßt sich dies nach manchen Versuchen nur beim Ablaß, und wenn ganz frischer Obstmost und neuer Wein zusammengemengt sind, nachweisen. Aller frisch gepreßter Obstmost enthält nämlich Stärkemehl, welches sich bei der ersten Ruhe der Flüssigkeit mit der Hefe zu Boden setzt. Wird nun nur wenig von diesem Bodensatze mit destillirtem Wasser gekocht, so findet sich das Amylon darin aufgelöst, was durch eine Jodlösung alsdann ganz leicht dargethan werden kann.

Die Aechtheit der rothen Farbe bei Weinen soll auch dadurch sicher ermittelt werden, wenn man sie mit Potaschenlösung etwas übersättigt, wodurch ihre Farbe alsdann grün wird, weil sich der Farbstoff aller blauschwarzen Trauben in den Häuten der Beeren, genau wie die Blumenblätter der blauen Veilchen gegen Reagentien verhält.

Zum Branntwein.

Bezüglich der Ermittelung von Kupfer- oder Bleigehalt des Branntweines, äußern sich die „landwirthschaftlichen Berichte aus Mitteldeutschland" Heft 13, folgendermaßen:

„Durch die Gefäße wird der Branntwein häufig mit Kupfersalz „besetzt. Man entdeckt dies: 1) durch Ammoniak, welches den „mit Kupfersalz verbundenen Branntwein blau färbt, welche Färbung „indeß oft erst nach einigen Stunden sich einstellt. 2) Durch einen „blanken Eisenstab, der einige Zeit in solchen Branntwein belassen, „einen kupferigen Ueberzug bekömmt. Den Bleigehalt ermittelt man „entweder durch schwefelsaure Soda, welche im verdächtigen „Branntwein einen weißen Niederschlag bildet, oder durch Schwefel„wasserstoffsäure, die darin einen schwarzen Niederschlag, Schwefel„blei, erzeugt." —

Schon 1815 erließ das Königl. Würtemb. Ministerium des Innern nnterm 21. August folgende Bekanntmachung: Die Mittel, durch welche jeder Käufer und Verkäufer von Branntwein, Kirschgeist Liqueurs und andern geistigen Getränken nicht allein den in denselben enthaltenen Knpfergehalt leicht entdecken, sondern auch davon sie reinigen kann, sind folgende:

1) Die Probe geschieht am schnellsten, wenn man in ein geistiges Getränk, z. B. in einen halben Schoppen, etwa 20—25 Tropfen eines

reinen frischen kaustischen Salmiakgeistes, der in jeder Apotheke billigst erhalten werden kann, langsam mischt, dann umrührt. Enthält das geistige Getränk Kupfer, so wird es blau gefärbt. Diese Färbung geschieht sogleich, wenn der Branntwein eine größere Menge Kupfer enthält, ist der Kupfergehalt aber sehr gering, so muß, weil die blaue Farbe in diesem Falle später erscheint, die Mischung etwa 24 Stunden ruhig stehen gelassen werden.

2) Eine etwas langsamere, aber sichere Probe ist, wenn man in ein solches kupferhaltiges geistiges Getränk 24 Stunden lang blank gescheuertes Eisen legt, welches dann das Kupfer an sich zieht, blankroth erscheint, und so auch das Getränk vom Kupfer reinigt.

3) Zu weiterer Probe und Reinigung eines kupferverdächtigen geistigen Getränkes, dienen ferner nachfolgende unschädliche Gegenmittel: Gelöschter und ungelöschter reiner Kalk, gereinigte Pottasche, reine Kreide. Jeder dieser Körper wird, wenn man ihn zu dieser Probe wählt, fein gepulvert, einem des Kupfergehaltes verdächtigen geistigen Getränke beigemischt und umgerührt. Nach ruhigem 24stündigen Stehen wird der Bodensatz, wenn Kupfer vorhanden ist, grünlich gefärbt erscheinen.

Um das Getränk nun hiervon und von dem Kupferantheil zu befreien, muß jenes gehörig filtrirt werden. Wenn nur wenig Kupfer in einem solchen geistigen Getränk aufgelöst enthalten ist, so erscheint dasselbe farblos und wasserhell, und man bedarf zur Prüfung desselben nur einer kleinen Quantität des Prüfungs- oder Reinigungsmittels. Sieht aber ein solches Getränk (jene ausgenommen, welche etwa ein bläuliches ätherisches Oel enthalten, wie z. B. Chamillenwasser) ins Bläulichte schimmernd aus, so enthält es einen größern Theil von aufgelöstem Kupfer, und es ist alsdann die gedoppelte Quantität der angegebenen Prüfungs- und Gegenmittel, zur Probe und Reinigung eines solchen kupferhaltigen geistigen Getränkes anzuwenden.

Zum Bier.

Es ist bekannt, daß Biere, wenn gleich rein und gut gebraut, manchen Consumenten, ohne daß sie zu viel davon genossen, am Morgen des folgenden Tages ein eigenthümliches drückendes Kopfweh verursachen, und so in wirklich ungerechter Weise den Verdacht veranlassen, als habe der Brauer seinem Bier einen der Gesundheit nachtheiligen Stoff beigemischt. In neuester Zeit will man beobachtet haben, daß diese Erscheinung von zwei Ursachen herrühre: einmal von der häufig vorkommenden Manipulation des Schwefelns der Hopfen, dann aber von der Unkenntniß manches Brauers mit diesem genannten betrügerischen Verfahren, durch welches Ersatz des Lupulins nachgekünstelt werden soll. Da der Gerichtsarzt wie der Pharmazeut oder Chemiker in die Lage kommen können, außer dem Bier auch den Hopfen untersuchen zu müssen, so wird die Mittheilung eines Prüfungsverfahrens auf stattgefundene Schwefelung des Hopfens, welche Böttcher im polytechnischen Notizblatt 1853, Nr. 14, niedergelegt hat, hier am Platze sein. Diese Prüfungsweise besteht in Folgendem: „Man überschüttet in einem Glase eine kleine Quantität des zu prüfenden Hopfens mit Regenwasser, läßt dasselbe verschlossen einige Stunden ruhig stehen, und unterwirft dann das ganze in einer kleinen tubulirten Retorte mit angefügter Kühlröhre der Destillation. Läßt man nun die ersten übergehenden 6—8 Tropfen in eine ganz verdünnte, blaß rosenrothe Auflösung von übermangansaurem Kali fallen, und tritt dadurch eine Entfärbung dieser Salzsolution ein, so war der Hopfen geschwefelt. Behält dagegen die genannte Lösung ihre rosenrothe Farbe unverändert bei, so war der Hopfen nicht geschwefelt."

Die neueste Verfälschung des Biers, die uns mitgetheilt wurde, und von Darmstadt aus, in öffentliche Blätter bereits übergegangen sein soll, ist die Zumischung von dem Saamen der Herbstzeitlose, Colch. autumnale Linn. Die Herbstzeitlose gehört in die Klasse der scharfen Arzneistoffe, und sie zeigt in allen ihren Theilen ihre giftigen und medicamentösen Kräfte, wobei indeß zu bemerken ist, daß ihre Knollen je nach gewissen Stadien ihrer Entwicklung bald mehr, bald weniger Wirksamkeit zeigen, ja oft auf ein Minimum reduzirt sind. Letzteres ist besonders der Fall, wenn sie in der Blüthe stehen, später, wenn die Blätter schon vorhanden sind, und endlich, wenn die Wurzeln welken oder naturgemäß decrepitiren. Hierfür sprechen die Versuche von Orfila, Haller, Bartels, Kratochwill u. a. Im Uebrigen ist die höchst nachtheilige, wie auch nach Umständen medicamentöse Wirkung der Herbstzeitlose, erfahrungsgemäß, und ganz besonders weisen die Erfahrungen von Sachs nach, daß sie, als Secundarwirkung, Zungenlähmung hervorzubringen vermöge. Wichtige, und die giftige Eigenschaft besonders der Samen von Colchicum, bestätigende Beobachtungen, haben uns Andreac und Fereday mitgetheilt. Im erstern Fall erfolgte der Tod nach 39, im andern nach 48 und nach Caffe innerhalb 22 Stunden. Das so giftig wirkende Prinzip der Herbstzeitlose ist das von Geiger und Hesse in demselben aufgefundene Alkaloid: Colchicin (Vergl. Geiger und Hesse, im pharm. Centralblatt, 1835, S. 81).

Ein ganz außerordentlicher Fall von Vergiftung durch Bier, ereignete sich 1845 zu Pfarrkirchen, einem bedeutenden Marktflecken in Niederbaiern. Daselbst hatte eine Brauerswittwe einen Brauknecht im Dienste, dem ein Sud Bier umschlug. Dieser Oberknecht erzählte gelegentlich einem Materialisten es sei ihm die Fatalität begegnet, daß sein Bier nicht hell werden wolle. Der Materialist sagte ihm, daß dies ja öfters geschehe; er wolle ihm da bald helfen und ihm etwas geben, wodurch das Bier wieder hell werden würde. Der Brauknecht gebrauchte das Mittel. Das Bier war zwar hell, aber 13 Personen, die davon getrunken hatten, starben, mehrere andere erkrankten, einige davon genasen bald, andere kränkelten längere Zeit. Unter der Zahl der Gestorbenen befanden sich der Materialist und der Brauknecht, und man konnte es nicht ermitteln, woraus die zur Klärung des Bieres verwendete Mischung bestanden hatte. Der Anfang der Krankheit zeigte die nämlichen Symptome wie das Faulfieber, und die Genesenen klagten noch längere Zeit über Schmerz und eigenthümliches Unbehagen in den Gliedern. (K. Ztg. 1845).

Zur Milch.

Es ist zu verschiedenen Zeiten beobachtet und durch Veterinärärzte bestätigt worden, daß Milch von erkrankten Kühen, vom Lande herein geliefert wurde. Da nun viele Kinder das Glück der Mutterbrust nicht genießen, sondern häufig einzig mit Kuhmilch ernährt werden, so wird begreiflich, daß die Qualität der Milch auf Gesundheit und Gedeihen der Kleinen, von wesentlichem Einflusse sein, und der Genuß von Milch kranker Thiere, nur nachtheilige Folgen haben müsse. Wir finden es daher geeignet, die uns aus verschiedenen Schriften bekannt gewordenen Beobachtungen nachträglich hier anzufügen. So behauptet Camper, daß Milch von Thieren die an der Rinderpest erkrankten, auf die Gesundheit nicht schädlich einwirke, welchem Ausspruche jedoch d'Arbovals Erfahrung und Beobachtung geradezu widersprechen, der bei mehreren Personen in Havricourt, auf solchen Genuß heftige Colik, verbunden mit Erbrechen, entstehen sah. Beim Milzbrand wird die Milch stets abnorm, und nach den Untersuchungen von Delafond zeigt eine solche, folgende Eigenschaften: ihre Farbe ist schmutzig bläulichweiß, der Geschmack matt, und nur mäßig erwärmt scheiden sich deren käsige Stoffe bald ab. 4—6 Stunden stehen gelassen und dann in ein anderes Gefäß abgegossen, gewahrt man röthliche blutähnliche Streifen darin, und nach noch längerm Stehenlassen zersetzt sich die Milch, es beginnt bald eine faulige Gährung, welche nach etwa 30 Stunden einen unerträglich ashaften Gestank entwickelt. Solche Milch ist nach Gohier unbedingt schädlich, und er führt einen Fall an, nach welchem in Lyon 1809, fünf Individuen, die zum Caffe Milch von einer milzbrandkranken Ziege genossen hatten, schwer erkrankten. Der k. Societät in London theilte Commins, Pflanzer auf einer der Barbadösinseln, eine an seinem eigenen kleinen Kinde gemachte Beobachtung mit. Dasselbe hatte Milch von einer mit Milzbrand behafteten Kuh getrunken, erkrankte nach vier Tagen unter allen Erscheinungen des bösartigen Karbunkels, und konnte nur mit größter Mühe wieder hergestellt werden. Häufig wird das Rindvieh von der Lungenseuche befallen, welche unter mehreren Formen auftritt; hier soll die Milch im ersten Stadium der Krankheit noch genossen werden können. Wir halten dies für gewagt, und sind der Ansicht, daß deren Genuß gänzlich unterbleibe, dasselbe wird auch bei der Maulseuche (Aphten) gerathen sein, obwohl sich die hierüber gemachten Erfahrungen sehr widersprechen. So berichtet Sagar, daß Menschen di solche Milch genossen, von derselben Krankheit befallen wurden, während Toggia, 1800 bei einer derartigen herrschenden Seuche, das Gegentheil wahrnahm. In der Klauenseuche verliert die Milch ebenfalls viel von ihrer normalen Beschaffenheit. Hierüber sagt Herberger, daß die Milch in erwähnter Krankheit schon im ersten Stadium einen größern Gehalt an Alkali zeige, daß ihre Fettkügelchen nicht abgeschlossen, sondern mehr zerfließend seien, und die Milch selbst durch Lab, nur unvollkommen gerinne. War diese Krankheit in das zweite Stadium getreten, so besaß die Milch weit weniger Fettkügelchen, wurde schleimig, zähe, bekam einen fauligen Geruch und Geschmack, und coagulirte nur sehr unvollkommen bei Zuthat von Kälberlab. Verminderter Gehalt an Zucker und Käsestoff bei überwiegendem Salzgehalt und kohlensaurem Ammoniak, charakterisirten die faulige Beschaffenheit solcher Milch noch weiter. Bisweilen werden Kühe auch von einer Krankheit der Euter befallen, die sich bald an allen Zizen oder nur an einer derselben zeigt, und sie mit Pockenschorfen überdeckt. Simons hierüber angestellte Untersuchungen ergeben folgendes Resultat. Die Milch aus dem nicht erkrankten Euter war schwach säuerlich, frei von Schleimkörperchen, und besaß ganz den Geschmack gesunder Milch, während letztere aus dem kranken Euter entnommen, alkalisch war, Salzgeschmack und viele Schleimkörper besaß, und erhitzt wegen ihres Eiweißgehaltes bald zur Gerinnung gelangte. Die gesunde Milch hatte mehr Fettgehalt, und die kranke fast keinen Zucker, dagegen präponderirten alkalische Salze in ihr um ein bedeutenderes, als in der gesunden. Bei der Unwissenheit und Gleichgültigkeit die unter dem Landvolke noch so häufig zu Hause sind, bleibt es daher immer sehr gerathen, auf die von dort käuflich zur Stadt gebrachte Milch, ein wachsames Auge zu haben, und das wohl zu beherzigen, was im fünften Kapitel dieser Schrift, über die Kennzeichen einer gesunden guten Milch gesagt ist.

Brodvergiftung.

Der Professor der Chemie zu Nancy, Dr. Niclès, weist in einem französischen Journal eine neue Brodvergiftung nach an Orten, wo Niederreißungen von Gebäuden in großem Maaßstab vor sich gehen. Genannter Chemiker führt Fälle an, wo Bäcker aus Sparsamkeit im Einkaufen von Brennmaterial ihre Oefen mit dem alten Holzwerk von eingerissenen Häusern mit Thüren, Thür- und Fensterverkleidungen, Getäfel, Jalousieläden und Fensterrouleaur, ja sogar mit alten Telegraphenstangen und ausgenützten Eisenbahnschwellen gefeuert haben, und wo das in den so erhitzten Oefen gebackene Brod vergiftet wurde. Alles Holzwerk nämlich, welches mit Bleiweiß, Zinkweiß, Grünspan, Scheelgrün und andere Metalloryde enthaltenden Farben angestrichen oder mit Kupfersalzen kyanisirt ist, entbindet und verflüchtigt beim Verbrennen diese Metalloryde, welche sämmtlich sehr giftig sind und zum größten Theil während des Backens dem Brod einverleibt werden. Niklès bemerkt, daß er diese giftigen Metalloryd-Niederschläge immer in der obern Kruste gefunden habe, einige auch in der Unterseite des Brodes, andere wieder (besonders die Zinkoryde) mehr in der obern Brodkruste. Ebenso schädlich ist der Gebrauch derartigen Holzes auch beim Kochen auf freiem Feuer, wo sich jedenfalls ein Theil der Metalloryddämpfe, die in dem freien Feuer entbunden werden, in die kochenden Gerichte niederschlägt. Es dürfte daher die Warnung vor dem Gebrauche solchen Holzes, geboten sein. (S. den Hausfreund XI. Jahrg. Hft. 3. 1868).

Cordier (Nouv. Journ. de med. t. 6) berichtet: Ein Landmann bei Poitiers ließ 5 Scheffel Schwindelkorn mit 1 Scheffel Waitzen zusammen mahlen, woraus Brod gebacken wurde. Nach dem Genusse dieses Brodes stellten sich bei ihm, seiner Frau und der Magd heftiges Erbrechen und Purgiren ein, so daß die beiden letztern nichts mehr davon genießen wollten. Aber der Landwirth ließ sich vom fernern Genusse nicht abhalten, wurde bald darauf von den heftigsten kolikartigen Schmerzen befallen und starb. — Im Landarmen- und Arbeitshause zu Benninghausen erkrankten plötzlich 74 Personen, meist Frauen und einige Schulknaben, nachdem sie eine Suppe aus Mehl genossen hatten, welch letzteres viel Taumellolch beigemengt enthielt. Sie wurden alle von heftigem Erbrechen, Schwindel, Gliederzittern und Konvulsionen befallen. Ein Aufguß von Camillen und Wermuth, verschaffte Linderung. (Caspers med. Wochenschrift. 1835. Nr. 38.)

Im Herbst 1821 verzehrten 4 Personen auf dem Schwarzwald ihr Abendbrod, unter welches Schwindelkorn gekommen war. Wenige Stunden nachher beklagten sich alle vier über starken, drückenden Kopfschmerz, welcher vorzüglich in der Stirngegend am heftigsten war, so, daß auch ihre Sehkraft sehr vermindert wurde. Heftiges Ohrenklingen stellte sich ein, und mit einem Zittern der Zunge, verband sich Sprechunfähigkeit, sowie das Unvermögen zu schlingen. In der Herzgrube fühlten sie einen festsitzenden, beängstigenden, schwer zu beschreibenden Druck, die Respiration wurde sehr erschwert, und der heftigste Magenschmerz mit anstrengendem Würgen, auf welches das Erbrechen einer dünnen wässerigen Flüssigkeit folgte, gesellte sich dazu. Die Eßlust verschwand gänzlich, die Harnsecretion vermehrte sich bedeutend, ohne jedoch schmerzhaft zu werden, und ein Zittern am ganzen Körper, verbunden mit kaltem Schweiß und unbeschreiblicher Mattigkeit in allen Gliedern, stellten sich ein. Wenige Stunden nach Vorausgang der angeführten Erscheinungen, wurden alle vier Personen von unwiderstehlichem Schlafe überfallen. Ueber den Ausgang dieser Erkrankung, berichtet die uns zugekommene Mittheilung nicht.

Zur Butter.

Die elende betrügerische Schmiererei mit der Butter, in der Absicht ihr Gewicht zu vermehren, fängt leider auch bei uns an, unter den Landleuten welche ihre Produkte zu Markt bringen, in Aufnahme zu kommen. In zwei Fällen, in denen ich Augenzeuge war, enthielt die eine Portion Butter, schön in die Mitte hinein practizirt, viel Rindstalg; eine andere Quantität aber, äußerlich ganz schön aussehend, war stark, ebenfalls im Innern, mit sogenanntem „Mäddelkäse ausgefüllt. Es wird daher gerathen sein, beim Kaufe von Butter diese immer in der Mitte zu durchschneiden, um einen verläßigenden Einblick in dieselbe zu gewinnen. Der Käufer verliert durch dieses Verfahren nichts, und der betrügerische Verkäufer mag seine verfälschte Butter wieder mit nach Hause nehmen.

Eine der schändlichsten und ekelhaftesten Betrügereien mit der Butter, kam 1835 in einer Stadt vor, in der sich eine sehr frequente Klinik befindet. Dort, so lautet die mir damals zugekommene Mittheilung, sammelte eine Frau die zu Verbänden aller Art benützt gewesene Charpie, und füllte damit das Innere der zum Verkaufe ausgebotenen Butterstücke, um an deren Gewicht zu vermehren! — Wie dieser schandbare Betrug polizeilich geahndet wurde, ist mir nicht bekannt geworden, die Thatsache aber steht fest. — Steine und Holzstücke, sind übrigens auf einem gewissen Wochenmarkte, in der Butter ebenfalls aufgefunden worden.

Zum Kaffee.

Aus meiner Jugendzeit erinnere ich mich eines großartigen Betruges, der mittelst gefälschten Kaffees, längere Zeit in sehr rentabler Weise ausgeübt wurde, und endlich bei seiner Entdeckung um so größeres Aufsehen erregte, als der Fälscher, bisher in größter Achtung und Ansehen gestanden, allgemeines Vertrauen genossen hatte. Neben vielen guten Kaffee bezog der Incriminirte, ohne daß man es wußte, durch einen vertrauten Unterhändler, von einer Seestadt mehrere Jahre lang, beträchtliche Quantitäten durch Seewasser verdorbenen Kaffees zu selbstverständlich niederstem Preis. Dieser verdorbene oder vernäßte Kaffee wurde nun, nicht wie man etwa annehmen könnte unter den guten gemischt, sondern man fand, wie die Haussuchung herausstellte, eine sehr zweckmäßig konstruirte Zerreib- oder Stampfmaschine, durch welche der jedesmal vorher scharf getrocknete schlechte Kaffee, gemischt mit einer unbedeutenden Quantität einer bessern Sorte, sehr fein zerrieben oder zerstampft wurde. Das so gewonnene Kaffeepulver, wurde nun mittelst eines entsprechenden Mehlteiges, zu einer bildsamen homogenen Masse verarbeitet, auf eine große, blank gehaltene Kupferplatte genau aufgetragen, und durch den Druck einer schweren Metallwalze, in die Platte höchst naturgetreu eingravirten Kaffeebohnenformen, welche in vielen Reihen vorhanden waren eingewalzt. Hier verblieben die nachgekünstelten Bohnen so lange ruhig liegen, bis sie den erforderlichen Grad von Festigkeit und Trockene erreicht hatten. Was außerhalb der Gravuren hängen blieb, wurde wieder einer frisch bereiteten Kaffeepulvermasse einverleibt und weiter verwendet. Waren die künstlichen Kaffeebohnen zur gehörigen Festigkeit und Trockene gelangt, so wurde die große Metallplatte umgewendet, und ein leichter Schlag mit einem hölzernen Hammer bewirkte, daß sie ganz leicht aus ihren Formen, welche immer zuvor leicht eingeölt waren, in einen bereit gehaltenen Korb fielen, und von hier aus zur weitern üblichen Verpackung gelangten. Ob der ingeniöse Kaffeefabrikant auch noch die vorne bemerkte Schönfärberei in Anwendung setzte, ist mir nicht mehr erinnerlich, es dürfte indeß kaum daran zu zweifeln sein.

Beim Rösten dieses Kaffees nun entwickelte derselbe der ihm beigemischten ächten Bohnen wegen, so ziemlich den bekannten aromatischen Geruch für eine kurze Zeit, aber der Geruch nach verbranntem Brod gewann eben so bald die Oberhand, die nachgekünstelten Bohnen platzten stark knisternd auseinander, zeigten enen fettigen Glanz nicht, den letztere immer erkennen lassen, und die geborstenen Bohnen wiesen in ihrem Innern deutlichst das Aussehen verkohlter Brodkrume nach. Von diesen Artefact soll eine sehr beträchtliche Quantität abgesetzt worden sein, und der sinnreiche Fabrikant verbüßte, so viel ich mich noch entsinne, einige Jahre im Zuchthaus. Diese Verfälschung des Kaffees hat große Aehnlichkeit mit der Mittheilung von Armand Müller, welche in der Notiz Seite 137 angeführt ist. —

Im Heft 13 der landwirthschaftlichen Berichte aus Mitteldeutschland Jahrg. 1837 wird mitgetheilt, daß in Paris seit mehreren Jahren, ein aus Amerika bezogenes schwarzes Pulver unter dem Namen Kaffeeblume, verkauft worden sei, welches bedeutenden Absatz gefunden habe, da dasselbe, nur in geringer Quantität dem Kaffee beigemischt, letzterem einen sehr angenehmen, gewürzhaften Geschmack verlieh, und man nur wenig Kaffee zu nehmen brauchte. Nach genannter Zeitschrift, soll dieses schwarze Pulver ausvöllig verkohltem (?) Gerstenzucker bestehen. Während der bekannten Continentalsperre, wurde auch der hornartige Samen vom Mäusedorn, (Myosurus minimus Linn. Pentand. Polygye. Syst. vegetabil, edit. XV. Murray. Götting. 1797 Pag. 327.) vielfach als Ersatzmittel des Kaffees, verwendet, dessen Gewebe dem des Kaffees analog ist, an Geschmack und Geruch letzterem sehr nahe kömmt, bei uns aber ziemlich selten ist. Das beste Ersatzmittel soll nach Bodin de la Pechonerie, die Kastanie (Castanea vesca) sein. Sie wird ihrer äußern Hülle beraubt, in kleine Stücke von der Größe einer Kaffeebohne geschnitten, getrocknet, in gehörigem Verhältniß mit Kaffee gemischt, so, daß man ein und selbst zwei drittheil Kastanien nimmt, und zusammen röstet. Diese Mischung erzeugt einen Aufguß, den selbst der feinste Geschmack, wenn man nicht schon von vorne dagegen eingenommen ist, nicht von dem reinen Kaffee zu unterscheiden vermag, dessen Eigenschaften in nichts verändert werden. Bei der Verwendung von Eicheln, zur Zeit der Continentalsperre, will man in Deutschland da und dort Augenleiden entstehen gesehen haben. Vorheriges Abbrühen der Eicheln, soll diese nachtheilige Wirkung aufheben.

Zum Thee.

Unter der Aufschrift: „Die Chinesen und der Thee", enthält die Revue de Paris einen Artikel, worin nachgewiesen wird, daß nicht blos die europäischen Kaufleute mit Waarenverfälschungen umzugehen wissen, sondern daß auch die Bewohner des himmlischen Reiches aufs Trefflichste dies verstehen, und daß sie ihre Kunstfertigkeit gerade bei einem Handelsartikel in Anwendung bringen, der in großen Massen zu uns kommt und Gegenstand starken Verbrauches in ganz Europa ist. Es ist um so wichtiger, hierauf aufmerksam zu machen, als dieser verfälschte Thee, seines schönen Aussehens wegen, bisher für den besten gehalten wurde und dabei der Gesundheit sehr nachtheilig ist. Ein Zufall hat nämlich zu der Entdeckung geführt, daß der sogennnnte placirte grüne Thee eine Beimischung erhält, die der englische Chemiker Warington für gepulverte Gipserde und Berlinerblau erkannte. Die nicht placirten Theesorten enthielten keine schädliche Beimischung und waren gute Blätter, während die placirten verdorbene Blätter gewöhnlichen schwarzen Thees waren, die durch Färbung, Beimischung und eine besondere Behandlung, dieses Ansehen erhielten. Die Revue de Paris ist der Meinung, von den 500,000 Pfund Thee, die in den letzten Jahren nach den Mauthlisten jährlich in Frankreich eingeführt wurden, seien wenigstens 150,000 auf diese Weise verfälscht gewesen. Wenn England, bemerkt die Revue schließlich, China mit Gift bedient, indem es seien Märkte mit Opium überschwemmt, so ist es gerecht, zu sagen, daß das himmlische Reich seit längerer Zeit seine Genugthuung nimmt, indem es seinen Thee mit einer mineralischen Substanz zubereitet, welche die Gesundheit der Verbrauchenden aufs Tiefste anzugreifen geeignet ist.

Arrow-Root, Sago und Salep.

Da seit einigen Jahren her das Mehl von der schilfartigen Marante — Maranta arundinacea Linn., welche in Westindien und Südamerika zu Hause ist, einen nicht unbedeutenden Handelsartikel bildet und starken Verbrauch hat, so geben wir hier nachträglich, was uns über dessen Verfälschung bekannt geworden. Aus dem Wurzelstocke der genannten Pflanze gewonnen, erhält man ein feines Stärkemehl, das sich durch nährende Eigenschaft und leichte Verdaulichkeit besonders auszeichnet, mit kochendem Wasser keinen Kleister bildet, wie gewöhnliches Stärkemehl, und daher auch in der Kinderdiätetik vielfache Verwendung findet. Dieses ächte Arrow-Root ist rein weiß, zeigt unter dem Vergrößerungsglas Perlmutterglanz, läßt sich leicht zum feinsten Pulver zerreiben, liefert mit kaltem Wasser einen feinen Brei, mit Wein gekocht eine durchsichtige Gallerte, und wird nicht so kleisterartig wie anderes mit Milch gekochtes Mehl. Häufig wird das Arrow-Root mit andern Stärkemehlarten vermischt, und hier dienen als äußere Erkennungszeichen der ihm gänzlich mangelnde Perlmutterglanz, schwerere Zerreibbarkeit, und größeres Volumen. Die chemische Prüfung solchen mit anderem Stärkemehl vermischten Pfeilwurzelmehles, hat folgende Resultate ergeben. Aechtes und unächtes Arrow-Root wurde mit destillirtem Wasser geschüttelt, und dieses nach einigen Stunden abgegossen. Letzteres verhielt sich nun zu den Reagentien folgendermaßen: Das Schüttelwasser vom ächten Pfeilwurzelmehl erhielt bei Zumischung von etwas Jodtinctur, eine rein braune, das vom unächten jedoch, eine schmutzig braune Färbung; essigsaure Bleilösung trübte ersteres nur schwach, bewirkte dagegen beim letztern ein starkes weißes Sediment. Ebenso wirkte salpetersaures Silber beim ächten, es zeigte sich nur eine schwache Trübung, während das Schüttelwasser vom unächten, stark flockig sedimentirte. Salpetersaures Quecksilberoxydul trübt das Schüttelwasser von ächtem Arrow-Root schwach, jenes von unächtem aber viel stärker. Nach Bischoff (Lehrb. der Botanik. Stuttg. 1841) ist der Wurzelstock der schilfartigen Marante von solcher Schärfe, daß er gekaut, heftige Salivation bewirkt, gequetscht und äußerlich aufgelegt die Haut stark röthet. Nach genantem Autor dient er als kräftiges Heilmittel gegen Vergiftungen, welche durch den Genuß der Früchte des Mancillenbaumes, Hippomane Mancinella Linn. entstehen. Reisende in Westindien, welche zum Genuß der schönen apfelartigen Frucht dieses Baumes sich verlocken ließen, haben dadurch öfters ihren Tod gefunden, und auf den Antillen ist deshalb die Pflanzung desselben an vielbegangenen Orten, untersagt. Der Name „Pfeilwurzel" soll nach Bischoff daher rühren, weil der zerquetschte Wurzelstock der Marante, gegen die mit dem Milchsafte der Mancinelle vergifteten Pfeile der Eingeborenen, als vorzügliches Gegengift wirkt. Gegen die höchst nachtheilige Wirkung der Früchte des Mancinellenbaumes aber liefert die Natur wieder ein vorreffliches Gegengift in der Weißholz-Bignonie, Bignonia Leucoxylon Linn., welche meist in der Nähe der Mancinelle wächst. —

Der Sago der auf den Inseln des indischen Meeres, besonders auf den Molukken zu Hause ist, dort wild wächst, indeß auch kultivirt wird, ist eine Palme, ein Baum, der gegen 30′ hoch und 2—3′ dick wird.

Für die Bewohner des südlichsten und südöstlichen Asiens, ist derselbe von großer Bedeutung, denn die Holzschichte des Stamens, wird kaum zwei Finger dick, und der ganze innere Theil enthält ein weiches, weißes, feuchtes Mark, aus welchem der im Handel vorkommende Sago, bei uns als kräftiger Suppenbestandtheil wohl bekannt, bereitet wird. Da wo er zu Hause ist, dient er zu Brod verbacken als tägliches Nahrungsmittel, während er bei uns größtentheils zu Körnern geformt, die schon angegebene Verwendung findet, da er sehr nahrhaft und zugleich leicht verdaulich ist, auch selbst als diätetisches Heilmittel benützt wird. Im Handel unterscheidet man drei Sorten von Sago, den ächten ostindischen, das Produkt der ächten Sagopalme, Sagus Rumph. Willd. — Metroxylon Sagus Kön. den amerikanischen, ein Produkt der süßen Batate, Convolvulus Batatas Linn. und endlich den deutschen Sago, der bekanntlich aus Kartoffel= stärke fabrizirt, den Ausländischen zu verdrängen scheint, welcher auf dem Transport viel von seiner Güte verlieren, und namentlich häufig einen widrigen Geschmack bekommen soll. Der Sago wird jetzt häufig nach= gekünstelt aus Bohnen oder Weitzenmehl. Dieses schlechte Fabrikat giebt, sich aber leicht zu erkennen, denn dasselbe ist viel weniger hart als der ächte, und im Wasser so leicht löslich, daß schon bei leichten Kochen, seine Körner einen schleimigen oft bräunlich gefärbten Brei bilden, der nicht sonderlich einladend ist, und den dem Bohnen= oder Weitzenmehl eigenen Geschmack leicht erkennen läßt. —

Der Salep oder Nagwurzel, die schleimreichen Knollen von Orchis morio Linn. bildete früher einen bedeutenden Handelsartikel aus der Levante und aus Persien. Wegen seinen nährenden, reitzmildernden und einhüllenden Eigenschaft, findet er heute noch als Heilmittel seine Verwendung. Im Racahout der Araber, mit welchem wir durch die Franzosen beglückt wurden, bildet der Salep den Hauptbestandtheil. Es ist jenes nichts anderes als ein Gemisch von Saleppulver, Cacao und Reismehl, gewürzt mit Zimmt oder Vanille. Da, wo man den Salep schon gepulfert kauft, ist es leicht möglich, daß man ihn stark vermischt mit hart getrockneten, auf das feinste zermahlenen Kartoffeln bekömmt. Dergestalt verfälschter Salep, liefert aber den guten reichlichen Schleim nicht, wie man ihn vom ächten, in nur geringer Quantität anhaltend mit mit Wasser gekochten, immer bekommt.

Essig-Gurken.

Im Jahr 1839 bemerkte ich an den Schaufenstern eines sehr acht= baren Kaufmannes, in großen Gläsern verwahrte Essiggurken, die mir wegen ihres ungemein frischen Aussehens, und ganz besonders wegen ihrer schönen grünen Farbe auffielen. Befreundet mit dem Verkäufer, machte ich denselben auf diesen letztern Umstand aufmerksam, und äußerte mich dahin, daß diese Gurken künstlich, und wohl in für die Gesundheit des Consumenten nachtheiliger Weise gefärbt sein könnten. Ziemlich betroffen hierüber, ersuchte mich der Verkäufer, ihm zur Ermittelung einer etwa vorliegenden nachtheiligen Färbung dieser Gurken, die er vor Kurzem erst bezogen und noch nicht zum Verkauf gebracht habe, behülflich zu sein, da er, wenn die Untersuchung meinen Verdacht bestätigen sollte, die ganze erhaltene Sendung wieder zurückgehen lassen würde. Es wurde nun aus vier großen Flaschen, in welchen sich die frisch angekommenen Essiggurken befanden, ebenfalls in vier gesondert stehende Gläser, von der Gurkensauce geschüttet, in jedes einzelne dieser letztern Gläser aber, aufrecht eine blanke Messerklinge gestellt und diese ruhig stehen gelassen. Was ich vermuthete, stellte sich heraus, denn schon des andern Tages zeigte sich an sämmtlichen vier Messerklingen, der bekannte charakteristische Kupferüberzug. Belehrt über den Grund dieser dem Kaufmanne völlig fremden Erscheinung, ließ derselbe die ganze Sendung dieser Gurken, wieder zrückgehen. Diese Färbung der Gurken mit einem löslichen Kupfersalz, soll da und dort noch stattfinden, und das so häufig vorkommende Leibschneiden oder Bauchgrimmen nach dem Genusse von Essiggurken, dürfte wohl in manchen Fällen, von dieser nachtheiligen Schönfärberei herrühren. (Ueber die giftige Wirkung der auflöslichen Kupfersalze vergl. Orfila, Toxicologie générale t. 1. pag. 513).

Das Schweinefleisch und die Trichinen.

Bei der Ausarbeitung dieser Schrift sollte genannter Gegenstand vorne in einem besondern Kapitel abgehandelt werden, es gelang jedoch nicht, das hierzu benöthigte Material rechtzeitig zu erhalten. Was nun später uns zukam, lassen wir als Nachtrag folgen, um doch wenigstens etwas in dieser Hinsicht geleistet zu haben.

Die Trichine, ein thierischer Parasit, der ganz besonders häufig im Muskelfleisch vieler Schweine lebt, zuerst von Hilton entdeckt, später von R. Owen 1835 als Trichina spiralis beschrieben wurde, und ohne Zweifel als Grund und Ursache schwerer Erkrankungen und Todesfälle betrachtet werden muß, ohne daß man letztere sich zu erklären vermochte, gab erst im Jahr 1860 die Veranlassung, alle Aufmerksamkeit der Naturforscher und Aerzte auf sich zu lenken. Es starb nämlich zu Dresden im Stadtkrankenhause, eine Magd unter den Erscheinungen der heftigsten Muskelschmerzen. Bei der Section der Leiche fand man deren Muskelgewebe mit Trichinen durchsäet, die jedoch wie eine microscopische Untersuchung herausstellte, von kleinen weißlichen Kalkkapseln umgeben waren. Von dieser Zeit an wurde die Ermittelung des Lebenslaufes dieses thierischen Parasits, Gegenstand der ernstesten Forschung, insbesondere der Microscopie, da die nicht eingekapselten Trichinen, dem unbewaffneten Auge nicht erkennbar sind. Die aus den vorgenommenen Untersuchungen gewonnenen Resultate sind möglichst kurz gefaßt folgende. Die Trichine, nur im magern wirklichen Fleische der Schweine, nicht in deren Speck oder in der Leber vorkommend, gelangt in den menschlichen Digestivapparat eingekapselt oder nicht eingekapselt. Die kleine weißliche Kalkkapsel wird im Magen oder Gedärm bald zerstört, und das in ihr eingeschlossene Würmchen wird frei. Drei Tage etwa im Verdauungsapparat verweilend, wächst die Trichine um das Doppelte ihrer ursprünglichen Länge, verändert bald ihr Ansehen, so, daß nun schon am 5. Tage das männliche und weibliche Geschlecht deutlich unterschieden werden kann, was vorher nicht geschehen konnte. Die Vermehrung dieser Thiere ist sehr bedeutend. Ein Weibchen bringt in kurzer Zeit hunderte von Jungen zur Welt, die aber, obwohl den im Schweinefleisch genossenen noch geschlechtslosen Trichinen ähnlich, ihren Erzeugern weil ohne Geschlechtsorgane, keineswegs gleichen. Sir verweilen nicht im häuslichen Darm wie ihre Erzeuger, sondern wandern die Darmwandung durchbohrend, aus, so lange, bis sie in den Muskeln der willführlichen Bewegung, und in den feinsten Fasern des Muskelgewebes, zur Einkapselung eine geeignete Stelle gefunden. Auf dieser Wanderschaft sind diese geschlechtslosen Parasiten nur durch das Microscop zu erkennen, und während ihrer Wanderung gleicht ihre Gestalt gestreckten oder wenig gekrümmten feinen Fäden. An der Einkapselungsstelle nunmehr angelangt, beginnen die Würmchen sich vielfach zu krümmen, die feinen Fleischfasern auseinander zu drängen, und sich spiralförmig in ihrem Neste aufzurollen. Die anfänglich noch weiche durchsichtige Wand des Nestes, wird durch Absetzung kleiner Kalkkörnchen, zu einer weißlichen, harten und undurchsichtigen Schale, die als weiße feine Pünktchen, wenigstens in frischem Fleisch, mit freiem Auge wahrgenommen werden können. So in eine kalkige, zitronenförmige, oftmals von Fett umschlossene Kapsel eingehüllt, lebt die Trichine, der Muskel völlig unschädlich und wie es scheint jahrelang fort, kommt aber zufällig ein Stück trichinenhaltiges Menschenfleisch in einen Thiermagen so lösen sich die Kalkkapseln aus den noch geschlechtslosen Parasiten, werden Männchen und Weibchen, und es findet der schon angeführte Hergang der fernern Propagation statt; wie im Menschen so auch im Thier, wenn es trichinenhaltige Stoffe verzehrte. Die eingekapselte Trichine vermag, wie man in verschiedenen Schriften über diesen Gegenstand liest, jahrelang in ihrer kalkigen Umhüllung fortzuleben, dagegen sterben ihre Erzeuger schon nach wenigen Wochen ab.

In großer Anzahl in das Gedärm und in die Muskeln eingenistet, werden die Trichinen dem Menschen gefahrbringend, und aus einem kleinen Stückchen trichinenreichen Schweinefleisches, das der Mensch genossen, vermögen sich bei der großen Fruchtbarkeit dieses Parasits, in wenigen Tagen wohl Millionen dieser Schmarotzer in den Muskeln zu entwickeln. Magen, Darm und Muskeln sind es daher hauptsächlich, in denen sie die schlimmen Zufälle erregen, welche sich in dem Grade verstärken, als sich die Parasiten in genannten Organen vermehren.

Im November 1863 wurde zu Hettstedt (Preuß. Sachsen) folgende amtliche Bekanntmachung über die Trichinenkrankheit erlassen. „Die etwa seit Mitte Oktober d. J. in hiesiger Stadt und nächster Umgegend herrschende Krankheit, welche bis jetzt mehrere Opfer gekostet, ist, wie uns der praktische Arzt Dr. Rupprecht hier angezeigt hat, sowohl nach den Erscheinungen, dem Auftreten, der Verbreitung und dem Verlaufe, als nach der microscopischen Beweisführung des Dozenten der Hallischen Universität Hrn. Dr. Colberg, des Direktors der medizinischen Klinik in Halle, Hrn. Prof. Dr. Weber, und des praktischen Arztes Dr. Gründler in Aschersleben, mit Bestimmtheit als die Trichinenkrankheit erkannt worden. Es besteht diese Krankheit in einer Vergiftung von Schweinefleisch durch sogenannte Trichinen, die von Menschen genossen, sich im Magen massenhaft vermehren, in die Muskeln überall einwandern und so, je nach ihrer Anzahl, einen mehr oder weniger lebensgefährlichen, nicht selten absolut tödtlichen Krankheitszustand beginnen. Es ist diese

Das Schweinefleisch und die Trichinen.

Krankheit auch im günstigsten Falle stets von einer mehrwöchentlichen Dauer, und fast immer von Arbeitsunfähigkeit begleitet. Sie ist nicht ansteckend und namentlich kein Nervenfieber, und ihr Entstehen rührt lediglich von dem Genusse des trichinenhaltigen Schweinefleisches her. Bis jetzt ist noch kein Mittel bekannt, die im Schweinefleisch befindlichen Trichinen und ihre Zahl und sonstige Beschaffenheit bedingte event. Gefährlichkeit für den Menschen, stets schnell und sicher zu erkennen. Weder der Schweinezüchter noch der Fleischer, noch das genießende Publikum kann in den meisten Fällen die Gefahr bemessen und erkennen, in welche der Genuß derartigen Fleisches die menschliche Gesundheit und das Leben zu stürzen vermag. Da die hier vorgekommenen Erkrankungsfälle und ihr Entstehen dafür sprechen, daß nicht einmal das Kochen, Braten und in Kesselwurst-Verwandeln solchen Fleisches, vor der Gefahr des Erkrankens schützt, so sehen wir uns veranlaßt, das Publikum vor dem Genusse von aus Schweinefleisch bereiteten Speisen überhaupt und bis auf weiteres zu warnen. Ebensowohl können wir aber auch den auswärts über gedachte Krankheit verbreiteten, auf die hiesigen Verkehrsverhältnisse nicht ohne Nachtheil gebliebenen übertriebenen Gerüchten mit der beruhigenden Versicherung entgegentreten, daß neue Erkrankungen nicht mehr vorgekommen, und daß die allermeisten der noch krank Darniederliegenden sich in Genesung befinden, oder doch einen günstigen Ausgang in Aussicht stellen."

Professor Herbst in Göttingen äußert sich bezüglich dieses Gegenstandes folgendermaßen: „Abermals habe ich das Fleisch von 50 Schweinen untersucht und dabei ein Doppeltes, ein erfreuliches und ein unangenehmes Ergebniß erhalten. Ersteres geht dahin, daß auch diese Schweine keine Trichinen enthielten. Mit Einschluß der früheren 56 sind also 106 Schweine mit Hülfe des Microscops besichtigt, und da alle von Trichinen frei befunden worden, so darf wohl angenommen werden, daß gegenwärtig jene Würmer in den Schweinen hiesiger Gegend wohl nur als Seltenheit vorkommen, und also ausgedehntere nachtheilige Einwirkungen auf die Gesundheit hier zu Lande, von ihnen nicht zu befürchten sind. Den in neuester Zeit oft wiederholten Klagen über schwere und gefährliche durch die Trichinen veranlaßte Krankheitszustände, steht der Umstand entgegen, daß doch nicht angenommen werden kann, daß diese Parasiten erst neuerlichen Ursprungs sind, oder überhaupt jetzt erst eine größere Verbreitung erlangt haben. Auch können Fälle nachgewiesen werden, daß Menschen in ihrem Körper viele Jahre und bis zu ihrem durch andere Umstände herbeigeführten Tode, Trichinen (in der Menge von mehr als 100 in jedem Gran. Muskelfleisch) beherbergen, und einer gewöhnlichen relativen Gesundheit sich erfreut, und ein hohes Alter erreicht haben. Mit Sicherheit ist ferner beobachtet worden, daß Hunde nach massenhafter Fütterung mit von Trichinen durchsetztem Dachsfleisch, zwar die Würmer in Menge in ihre Muskulatur aufgenommen, und Jahre lang in unverändertem Zustande bewahrt haben, aber übrigens vollkommen gesund geblieben sind. Endlich sind die Maulwürfe sehr reichlich mit Trichinen behaftet, so daß selbst das Gehirn von diesen Parasiten nicht frei bleibt. Es dürfte also zu wünschen sein, daß eine zusammenhängende Reihe von Versuchen darüber angestellt würde, in wie weit, und unter welchen Verhältnissen der Genuß von mit Trichinen versehenem Fleisch allgemeine Nachtheile und Krankheitserscheinungen erregen kann, und durch welche Behandlung des Fleisches eine sichere Tödtung der Trichinen erreicht wird. Als zweites, aber beunruhigendes Resultat muß ich erwähnen, daß unter den zuletzt untersuchten 50 Schweinen sich 40 befanden, in deren Muskeln und zum Theil Muskelfasern, eine andere Art, $^1/_3$ bis $^1/_2$ Linie langer, von Rainey in den Philosophical Transactions 1857, Vol. 147 pag. 111 ff. beschriebener und Taf. 10 und 11 abgebildeter, und auch von Leuckart, die menschlichen Parasiten Bd. 1. H. 1. 2. S. 238 beschriebener, ihrer Natur nach noch nicht genau bestimmter Würmer, in reichlicher Menge verbreitet war. Genaue Untersuchungen in Betreff der Beseitigung und sicheren Tödtung auch dieser Parasiten, dürften ebenfalls im Interesse des Gemeinwohles sein.

Im Mai 1859 und in den ersten Monaten der folgenden Jahre trat in Blankenburg am Harz eine Krankheit auf, welche in Ermangelung eines andern Namens, von den Aerzten als Grippe bezeichnet wurde. Seit dem ersten Erscheinen dieses Uebels erkrankten an demselben 300 Personen, und 4 starben. Unter den Patienten befand sich auch der Forstgehülfe Schwabe in Königslutter, welcher vom 14. bis 17. Mai 1859 bei Blankenburg Nivellirungen vornahm. Da nun zu jener Zeit die Vermuthung entstand, daß jene „Grippe" die Trichinenkrankheit gewesen sei, so gestattete Herr Schwabe (welcher sich seit mehreren Jahren wieder vollkommen wohl befand, am 6. April 1869) dem Dr. Griepenkerl in Königslutter, aus seinem linken Arme beim untern Theil des zweiköpfigen Armmuskels ein Stückchen Fleisch von der Größe einer Erbse auszuschneiden, und der genannte Arzt untersuchte dasselbe. Ueber den Befund schreibt Dr. Scholz in Blankenburg unterm 13. April genannten Jahres: „Bei der mikroskopischen Untersuchung des ausgeschnittenen Fleischstückes, zeigten sich darin sieben unverkennbare Trichinenkapseln, in welchen die Trichinen deutlich erkannt werden konnten, ja sogar noch lebten." Der Forstgehülfe Herr Schwabe, hatte während seines Aufenthaltes in Blankenburg, mehreremale rohes gehacktes Schweinefleisch, sog. Klumpfleisch gegessen.

In der von Virchow in Berlin erschienenen Darstellung der Lehre von den Trichinen, sind die Cardinalsätze der Trichinenlehre dahin zusammengefaßt: 1) die mit einer Speise genossenen Trichinen, bleiben im Darm und kommen nicht in die Muskeln; 2) sie erzeugen im Darm lebendige Junge, welche darauf die Darmwände durchbohren, und in die Muskeln weiter wandern; 3) die in die Muskeln eingewanderte Brut wächst darin, und umgiebt sich dort mit einer Kapselhülle, (Cyste) aber sie vermehrt sich nicht weiter. Gegen die bereits in die Muskeln eingedrungenen Trichinen ist bis jetzt noch kein Mittel gefunden worden; um die noch im Darm befindlichen zu entfernen, damit sie dort sich nicht weiter vermehren, empfiehlt Virchow Abführmittel. Um der Verbreitung der Trichinen vorzubeugen, empfiehlt derselbe ferner 1) Größte Reinlichkeit bei der Stallfütterung der Schweine; 2) sorgfältige Fleischschau mittelst microscopischer Untersuchung, womöglich in öffentlichen Schlachthäusern; 3) sorgfältige Zubereitung alles Schweinefleisches, welches niemals roh genossen werden dürfte.

Das Schweinefleisch und die Trichinen.

Nach dem hier Mitgetheilten ist für uns nur übrig, die bis jetzt bekannt gewordenen Verfahrungsweisen anzugeben, wodurch der Consument von Schweinefleisch, welches ein weit verbreitetes wichtiges Nahrungsmittel ist und bleiben wird, gegen nachtheilige Folgen und Gesundheitsschädigungen sich zu schützen vermag. Die in diesen Beziehungen gemachten Erfahrungen, faßt Virchow in folgenden drei Sätzen: 1) Die Trichinen werden getödtet durch längeres Einsalzen oder Pökeln des Schweinefleisches, und durch 24 stündige heiße Räucherung. 2) Sie werden nicht getödtet durch eine selbst dreitägige kalte Rauchräucherung. 3) Eine längere Aufbewahrung kalt geräucherter Wurst, scheint das Leben der Trichinen zu zerstören. Wellfleisch, welches in großen Stücken gekocht wird, erlangt selbst nach einer Stunde noch nicht in seinem Innern eine die Trichinen zerstörende Temperatur, etwa 60° R., Würste beim Aufsieden etwa 50° R., Kottelettes und Schweinebraten, der innen noch blutig, eben so viel, d. h. eine Temperatur, welche nothdürftig an die heranreiche, bei welchen die Trichinen sterben.

Die gleichen Resultate gewannen die Professoren der Thierarzneischule in Dresden, in Verbindung mit dem ausgezeichneten Helminthologen Dr. Küchenmeister. Es ergiebt sich daraus, daß die Lebenszähigkeit dieses Parasiten zwar immerhin bedeutend, dennoch aber geringer ist, als man aus manchen andern Berichten zu schließen geneigt ist. Bock sagt endlich in einem Aufsatze über die Trichinen (Gartenlaube, Jahrg. 1864. S. 109): „sind auch die Aufklärungen über die Trichinen, von Virchow, Herbst, Küchenmeister, Leuckart, Fiedler, Zenker u. A. beruhigend, so ziehe man dennoch gegen diese Schmarotzer immerfort mit ordentlichem Kochen, Braten und Räuchern des Schweinefleisches zu Felde, und man bedenke, daß die Verhütung von Krankheiten leichter ist, als deren Heilung. Auch versäume man nie, wo nur immer möglich, die Benützung des Microscops, als eines gewaltigen Civilisations-Instrumentes, das, wie dem menschlichen Geiste, so auch dem praktischen Leben Vortheile und Genüsse zu schaffen vermag."

Nach der „neuen Hannoverschen Zeitung" ist konstatirt, daß Ratten die Ursache der Trichineninfektion der Schweine sein können. Da in Hannover die Beobachtung gemacht wurde, daß von 8 trichinösen Schweinen je 3 bei denselben Schlächtern, die beiden andern bei verschiedenen Schlächtern gefunden worden, so kam man auf die Vermuthung, daß dieselben in den Ställen der Schlächter infizirt seien. Auf Anrathen des Prof. Gerlach wurden in dem Stalle eines der Schlächter einige Ratten eingefangen, von Gerlach untersucht, und in der That voll von alten Muskeltrichinen gefunden. Da das untersuchte Schwein von 6—8 Wochen alten Muskeltrichinen behaftet und 10 Wochen vor dem Schlachten in jenem Stalle gefüttert worden war, so steht der Annahme Nichts entgegen, daß das Schwein durch Fressen der Ratten infizirt worden sei. In der Wochenschrift für Thierheilkunde und Viehzucht 1866 Nr. 9. wird bemerkt, daß Leisering in Dresden Untersuchungen an solchen Ratten anstellte, die an Orten gefangen wurden, wo weder trichinisirtes Fleisch noch aber Schweinefleisch ins Spiel kommt. Leisering untersuchte gegen 20 Ratten aus dem zoologischen Garten, und fand unter diesen einigemale Thiere, die stark mit Trichinen im eingekapselten Zustande durchsetzt waren. Dies betraf jedoch nur die alten Ratten, in den Jungen konnten keine Trichinen entdeckt werden. In 6 Rattenköpfen aus der dortigen Scharfrichterei, fanden sich in 5 von ihnen gleich in den ersten Präparaten, Trichinen in Hülle und Fülle. Unter den Schweinen giebt es faktisch Rattenjäger und Rattenfresser. So ein Jagdliebhaber und Gewohnheitsrattenfresser, kann nach und nach, wenn er dann und wann eine Trichinenratte erwischt, eine hübsche Portion Trichinen aufnehmen, vervielfältigen, und zu einem für die menschliche Gesellschaft gemeingefährlichen Subjekte heranreifen. Leisering bemerkt endlich in einem Bericht über das Veterinärwesen im Königreich Sachsen für das Jahr 1865: „Ohne in Abrede stellen zu wollen, daß die Wege, auf welchen die Schweine trichinös werden können, manigfaltiger Art sind, scheint es doch nach den vorliegenden Untersuchungen in Bezug auf die Unterdrückung der Trichinenkrankheit der Schweine daher jetzt schon wichtig, weil ausführbar, daß auf alle diejenigen Orte, wo thierische Ueberreste in größerer Menge sich vorfinden, namentlich aber auf Abdeckereien und Schlächtereien, ein ganz besonderes Augenmerk gerichtet werde. Denn diese haben sich nachgewiesenermaßen, selbst in Gegenden, wo die Trichinenkrankheit unter den Menschen nicht bekannt geworden ist und auch nicht mit Trichinen experimentirt wurde, als die häufigsten Heerde der Trichinen gezeigt, und sind daher auch als natürliche Ausgangspunkte der Trichinose des Schweines zu erachten.

Schließlich glauben wir das kurze Gutachten, welches Medizinalrath und Professor Fuchs zu Karlsruhe auf Ersuchen einer Stadtgemeinde, die Fleischbeschau auf Trichinen betreffend abgegeben hat, hier noch mittheilen zu müssen. Derselbe sagt: „Es ist durch Beobachtungen und direkte Versuche festgestellt, daß trichinenhaltiges frisches Schweinefleisch gehörig durchgekocht oder durchgebraten, ebenso, daß solches Fleisch, wenn es sorgfältig und lange genug eingesalzen und warm geräuchert worden ist, sogar roh vom Menschen ohne Nachtheil genossen werden kann. Hätte man also die Versicherung, daß diese Sorgfalt überall angewendet würde, so wären keine besondere Maßregeln zur Verhütung der Trichinenkrankheit erforderlich. Diese Versicherung aber hat man nicht, und namentlich nicht hinsichtlich der von Schweinemetzgern bereiteten Fleischwaaren, wie Schinken, Würsten u. dgl. Ja, wenn man auch diese Versicherung hätte, so würden doch gewiß nur wenige Menschen von trichinenhaltigem Fleische essen, selbst wenn sie sich dessen vollkommen bewußt wären, daß es ihrer Gesundheit nicht schaden werde, thäten sie es dennoch, so würden sie es mit Abneigung thun, und es könnte ihnen dann in anderer Art nachtheilig oder wenigstens ungedeihlich werden."

„Es ist daher schon aus diesen Gründen (und ganz abgesehen von gewerblichen und volkswirthschaftlichen Interessen) wünschenswerth, daß die für den öffentlichen Verkauf geschlachteten Schweine microscopisch untersucht werden. Nach dem gegenwärtigen Standpunkte der Wissenschaft ist nun anzunehmen, daß, wenn die microscopische Beschau des Schweinefleisches sachverständig und genau ausgeführt wird, sie dann die erforderliche Sicherheit bietet. Diese microscopische Untersuchung ist dann als sachverständig und genau zu erachten, wenn drei Fleischstücke denjenigen Körpertheilen entnommen werden, von denen man erfahrungsgemäß weiß, daß die Trichinen darin am häufigsten vorzukommen pflegen, und dann diese Fleischstücke in ein paar microscopischen Proben sorgfältig unterfucht. Findet man auf diese Weise keine Trichinen, so hat man freilich keine vollständige Sicherheit über die völlige Trichinenfreiheit des betreffenden Thieres, wohl aber darüber, daß die etwa vorhandenen Trichinen nicht in einer dem Menschen gefährlichen Zahl vorkommen werden. Uebrigens hat die microscopische Fleischbeschau auf Trichinen auch noch den erheblichen Nutzen, daß die entdeckten trichinösen Schweine in zweckmäßiger Art vertilgt werden können, und somit einer weitern Ausbreitung der Trichinen vorgebeugt werden kann. Geschieht dies nicht, so kann es endlich dahin kommen, daß ein jedes Schwein trichinenhaltig befunden wird." Die Pf. Zeitung meldet kürzlich unterm 6. Juni 1874, daß in einer Metzgerei zu Speier, Fälle von Erkrankungen an Trichinose vorgekommen sind, die zwar keinen tödtlichen Ausgang genommen haben, jedoch von mehrwöchiger Dauer waren. (S. bad. Landes-Ztg. 6. Juni 1874. Nr. 129. 1. Blatt.)

Wurstgift.

Im sechsten Abschnitt, Cap. 28 dieser Schrift wird vom Wurstgift gehandelt und ein Fall von Vergiftung durch Schwartenmagen mit tödtlichem Ausgang, mitgetheilt. Wir entnahmen die fatale Geschichte, welche sich zu Kuhbach bei Lahr zugetragen, einer Zeitungsnachricht. Erst ein Jahr nachher wurden uns die thierärztlichen Mittheilungen, herausgegeben von Medizinalrath Prof. Fuchs in Karlsruhe, bekannt, in deren zweitem Jahrgang eine kurze aktenmäßige Darstellung des Falles enthalten ist, die wir hier folgen lassen, da sie uns allein geeignet zu sein scheint, in diese tragische Begebenheit ein richtiges Licht zu werfen und ein gründliches Urtheil zu bilden. Genannte aktenmäßige Darstellung lautet folgendermaßen. Um die Zeit zwischen dem 14—16 August 1866 hatte der Metzger und Lammwirth Hechinger in Kuhbach, Amtsbezirks Lahr im Großh. Baden, auf dem Markte in Haslach eine billig erkaufte Kuh, die nach Zeugenaussagen schon seit längerer Zeit sich in einem unermittelten Krankheitszustande befunden haben soll, mit Umgehung der verordneten Fleischbeschau geschlachtet, das Fleisch derselben theils frisch oder gesalzen verkauft, theils zur Bereitung von Würsten oder Schwartenmagen verwendet. Fast alle die Personen in Kuhbach, welche von diesem Fleisch, besonders aber von dem daraus bereiteten Schwartenmagen gegessen hatten, wurden entweder gleich nach dem Genusse desselben oder 12—24 Stunden später, von heftigem Magenschmerz, Erbrechen und Durchfall, welchen Zufällen sich heftiger Durst und außerordentliche Mattigkeit und Hinfälligkeit beigesellte, heimgesucht. Trockenheit des Mundes aber und der Nase, erschwertes Schlingen, Stimm- oder Sprachlosigkeit, Pupillenerweiterung, erschwerte Bewegung der Augenlider oder der Augäpfel selbst, so wie umflorter Blick und Doppeltsehen — wie sie bei Wurstvergiftung vorzukommen pflegen, wurden nicht beobachtet. Der Unterleib war weich, nicht aufgetrieben, und beim Drucke nicht sehr schmerzhaft. Die ziemlich häufigen Stuhlentleerungen bestanden aus einer stinkenden braunen Flüssigkeit, in welcher eine Menge grüner Fetzen schwamm.

Unter den bezeichneten Erscheinungen erkrankten in Kuhbach 18 Personen verschiedenen Alters und Geschlechtes, auch in der Stadt Lahr erkrankten um dieselbe Zeit ungefähr 25 Personen unter gleichen Zufällen, die alle von dem verdächtigen Schwartenmagen gegessen, haben sollen. Fast alle Erkrankte waren nach einigen Tagen wieder genesen mit Ausnahme einer Frau, eines Knäbleins in Lahr, und des Verfertigers des berüchtigten Schwartenmagens, des Metzgers und Wirths Hechinger in Kuhbach, welche starben. Letzterer war ein 55 Jahre alter leidenschaftlicher Schnapstrinker, er wurde bald nach dem Genusse seines Fabrikates von heftigem Erbrechen und Abweichen befallen, verfiel schnell in Delirien und starb nach einigen Tagen unter typhoiden Erscheinungen. Die Section desselben wies im Wesentlichen sulziges Exsudat an der ganzen Wölbung des Gehirnes nach, dabei starke Umgebung des Herzens mit Fett, schlaffe Muskelsubstanz desselben, die rechterseits nur als ein blaßrother Streifen zu erkennen war; ferner alle Unterleibsorgane in reichliches Fett eingebettet, die Leber fast um das doppelte vergrößert, hellgelb und blutarm und die Gallenblase einige bohnengroße Concremente enthaltend. Das ärztliche Gutachten ging in diesem Falle dahin, daß die durch den unmäßigen Branntweingenuß entstandenen Desorganisationen ein wesentlicher Factor des lethalen Ausganges der Krankheit gewesen zu sein scheinen, jedenfalls sei das „Wurstgift" nur ein prädisponirendes Moment zum Entstehen der tödtlichen Meningitis gewesen. Jene Frau war 49 Jahre alt, in Folge früherer Krankheitszustände (Blutspeien, Magenschmerzen und häufiges Erbrechen) sehr heruntergekommen und mager; sie erkrankte, nachdem sie Tags zuvor von dem berüchtigten Schwartenmagen nebst Bier genossen hatte, und starb 9 Tage später. Die wesentlichen Sectionsdaten fanden sich in der Brust und Bauchhöhle; in jener die Lungen stellenweise mit der Costalpleura verwachsen, an ihren Spitzen narbig eingezogen, mit verkreideten Tuberkelmaßen durchsetzt, die vordern Parthien emphysematisch, leicht verdichtet, und mit schaumiger seröser Flüssigkeit gefüllt. In der Bauchhöhle fand man besonders die Leber im rechten Lappen vergrößert und fetthaltig und ihre Kapsel verdickt, bei dem Durchschnitt zeigte sich die Leber bräunlich, mit dunkelm flüssigem Blute in den Gefäßen, und die Gallenblase war mit gelblicher Galle gefüllt. Der Magen, welcher eine gelblich grünliche Flüssigkeit enthielt, war stark aufgebläht; seine Schleimhaut zeigte sich gelockert, mit zähem Schleim bedeckt, und nach dessen Entfernung stark geröthet, in Folge von Hyperämie, dagegen am Fundus erweicht, leichtbrüchig und an einer Stelle in einen schwärzlichen, leicht zerreißlichen Schorf verwandelt. Die Gedärme fand man gleichfalls aufgebläht, mit gelblicher, gegen den Dickdarm hin mit grünlichen breiigen Massen gefüllt. Die Schleimhaut derselben zeigte sich stellenweise blaß und unversehrt, stellenweise, besonders an den Knickungsstellen des Darmes emphysematisch geröthet, gelockert und mit zahlreichen bis in die Muskelhaut reichenden Geschwürchen bedeckt; besonders zahlreich fanden sich solche Erosionen von der Größe einer Erbse bis zu der einer Bohne, im Anfange des Blinddarmes; die Mesenterialdrüsen waren angeschwollen, und mit einer graulichen Masse infiltrirt. — Es ist leicht erkennbar, daß die in der Brusthöhle und an der Leber vorgefundenen anatomischen Veränderungen von älterem Datum gewesen sein müssen, wogegen es ebenso leicht verständlich ist, wenn das ärztliche Erachten den Zustand des Magens und des Darmkanals mit einer Vergiftung, entweder durch das sog. Wurstgift oder durch ein unorganisches Gift in wahrscheinlichen Zusammenhang brachte.

Während den im Vorstehenden geschilderten Ereignissen, trat natürlich die gerichtliche und polizeiliche Medizin in Funktion; es wurden die noch vorräthigen verdächtigen Fleischmassen und daraus verfertigten Gegenstände in Beschlag genommen, dem weitern Verkehr entzogen, und die Sache gerichtlich instruirt zur Verfolgung des damals noch lebenden Metzgers Hechinger; auch die Tagesblätter bemächtigten sich des Falles, und sprachen von einer Vergiftung durch milzbrandiges Fleisch, nicht ohne Seitenhiebe auf die mangelhaft organisirte Fleischbeschau, und die Veterinär-Polizei überhaupt. Zur gleichen Zeit traf es sich, daß der Bezirksthierarzt von Villingen im Wochenblatt des landwirthschaftlichen Vereins in Baden, einen volksbelehrenden Aufsatz über Milzbrand, und auch in Nr. 38 der badischen thierärztlichen Mittheilungen veröffentlichte.

In dem genannten Aufsatz lautet eine Zusatznote: „Im Bezirk Lahr sind erst kürzlich in Folge des Genusses von Fleisch einer am Milzbrand erkrankten Kuh, zahlreiche Krankheits- und Todesfälle vorgekommen." Nun hielt es Medizinalrath Prof. Fuchs in Karlsruhe, Herausgeber genannter thierärztlicher Mittheilungen gerathen, seine bereits aus allgemeinem wissenschaftlichem Interesse begonnene Theilnahme an den technischen Untersuchungen fortzusetzen, um den Verdacht einer von der Veterinär-Polizei begangenen Fahrlässigkeit, wo möglich abzuwenden. Eine Erkundigung bei dem in Ottenheim wohnenden Bezirksthierarzt des Amtsbezirkes Lahr, ergab, daß diesem durchaus nichts Näheres über die Angelegenheit bekannt sei, daß nach Aussage der Leute die geschlachtete verdächtige Kuh am Rothlauf oder am Rothharnen gelitten haben soll, daß er auf Anfordern des Bezirksamtes sein Erachten dahin abgegeben habe, daß die fragliche Kuh eher an einer rothlaufartigen Form des Milzbrandes, als an einer andern Krankheit gelitten haben möge, was indeß zur Zeit nicht mehr bewiesen werden könne. Inzwischen sprach das Ergebniß des Verhöres der über den Zustand der Kuh gerichtlich vernommenen Zeugen wegen der beobachteten Merkmale und der längern Dauer der Krankheit des Thieres, durchaus gegen die Annahme einer Milzbrandform, obwohl wegen der unkundigen Aussagen der Zeugen, auch nicht auf eine andere bestimmte Krankheit mit Wahrscheinlichkeit geschlossen werden konnte.

Die durch Medizinalrath Prof. Fuchs vorgenommene physikalische Untersuchung des verdächtigen Schwartenmagens, welcher den Angaben zufolge nur aus Kuhfleisch bestehen sollte und schon einige Tage vergraben gewesen, aber im Innern noch durchaus frisch war, ließ mit Bestimmtheit außer dem Rindfleisch, auch einen großen Inhalt an Schweinefleisch erkennen. Dieses letztere enthielt keine Trichinen oder andere Würmer, nur zahlreiche Psorospermien, von denen aber, wie man weiß, nichts Nachtheiliges für den Genuß bekannt ist. Beide Fleischsorten des Schwartenmages, sowohl das Rind- als Schweinefleisch, wie auch der übrige Inhalt (Schweinefett, Knorpel, Haut und Drüsensubstanz) waren von frischer Farbe und Geruch; nirgends war an denselben eine Bluttränkung, und in dem spärlich vorhandenen Blute der Gefäße waren auch keine sog. Milzbrandstückchen zu erkennen. Nach Alledem konnte also von Milzbrand in gegenwärtigem Falle nicht wohl die Rede sein.

Von dem berüchtigten Schwartenmagen kam auch von Kuhbach aus ein Theil an Verwandte und Bekannte des Metzgers Hechinger nach Offenburg und wurde hiervon zur Verhütung weitern Unglücks das Bezirksamt Offenburg, bezw. dessen Bezirksarzt, durch jenes in Lahr in Kenntniß gesetzt. Die Untersuchung ergab in Offenburg, daß allerdings Leute, welche von dem berüchtigten Schwartenmagen gegessen hatten, an den Zufällen des Magen= und Darmkatarrhs litten, aber auch zur selben Zeit, vorher und nachher viele andere, welche nicht von dem Schwarten=magen gegessen hatten.

Es blieb noch übrig, auch einen physiologischen Versuch mit dem Schwartenmagen anzustellen; Mediz.-Rath Fuchs verfütterte davon an eine 4 Jahre alte gesunde Hündin von der Rattenfängerrace binnen zwei Stunden zu zwei Malen im Ganzen, ein Viertelpfund. Das Thier blieb gesund und munter, und stimmt diese Beobachtung mit der aktenmäßigen Angabe der Ehefrau des Hechinger überein, wonach dieselbe einen großen Theil des berüchtigten Schwartenmagens an Schweine, Hunde und Katzen ohne Nachtheil verfüttert haben will.

Unter den obwaltenden Umständen wurde von einer chemischen Unter=suchung des Schwartenmagens abgesehen, zumal da eine solche in Bezug auf Wurstgift zur Zeit ohne Erfolg sein muß; der Staatsanwalt stand auch bei den vorhandenen unhaltbaren Indizien von einer Verfolgung des nun einmal begrabenen Hechinger ab, und so wurde die ganze Sache zu Grabe getragen, eine Sache, die viel Lärm gemacht, und die, wie man zu sagen pflegt, wie das Hornberger Schießen ausgegangen ist.

Zur Literatur über Wurstgift.

Just. Kerner, neue Beobachtungen über die Vergiftungen durch den Genuß geräucherter Würste. Tübingen 1820. — Versuche und Be=obachtungen über die Kleesäure, das Wurst= und Käsegift, von Kühn. Leipzig 1824. — Kahleis, Hufelands Journal 1821. XLVI. 5. 44. — Truchseß, Würtemb. med. Corresp. Bl. XI. Nr. 29. — Bernt, über die Würste. Diß. Wien 1839. — Röser, Würtemb. Corresp. Bl. XII. Nr. 1. 2. — Tritschler a. a. O. XII. Nr. 13. — Reichert, a. a. O. XIII. Nr. 6. — Bosch, a. a. O. XVIII. Nr. 37. — Reif=steck, Harleß rhein. Jahrb. XII. 1—93. — Paulus, Heidelb. klin. Annal. XIII. 382. — Engelken, Casp. Wochenschr. 1851. Nr. 24. — Deutsch, Preuß. Vereinsztg. 1851. — Kopps Denkwürdigkeit. III. 75—93. — Schloßberger, Archiv f. physiolog. Heilkunde 2. Jahrg. 709. — Buchner, Toxicologie, 2. Aufl. 1827. S. 217. — Christison Treatise on Poisons. 4. edit. p. 637. — Falk, C. Ph. die klinisch wichtigen Intoxicationen. Vergiftung durch Würste, (Botulismus) Handb. d. spez. Patholog. und Therap. Bd. II. 1. Abth. S. 327. (Bearb. von Virchow, Falk und A. Simon. Erlangen 1855. — J. F. Sobernheim und J. F. Simon, Handb. der prakt. Toxicologie. Berlin 1838.

MIX
Papier aus verantwortungsvollen Quellen
Paper from responsible sources
FSC® C105338

If you have any concerns about our products,
you can contact us on
ProductSafety@springernature.com

In case Publisher is established outside the EU,
the EU authorized representative is:
**Springer Nature Customer Service Center GmbH
Europaplatz 3, 69115 Heidelberg, Germany**

Printed by Libri Plureos GmbH
in Hamburg, Germany